工业和信息化普通高等教育“十二五”规划教材
21世纪高等教育计算机规划教材

COMPUTER

计算机网络

Computer Networks

■ 刘佩贤 张玉英　主编
■ 刘淑艳 段雪丽　副主编

人民邮电出版社

北京

图书在版编目（CIP）数据

计算机网络 / 刘佩贤，张玉英主编. -- 北京 ：人民邮电出版社，2015.2(2024.7重印)
21世纪高等教育计算机规划教材
ISBN 978-7-115-38021-0

Ⅰ. ①计… Ⅱ. ①刘… ②张… Ⅲ. ①计算机网络－高等学校－教材 Ⅳ. ①TP393

中国版本图书馆CIP数据核字(2015)第010202号

内容提要

本书利用 Internet 协议分层，采用自顶向下的方法，即从应用层到物理层的顺序讲解计算机网络的基本原理。首先介绍读者最为熟悉的应用层协议是怎样交换信息的，再解释消息是怎样一层一层往下分解成比特通过 Internet 传输的。最后讲解局域网和广域网、无线网络和移动通信网络和网络安全，使得读者能够了解到计算机网络更全面的内容，扩展知识面。

本书以通俗易懂的方式阐述了计算机网络的原理，并配有大量的习题和实训练习，适合作为高等院校计算机科学与技术、软件工程、自动化技术、电子信息技术和通信工程相关专业的计算机网络课程教材，也可以作为计算机网络业界人士、信息技术爱好者和考研者的参考用书。

◆ 主　　编　刘佩贤　张玉英
副 主 编　刘淑艳　段雪丽
责任编辑　刘盛平
执行编辑　刘　佳
责任印制　杨林杰

◆ 人民邮电出版社出版发行　　北京市丰台区成寿寺路 11 号
邮编　100164　　电子邮件　315@ptpress.com.cn
网址　http://www.ptpress.com.cn
三河市君旺印务有限公司印刷

◆ 开本：787×1092　1/16
印张：21.5　　2015 年 2 月第 1 版
字数：552 千字　　2024 年 7 月河北第 9 次印刷

定价：45.00 元

读者服务热线：(010)81055256　印装质量热线：(010)81055316
反盗版热线：(010)81055315

前言

随着计算机网络的发展，人们的学习、工作和生活已经渐渐离不开计算机网络。计算机网络技术已经应用到了各个领域，因此需要了解和掌握计算机网络相关知识的群体也在不断扩大。本书作为一本计算机网络教材，深入浅出地介绍了计算机网络的基本原理和应用形式。

本书共 9 章。第 1 章引言，首先使读者了解学习计算机网络需要的基础知识，具有初步的网络分层的概念，通过网络实例对网络有了直观的理解；接着按照网络体系结构自顶向下分层介绍了应用层（第 2 章）、传输层（第 3 章）、网络层（第 4 章）、数据链路层（第 5 章）和物理层（第 6 章），这样使得读者能够进一步掌握网络体系结构各层的功能、任务和工作原理，建立起清晰的网络体系结构概念；最后第 7 章局域网和广域网、第 8 章无线网络和移动通信网络和第 9 章网络安全，使得读者能够了解到计算机网络更全面的内容，扩展知识面。

本书的特点是采用更易于理解的自顶向下的方法，结构清晰合理，内容理论联系实践，强调实用性；原理讲解通俗易懂、图文并茂；每章有相应的实训练习，以帮助学生对知识的理解掌握；每章还配有配套的习题供学生测试知识的掌握情况。本书可作为高等院校计算机科学与技术、软件工程、自动化技术、电子信息技术和通信工程相关专业的计算机网络课程教材，也可以作为计算机网络业界人士、信息技术爱好者和考研者的参考用书。为方便教师备课，本书有配套资源，包括 PPT 电子教案、课后习题答案和工具软件等。

本书由刘佩贤、张玉英任主编，刘淑艳、段雪丽任副主编。第 1 章、第 4 章由刘佩贤编写；第 5 章、第 6 章和第 7 章由张玉英编写；第 2 章和第 9 章由刘淑艳编写；第 3 章由段雪丽编写；第 8 章由史迎春编写。全书由刘佩贤统稿，莫德举定稿。

本书在编写过程中，燕京理工学院的莫德举教授给予了很多有益的指导和帮助，编者表示诚挚谢意。由于编者时间和能力有限，书中难免存在错误和不妥之处，敬请读者、同仁批评指正。我们期待着您的意见与建议。

编　者

2014 年 12 月

目　录

第1章 引言

计算机网络是计算机技术与通信技术紧密结合的产物，网络技术对信息产业的发展有着深远的影响。为了使读者对计算机网络有一个全面、准确的认识，本章在讨论网络形成与发展历史的基础上，对网络的定义、分类、功能及性能等问题进行讨论；并着重介绍计算机网络体系结构和协议的概念，从 OSI 模型和 TCP/IP 模型着手引出本书使用的五层结构的参考模型；最后以因特网、移动电话网络、无线局域网等典型的网络实例为例，对网络的现实使用进行全面的探讨。

1.1 计算机网络概述

计算机网络在当今社会和经济发展中起着非常重要的作用，世界上任何一个拥有计算机的人都能够通过计算机网络了解世界的变化，掌握先进的科技知识，获得个人需要的资讯。因此从某种程度上讲，计算机网络的发展水平不仅反映了一个国家的计算机科学和通信技术的水平，而且已经成为衡量其国力及现代化程度的重要标志之一。

计算机网络的示意图如图 1-1 所示。企业用户、家庭用户等通过 ISP（Internet Service Provider，互联网服务提供商，即向广大用户综合提供互联网接入业务、信息业务和增值业务的电信运营商）连接到 Internet。

1.1.1 计算机网络的概念

1. 计算机网络的定义

关于计算机网络这一概念的描述，从不同的角度出发，可以给出不同的定义。简单地说，计算机网络就是由通信线路互相连接的许多独立工作的计算机构成的集合体。这里强调构成网络的计算机是独立工作的，这里所谓的功能独立计算机系统，是为了和多终端分时系统相区别，一般指有 CPU 的计算机。以下是从应用、资源共享和技术 3 个不同的角度对计算机网络进行的定义。

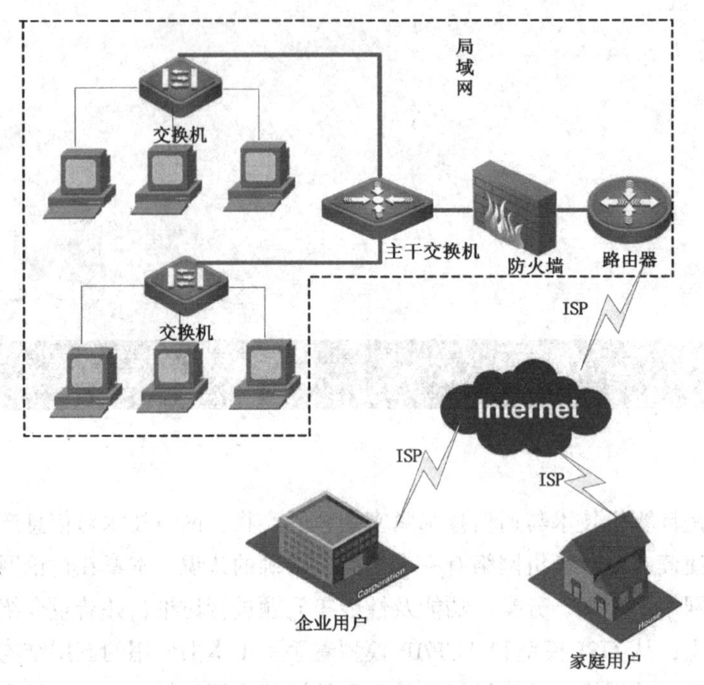

图 1-1　计算机网络示意图

① 从应用的角度来讲，只要将具有独立功能的多台计算机连接起来，能够实现各计算机之间信息的互相交换，并可以共享计算机资源的系统就是计算机网络。

② 从资源共享的角度来讲，计算机网络就是一组具有独立功能的计算机和其他设备，以允许用户相互通信和共享计算机资源的方式互连在一起的系统。

③ 从技术角度来讲，计算机网络就是由特定类型的传输介质（如双绞线、同轴电缆和光纤等）和网络适配器互连在一起的计算机，并受网络操作系统监控的网络系统。

综上所述，可以将计算机网络这一概念系统地定义为：计算机网络就是将分布在不同地理位置上的具有独立工作能力的多台计算机、终端及其附属设备用通信设备和通信线路连接起来，并配有相应的网络软件（网络协议、网络操作系统等），以实现计算机资源共享的系统。

2. 计算机网络的组成

一般而言，计算机网络有 3 个主要组成部分。

① 若干个主机，它们为用户提供服务。

② 一个通信子网，它主要由结点交换机和连接这些结点的通信链路所组成。

③ 一系列的协议，这些协议是为在主机和主机之间或主机和子网中的各结点之间通信而采用的，它是通信双方事先约定好的和必须遵守的规则。

概括起来说，一个计算机网络必须具备以下 3 个基本要素。

① 至少有两个具有独立操作系统的计算机，且它们之间有相互共享某种资源的需求。

② 两个独立的计算机之间必须用某种通信手段将其连接。

③ 网络中的各个独立的计算机之间要能相互通信，必须制定相互可确认的规范标准或协议。

以上 3 点是组成一个网络的必要条件，三者缺一不可。

在计算机网络中，能够提供信息和服务能力的计算机是网络资源，而索取信息和请求服务的计算机则是网络用户。由于网络资源与网络用户之间的连接方式、服务类型及连接范围的不同，从而形成了不同的网络结构及网络系统。

为了便于分析，计算机网络结构可以从物理结构和逻辑结构两个方面来进行分析，如图 1-2 所示。

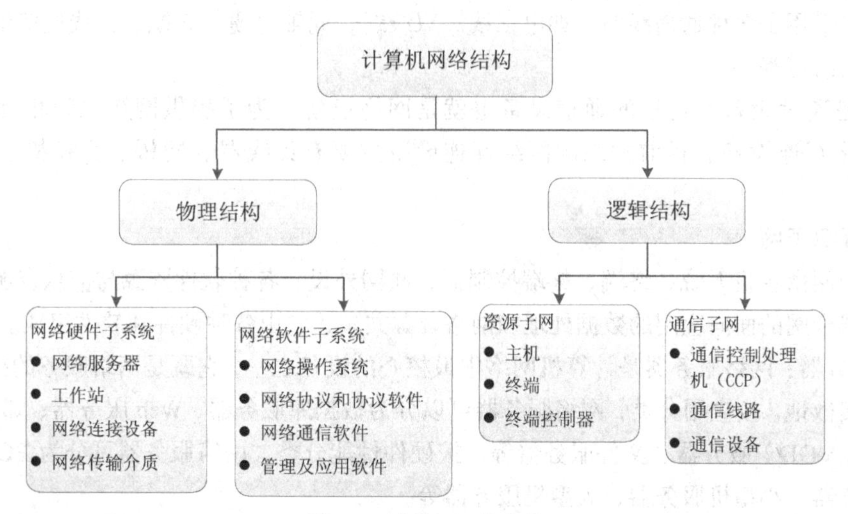

图 1-2　计算机网络结构

从物理结构上看，计算机网络结构可以分为计算机网络硬件子系统和计算机网络软件子系统。硬件子系统包括网络服务器、工作站、网络连接设备、网络传输介质等。软件子系统包括网络操作系统、网络协议和协议软件、网络通信软件、管理及应用软件等。

按照数据通信和数据处理的功能，一般从逻辑上将网络分为通信子网和资源子网两个部分，如图 1-3 所示。

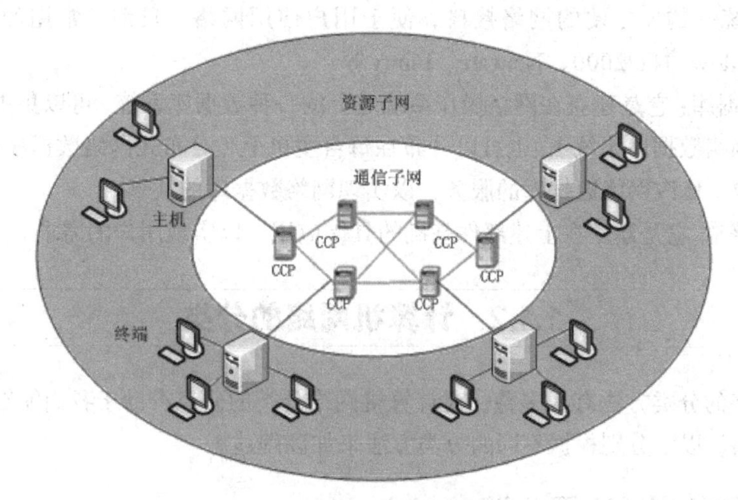

图 1-3　计算机网络的逻辑结构

（1）通信子网

通信子网由通信控制处理机（CCP）、通信线路与其他通信设备组成，负责完成网络数据传输、转发等通信处理任务。

通信控制处理机在网络拓扑结构中被称为网络结点。它一方面作为与资源子网的主机、终端连接的接口，将主机和终端连入网内；另一方面它又作为通信子网中的分组存储转发结点，完成分组的接收、校验、存储、转发等功能，实现将源主机报文准确发送到目的主机的作用。

通信线路为通信控制处理机与通信控制处理机、通信控制处理机与主机之间提供通信信道。计算机网络采用了多种通信线路，如电话线、双绞线、同轴电缆、光缆、无线通信信道、微波与卫星通信信道等。

什么是通信设备？这里的通信设备也就是网络设备。为了提供网络之间相互访问，需要使用网络互连设备。目前常用的网络互连设备主要有集线器、网桥、交换机、路由器、网关等。

（2）资源子网

资源子网由主机系统、终端、终端控制器、联网外设、各种软件资源与信息资源组成。资源子网实现全网的面向应用的数据处理和网络资源共享，它由各种硬件和软件组成。

① 服务器：网络服务器是计算机网络中最核心的设备之一，它既是网络服务的提供者，又是数据的集散地。按应用分类，网络服务器可以分为数据库服务器、Web 服务器、邮件服务器、视频点播（VOD）服务器、文件服务器等。按硬件性能分类，网络服务器可分为 PC 服务器、工作站服务器、小型机服务器、大型机服务器等。

② 工作站：工作站是连接到计算机网络的计算机，工作站既可以独立工作，也可以访问服务器，使用网络服务器所提供的共享网络资源。

③ 网络协议：为实现网络中的数据交换而建立的规则标准或约定，是网络相互间对话的语言，如常使用的 TCP/IP、SPX/IPX、NETBEUI 协议等。

④ 网络操作系统：网络操作系统是网络的核心和灵魂，其主要功能包括控制管理网络运行、资源管理、文件管理、用户管理、系统管理等，以及全网硬件和软件资源的共享，并向用户提供统一的、方便的网络接口，便于用户使用网络。目前，常用的网络操作系统有 UNIX、Windows NT/2000、Netware、Linux 等。

⑤ 网络数据库：它是建立在网络操作系统之上的一种数据库系统，可以集中驻留在一台主机上（集中式网络数据库系统），也可以分布在每台主机上（分布式网络数据库系统），它向网络用户提供存取、修改网络数据库的服务，以实现网络数据库的共享。

⑥ 应用系统：它是建立在上述部件基础的具体应用，以实现用户的需求。

1.1.2 计算机网络的分类

计算机网络的分类方法有很多种，对计算机网络分类的研究有助于我们能够更好地理解和学习计算机网络。以下分别根据不同的分类方法来加以阐述。

1. 按网络的覆盖范围分类

按照计算机网络规模和所覆盖的地理范围对其分类，可以很好地反映不同类型网络的技术特征。由于网络覆盖的地理范围不同，所采用的传输技术也有所不同，因此形成了不同的网络技术特点和网络服务功能。按覆盖地理范围的大小，可以把计算机网络分为个域网、局域网、城域网和广域网，如表 1-1 所示。

表 1-1　　计算机网络的一般分类

网络的分类	分布距离	跨越地理范围
个域网（PAN）	1m	一米见方
局域网（LAN）	10m	同一房屋
	100m	同一建筑物
	1 000m	同一校园内
城域网（MAN）	10km	城市
广域网（WAN）	100km	同一国家
	1 000km	同一洲际

表 1-1 中大致给出了各类网络的传输范围，下面分别作进一步说明。

（1）个域网（Personal Area Network，PAN）

个域网允许设备围绕着一个人进行通信。一个常见的例子是计算机通过无线网络与其外围设备连接。每一台计算机都有显示器、键盘、鼠标和打印机等外围设备。如果不使用无线传输技术，那么这些外围设备必须通过电缆连接到计算机。在网络构成上，PAN 位于整个网络链的末端，用于实现同一地点终端与终端间的连接，如连接手机和蓝牙耳机等。PAN 所覆盖的范围一般在 1m 半径以内，必须运行于许可的无线频段。PAN 设备具有价格便宜、体积小、易操作和功耗低等优点。

蓝牙（bluetooth）是目前 PAN 应用的主流技术。蓝牙标准是在 1998 年，由爱立信、诺基亚、IBM 等公司共同推出的，即后来的 IEEE 802.15.1 标准。蓝牙技术为固定设备或移动设备之间的通信环境建立通用的无线空中接口，将通信技术与计算机技术进一步结合起来，使各种 3C 设备（通信产品、电脑产品和消费类电子产品）在没有电线或电缆相互连接的情况下能在近距离范围内实现相互通信或操作。蓝牙网络采用主—从操作模式，如图 1-4 所示。其中 PC 通常是主设备，它与鼠标、键盘等从设备通信。主设备告诉从设备广播时使用什么地址、能够传输多长时间、使用什么频率等关于传输的信息。我们将在第 8 章中更详细地讨论蓝牙。

PAN 也可以采用其他短程通信技术来搭建，比如 ZigBee、RFID 等。

图 1-4　蓝牙 PAN 配置

（2）局域网（Local Area Network，LAN）

局域网是分布于一个间房、每个楼层、整栋楼及楼群之间等，范围一般在 2km 以内，最大距离不超过 10km，如图 1-5 所示。它是在小型计算机和微型计算机大量推广使用之后逐渐发展起来的。一方面，它容易管理与配置；另一方面，容易构成简洁整齐的拓扑结构。局域网速率高，延迟小，传输速率通常为 10Mbit/s-2Gbit/s。因此，网络结点往往能对等地参与对整个网络的使用与监控。

局域网主要用来构建一个单位的内部网络，如办公室网络、办公大楼内的局域网、学校的校园网、工厂的企业网、大公司及科研机构的园区网等。局域网通常属于单位所有，单位拥有自主管理权，以共享网络资源和协同式网络应用为主要目的。

局域网的主要特点如下。

① 适应网络范围小。

② 传输速率高。

③ 组建方便、使用灵活。

④ 网络组建成本低。

⑤ 数据传输错误率低。

局域网按照采用的技术、应用范围和协议标准的不同，可以分为共享局域网和交换局域网。局域网发展迅速，应用日益广泛，是目前计算机网络中最活跃的分支。

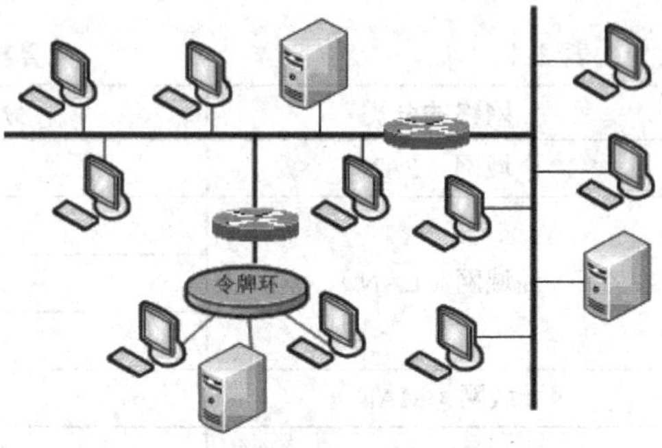

图 1-5 局域网

（3）城域网（Metropolitan Area Network，MAN）

城域网是介于广域网与局域网之间的一种大范围的高速网络，它的覆盖范围通常为几千米至几十千米，传输速率为 2Mbit/s～1Gbit/s，如图 1-6 所示。最有名的城域网例子是许多城市都有的有线电视网。随着使用局域网带来的好处，人们逐渐要求扩大局域网的范围，或者要求将已经使用的局域网互相连接起来，使其成为一个规模较大的城市范围内的网络。因此，城域网设计的目标是要满足几十千米范围内的大量企业、机关、公司与社会服务部门的计算机联网需求，实现大量用户、多种信息传输的综合信息网络。城域网主要指的是大型企业集团、ISP、电信部门、有线电视台和政府构建的专用网络和公用网络。

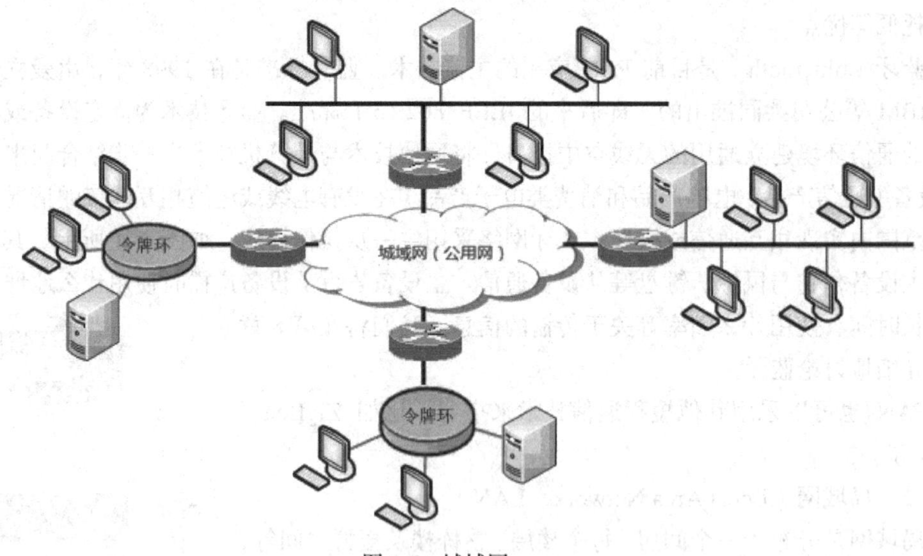

图 1-6 城域网

城域网的主要特点如下。

① 适合比 LAN 大的区域（通常用于分布在一个城市的校园或企业之间）。

② 比 LAN 速度慢，但比 WAN 速度快。

③ 昂贵的设备。

④ 中等错误率。

（4）广域网（Wide Area Network，WAN）

广域网的覆盖范围很大，几个城市、一个国家、几个国家甚至全球都属于广域网的范畴，从几十千米到几千或几万千米，如图 1-7 所示。此类网络起初是出于军事、国防和科学研究的需要。例如，美国国防部的 ARPANET 网络，1971 年在全美推广使用并已延伸到世界各地。由于广域网传播的距离远，其速率要比局域网低得多。另外在广域网中，网络之间连接用的通信线路大多数是租用专线，当然也有专门铺设的线路。物理网络本身往往包含了一组复杂的分组交换设备，通过通信线路连接起来，构成网状结构。由于广域网一般采用点对点的通信技术，所以必须解决寻径问题，这也是广域网的物理网络中心包含网络层的原因。目前，许多全国性的计算机网络都使用这种网络，如 ChinaPAC 网和 ChinaDDN 网等。

图 1-7　广域网

互联网在范畴上属于广域网，但它并不是一种具体的物理网络技术，它是将不同的物理网络技术按某种协议统一起来的一种高层技术，是广域网与广域网、广域网与局域网、局域网与局域网之间的互连，形成了局部处理与远程处理、有限地域范围资源共享与广大地域范围资源共享相结合的互联网。目前，世界上发展最快、最热门的互联网就是 Internet，它是世界上最大的互联网。国内这方面的代表主要有：中国电信的 Chinanet 网、中国教育科研网（CERNET）、中国科学院系统的 CSTNET 和金桥网（GBNET）等。

广域网的主要特点如下。

① 规模可以与世界一样大小。

② 网络传输速率，一般比 LAN 和 MAN 慢很多。

③ 网络传输错误率最高。

④ 昂贵的网络设备。

2. 按拓扑结构分类

拓扑结构的定义是：网络中通信线路和结点之间的几何排列形式，或者说网线与结点之间排列所构成的图形。

网络拓扑结构是抛开网络电缆的物理连接来讨论网络系统连接形式，是指网络电缆构成的几何形状，它能表示出网络服务器、工作站、网络设备的网络配置和互相之间的连接，在网络方案设计过程中，网络拓扑结构是关键问题之一，了解网络拓扑结构的有关知识对于网络系统集成具有指导意义。

计算机网络拓扑结构一般可以分为总线形、星形、树形、环形、网状形等。

（1）总线形拓扑结构（Bus Topology）

总线形拓扑结构采用一条单根的通信线路（总线）作为公共的传输通道，所有的结点都通过相应的接口直接连接到总线上，并通过总线进行数据传输。总线形网络使用广播式传输技术，总线上的所有结点都可以发送数据到总线上，数据沿总线传播。但是，由于所有结点共享同一条公共通道，所以在任何时候只允许一个结点发送数据。当一个结点发送数据，并在总线上传播时，数据可以被总线上的其他所有结点接收。各结点在收到数据后，分析目的物理地址再决定是否接收该数据。粗、细同轴电缆以太网就是这种结构的典型代表。如图 1-8 所示为总线形拓扑结构。

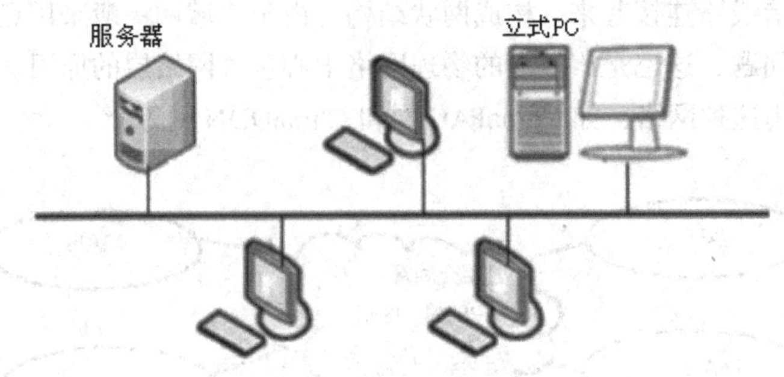

图 1-8　总线形拓扑结构

总线形拓扑结构有如下一些特点。

① 结构简单灵活，易于扩展。

② 共享能力强，便于广播式传输。

③ 网络响应速度快，但负荷重时则性能迅速下降。

④ 局部站点故障不影响整体，可靠性较高。但是，总线出现故障，则影响整个网络。

⑤ 易于安装，费用低。

⑥ 网络效率和带宽利用率低。

⑦ 采用分布控制方式，各结点通过总线直接通信。

⑧ 各工作站点平等，都有权争用总线，不受某站点仲裁。

（2）星形拓扑结构（Star Topology）

星形拓扑是以一个结点为中心的处理系统，各种类型的入网计算机均与该中心结点有物理链路直接相连，其他结点间不能直接通信，通信时需要通过该中心结点转发。星形拓扑以中央结点为中心，执行集中式通信控制策略，因此，中央结点相当复杂，而各个结点的通信处理负担都很小，又称集中式网络。中央控制器是一个具有信号分离功能的“隔离”装置，它能放大和改善网络信号，外部有一定数量的端口，每个端口连接一个端结点。常见的中央结点如集线器（Hub）、交换机等。采用星形拓扑的交换方式有线路交换和报文交换，尤以线路交换更为普遍。

图 1-9 所示为使用集线器的星形拓扑结构，集线器相当于中间集中点，可以在每个楼层配置一个，并具有足够数量的连接点，以供该楼各层的结点使用，结点的位置可灵活放置。

星形拓扑结构的主要特点如下。

① 结构简单，便于管理和维护。

② 易实现结构化布线。

③ 易扩充，易升级。

④ 通信线路专用，电缆成本高。

⑤ 网络由中心结点控制与管理，中心结点的可靠性基本上决定了整个网络的可靠性。

⑥ 中心结点负担重，易成为信息传输的瓶颈，且一旦故障，全网瘫痪。

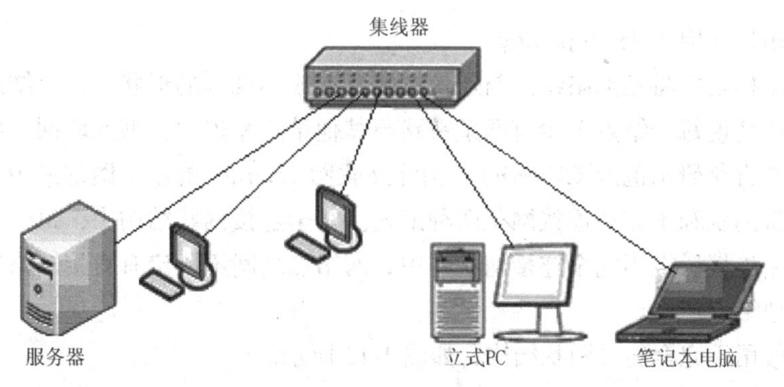

图 1-9 星形拓扑结构

（3）环形拓扑结构（Ring Topology）

环形拓扑结构中的各结点通过链路连接，在网络中形成一个首尾相接的闭合环路，信息按固定方向流动，或按顺时针方向流动，或按逆时针方向流动。采用环形拓扑的有 Token Ring 技术、FDDI 技术等。环形拓扑结构如图 1-10 所示。

环形拓扑结构的特点如下。

① 在环形网络中，各工作站间无主从关系，结构简单。

② 信息流在网络中沿环形单向传递，延迟固定，实时性较好。

③ 两个结点之间仅有唯一的路径，简化了路径选择。

④ 可靠性差，任何线路或结点的故障，都有可能引起全网故障，且故障检测困难。

⑤ 可扩充性差。

（4）树形拓扑结构（Tree Topology）

树形拓扑是从总线拓扑演变而来的，它把星形和总线形结合起来，形状像一棵倒置的树，顶端有一个带分支的根，每个分支还可以延伸出子分支，如图 1-11 所示。

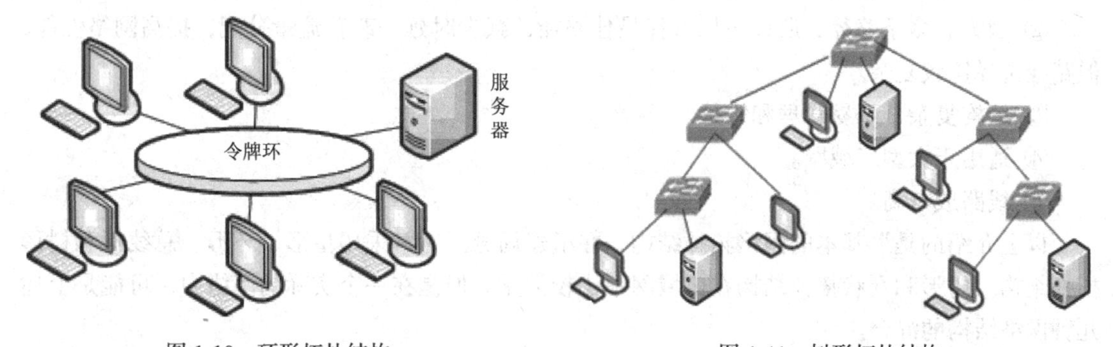

图 1-10 环形拓扑结构　　图 1-11 树形拓扑结构

在这种拓扑结构中，当结点发送时，根接收该信号，然后再重新广播发送到全网。

树形拓扑结构的主要特点如下。

① 这种结构是天然的分级结构。

② 易于扩展。

③ 易故障隔离，可靠性高。

④ 电缆成本高。

⑤ 根结点的依赖性大，一旦根结点出现故障，将导致全网不能工作。

（5）网状形拓扑结构（Net Topology）

网状形拓扑结构是指将各网络结点与通信线路互连成不规则的形状，每个结点至少与其他两个结点相连，或者说每个结点至少有两条链路与其他结点相连。大型互联网一般都采用这种结构，如我国的教育科研示范网 CERNET、国际互联网 Internet 的主干网都采用网状结构。网状结构分为全连接网状和不完全连接网状两种形式。在全连接网状结构中，每一个结点和网中其他结点均有链路连接。在不完全连接网状网中，两结点之间不一定有直接链路连接，它们之间的通信依靠其他结点转接。

广域网中一般用不完全连接网状结构，如图 1-12 所示。

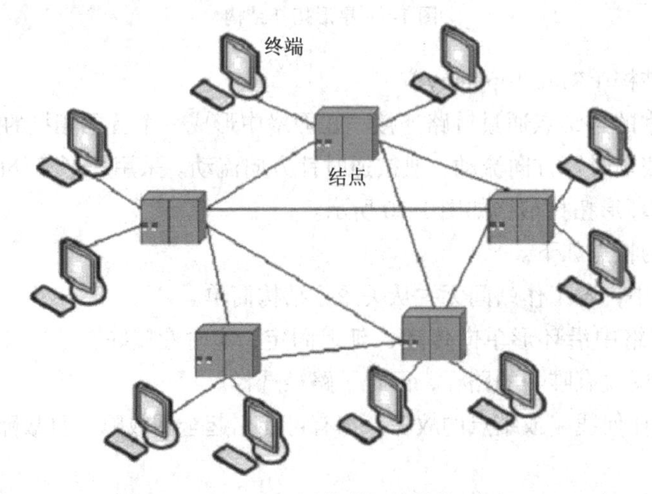

图 1-12　网状形拓扑结构

网状形拓扑结构的主要特点如下。

① 几乎每个结点都有冗余链路，可靠性高。

② 因为有多条路径，所以可以选择最佳路径，减少时延，改善流量分配，提高网络性能，但路径选择比较复杂。

③ 结构复杂，不易管理和维护。

④ 适用于大型广域网。

⑤ 线路成本高。

以上介绍的是最基本的网络拓扑结构，在组建局域网时常采用星形、环形、总线形和树形拓扑结构。树形和网状拓扑结构在广域网中比较常见。但是在一个实际的网络中，可能是上述几种网络结构的混合。

在选择拓扑结构时，主要考虑的因素有：安装的相对难易程度、重新配置的难易程度、维护的相对难易程度、通信介质发生故障时受到影响的设备情况等及其费用。

（6）混合型结构

混合型拓扑结构是由以上几种拓扑结构混合而成的，总线形和星形的混合结构等如图 1-13 所示。

当然还有其他的分类方式，如按照网络的逻辑结构分类可以分成对等网络和基于服务器的网络；按照计算机网络管理性质分类可以分成公用网和专用网；按照计算机网络传输技术分类可以分成广播式网络和点对点式网络；按照传输介质不同可以分成有线网和无线网等。

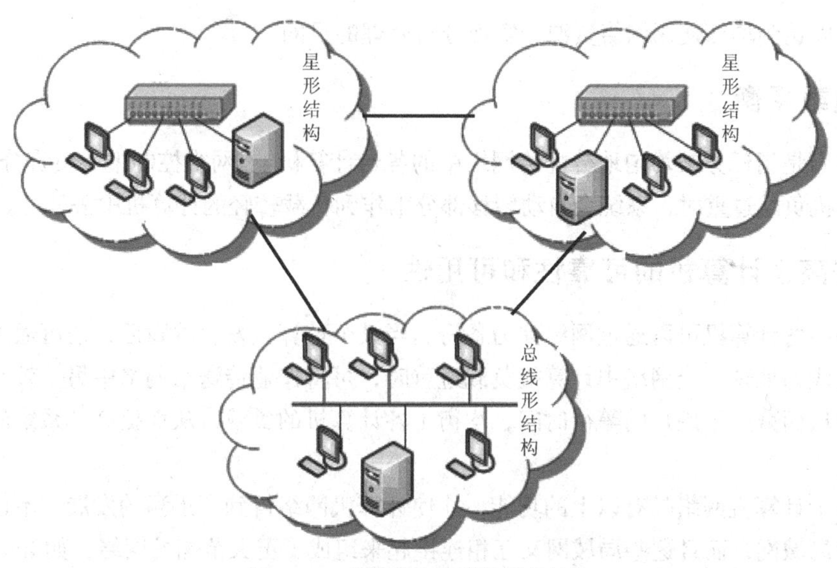

图 1-13　总线形和星形的混合结构

1.1.3　计算机网络的功能

计算机网络技术的应用对当今社会的经济、文化和生活等都产生着重要影响，计算机网络的功能主要有以下几个方面。

1. 实现资源共享

计算机网络最具吸引力的功能是进入计算机网络的用户可以共享网络中各种硬件和软件资源。它可以在全网范围内提供如打印机、大容量磁盘等各种硬件设备的共享及各种数据的共享，如各种类型的数据库、文件、程序等，使网络中各部分的资源互通有无、分工协作，从而便于集中管理，提高系统资源的利用率。特别是 Internet 的发展和应用，允许全球的用户远程访问各种类型的数据库，可以得到各类网络文件在网络延伸的地方进行传送服务。

2. 数据通信

数据通信是计算机网络最基本的功能之一，它可以使分散在不同地理位置的计算机之间相互传送信息。该功能是计算机网络实现其他功能的基础。通过计算机网络传送电子邮件、进行电子数据交换、发布新闻消息等，极大地方便了人们的工作和生活。

3. 集中管理

计算机网络技术的发展和应用，已使得现代办公、经营管理等发生了很大的变化。目前，已经有了许多 MIS 系统、OA 系统等，通过这些系统可以将地理位置分散的生产单位或业务部门连接起来进行集中的控制和管理，提高工作效率，增加经济效益。

4. 分布处理

对于综合性的大型问题可以采用合适的算法，将任务分散到网络中不同的计算机上进行分布式处理，以达到均衡使用网络资源，实现分布处理的目的。

5. 负载平衡

负载平衡是指任务被均匀地分配给网络中的各台计算机上。网络控制中心负责分配和检测，当某台计算机负载过重时，系统会自动转移部分工作到负载较轻的计算机中去处理。

6. 提高了计算机的可靠性和可用性

在网络中各计算机可以通过网络互为备份，当某个计算机发生故障后，便可通过网络由别处的计算机代为处理；当网络中计算机负载过重时，可将作业传送给网络中另一较空闲的计算机去处理，从而减少了用户的等待时间，均衡了各计算机的负载，从而提高了系统的可靠性和可用性。

正是由于计算机网络具有以上的功能，才使计算机网络得到了迅猛的发展，不仅各单位组建了自己的局域网，而且这些局域网又互相连接起来组成了更大范围的网络，如 Internet。

1.1.4 计算机网络发展阶段

计算机网络是通信技术与计算机技术两个领域的结合，一直以来它们紧密结合，相互促进、相互影响，共同推进了计算机网络的发展。纵观计算机网络的发展过程，和其他事物发展一样，也经历了从简单到复杂，从低级到高级的发展过程，其发展过程大致可分为以下 4 个阶段。

1. 面向终端的计算机网络

面向终端的计算机网络系统又称终端—计算机网络，是 20 世纪 50 年代计算机网络的主要形式。它是将一台计算机经通信线路与若干终端直接相连，如图 1-14 所示。单机系统中，终端用户通过终端机向主机发送一些数据运算处理请求，主机运算后又发给终端机，而且终端用户的数据是存储在主机里，终端机并不保存任何数据；主机负担较重，既要进行数据存储和处理，又要负责主机与终端之间的通信功能。第一代网络并不是真正意义上的网络而是一个面向终端的互连通信系统。

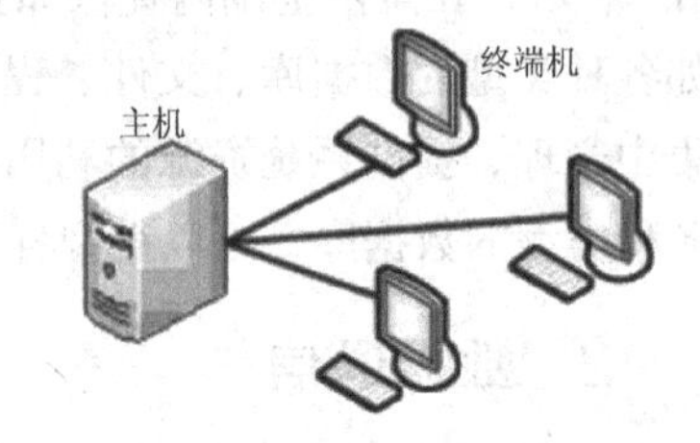

图 1-14 面向终端的单机互连系统

2. 计算机通信网络

随着终端用户对主机的资源需求量增加，为了减轻主机负担，20 世纪 60 年代出现了在主机和通信线路之间设置通信控制处理机（Communication Control Processor，CCP）或称为前端处理机，主机的主要作用是处理和存储终端用户发出对主机的数据请求，通信任务主要由通信控制器（CCP）来完成。这样主机的性能就有了很大的提高，集线器主要负责从终端到主机的数据集中收集及主机到终端的数据分发。此外，在终端聚集处设置多路器（或称集中器），组成终端群—低速通信线路—集中器—高速通信线路—前端机—主计算机结构，称为多机系统，如图 1-15 所示。

计算机网络阶段是 20 世纪 60 年代中期发展起来的，它是由若干台计算机相互连接起来的系统，即利用通信线路将多台计算机连接起来，实现了计算机与计算机之间的通信，如图 1-16 所示。

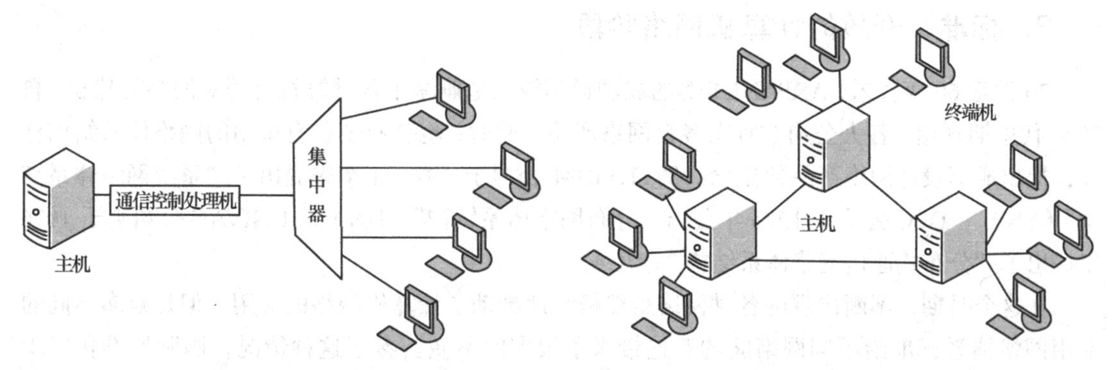

图 1-15　利用通信控制器实现通信　　图 1-16　多主机互连系统

这一阶段结构上的主要特点是：以通信子网为中心，多主机多终端。20 世纪 60 年代至 70 年代初期由美国国防部高级研究计划局研制的 ARPANET 网络，是这一阶段的代表。

ARPANET 网络将计算机网络分为资源子网和通信子网，如图 1-17 所示。在 ARPANET 上首先实现了以资源共享为目的不同计算机互连的网络，它奠定了计算机网络技术的基础，是今天因特网的前身。

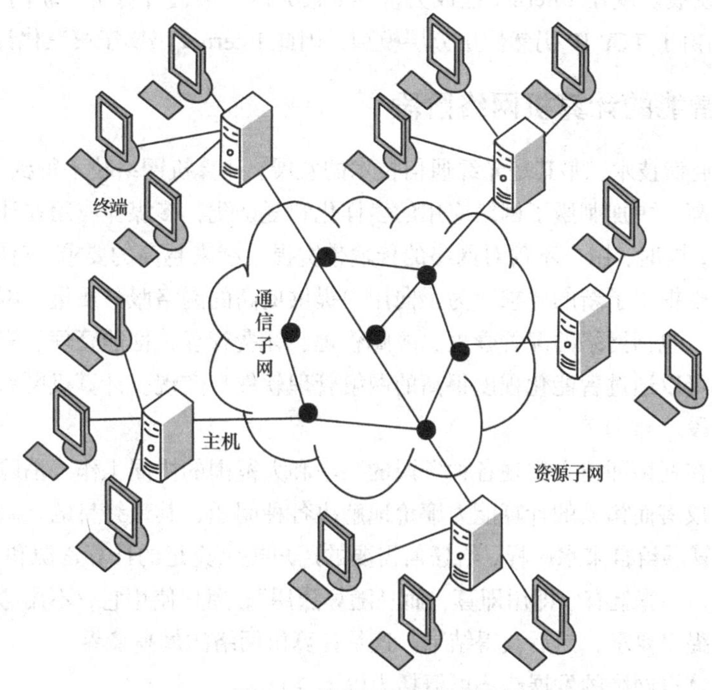

图 1-17　资源子网和通信子网

所谓通信子网一般由通信设备、网络介质等物理设备所构成，而资源子网为网络资源设备，如服务器、用户计算机（终端机或工作站）、网络存储系统、网络打印机、数据存储设备等。在现代的计算机网络中，资源子网和通信子网都是必不可少的部分，通信子网为资源子网提供信息传输服务，而且资源子网上用户间的通信是建立在通信子网的基础上的。没有通信子网，网络就不能工作，而没有资源子网，通信子网的传输也就失去了意义，两者结合起来组成了统一的资源共享网络。

3. 标准、开放的计算机网络阶段

20世纪60年代末，ARPANET等的成功运用极大地刺激了各计算机公司对网络的热衷，自70年代中期开始，各大公司在宣布各自网络产品的同时，也公布了各自采用的网络体系结构标准，提出成套设计网络产品的概念。例如，IBM公司于1974年率先提出了“系统网络体系结构”（SNA），DEC公司于1975年公布“分布网络体系结构”（DNA），UNIVAC公司则于1976年提出了“分布式通信网络体系结构”（DCA）。

在这个时期，不断出现的各种网络虽然极大地推动了计算机网络的应用，但是众多不同的专用网络体系标准给不同网络间的互连带来了很大的不便。鉴于这种情况，国际标准化组织（ISO）于1977年成立了专门的机构从事“开放系统互连”问题的研究，目的是设计一个标准的网络体系模型。1984年ISO颁布了“开放系统互连基本参考模型”，这个模型通常被称作OSI参考模型。OSI参考模型的提出引导着计算机网络走向开放的标准化的道路，同时也标志着计算机网络的发展步入了成熟的阶段。从此，网络产品有了统一标准，促进了企业的竞争，大大加速了计算机网络的发展。

在OSI参考模型推出后，网络的发展道路一直走标准化道路，而网络标准化的最大体现就是Internet的飞速发展。现在Internet已成为世界上最大的国际性计算机互联网。Internet遵循TCP/IP参考模型，由于TCP/IP仍然使用分层模型，因此Internet仍属于第三代计算机网络。

4. 高速、智能的计算机网络阶段

近年来，随着通信技术，尤其是光纤通信技术的发展，计算机网络技术得到了迅猛的发展。网络带宽的不断提高，更加刺激了网络应用的多样化和复杂化，多媒体应用在计算机网络中所占的份额越来越高，同时，用户不仅对网络的传输带宽提出越来越高的要求，对网络的可靠性、安全性、可用性等也提出了新的要求。为了向用户提供更高的网络服务质量，网络管理也逐渐进入了智能化阶段，包括网络的配置管理、故障管理、计费管理、性能管理、安全管理等在内的网络管理任务都可以通过智能化程度很高的网络管理软件来实现。计算机网络已经进入了高速、智能的发展阶段。

网络的目标是在网络环境上实现各种资源的共享和大范围的协同工作，消除信息孤岛和资源孤岛，利用聚沙成塔而构成的计算能力廉价地解决各种问题，其最终目的，就是要向电力网供给电力、自来水管供给自来水一样，给任何需要的用户提供充足的计算资源和其他资源。“一插就亮、一开就流、一算就有，即用即算，而且随算随用”，用户使用它，不用考虑其后隐藏的任何细节，只需要提出要求，然后获得结果。这是计算机网络的最高境界。

综上所述，计算机网络的发展趋势可概括为以下3点。

① 向开放式的网络体系结构发展：使不同软硬件环境、不同网络协议的网络可以互相连接，真正达到资源共享、数据通信和分布处理的目标。

② 向高性能发展：追求高速、高可靠和高安全性，采用多媒体技术，提供文本、图像、声音、视频等综合性服务。

③ 向智能化发展：提高网络性能和提供网络综合的多功能服务，并更加合理地进行网络各

种业务的管理，真正以分布和开放的形式向用户提供服务。

1.1.5 计算机网络的标准化工作及相关组织

计算机网络系统是一个十分复杂的系统，要使其能协同工作实现信息交换和资源共享，它们之间必须具有共同约定。如何表达信息、交流什么、怎样交流及何时交流，都必须遵循某种互相都能接受的规则和约定就是协议。网络的标准化工作就是制定网络的规定和约定。

1. 网络标准化的重要性

计算机网络的标准化对计算机网络的发展和推广应用具有极为重要的影响。计算机网络的标准或规范就是网络协议。在网络中通信双方在通信时需要遵循协议。协议主要由语义、语法和定时 3 部分组成，语义规定通信双方准备“讲什么”，亦即确定协议元素的种类；语法规定通信双方“如何讲”，确定数据的信息格式、信号电平等；定时则包括速度匹配和排序等。

各种不同类型的网络都有自己的标准或规范，如局域网有以太网标准、无线局域网标准；广域网有 x.25 网络标准、DDN 网络标准、ATM 网络标准、SDH 网络标准；接入网有 ADSL 标准、V.90/92 标准等。

Internet 也有自己的标准，Internet 的所有标准都以 RFC（Request For Comments）的形式在 Internet 上发布。组织和个人欲建立一个 Internet 标准，都可以写成文档（文本格式），并以 RFC 的形式发布到 Internet 上，供其他人评价、修改。RFC 按接收时间的先后从小到大编号，一个 RFC 文档更新后就使用新的编号，并在新文档中载明原来老编号的文档为旧文档。

RFC 文档也称请求注释文档（Requests for Comments，RFC），这是用于发布因特网标准和因特网其他正式出版物的一种网络文件或工作报告。RFC 文档初创于 1969 年，RFC 出版物由 RFC 编辑（RFC Editor）直接负责，并接受 IAB 的一般性指导。

制定因特网的正式标准要经过以下的 4 个阶段。

① 因特网草案（Internet Draft）——在这个阶段还不是 RFC 文档。

② 建议标准（Proposed Standard）——从这个阶段开始就成为 RFC 文档。

③ 草案标准（Draft Standard）。

④ 因特网标准（Internet Standard）。

2. 制定计算机网络标准化的国际组织

在制定计算机网络标准方面，起着重大作用的国际组织介绍如下。

（1）国际标准化组织（ISO）

ISO 成立于 1946 年，是一个全球性的非政府组织，也是目前世界上最大、最有权威性的国际标准化专门机构。ISO 与 600 多个国际组织保持着协作关系，其主要活动是制定国际标准，协调世界范围的标准化工作，组织各成员国和技术委员会进行情报交流，以及与其他国际组织进行合作，共同研究有关标准化问题。

截至 2002 年 12 月底，ISO 已制定了 13 736 个国际标准，其中有著名的七层协议结构的开放系统互联参考模型（OSI）、ISO9000 系列质量管理和品质保证标准等。

（2）美国国家标准协会（American National Standards Institute，ANSI）

ANSI 是成立于 1918 年的非营利性质的民间组织，同时也是一些国际标准化组织的主要成员，如国际标准化委员会和国际电工委员会（IEC）。ANSI 标准广泛应用于各个领域，典型应用有：美国标准信息交换码（ASCII）和光纤分布式数据接口（FDDI）等。

（3）电气与电子工程师协会（Institute of Electrical and Electronics Engineers，IEEE）

IEEE 建会于 1963 年，由从事电气工程、电子和计算机等有关领域的专业人员组成，是世界上最大的专业技术团体。IEEE 是一个跨国的学术组织，目前拥有 36 万会员，近 300 个地区分会分布在 150 多个国家。IEEE 下设许多专业委员会，其定义或开发的标准在工业界有极大的影响和作用力。例如，1980 年成立的 IEEE 802 委员会负责有关局域网标准的制定事宜，制定了著名的 IEEE 802 系列标准，如 IEEE 802.3 以太网标准、IEEE 802.4 令牌总线网标准和 IEEE 802.5 令牌环网标准等。

（4）国际电信联盟（International Telecommunication Union，ITU）

1865 年 5 月，法、德、俄等 20 个国家为顺利实现国际电报通信，在巴黎成立了一个国际组织“国际电报联盟”；1932 年，70 个国家的代表在西班牙马德里召开会议，“国际电报联盟”改为“国际电信联盟”；1947 年，国际电信联盟成为联合国的一个专门机构。国际电信联盟是电信界最有影响的组织，也是联合国机构中历史最长的一个国际组织，简称“国际电联”或 ITU。联合国的任何一个主权国家都可以成为 ITU 的成员。

ITU 是世界各国政府的电信主管部门之间协调电信事务的一个国际组织，它研究制定有关电信业务的规章制度，通过决议提出推荐标准，收集相关信息和情报，其目的和任务是实现国际电信的标准化。

ITU 的实质性工作由无线通信部门（ITU-R）、电信标准化部门（ITU-T）和电信发展部门（ITU-D）承担。其中，ITU-T 就是原来的国际电报电话咨询委员会（CCITT），负责制定电话、电报和数据通信接口等电信标准化。

ITU-T 制定的标准被称为“建议书”，是非强制性的、自愿的协议。由于 ITU-T 标准可保证各国电信网的互连和运转，所以越来越广泛地被世界各国所采用。

（5）国际电工委员会（International Electrotechnical Commission，IEC）

IEC 成立于 1906 年，至今已有近百年的历史，它是世界上成立最早的国际性电工标准化机构，负责有关电气工程和电子工程领域中的国际标准化工作。ISO 正式成立后，IEC 曾作为电工部门并入，但是在技术和财务上仍保持独立性。1979 年 ISO 与 IEC 达成协议，两者在法律上都是独立的组织，IEC 负责有关电气工程和电子工程领域中的国际标准化工作，ISO 则负责其他领域内的国际标准化工作。

（6）电子工业协会（Electronic Industries Association，EIA）

EIA 是美国的一个电子工业制造商组织，成立于 1924 年。EIA 颁布了许多与电信和计算机通信有关的标准。例如，众所周知的 RS-232 标准，定义了数据终端设备和数据通信设备之间的串行连接。这个标准在今天的数据通信设备中被广泛采用。在结构化网络布线领域，EIA 与美国电信行业协会（TIA）联合制定了商用建筑电信布线标准（如 EIA/TIA568 标准），提供了统一的布线标准并支持多厂商产品和环境。

（7）国家标准与技术研究院（National Institute of Standards and technology，NIST）

NIST 成立于 1901 年，前身是隶属美国商业部的国家标准局，现在是美国政府支持的大型研究机构。NIST 的主要任务是建立国家计量基准与标准、发展为工业和国防服务的测试技术、提供计量检定和校准服务、提供研制与销售标准服务、参加标准化技术委员会制定标准、技术转让、帮助中小型企业开发新产品等。NIST 下设多个研究所，涉及电子与电机工程、制造工程、化学材料与技术、物理、建筑防火、计算机与应用数学、材料科学与工程、计算机系统等。

（8）Internet 协会（Internet Society，ISOC）

ISOC 成立于 1992 年，是一个非政府的全球合作性国际组织，主要工作是协调全球在 Internet 方面的合作，就有关 Internet 的发展、可用性和相关技术的发展组织活动。ISOC 的网址为 http://www.isoc.org。

ISOC 的宗旨是：积极推动 Internet 及相关的技术，发展和普及 Internet 的应用，同时促进全球不同政府、组织、行业和个人进行更有效的合作，充分合理地利用 Internet。

ISOC 采用会员制，会员来自全球不同国家各行各业的个人和团体。ISOC 由会员推选的监管委员会进行管理。ISOC 由许多遍及全球的地区性机构组成，这些分支机构都在本地运营，同时与 ISOC 的监管委员会进行沟通。

中国互联网协会成立于 2001 年 5 月，由国内从事互联网行业的网络运营商、服务提供商、设备制造商、系统集成商以及科研、教育机构等 70 多家互联网从业者共同发起成立。

1.2 计算机网络的性能

计算机网络的性能与网络协议的所有层次都有关。但从通信的角度考虑，是传输层及其以下的各层决定了网络的性能。性能是指它的几个主要的性能指标，但除了这些重要的性能指标外，还有一些非性能特征也对计算机网络的性能有很大的影响。本节讨论计算机网络的主要性能指标和计算机网络的非性能特征这两个方面的问题。

1.2.1 计算机网络的性能指标

1. 速率

我们知道，计算机发送出的信号都是数字形式的。比特（bit）是计算机中数据量的单位，也是信息论中使用的信息量的单位。英文 bit 来源于 binary digit，意思是一个“二进制数字”，因此一个比特就是二进制数字中的一个 1 或 0。计算机网络中的速率指的是连接在网络上的主机在数字信道上传送数据的速率，它也称为数据率或比特率。

速率是计算机网络中最重要的一个性能指标。速率的单位是 bit/s，当数据率较高时，常用速率单位有 kbit/s、Mbit/s、Gbit/s、Tbit/s。

请注意：*在计算机界，数据大小用的单位中* $K = 2^{10} = 1\,024$，$M = 2^{20}$，$G = 2^{30}$，$T = 2^{40}$。

现在人们常用更简单的并且是很不严格的记法来描述网络的速率，如 100M 以太网，而省略了单位中的 bit/s，它的意思是速率为 100Mbit/s 的以太网。

2. 带宽

"带宽"（bandwidth）本来是指信号具有的频带宽度，单位是 Hz（或 kHz、MHz、GHz 等）。在计算机网络中"带宽"是数字信道所能传送的"最高数据率"的同义语，单位是 bit/s。描述带宽时也常常把"bit/s"省略。例如，带宽是 10M，实际上是 10Mbit/s。这里的 M 是 10^6。

在计算机网络中还有一个词需要说明一下，那就是"宽带"。宽带线路指的是可通过较高数据率的线路。宽带是相对的概念，并没有绝对的标准。在目前，对于用户接入到因特网的用户线来说，每秒传送几个兆比特就可以算是宽带速率。理解宽带传输的时候需要谨慎，有些人愿意用"汽车在公路上跑"来比喻"比特在网络上传输"，认为宽带传输的好处就是传输更快，好比汽车在高速公路上可以跑得更快一样。对于这种比喻一定要谨慎对待。在网络中有两种不同的速率：一是信号（即电磁波）在传输媒体上的传播速率（m/s，或 km/s）；二是计算机向网络发送比特的速率（bit/s）。这两种速率的意义和单位完全不同。那么宽带传输指的是第二种，即计算机向网络发送比特的速率较高。宽带线路和窄带线路上比特的传播速率是一样的，只不过宽带线路中每秒有更多比特从计算机输入到线路。如果我们把其比喻成"汽车运货"，那么宽带和窄带线路汽车的车速是一样的，但是宽带线路较窄带线路来说车距缩短了。

在时间轴上信号的宽度随带宽的增大而变窄，如图 1-18 所示。

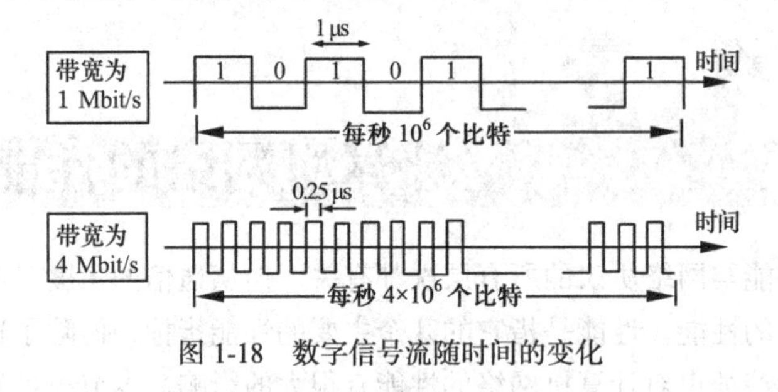

图 1-18 数字信号流随时间的变化

3. 吞吐量

吞吐量（throughput）表示在单位时间内通过某个网络（或信道、接口）的数据量。吞吐量更经常地用于对现实世界中的网络的一种测量，以便知道实际上到底有多少数据量能够通过网络。吞吐量受网络的带宽或网络的额定速率的限制。对 100Mbit/s 的以太网，其典型的吞吐量可能只有 70Mbit/s。

4. 时延

时延（delay 或 latency）是指一个报文或分组从一个网络的一端传送到另一个端所需要的时间。它包括了发送时延、传播时延、处理时延和排队时延，它们的总和就是总时延。

（1）发送时延

发送时延（transmission delay）是指结点在发送数据时使数据块从结点进入到传输媒体所需的时间，也就是从数据块的第一个比特开始发送算起，到最后一个比特发送完毕所需的时间。发送时延又称为传输时延，它的计算公式为

$$发送时延=\frac{数据块长度\,(\mathrm{bit})}{信道带宽\,(\mathrm{bit/s})} \tag{1-1}$$

由此可见，对于一定的网络，发送时延并非固定不变，而是与发送的帧长（单位是比特）

成正比，与发送速率成反比。

（2）传播时延

传播时延（propagation delay）是指从发送端发送数据开始，到接收端收到数据（或者从接收端发送确认帧，到发送端收到确认帧），总共经历的时间。它的计算公式为

$$传播时延=\frac{信道长度(m)}{信号在信道上的传播速率(m/s)} \qquad (1\text{-}2)$$

电磁波在自由空间的传播速率是光速，即 3×10^5km/s。电磁波在网络传输媒体中的传播速率比在自由空间的略低一点：在铜线电缆中的传播速率约为 2.3×10^5km/s。

这两种时延不要混淆，我们只要理解这两种时延发送的地方就不会把它们弄混了。发送时延发生在机器内部的发送器中，而传播时延则发生在机器外部的传输信道媒体上。可以用一个简单的比喻来说明问题：假定有 10 辆车的车队从公路收费站入口出发到相距 50km 的目的地，再假定每一辆车过收费站要花费 12s 时间，而车速是 100km/h。现在可以算出整个车队从收费站到目的地总共要花费的时间是：发车时间共 10×12s=120s（相当于网络中的发送时延），行车时间需要 $\frac{50\text{km}}{100\text{km/h}}=\frac{1}{2}\text{h}=30\,\text{min}$（相当于网络中的传播时延），因此总共花费的时间为 32min。

例题：数据长度为 100MB，数据发送速率为 100kbit/s，传播距离 1 000km，信号在媒体上的传播速率为 2×10^8m/s。

解：发送延迟=数据块长度/发送速率=（$100\times2^{20}\times8$）/（$100\times1\,000$）=8 388.6s

传播延迟=信道长度/传播速率=$1\,000\times1\,000$/（2×10^8）=5×10^{-3}s=5ms

（3）处理时延

处理时延（nodal processing delay）是数据在交换结点为存储转发而进行一些必要的数据处理所需的时间。主机或者路由器在收到分组时要花费一定的时间进行处理，如分析分组的首部、从分组中提取数据部分、进行差错检测等，这就产生了处理时延。

（4）排队时延

排队时延（queueing delay）是结点缓存队列中分组排队所经历的时间，是分组在经过网络传输时，要经过许多的路由器，但分组在进入路由器后要先在输入队列中排队等待处理，在路由器确定了转发接口后，还要在输出队列中排队等待转发，由此产生排队时延。

下面用图来说明一下每个时延产生的位置，如 A 和 B 进行通信，那么在 A 的发送器中产生发送时延，在链路上产生传播时延，在结点 A 中产生处理时延和排队时延，如图 1-19 所示。

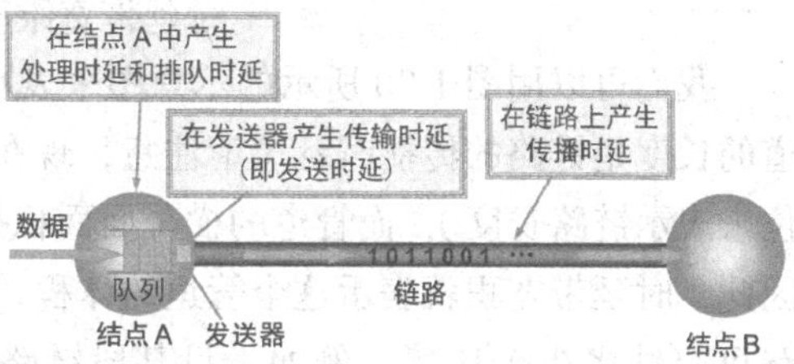

图 1-19　4 种时延所产生的地方

这样，数据在网络中经历的总时延就是以上 4 种时延之和：

$$总时延 = 发送时延 + 传播时延 + 处理时延 + 排队时延 \qquad (1\text{-}3)$$

在总时延中，究竟哪种时延占主导地位，必须具体分析。例如，一个长度为 100MB 的数据块在带宽为 1Mbit/s 信道上，用光纤传送到 1 000km 和 1km 远的目的计算机所需的时间是多少呢？

根据以上公式可以得到：发送时延=$100\times2^{20}\times8$（数据块长度，因为 1MB=2^{20}Byte=$1\,024\times1\,024\times8$bit）/$10^6$（信道带宽，因为 1Mbit/s=$10^6$bit/s）=838.9s，1 000km 的传播时延=1 000（km）/

200 000（光纤信道的传播速率）=0.005s=5ms，而 1km 的传播时延会减小到原来的千分之一。由于 ms（毫秒）级时间相对于 838.9s 来说非常小，几乎可以忽略，所以在这种情况下，总时延的数值基本上是由发送时延来决定的。

又如，在带宽分别是 1Mbit/s 和 1Gbit/s 的情况下，用同样的方法可以计算出光纤传送一字节（1Byte）的数据到 1 000km 远的目的计算机上所需的时间。在 1Mbit/s 的信道上，发送时延=8（1 字节的数据块长度）/10^6（信道带宽，因为 1Mbit/s=10^6bit/s）=8μs，“传播时延”仍为上面的 5ms，此时在 5.008ms 的总时延中“传播时延”反而占了主要位置。即使将信道的带宽提高到 1Gbit/s，也只是在“发送时延”微秒级的基础上减少（发送时延=8/10^9=0.000 8μs），因为此时的传播时延级数达到了 ms，所以尽管发送时延有了大幅降低，但总时延仍不会有太多减少。可见，在此情况下，总时延的数值是由传播时延决定的。

基于上述计算，可以得出以上“发送时延”和“传播时延”在总时延中哪个占主导决定作用还要结合具体数据通信过程中传输的数据长度和带宽综合考虑。经常听到的诸如“在高速链路（或高带宽链路）上，比特流传输速度更快”和“光纤信道的传输速率高”之类的说法都是错误的。因为对于高速网络链路，提高的仅仅是数据的发送速率，而不是比特流在链路上的传播速率。也就是说，提高链路带宽只是减少了数据的发送时延，至于传播时延还要通过信道传输速率和传输距离而定。同时，光纤信道的发送数据的速率可以很高，而光纤信道的传播速率实际比铜线的传播速率还略低些。

数据的发送速率的单位是每秒发送多少比特，是指某个结点或某个端口上的发送速率；而传播速率的单位是每秒传播多少距离，是指传输线路上比特的传播速率。

不要认为数据的发送速率越高，传送的就越快，因为数据传输的总时延是由 4 项一起决定的，发送速率仅考虑了发送速率的情况。

对于高速的网络链路，我们提高的仅仅是数据的发送速率，而不是提高了比特在链路上的传播速率，传播速率与发送速率无关系，提高数据的发送速率减少的是发送时延。

5. 时延带宽积

传播时延带宽积，即传播时延与带宽的乘积。

$$时延带宽乘积 = 带宽 \times 传播时延 \tag{1-4}$$

我们可以用图 1-20 所示的示意图来表示时延带宽积。这是一个代表链路的圆柱形管道，管道的长度是链路的传播时延（请注意，现在以时间作为单位来表示链路长度），而管道的横截面面积是链路的带宽。因此，时延带宽积就表示这个管道的体积，表示这样的链路可容纳多少个比特。例如，设某段链路的传播时延为 20ms，带宽为 10Mbit/s，则时延带宽积=$20 \times 10^{-3} \times 10 \times 10^6=2 \times 10^5$bit。这表示，若发送端连续发送数据，则在发送的第一比特即将到达终点时，发送端就已经发送了 20 万比特，而这 20 万比特都正在链路上传输。

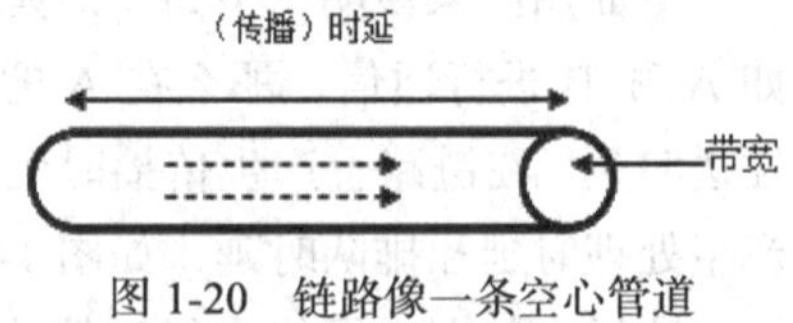

图 1-20　链路像一条空心管道

6. 往返时间 RTT

往返时间（Round-trip Time，RTT）在计算机网络中也是一个重要的性能指标，它表示从发送端发送数据开始，到发送端收到来自接收端的确认（接收端收到数据后便立即发送确认），总共经历的时延。

7. 利用率

利用率有信道利用率和网络利用率两种。信道利用率是指某信道有百分之几的时间是被利用的（也就是有数据传输）。网络的利用率是网络的信道利用率的加权平均值。信道利用率并非越高越好，这是因为根据排队理论，当某信道的利用率增大时，该信道引起的时延也就增加了，和高速公路的情况类似，当高速公路的车流量很大时，由于某些地方会出现堵塞，因此行车的时间就会增加。

当网络的通信量很少时，网络产生的延时并不大，但是当网络的通信量很大时，由于分组的网络结点进行处理时需要排队等候，因此网络的时延就会大大的增加。若令 D_0 表示网络空闲时的时延，D 表示网络当前的时延，则在适当的假定条件下，可以用下面的简单公式表示 D 和 D_0 之间的关系：

$$D=\frac{D_0}{1-U} \tag{1-5}$$

U 是网络的利用率，数值在 0 到 1 之间。

信道和网络的利用率过高就会产生非常大的时延，因此一些拥有较大主干的 ISP 经常控制他们的信道利用率不超过 50%，如果超过了就要准备扩容增大线路的带宽。

1.2.2 计算机网络的非性能指标

1. 费用

网络的费用（包括设计和实现的费用）即网络的价格。网络的价格总是必须考虑的，因为网络的性能与其价格密切相关。一般来说，网络的速率越高，其价格也越高。

2. 质量

网络的质量取决于网络中所有构件的质量，以及这些构件是怎样组成网络的。网络的质量影响到很多方面，如网络的可靠性、网络管理的简易性，以及网络的一些性能。但网络的性能与网络的质量并不是一回事。例如，有些性能还可以的网络，运行一段时间后就出现了故障，变的无法再继续工作，说明其质量不好。高质量的网络往往价格也较高。

3. 标准化

网络的硬件和软件的设计既可以按照通用国际标准，也可以遵循特定的专用网络标准。但最好是采用国际标准的设计，这样可以得到更好的互操作性，更易于升级换代和维修，也更容易得到技术上的支持。

4. 可靠性

可靠性与网络的质量和性能都有密切的关系。速率更高的网络的可靠性不一定会更差，但速率更高的网络要可靠地运行，则往往更加困难，同时所需的费用也会较高。

5. 可扩展性和可升级性

在构造网络时就应当考虑到今后可能会需要扩展（即规模扩大）和升级（即性能和版本的提高）。网络性能越高，其扩展费用往往也越高，难度也会相应增加。

6. 易于管理和维护

网络如果没有良好的管理和维护，就很难达到和保持所设计的性能。

1.3 计算机网络体系结构

计算机网络体系结构中，通常采用层次化结构定义计算机网络系统的组成方法和系统功能，它将一个网络系统分成若干层次，规定了每个层次应实现的功能和向上层提供的服务，以及两个系统各个层次实体之间进行通信应该遵守的协议。本节首先介绍网络体系结构的概念，然后讲述网络体系结构的 OSI 参考模型和 TCP/IP 模型，最后介绍本书所采用的具有五层协议的体系结构。

1.3.1 计算机网络体系结构及协议概念

1. 计算机网络体系结构分层结构

所谓网络体系结构就是为了完成计算机间的通信合作，把各个计算机互连的功能划分成定义明确的层次，规定了同层次进程通信的协议及相邻层之间的接口及服务。将这些同层进程间通信的协议以及相邻层接口统称为网络体系结构。

那么为什么要建立网络体系结构呢？计算机网络是一个复杂的系统。为了降低系统设计和实现的难度，把计算机网络要实现的功能进行结构化和模块化的设计，将整体功能分为几个相对独立的子功能层次，各个功能层次间进行有机的连接，下层为其上一层提供必要的功能服务。这种层次结构的设计称为网络层次结构模型。

举个邮政通信的例子有助于理解网络体系结构中多层通信的概念。假设在清华大学中的老张想要给北京大学的老李写信，信件由清华大学邮局寄送到北京总局后，经过北京总局寄到北京大学，如图 1-21 所示。

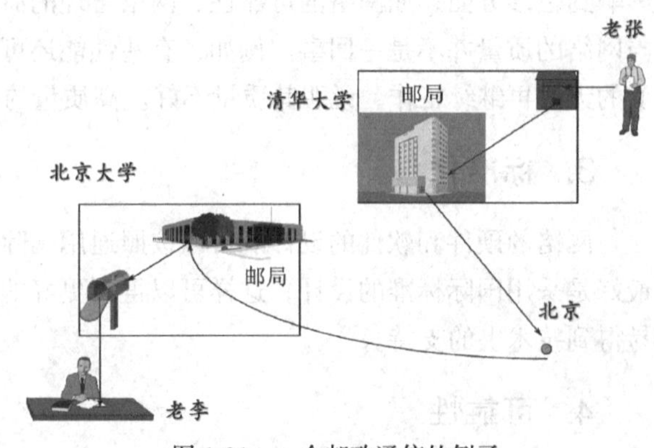

图 1-21　一个邮政通信的例子

我们把邮政通信按功能如图 1-22 所示进行划分：老张只负责写完信后放入信封封装后投入

邮箱；老李只负责从自己的信箱中取出信件拆封后即可以读取里面的内容；至于投递的过程由邮局来完成，清华大学的邮局负责接收信件盖发送邮戳，然后打包、分拣选择下一站邮局北京总局，然后进行发送邮包到北京总局，运输过程可以采用汽车运输；北京总局接收邮件后选择下一站北京大学后发送邮包，运输过程采用汽车运输；目的地北京大学收到信件后到站分类盖接收邮戳，然后投递到老李的信箱中。

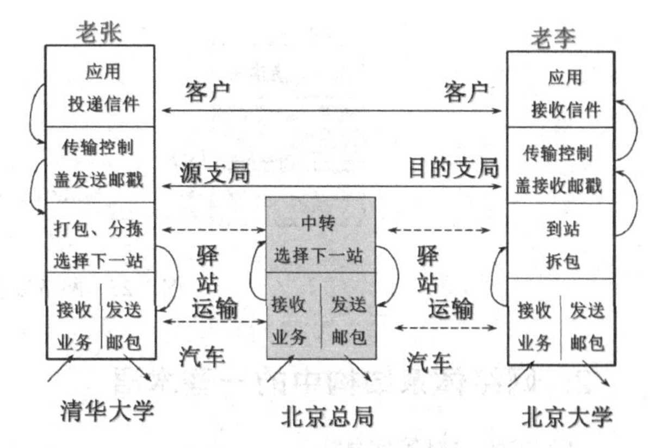

图 1-22 邮政通信功能划分

那么我们现在来看两个主机之间的通信，主机 1 向主机 2 通过网络发送文件，可以将要做的工作进行如下的划分。第一类工作与传送文件直接有关：确信对方已做好接收和存储文件的准备；双方协调好一致的文件格式。两个主机将文件传送模块作为最高的一层，剩下的工作由下面的模块负责。

主机 1 和主机 2 发送文件，首先可以设计一个文件发送模块，只看这两个文件传送模块好像文件及文件传送命令是按照水平方向的虚线传送的，如图 1-23 所示。

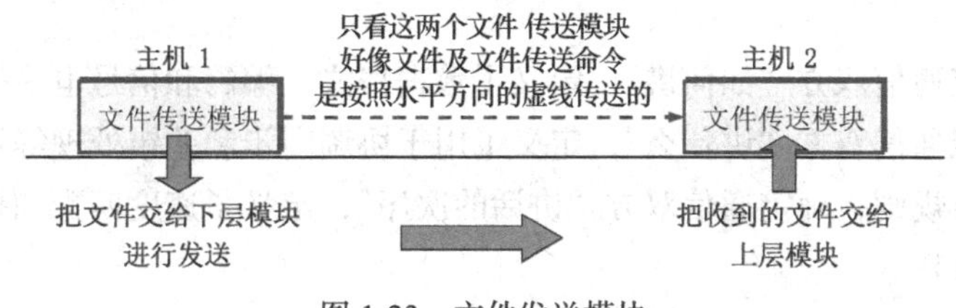

图 1-23 文件发送模块

再设计一个通信服务模块用于实现通信相关的技术，只看这两个通信服务模块好像可直接把文件可靠地传送到对方，实际上是将文件交给下层模块进行发送，如图 1-24 所示。

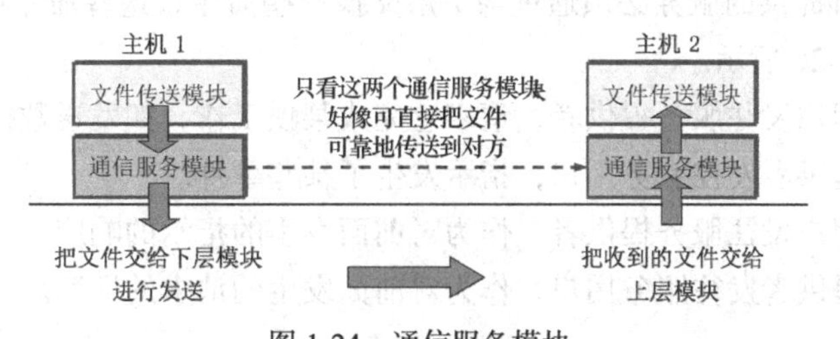

图 1-24 通信服务模块

最后设计一个网络接入模块，用于负责做与网络接口细节有关的工作，如规定传输的帧格式，帧的最大长度等，如图 1-25 所示。

那么到底分几层合适，是不是越多越好呢？我们说分层多少要适当，若层数太少，就会使每一层的协议太复杂,层数太多又会在描述和综合各层功能的系统工程任务时遇到较多的困难。

我们可以总结出网络体系结构分层结构的优点如下。

① 独立性强：各层之间相对独立，上层不管下层如何实现，只要下层提供可靠的服务。

② 适应性强：某一层发生变化，只要对上层提供的服务不变，就不会对系统产生大的影响。

③ 易于实现和维护：大问题分解成小问题，系统结构清晰，维护方便。

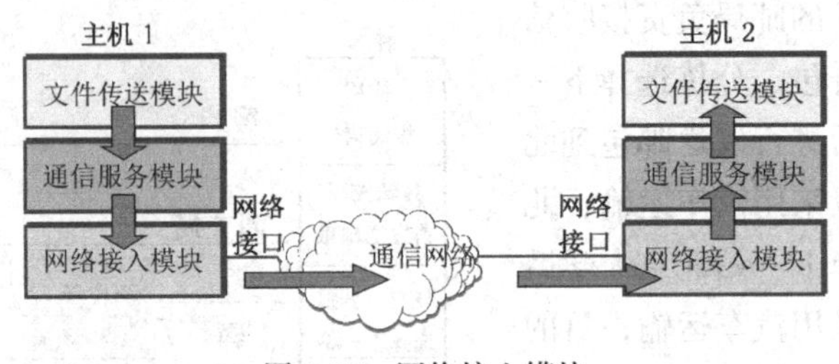

图 1-25 网络接入模块

2. 网络体系结构中的一些术语

（1）实体与对等实体

任何可以发送或接收信息的硬件或软件进程称为实体，如图 1-25 中的网络接入模块。

不同机器上位于同一层次、完成相同功能的实体称为对等实体，如图 1-25 中的主机 1 的网络接入模块和主机 2 的网络接入模块。

（2）协议

网络协议是对等实体之间交换数据或通信时所必须遵守的规则或标准的集合。网络协议有以下 3 个要素。

① 语法，确定通信双方"如何讲"，定义了数据格式、编码和信号电平等。

② 语义，确定通信双方"讲什么"，定义了用于协调同步和差错处理等控制信息。

③ 时序，同步规则，确定通信双方"讲话的次序"，定义了速度匹配和排序等。

（3）服务和接口

在网络分层结构模型中，每一层为相邻的上一层所提供的功能称为服务。在同一系统中相邻两层的实体进行交互的地方，通常称为服务访问点 SAP，即接口。

（4）服务原语

上层使用下层所提供的服务必须通过与下层交换一些命令，这些命令被称为服务原语。服务原语示意图如图 1-26 所示。

请求：由服务用户发往服务提供者，请求它完成某项工作，如发送数据。

指示：由服务提供者发往服务用户，指示发生了某些事件。

响应：由服务用户发往服务提供者，作为对前面发生的指示的响应。

确认：由服务提供者发往服务用户，作为对前面发生的请求的证实。

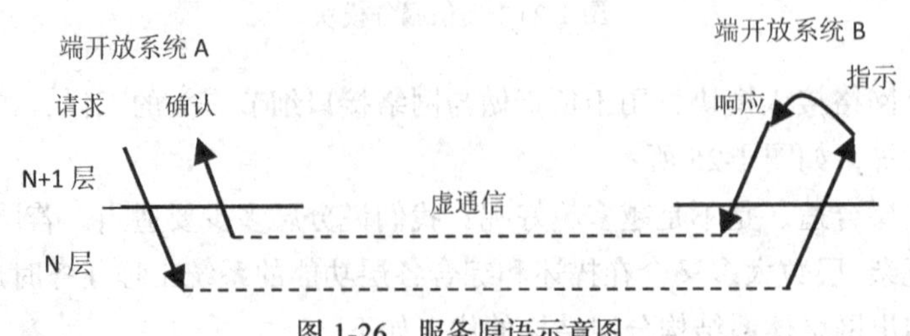

图 1-26 服务原语示意图

（5）服务数据单元（SDU）、协议数据单元（PDU）和接口数据单元（IDU）

服务数据单元（SDU）指的是第 n 层待传送和处理的数据单元。协议数据单元（PDU）指的是同等层水平方向传送的数据单元。它通常是将服务数据单元（SDU）分成若干段，每一段加上报头，作为单独协议数据单元（PDU）在水平方向上传送。接口数据单元（IDU）指的是在相邻层接口间传送的数据单元，它是由 SDU 和一些控制信息组成。

这里要着重说明服务与协议的区别：协议是“水平的”，控制对等实体之间通信的规则；服务是“垂直的”，由下层向上层通过层间接口提供。协议与服务的位置如图 1-27 所示。

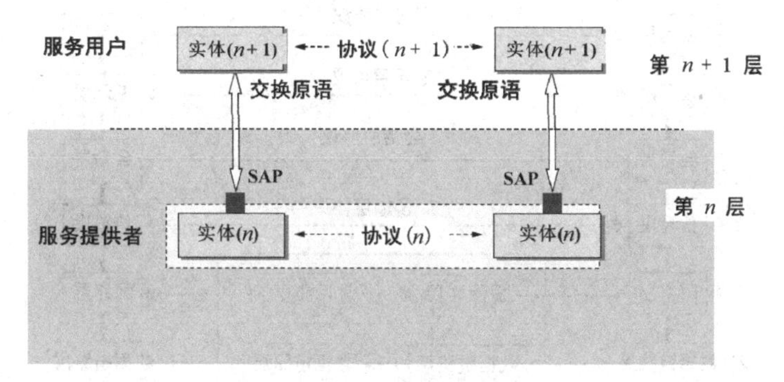

图 1-27　协议与服务的位置

需要强调的是协议很复杂，协议必须把所有不利的条件事先都估计到，而不能假定一切都是正常的和非常理想的。看一个计算机网络协议是否正确，不能光看在正常情况下是否正确，而且还必须非常仔细地检查这个协议能否应付各种异常情况。

下面举个例子来说明协议的复杂性。占据东、西两个山顶的蓝军 1 和蓝军 2 与驻扎在山谷的白军作战。其力量对比是：单独的蓝军 1 或蓝军 2 打不过白军，但蓝军 1 和蓝军 2 协同作战则可战胜白军。现蓝军 1 拟于次日正午向白军发起攻击，于是用计算机发送电文给蓝军 2。但通信线路很不好，电文出错或丢失的可能性较大（没有电话可使用）。因此，要求收到电文的友军必须送回一个确认电文，但此确认电文也可能出错或丢失。试问能否设计出一种协议使蓝军 1 和蓝军 2 能够实现协同作战因而一定（即 100%而不是 99.999…%）取得胜利？

我们来做以下分析。蓝军 1 先发送：“拟于明日正午向白军发起攻击。请协同作战和确认。”假定蓝军 2 收到电文后发回了确认。然而现在蓝军 1 和蓝军 2 都不敢下决心进攻。因为，蓝军 2 不知道此确认电文对方是否正确地收到了。如未正确收到，则蓝军 1 必定不敢贸然进攻。在此情况下，自己单方面发起进攻就肯定要失败。因此，必须等待蓝军 1 发送“对收到确认信息的确认”。假定蓝军 2 收到了蓝军 1 发来的确认，但蓝军 1 同样关心自己发出的确认是否已被对方正确地收到。因此还要等待蓝军 2 的“对确认信息的确认”。这样无限循环下去，蓝军 1 和蓝军 2 都始终无法确定自己最后发出的电文对方是否已经收到，如图 1-28 所示。因此，在例子给出的条件下，没有一种协议可以使蓝军 1 和蓝军 2 能够 100%地确保胜利。这个例子告诉我们，看似非常简单的协议，设计起来要考虑的问题还是比较多的。

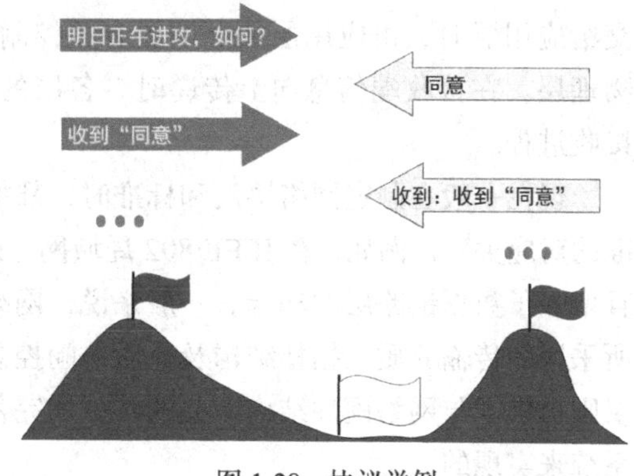

图 1-28　协议举例

1.3.2 OSI 参考模型

国际标准化组织（International Standards Organization，ISO）在 20 世纪 80 年代提出的开放系统互连参考模型（Open System Interconnection，OSI），将计算机网络通信协议分为七层，如图 1-29 所示。这个模型是一个定义异构计算机连接标准的框架结构，其具有如下特点。

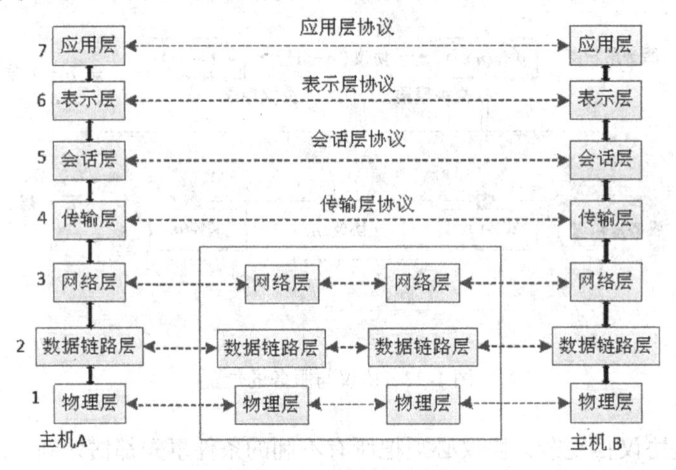

图 1-29　OSI 模型体系结构

① 网络中异构的每个结点均有相同的层次，相同层次具有相同的功能。

② 同一结点内相邻层次之间通过接口通信。

③ 相邻层次间接口定义原语操作，由低层向高层提供服务。

④ 不同结点的相同层次之间的通信由该层次的协议管理。

⑤ 每层次完成对该层所定义的功能，修改本层次功能不影响其他层。

⑥ 仅在最低层进行直接数据传送。

⑦ 定义的是抽象结构，并非具体实现的描述。

在 OSI 网络体系结构中，除了物理层之外，网络中数据的实际传输方向是垂直的。数据由用户发送进程发送给应用层，向下经表示层、会话层等到达物理层，再经传输介质传到接收端，由接收端物理层接收，向上经数据链路层等到达应用层，再由用户获取。数据在由发送进程交给应用层时，由应用层加上该层有关控制和识别信息，再向下传送，这一过程一直重复到物理层。在接收端信息向上传递时，各层的有关控制和识别信息被逐层剥去，最后数据送到接收进程。

现在一般在制定网络协议和标准时，都把 OSI 参考模型作为参照基准，并说明与该参照基准的对应关系。例如，在 IEEE 802 局域网（LAN）标准中，只定义了物理层和数据链路层，并且增强了数据链路层的功能。一般来说，网络的低层协议决定了一个网络系统的传输特性，如所采用的传输介质、拓扑结构及介质访问控制方法等，这些通常由硬件来实现；网络的高层协议则提供了与网络硬件结构无关的，更加完善的网络服务和应用环境，这些通常是由网络操作系统来实现的。

下面来详细阐述一下各层的功能。

（1）物理层（Physical Layer）

物理层是 OSI 参考模型的最低层，它利用传输介质为数据链路层提供物理连接。它主要关心的是通过物理链路从一个结点向另一个结点传送比特流，物理链路可能是铜线、卫星、微波或其他的通信媒介。它关心的问题有：多少伏特电压代表 1？多少伏特电压代表 0？时钟速率是多少？采用全双工还是半双工传输？总的来说物理层关心的是链路的机械、电气、功能和规程特性。

（2）数据链路层（Data Link Layer）

数据链路层是为网络层提供服务的，解决两个相邻结点之间的通信问题，传送的协议数据单元称为数据帧。

数据帧中包含物理地址（又称 MAC 地址）、控制码、数据及校验码等信息。该层的主要作用是通过校验、确认和反馈重发等手段，将不可靠的物理链路转换成对网络层来说无差错的数据链路。

此外，数据链路层还要协调收发双方的数据传输速率，即进行流量控制，以防止接收方因来不及处理发送方来的高速数据而导致缓冲器溢出及线路阻塞。

（3）网络层（Network Layer）

网络层是为传输层提供服务的，传送的协议数据单元称为数据包或分组。该层的主要作用是解决如何使数据包通过各结点传送的问题，即通过路径选择算法（路由）将数据包送到目的地。另外，为避免通信子网中出现过多的数据包而造成网络阻塞，需要对流入的数据包数量进行控制（拥塞控制）。当数据包要跨越多个通信子网才能到达目的地时，还要解决网际互连的问题。

（4）传输层（Transport Layer）

传输层的作用是为上层协议提供端到端的可靠和透明的数据传输服务，包括处理差错控制和流量控制等问题。该层向高层屏蔽了下层数据通信的细节，使高层用户看到的只是在两个传输实体间的一条主机到主机的、可由用户控制和设定的、可靠的数据通路。

传输层传送的协议数据单元称为段或报文。

（5）会话层（Session Layer）

会话层的主要功能是管理和协调不同主机上各种进程之间的通信（对话），即负责建立、管理和终止应用程序之间的会话。会话层得名的原因是它很类似于两个实体间的会话概念。例如，一个交互的用户会话以登录到计算机开始，以注销结束。

（6）表示层（Presentation Layer）

表示层处理流经结点的数据编码的表示方式问题，以保证一个系统应用层发出的信息可被另一系统的应用层读出。如果必要，该层可提供一种标准表示形式，用于将计算机内部的多种数据表示格式转换成网络通信中采用的标准表示形式。数据压缩和加密也是表示层可提供的转换功能之一。

（7）应用层（Application Layer）

应用层是 OSI 参考模型的最高层，是用户与网络的接口。该层通过应用程序来完成网络用户的应用需求，如文件传输、收发电子邮件等。

下面用一个比喻来形容各层的作用。我们把计算机之间的相互通信比作两个公司老板之间的互通信件，那么应用层就如公司老板；表示层相当于公司中替老板写信的助理；会话层相当于公司中收寄信、写信封与拆信封的秘书；传输层相当于公司中跑邮局的送信职员；网络层相当于邮局中的排序工人；数据链路层相当于邮局中的装拆箱工人；物理层就相当于邮局中的搬运工人。

为了使数据分组从源主机传送到目的主机，源主机OSI模型的每一层要与目标主机的每一层进行通信，用Peer-to-peer communications（对等实体间通信）表示源主机与目的主机对等层间的通信。在这一过程中，每一层的协议交换的信息称为协议数据单元（Protocol Data Unit，PDU），通常在该层的PDU前面增加一个单字母的前缀，表示为哪一层数据。如图1-30所示，应用层数据称为应用层协议数据单元（Application PDU，APDU）；表示层数据称为表示层协议数据单元（Presentation PDU，PPDU）；会话层数据称为会话层协议数据单元（Session PDU，SPDU）。通常，把传输层数据称为段（segment），网络层数据称为数据包（Packet），数据链路层数据称为帧（Frame），物理层数据称为比特流（Bit）。

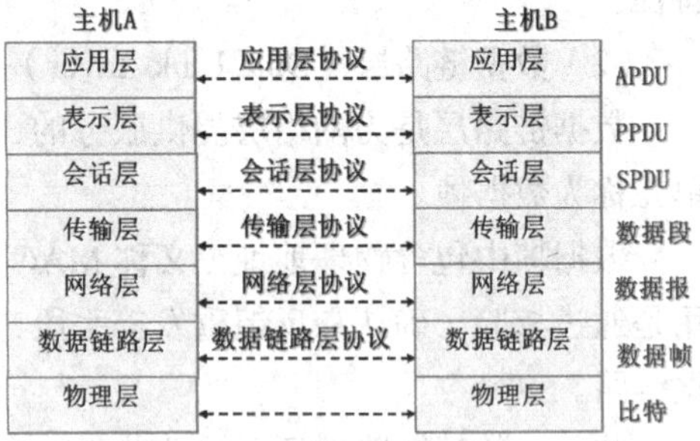

主机A		主机B	
应用层	应用层协议	应用层	APDU
表示层	表示层协议	表示层	PPDU
会话层	会话层协议	会话层	SPDU
传输层	传输层协议	传输层	数据段
网络层	网络层协议	网络层	数据报
数据链路层	数据链路层协议	数据链路层	数据帧
物理层		物理层	比特

图1-30　OSI模型每一层数据的名称

OSI参考模型的分层禁止了不同主机间的对等层之间的直接通信。因此，主机A的每一层必须依靠主机A相邻层提供的服务来与主机B的对应层通信。假定主机A的第4层必须与主机B的第4层通信。那么，主机A的第4层就必须使用主机A的第3层提供的服务。第4层叫服务用户，第3层叫服务提供者。第3层通过一个服务接入点（SAP）给第4层提供服务。这些服务接入点使得第4层能要求第3层提供服务。

1.3.3　TCP/IP参考模型

TCP/IP参考模型是计算机网络的祖父ARPANET和其后继的因特网使用的参考模型。ARPANET是由美国国防部DoD（U.S.Department of Defense）赞助的研究网络。逐渐地它通过租用的电话线连接了数百所大学和政府部门。当无线网络和卫星出现以后，现有的协议在和它们相连的时候出现了问题，所以需要一种新的参考体系结构。这个体系结构在它的两个主要协议出现以后，被称为TCP/IP参考模型（TCP/IP reference model）。

由于国防部担心他们一些珍贵的主机、路由器和互联网关可能会突然崩溃，所以网络必须实现的另一目标是网络不受子网硬件损失的影响，已经建立的会话不会被取消，而且整个体系结构必须相当灵活。

TCP/IP参考模型的分层结构如图1-31右图所示。在Internet所使用的各种协议中，最重要和最著名的协议是传输控制协议（Transmission Control Protocol，TCP）、用户数据报协议（User Data Protocol，UDP）和网际协议（Internet Protocol，IP）。这3种协议一般由网络操作系统内核来实现，用户往往感受不到它们的存在。

从图中可以看出，TCP/IP分层和OSI分层的明显区别有两点：其一无表示层和会话层，这是因为在实际应用中所涉及的表示层和会话层功能较弱，所以将其内容归并到了应用层；其二无数据链路层和物理层，但是有网络接口层，这是因为TCP/IP模型建立的首要目标是实现异构网络的互连，所以在该模型中并未涉及底层网络的技术，而是通过网络接口层屏蔽底层网络之间的差异，向上层提供统一的IP报文格式，以支持不同物理网络之间的互连和互通。

下面介绍一下 TCP/IP 各层的功能。

（1）网络接口层（即主机—网络层）

网络接口层与 OSI 参考模型中的物理层和数据链路层相对应。它负责监视数据在主机和网络之间的交换。事实上，TCP/IP 本身并未定义该层的协议，而由参与互连的各网络使用自己的物理层和数据链路层协议，然后与 TCP/IP 的网络接入层进行连接。地址解析协议（ARP）工作在此层，即 OSI 参考模型的数据链路层。

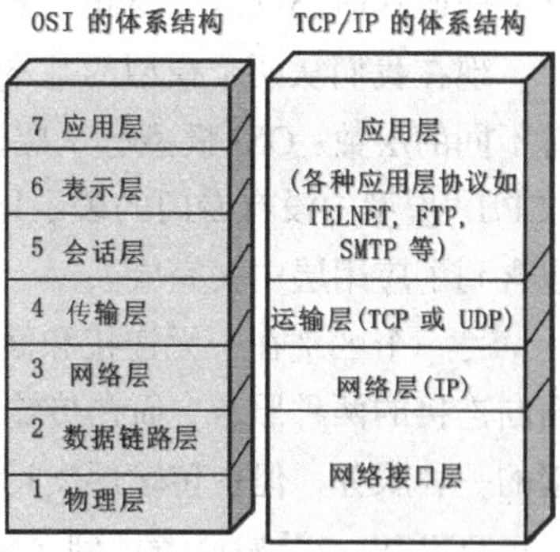

图 1-31　TCP/IP 模型体系结构

（2）网络层（网际互联层）

网际互联层对应于 OSI 参考模型的网络层，主要解决主机到主机的通信问题。它所包含的协议涉及数据包在整个网络上的逻辑传输。它注重重新赋予主机一个 IP 地址来完成对主机的寻址，它还负责数据包在多种网络中的路由。该层有 3 个主要协议：网际协议（IP）、互联网组管理协议（IGMP）和互联网控制报文协议（ICMP）。IP 协议是网际互联层最重要的协议，它提供的是一个可靠、无连接的数据报传递服务。

（3）运输层

运输层对应于 OSI 参考模型的传输层，为应用层实体提供端到端的通信功能，保证了数据包的顺序传送及数据的完整性。该层定义了两个主要的协议：传输控制协议（TCP）和用户数据报协议（UDP）。TCP 提供的是一种可靠的、面向连接的数据传输服务，而 UDP 提供的则是不可靠的、无连接的数据传输服务。

（4）应用层

应用层对应于 OSI 参考模型的高层，为用户提供所需要的各种服务，如 FTP、Telnet、DNS、SMTP 等。

1.3.4　OSI 参考模型与 TCP/IP 参考模型的比较

OSI 和 TCP/IP 参考模型有很多共同点。两者都以协议栈概念为基础，并且协议栈中的协议彼此相互独立。除此之外，两个模型中各层的功能也大致相似。例如，在两个模型中，传输层以及传输层以上各层都为希望通信的进程提供了一种端到端的独立于网络的传输服务。这些层组成了传输服务提供者。而且，在这两个模型中，传输层之上的各层都是传输服务的用户，并且是面向应用的。

除了这些基本的相似性以外，两个模型也有许多不同的地方。OSI 参考模型在协议发明之前就已经产生了。这种顺序关系意味着 OSI 模型不会偏向于任何一组特定的协议，这个事实使得 OSI 模型更具有通用性。但这种做法也有缺点，那就是设计者在这方面没有太多的经验，因此对于每一层应该设置哪些功能没有特别好的主意。例如，数据链路层最初只处理点到点的网络。当广播式网络出现后，必须在模型中嵌入一个新的子层。而且，当人们使用 OSI 模型和已有协议来构建实际网络时，才发现这些网络并不能很好地满足所需的服务规范，因此不得不在模型中加入一些汇聚子层，以便提供足够的空间来弥补这些差异。

而 TCP/IP 却正好相反：先有协议，TCP/IP 模型知识已有协议的一个描述而已。所以，毫无疑问，协议与模型高度吻合，而且两者结合得非常完美。唯一的问题在于，TCP/IP 模型并不合适任何其他协议栈。因此，要想描述其他非 TCP/IP 网络，该模型并不很有用。

现在我们从两个模型的基本思想转到更为具体的方面上来，它们之间一个很明显的区别是有不同的层数：OSI 模型有 7 层，而 TCP/IP 模型只有 4 层。它们都有网络层、传输层和应用层，TCP/IP 模型中没有专门的表示层和会话层，它将与这两层相关的表达、编码和会话控制等功能包含到了应用层中去完成。

另一个区别在于无连接和面向连接的通信领域有所不同。OSI 模型在网络层支持无连接和面向连接的两种服务，而在传输层仅支持面向连接的服务。TCP/IP 模型在网络层则只支持无连接的一种服务，但在传输层支持面向连接和无连接两种服务。

TCP/IP 一开始就考虑到多种异构网的互连问题，并将网际协议（IP）作为 TCP/IP 的重要组成部分，并且作为从因特网上发展起来的协议，已经成了网络互连的事实标准。但是，目前还没有实际网络是建立在 OSI 参考模型基础上的，OSI 仅仅作为理论的参考模型被广泛使用。

1.3.5 本书使用的参考模型

如前所述，OSI 参考模型的实力在于模型本身，它已被证明对于讨论计算机网络特别有益。相反，TCP/IP 参考模型的实力体现在协议，这些协议已被广泛使用多年。TCP/IP 是 4 层的体系结构：应用层、运输层、网络层和网络接口层，但最下面的网络接口层并没有具体内容，因此往往采取折中的办法，即综合 OSI 和 TCP/IP 的优点，采用一种只有五层协议的体系结构，自上而下分别是应用层、传输层、网络层、数据链路层和物理层，如图 1-32 所示。

这个模型有 5 层，从物理层往上穿过数据链路层、网络层和传输层到应用层。物理层规定了如何在不同的介质上以电气（或其他模拟）信号传输比特。数据链路层关注的是如何在两台直接相连的计算机之间发送有限长度的消息，并具有指定级别的可靠性。以太网和 802.11 是链路层协议的例子。网络层主要处理如何把多条链路结合到网络中，以及如何把网络与网络联结成互连网络，以便使我们可以在两个相隔遥远的计算机之间发送数据包。网络层的任务包括找到传送数据包所走的路径。IP 是我们将要学习的网络层主要协议案例。传输层增强了网络层的传递保证，通常具有更高的可靠性，而且提供了数据交付的抽象，比如满足不同应用需求的可靠字节流。TCP 是传输层协议的一个重要实例。最后应用层包含了使用网络的应用程序。许多网络应用程序都是用户界面，比如 Web 浏览器，但是也不是所有的应用程序都有用户界面。然而，我们关心的是应用程序中只用网络的那部分程序。在 Web 浏览器的情况下就是 HTTP 协议。应用层也有重要的支撑程序供许多其他应用程序使用，比如 DNS。

图 1-33 所示为应用进程的数据在各层之间的传递过程中所经历的变化。这里为简单起见，假定两个主机是直接相连的。

假定主机 1 的应用进程 AP_1 想要跟主机 2 的应用进程 AP_2 通信。AP_1 先将数据交给本主机的第 5 层（应用层）。第 5 层加上必要的控制信息 H_5 就变成了应用层协议数据单元（APDU）交给下一层第 4 层（传输层）。第 4 层收到这个数据单元后，加上本层的控制信息 H_4，再交给第 3 层（网络层），称为第 3 层的数据单元。依此类推。不过到了第 2 层（数据链路层）后，控制信息分成两部分，分别加到本层数据单元的首部（H_2）和未必（T_2），而第 1 层（物理层）由于是比特流的传送，所以不再加上控制信息。请注意，传送比特流应该从首部开始传送。当这一串的比特流离开主机 1 经过网络的传输介质到目的主机 2 时，就从主机 2 的第 1 层物理层依次上升到第 5 层应用层。每一层根据控制信息进行必要的操作后将控制信息剥去，将该层剩下的数据单元交给上一层，依此类推。最后将应用进程的原始数据进行还原交给目的进程 AP_2。

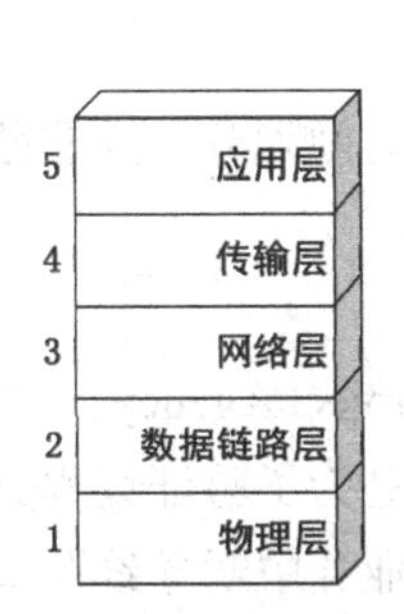

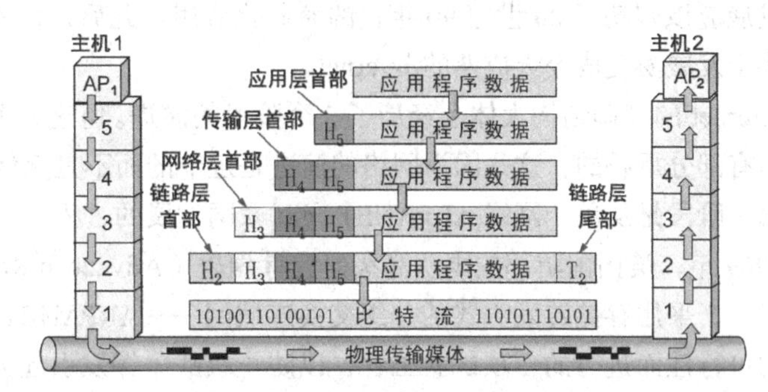

图 1-32　五层协议的体系结构　　图 1-33　数据在各层之间的传递过程

本书的章节顺序就以此模型为基础安排。为了便于理解网络体系结构我们保留了 OSI 模型的价值，但把关注的重点放在实际使用的重要协议上，从 TCP/IP 及相关协议到一些新的协议。

1.4 网络实例

计算机联网这一主题覆盖了许多不同种类的网络，规模有大有小，有知名的也有不知名的。不同的网络具有不同的目标、尺度和技术。在接下来的几小节，将介绍一些网络实例，以便读者对于计算机网络领域中的各种网络有一个认识。

首先从 Internet 开始，我们将讨论它的历史、发展历程以及相应的技术；其次介绍移动电话网络，从技术角度来看，它与 Internet 有很大的不同，两者形成了鲜明的对比；接下来介绍 IEEE 802.11，即最主要的无线局域网络；最后将考察 RFID 和传感器网络，利用这些网络扩展技术，可将计算机网络的触角延伸到物理世界和日常物品。

1.4.1 Internet

Internet 中文译为因特网，又叫国际计算机信息资源网，它是位于世界各地并且彼此相互通信的一个大型计算机网络。组成 Internet 的计算机网络有小规模的局域网（LAN）、城市规模的区域网（MAN），以及大规模的广域网（WAN）。这些网络通过普通电话线、高速率专用线路、卫星、微波和光缆把不同国家的大学、公司、科研部门以及军事和政府组织连接起来。Internet 拥有数千万台计算机和上亿个用户，是全球信息资源的超大型集合体。所有采用 TCP/IP 的计算机都可加入 Internet 中，实现信息共享和相互通信。与传统的书籍、报刊、广播、电视等传播媒体相比，Internet 使用方便、查阅更快捷、内容更丰富。今天，Internet 已在世界范围内得到了广泛的普及与应用，并正在迅速的改变人们的工作方式和生活方式。

Internet 的萌芽期起源于 20 世纪 60 年代中期由美国国防部高级研究计划局（ARPA）资助

的 ARPANET，此后提出的 TCP/IP 为 Internet 的发展奠定了基础。1986 年美国国家科学基金会（NSF）的 NSFNET 加入了 Internet 主干网，由此推动了 Internet 的发展。但是，Internet 的真正飞跃发展应该归功于 20 世纪 90 年代的商业化应用。此后，世界各地无数的企业和个人纷纷加入，终于发展演变成今天成熟的 Internet。

Internet 的基础结构大体上经历了 3 个阶段的演进。但这 3 个阶段在时间划分上并非截然分开而是有部分重叠的，这是因为网络的演进是逐渐的而不是突然的。

第一阶段是从单个网络 ARPANET 向互联网发展的过程。

1969 年，美国国防部的国防高级研究计划署（Advanced Research Project Agency，ARPA）建立了一个采用存储转发方式的分组交换广域网——ARPANET，该网络是为了验证远程分组交换网的可行性而进行的一项试验工程，以防止核战争爆发引起大量电话业务中断导致军事通信瘫痪的局面出现。ARPANET 就是今天 Internet 的前身。从 1969 年 ARPANET 诞生直到 20 世纪 80 年代中期，是 Internet 发展的第一阶段——试验研究阶段。

这里需要说明的是 internet 和 Internet 的区别：以小写字母 i 开始的 internet（互联网）是一个通用名词，它泛指由多个计算机网络互连而成的网络。以大写字母 I 开始的 Internet（因特网）则是一个专用名词，它指当前全球最大的、开放的、由众多网络相互连接而成的特定计算机网络，它采用 TCP/IP 协议族作为通信的规则，且其前身是美国的 ARPANET。

第二阶段的特点是建成了三级结构的因特网，分为主干网、地区网和校园网（或企业网）。

1986 年，美国国家科学基金会（U.S. National Science Foundation，NSF）建立了以 ARPANET 为基础的学术性网络，即 NSFNET，它是 Internet 的先驱。NSFNET 的形成和发展，使它成为 Internet 的最重要的组成部分。1991 年，NSF 放松了有关 Internet 使用的限制，开始允许使用 Internet 进行部分商务活动，这样不仅商业用户可以进入 Internet，而且 Internet 的经营也商业化了。1995 年，NSFNET 结束了它作为 Internet 主干网的历史使命，Internet 从学术性网络转化为商业性网络。

第三阶段的特点是逐渐形成了多级 ISP 结构的 Internet。

Internet 服务提供者（Internet Service Provider，ISP），又常称为 Internet 服务提供商。在许多情况下，ISP 就是一个进行商业活动的公司，如国内的中国联通、中国电信等。ISP 拥有从 Internet 管理机构申请到的多个 IP 地址（Internet 上的主机都必须有 IP 地址才能进行通信），同时拥有通信线路（大的 ISP 自己创建通信线路，小的 ISP 则向电信公司租用通信线路）以及路由器等联网设备，因此任何机构和个人只要向 ISP 交纳规定的费用，就可以从 ISP 得到所需要的 IP 地址，并通过该 ISP 接入到 Internet。我们通常所说的“上网”就是指“（通过某个 ISP）接入到 Internet”，因为 ISP 向连接到 Internet 的用户提供了 IP 地址。IP 地址管理机构不会把一个单个的 IP 地址分配给单个用户，而是把一批 IP 地址有偿分配给经审核合格的 ISP。从以上可以看出，现在的 Internet 已经不是某个单个组织所拥有而是全世界无数大大小小的 ISP 所共同拥有的。图 1-34 所示为用户上网和 ISP 的关系。

图 1-34 用户通过 ISP 接入 Internet

根据提供服务的覆盖面积大小以及所拥有的 IP 地址数目的不同，ISP 也分为不同的层次。图 1-35 所示为具有 3 层 ISP 结构的 Internet 概念示意图，但是要注意这种示意图并不表示各个 ISP 的地理位置关系。

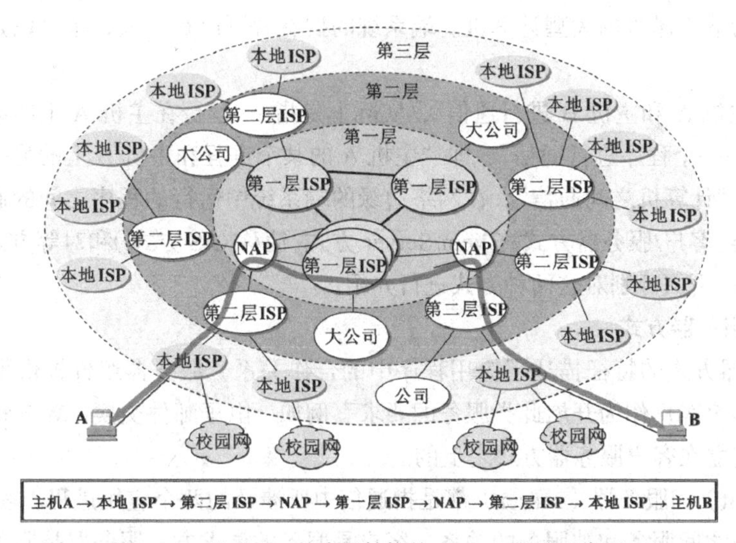

图 1-35　基于 ISP 的多层结构的 Internet 概念示意图

在图 1-35 中，最高级别第一层 ISP 的服务面积最大（一般能够覆盖国家范围），并且还拥有高速主干网。第二层 ISP 和一些大公司都是第一层 ISP 的用户。第三层 ISP 又称为本地 ISP，它们是第二层 ISP 的用户，并只拥有本地范围的网络。一般的校园网或企业网以及拨号上网的用户都属于第三层 ISP 的用户。图中主机 A 与主机 B 进行通信，需要经过本地 ISP 到第二层 ISP 再经过 NAP（网络访问点）到第一层 ISP，经由第一层 ISP 连接主机 B 所在的第二层 ISP 到本地 ISP 后到达主机 B。

随着各国信息基础设施（信息高速公路）建设步伐的加快，Internet 网络规模与传输速率的不断扩大，网上的商务活动日益增多，一些大的公司纷纷加入了 Internet 的行列。目前的 Internet 是由多个商业公司运行的多个主干网，通过若干个网络访问点（Network Access Points）将网络互连而成。在短短的四十几年时间里，Internet 从研究试验阶段发展到用于教育、科研的学术性阶段，进而发展到商业化阶段，这一历程充分体现了 Internet 发展的迅速，以及技术的日益成熟和应用的日益广泛。

Internet 使用户可以随时从网上选用世界各地的信息和技术资源。随着万维网的出现，扫清了用户入网的困难和障碍。它使大批不熟悉网络的用户也能十分方便、快捷地从网上获取所需要的各种信息资源，还能借此传送信息或发布自己的信息。

Internet 的拓扑结构虽然非常复杂，并且在地理上覆盖了全球，但从其工作方式上看，可以划分为以下的两大块。

① 边缘部分：由所有连接在 Internet 上的主机组成。这部分是用户直接使用的，用来进行通信（传送数据、音频或视频）和资源共享。

② 核心部分：由大量网络和连接这些网络的路由器组成。这部分是为边缘部分提供服务的（提供连通性和交换）。

图 1-36 所示为 Internet 的边缘部分和核心部分示意图，下面分别讨论这两部分的作用和工作方式。

处在 Internet 边缘的部分就是连接在 Internet 上的所有主机。这些主机又称为端系统（end system）。端系统在功能上可能有很大的差别，小的端系统可以是一台普通个人电脑，而大的端系统可以是一台非常昂贵的大型计算机。端系统的拥有者可以是个人，也可以是单位（学校、企业等）。

我们说“主机A和主机B进行通信”，实际上是指：“运行在主机A上的某个程序和运行在主机B上的另一个程序进行通信”，即“主机A的某个进程和主机B上的另一个进程进行通信”，或简称为“计算机之间通信”。在网络边缘的端系统中运行的程序之间的通信方法通常可以划分成两大类：客户/服务器方式（Client/Server方式，简称C/S方式）和对等方式（Peer to Peer，简称P2P方式）。下面分别对这两种方式进行介绍。

（1）客户/服务器方式

客户/服务器方式的特征描述了应用程序中的合作关系。服务器组件提供了一个功能或服务，以一个或多个客户作为开展此类服务的要求。例如，电子邮件交换，Web访问和数据库访问功能，都是建立在客户服务器方式之上的。

客户（client）和服务器（server）都是指通信中所涉及的两个应用进程。客户/服务器方式所描述的是进程之间服务和被服务的关系。客户是服务的请求方，服务器是服务的提供方。如图1-37所示为客户A向服务器B发出请求服务，而服务器B向客户A提供服务的过程。客户软件的特点是：被用户调用后运行，在打算通信时主动向远地服务器发起通信（请求服务），因此，客户程序必须知道服务器程序的地址。服务器软件的特点是：一种专门用来提供某种服务的程序，可同时处理多个远地或本地客户的请求；系统启动后即自动调用并一直不断地运行着，被动地等待并接受来自各地的客户的通信请求，因此，服务器程序不需要知道客户程序的地址。

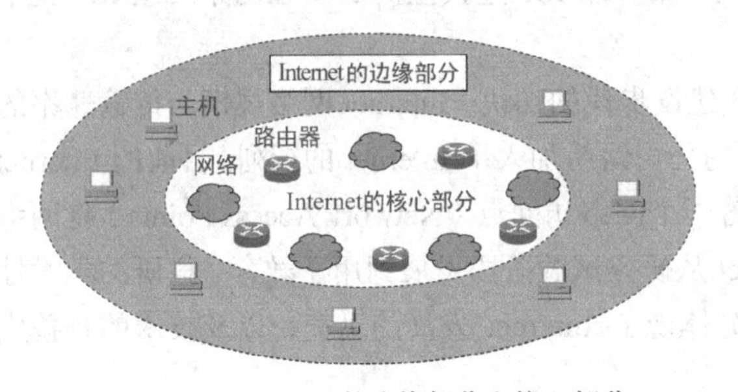

图1-36　Internet的边缘部分和核心部分

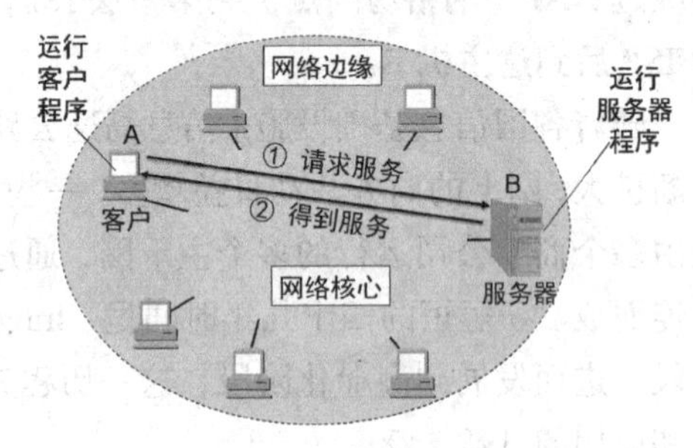

图1-37　客户/服务器工作方式

客户/服务器方式已成为网络计算的核心思想之一。许多商业应用程序都使用客户/服务器模型，如互联网的主要应用协议HTTP、SMTP、Telnet、DNS等都是C/S模式的。

（2）对等方式

对等计算（Peer to Peer，简称P2P）可以简单的定义成通过直接交换来共享计算机资源和服务，而对等计算模型应用层形成的网络通常称为对等网络。在P2P网络环境中，成千上万台彼此连接的计算机都处于对等的地位，整个网络一般来说不依赖专用的集中服务器。网络中的每一台计算机既能充当网络服务的请求者，又对其他计算机的请求做出响应，提供资源和服务。通常这些资源和服务包括：信息的共享和交换、计算资源（如CPU的共享）、存储共享（如缓存和磁盘空间的使用）等。只要两个主机都运行了对等连接软件（P2P软件），它们就可以进行平等的、对等连接通信。双方都可以下载对方已经存储在硬盘中的共享文档。

对等连接方式从本质上看仍然是使用客户/服务器方式，只是对等连接中的每一个主机既是客户又同时是服务器。例如，主机C请求D的服务时，C是客户，D是服务器。但如果C又同时向 F 提供服务，那么 C 又同时起着服务器的作用。对等连接工作方式如图 1-38 所示。

网络核心部分是 Internet 中最复杂的部分。网络中的核心部分要向网络边缘中的大量主机提供连通性，使边缘部分中的任何一个主机都能够向其他主机通信（即传送或接收各种形式的数据）。在网络核心部分起特殊作用的是路由器（router）。路由器是实现分组交换（packet switching）的关键构件，其任务是转发收到的分组，这是网络核心部分最重要的功能。

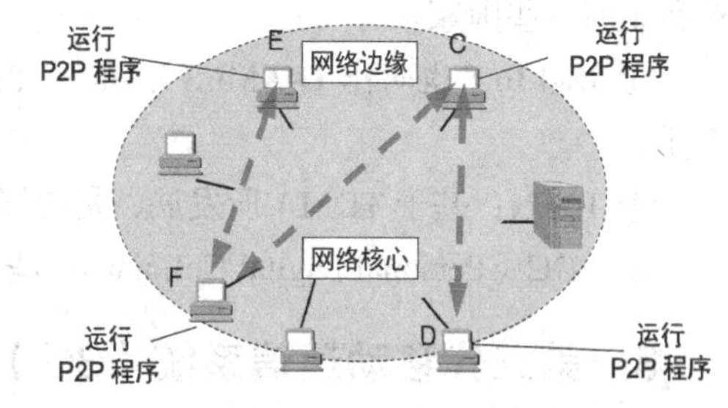

图 1-38　对等连接工作方式

Internet 的核心部分是由许多网络和把它们互连起来的路由器组成的，而主机处在 Internet 的边缘部分。在 Internet 核心部分的路由器之间一般都用高速链路相连接，而在网络边缘的主机接入到核心部分则通常以相对较低速率的链路相连接。主机的用途是为用户进行信息处理，并且可以和其他主机通过网络交换信息。路由器的用途则是用来转发分组的，即进行分组交换。分组交换的内容将在第 6 章物理层中阐述。

1.4.2 移动电话网络

在过去的十几年中，世界电信发生了巨大的变化，移动通信特别是蜂窝小区的迅速发展，使用户彻底摆脱终端设备的束缚，实现了完整的个人移动性、可靠的传输手段和接续方式。进入 21 世纪，移动通信将逐渐演变成社会发展和进步的必不可少的工具。

1. 第一代移动通信系统（1G）

第一代移动通信系统（1G）是在 20 世纪 80 年代初提出的，它完成于 20 世纪 90 年代初，如 NMT（Nordic Mobile Telephone，北欧移动电话）和 AMPS（advantage mobile phone system，模拟移动通信系统），NMT 于 1981 年投入运营。第一代移动通信系统是基于模拟传输的，其特点是业务量小、质量差、安全性差、没有加密和速度低。1G 主要基于蜂窝结构组网，直接使用模拟语音调制技术，传输速率约 2.4kbit/s。不同国家采用不同的工作系统。

2. 第二代移动通信系统（2G）

第二代移动通信系统（2G）起源于 20 世纪 90 年代初期，相对于前一代直接以模拟信号的方式进行语音传输，2G 移动通信系统对语音系统以数字化方式传输，除具有通话功能外，某些系统还引入了短信（Short message service，SMS）功能。在某些 2G 系统中也支持资料传输与传真，但因为速度缓慢，只适合传输量低的电子邮件、软件等信息。

2G 技术基本上可依照采用的多路复用（Multiplexing）技术形式分成两类：一类是基于 TDMA（Time Division Multiple Access，时分多址）所发展出来的系统，以 GSM（Global System for Mobile communication，全球移动通信系统）为代表；另一类则是基于 CDMA（Code Division Multiple Access，码分多址）规格所发展出来的系统，如 cdmaOne。多路复用技术将在第 6 章物理层中阐述。

第二代手机通信技术规格主要的标准如下。

① GSM：基于 TDMA 所发展，源于欧洲，目前已全球化。

② IS-95（也叫作 cdmaOne）：基于 CDMA 所发展，是美国最简单的 CDMA 系统，用于美洲和亚洲一些国家。

③ IS-136（也叫作 D-AMPS）：基于 TDMA 所发展，是美国最简单的 TDMA 系统，用于美洲。

④ IDEN：基于 TDMA 所发展，是美国独有的系统，被美国电信系统商 Nextell 使用。

⑤ PDC（Personal Digital Cellular）：基于 TDMA 所发展，仅在日本普及。

3. 第三代移动通信系统（3G）

3G 是“第三代移动通信技术”（英语：3rd-Generation）的缩写，也就是 IMT-2000（International Mobile Telecommunications-2000），是指支持高速数据传输的蜂窝移动通信技术。3G 服务能够同时发送声音（通话）及信息（电子邮件、实时通信等）。3G 的代表特征是提供高速数据业务，速率一般在几百 kbit/s 以上。3G 规范是由国际电信联盟（ITU）所制定的 IMT-2000 规范的最终发展结果。原先制定的 3G 远景，是能够以此规范达到全球通信系统的标准化。目前 3G 存在 4 种标准：W-CDMA、CDMA2000、TD-SCDMA 和 WiMAX。

3G 是将无线通信与国际互联网等多媒体通信结合的新一代移动通信系统。能够处理图像、音乐、视频形式，提供网页浏览、电话会议、电子商务信息服务。无线网络必须能够支持不同的数据传输速度，也就是说在室内、室外和行车的环境中能够分别支持至少 2Mbit/s、384kbit/s 以及 144kbit/s 的传输速度。由于采用了更高的频带和更先进的无线（空中接口）接入技术，3G 标准的流动通信网络通信质量较 2G、2.5G（GPRS）网络有了很大提高，比如软切换技术使得旅途中高速运动的移动用户在驶出一个无线小区并进入另一个无线小区时不再出现掉线现象。而更高的频带范围和用户分级规则使得单位区域内的网络容量大大提高，同时通话允许量大大增加。

3G 最大的优点即是高速的数据下载能力，3G 随使用环境的不同有 300kbit/s～2Mbit/s 的传输速率。

4. 第四代移动通信系统（4G）

第四代移动通信技术标准（the fourth generation of mobile phone mobile communication technology standards，4G），是 3G 之后的延伸。2008 年 3 月，在国际电信联盟-无线电通信部门（ITU-R）指定一组用于 4G 标准的要求，命名为 IMT-Advanced 规范，设定 4G 服务的峰值速度要求在 100Mbit/s 的高速移动通信（如在火车和汽车上使用）和 1Gbit/s 的固定或低速移动的通信（如行人和定点上网的用户）。

4G 是集 3G 与 WLAN 于一体并能够传输高质量视频图像以及图像传输质量与高清晰度电视不相上下的技术产品。4G 系统能够以 100Mbit/s 的速度下载，比拨号上网快 2000 倍，上传的速度也能达到 20Mbit/s，并能够满足几乎所有用户对于无线服务的要求。而在用户最为关注的价格方面，4G 与固定宽带网络在价格方面不相上下，而且计费方式更加灵活机动，用户完全可以根据自身的需求确定所需的服务。此外，4G 可以在 DSL 和有线电视调制解调器没有覆盖的地方部署，然后再扩展到整个地区。很明显，4G 有着不可比拟的优越性。

4G 移动通信对加速增长的宽带无线连接的要求提供技术上的回应，对跨越公众的和专用的、室内和室外的多种无线系统和网络保证提供无缝的服务。通过对最适合的可用网络提供用户所需求的最佳服务，能应付基于 Internet 通信所期望的增长，增添新的频段，使频谱资源大扩展，提供不同类型的通信接口，运用路由技术为主的网络架构，以傅里叶变换来发展硬件架构实现第四代网络架构。移动通信会向数据化，高速化、宽带化、频段更高化方向发展，移动数据、移动 IP 预计会成为未来移动网的主流业务。

2013 年 12 月 4 日下午，工业和信息化部（以下简称“工信部”）向中国移动、中国电信、中国联通正式发放了第四代移动通信业务牌照（即 4G 牌照），中国移动、中国电信、中国联通三家均获得 TD-LTE 牌照，此举标志着中国电信产业正式进入了 4G 时代。

1.4.3 无线局域网：802.11

几乎在笔记本电脑一出现，许多人就有一个梦想，当他们走进办公室时随身携带的笔记本电脑会神奇地自动与 Internet 连接。因此，不同的工作组开始研究实现这一目标的工作方式。最实际的做法是在办公室和笔记本电脑上都配备短程无线电发射机和接收机，以便它们实行通信。

这一领域的工作迅速引导各种各样的公司进入无线局域网市场，销售各自的产品。麻烦的是，没有任何两个产品相互兼容。标准的发散意味着配备了 A 无线接口的计算机将无法与配备在同一房间里品牌为 B 的基站正常工作。在 20 世纪 90 年代中期，从事标准化有线局域网的 IEEE 委员会被赋予了制定无线局域网标准的任务，并制定了无线局域网标准 802.11。

无线局域网络（Wireless Local Area Networks，WLAN）是相当便利的数据传输系统，它利用射频（Radio Frequency，RF）技术，取代旧式双绞铜线所构成的局域网络，使得无线局域网络能利用简单的存取架构让用户透过它，达到“信息随身化、便利走天下”的理想境界。基于 IEEE 802.11 标准的无线局域网允许在局域网络环境中使用可以不必授权的 ISM 频段中的 2.4GHz 或 5GHz 射频波段进行无线连接。它们被广泛应用，从家庭到企业再到 Internet 接入热点。下面我们以简单的家庭无线局域网为例进行介绍。

家庭无线局域网如图 1-39 所示，一台设备作为防火墙、路由器、交换机和无线接入点。这些无线路由器可以提供广泛的功能，例如，保护家庭网络远离外界的入侵；允许共享一个 ISP（Internet 服务提供商）的单一 IP 地址；可为 4 台计算机提供有线以太网服务，但是也可以和另一个以太网交换机或集线器进行扩展；为多个无线计算机作一个无线接入点。通常基本模块提供 2.4GHz 802.11b/g 操作的 Wi-Fi，而更高端模块将提供双波段 Wi-Fi 或高速 MIMO 性能。

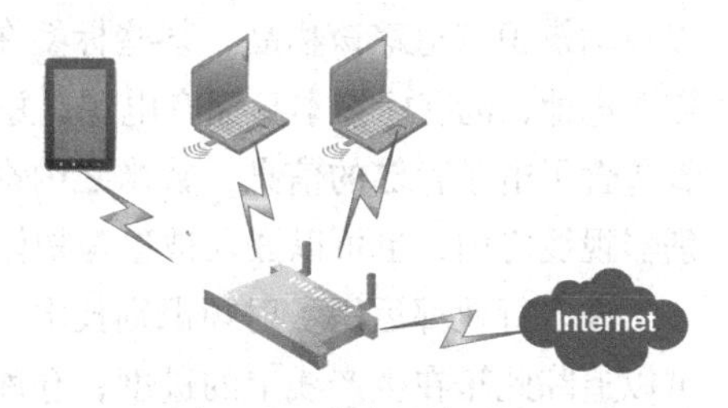

图 1-39 家庭无线局域网

上面我们只是举了一个大家最为熟悉的例子，当然还有中型 WLAN：中等规模的企业传统上使用一个简单的设计，即向所有需要无线覆盖的设施提供多个接入点。还有大型可交换 WLAN：交换无线局域网是无线联网最新的进展，简化的接入点通过几个中心化的无线控制器进行控制，数据通过 Cisco、ArubaNetworks、Symbol、

TrapezeNetworks 等制造商的中心化无线控制器进行传输和管理。

还有一个名词我们不得不说一下，那就是 WIFI。WIFI（Wireless Fidelity，无线保真）技术是一个基于 IEEE 802.11 系列标准的无线网络通信技术的品牌，目的是改善基于 IEEE 802.11 标准的无线网络产品之间的互通性，由 Wi-Fi 联盟（Wi-Fi Alliance）所持有，简单来说 WIFI 就是一种无线联网的技术，以前通过网络连接计算机，而现在则是通过无线电波来联网。而 Wi-Fi 联盟（也称作无线局域网标准化的组织）成立于 1999 年，当时的名称叫作 Wireless Ethernet Compatibility Alliance（WECA），在 2002 年 10 月，正式改名为 Wi-Fi Alliance。

WIFI 的正式名称是“IEEE 802.11b”，与蓝牙一样，同属于在办公室和家庭中使用的短距离无线技术。虽然在数据安全性方面，该技术比蓝牙技术要差一些，但是在电波的覆盖范围方面则要略胜一筹，WIFI 的覆盖范围可达 90m。

很多人在上网时就会发现家里用的计算机无线上网是 WLAN，而手机或是平板电脑上网又叫 WIFI。都是一样的无线上网，WLAN 和 WIFI 的区别又在哪里？

WLAN 和 WIFI 主要的区别在于以下几点：

① 覆盖范围不同。

一般 WIFI 都是小范围的，就像蓝牙一样，距离发射器远了就会收不到网络。而 WLAN 覆盖范围就广泛得多，主要看运营商是否在这个区域设了 WLAN。

② 发射信号的功率不同。

事实上 WIFI 就是无线局域网联盟的一个商标，该商标仅保障使用该商标的商品互相之间可以合作，与标准本身实际上没有关系，但因为 WIFI 主要采用 802.11b 协议，因此人们逐渐习惯用 WIFI 来称呼 802.11b 协议。从包含关系上来说，WIFI 是 WLAN 的一个标准，WIFI 包含于 WLAN 中，属于采用 WLAN 协议中的一项新技术。WIFI 的覆盖范围可达 90m，而 WLAN 最大（加天线）可以到 5km。

1.4.4 RFID 和传感器网络

射频识别（Radio Frequency Identification，RFID）技术，又称无线射频识别，是一种通信技术，可通过无线电信号识别特定目标并读写相关数据，而无须识别系统与特定目标之间建立机械或光学接触。

无线电信号是通过调成无线电频率的电磁场，把数据从附着在物品上的标签上传送出去，以自动辨识与追踪该物品。某些标签在识别时从识别器发出的电磁场中就可以得到能量，并不需要电池；也有标签本身拥有电源，并可以主动发出无线电波（调成无线电频率的电磁场）。标签包含了电子存储的信息，数米之内都可以识别。与条形码不同的是，射频标签不需要处在识别器视线之内，也可以嵌入被追踪物体之内。

许多行业都运用了射频识别技术。例如，将标签附着在一辆正在生产中的汽车上，厂方便可以追踪此车在生产线上的进度；仓库可以追踪药品的所在；射频标签也可以附于牲畜与宠物上，方便对牲畜与宠物的积极识别（积极识别意思是防止数只牲畜使用同一个身份）；射频识别的身份识别卡可以使员工得以进入锁住的区域；汽车上的射频应答器可以用来征收收费路段与停车场的费用。

从概念上来讲，RFID 类似于条码扫描，对于条码技术而言，它是将已编码的条形码附着于目标物并使用专用的扫描读写器利用光信号将信息由条形磁传送到扫描读写器；而 RFID 则使用专用的 RFID 读写器及专门的可附着于目标物的 RFID 标签，利用频率信号将信息由 RFID 标签传送至 RFID 读写器。从结构上讲 RFID 是一种简单的无线系统，只有两个基本器件，该系统用于控制、检测和跟踪物体。系统由一个询问器和很多应答器组成。

最初在技术领域，应答器是指能够传输信息回复信息的电子模块，近些年，由于射频技术发展迅猛，应答器有了新的说法和含义，又被叫作智能标签或标签。RFID 电子标签的阅读器通过天线与 RFID 电子标签进行无线通信，可以实现对标签识别码和内存数据的读出或写入操作。RFID 技术可识别高速运动物体并可同时识别多个标签，操作快捷方便。

在未来，RFID 技术的飞速发展对于物联网领域具有重要的意义。

本章小结

计算机网络是计算机与通信技术高度发展、紧密结合的产物、网络技术的进步正在对当前信息产业的发展产生重要的影响。从资源共享观点来看，计算机网络是以能够相互共享资源的方式互连起来的自制计算机集合。从计算机网络组成的角度看，典型的计算机网络从逻辑功能上可以分为资源子网和通信子网两部分。资源子网向网络用户提供各种网络资源与网络服务，通信子网完成网络中数据传输、转发等通信处理任务。计算机网络的用途非常广，既可以针对公司也可以针对个人，既可以在家里使用也可以在移动中使用。

大体上讲，网络可以分成 PAN、LAN、MAN 和 WAN。个域网允许设备围绕着一个人进行通信。典型的 LAN 覆盖一座建筑物，并且可以很高速率运行。MAN 通常覆盖一座城市，比如有线电视系统，现在有许多用户通过这个网络来访问 Internet。WAN 可以覆盖一个国家或者一个洲。计算机网络拓扑结构是用通信子网中结点与通信线路之间的几何关系来表示网络的结构。网络拓扑反映出网络中各实体间的结构关系，它对网络性能、系统可靠性与通信费用都有重大影响。计算机网络拓扑结构一般可以分为总线形、星形、树形、环形、网状形等。为了使多台计算机可相互之间通信，需要大量的标准化工作，不管是硬件方面还是软件方面，ISO、IEEE 等组织负责管理标准化进程的不同部分。

影响计算机网络性能的主要指标有速率、带宽、吞吐量、时延、时延带宽积、往返时间(RTT)、利用率等。

网络软件由网络协议组成，而协议是进程通信必须遵守的规则。大多数网络支持协议的层次结构，每一层向它的上一层提供服务，同时屏蔽掉较低层使用的协议细节。协议栈通常基于 OSI 模型或者 TCP/IP 模型。这两个模型都有网络层、传输层和应用层，但是它们在其他层不同。结合两个模型的优缺点，提出了本书使用的模型五层协议的体系结构。

著名的网络包括 Internet、移动电话网络和 IEEE 802.11 无线局域网。Internet 从 ARPANET 演变而来，现在的 Internet 实际上是成千上万个都采用 TCP/IP 族的网络的集合。移动电话网络为移动用户提供了多个高速率的 Internet 接入服务，当然也承载语音通信。无线局域网基于 IEEE 802.11 标准，大多数都部署在家庭和咖啡馆，这种网络提供了速率超过 100Mbit/s 的连通性。新型网络已经崭露头角，如基于 RFID 技术的网络。

习　题

一、选择题

1. 下列组件属于通信子网的是（　　）。
   A. 主机　　B. 终端　　C. 设备　　D. 传输介质
2. 我们提到广域网、城域网、局域网的时候，它们是按照（　　）方法来区分的。
   A. 不同类型　　B. 地理范围　　C. 管理方式　　D. 组织方式
3. 计算机网络是由（　　）技术相结合而形成的一种新的通信形式。
   A. 计算机技术、通信技术　　B. 计算机技术、电子技术
   C. 计算机技术、电磁技术　　D. 电子技术、电磁技术
4. （　　）结构不是局域网拓扑结构。
   A. 总线形　　B. 环形　　C. 星形　　D. 全互连形
5. （　　）不属于计算机网络的功能目标。
   A. 资源共享　　B. 提高可靠性
   C. 提供 CPU 运算速度　　D. 提高工作效率
6. 一座建筑物内的几个办公室要实现联网，应该选择的方案属于（　　）。
   A. PAN　　B. LAN　　C. MAN　　D. WAN
7. 在 TCP/IP 参考模型中，网络层的主要功能不包括（　　）。
   A. 处理来自传输层的分组发送请求
   B. 处理接收的数据报
   C. 处理互连的路径、流控与拥塞问题
   D. 处理数据格式变换、数据加密和解密、数据压缩与恢复等
8. 通常使用“波特率”描述 Modem 的通信速率，“波特率”的含义是（　　）。
   A. 每秒能传送的字节数（Byte）　　B. 每秒能传送的二进制位（Bit）
   C. 每秒能传送的字符数　　D. 数字信号与模拟信号的转换频率
9. TCP/IP 层的网络接口层对应 OSI 的（　　）。
   A. 物理层　　B. 链路层　　C. 网络层　　D. 物理层和链路层
10. （　　）不是信息传输速率比特的单位。
   A. bit/s　　B. b/s　　C. bps　　D. t/s

二、名词解释

1. 计算机网络　2. PAN　3. LAN　4. MAN　5. WAN　6. 协议　7. 服务　8. PDU

三、简答题

1. 什么是计算机网络？计算机网络由哪些部分组成？

2. 计算机网络的主要功能是什么？

3. 计算机网络分为哪些子网？各个子网都包括哪些设备？各有什么特点？

4. 计算机网络的拓扑结构有哪些？它们各有什么优缺点？

5. 简述小写和大写开头的英文名字 internet 和 Internet 在意思上有何重要区别。

6. Internet 两大组成部分（边缘部分与核心部分）的特点是什么？它们的工作方式各有什么特点？

7. 客户/服务器方式与对等通信方式的主要区别是什么？有没有相同的地方？

8. 简述计算机网络按照覆盖范围分类分成几类，并举例说明每一类的特点。

9. 收发两端之间的传输距离为 2 000km，信号的传播速率为 2×10^8m/s。试计算数据块长度为 100MB，数据发送速率为 100kbit/s 的情况下的发送时延和传播时延。

10. 简述 OSI 参考模型的各层功能。

11. 简述五层协议体系结构的各层功能。

12. 简述 OSI 参考模型和 TCP/IP 参考模型的异同。

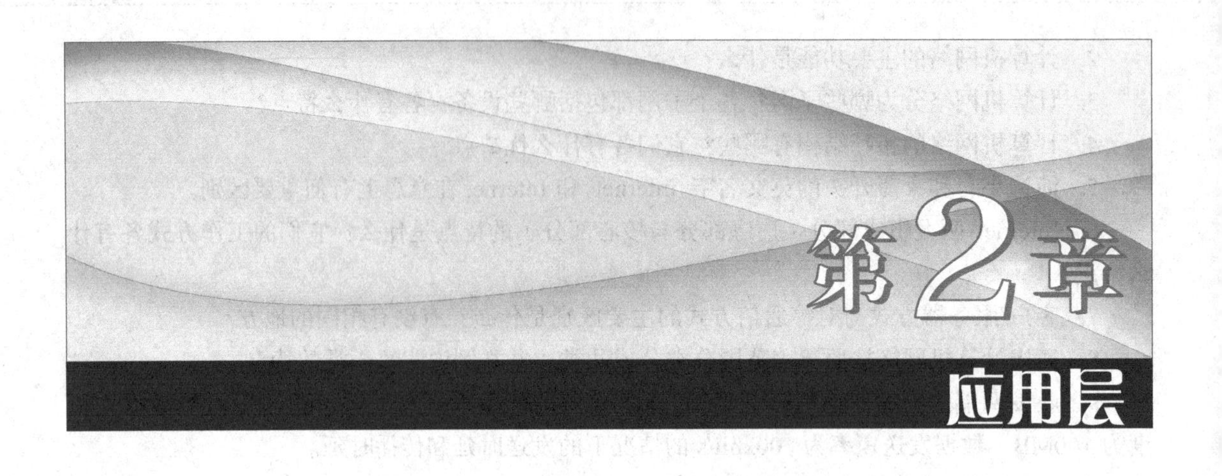

第2章 应用层

2.1 网络应用模型

应用层是网络体系结构的最高层。每个应用层协议都是为了解决某一类应用问题，问题的解决往往是通过位于不同主机中的多个应用进程之间的通信和协同工作来完成的。应用层的具体内容就是规定应用进程在通信时所遵循的协议，各种应用进程通过应用层协议来使用网络所提供的通信服务。Internet 技术的发展极大地丰富了应用层的内容，并且不断有新的协议加入。

目前流行的计算机网络应用模型有客户/服务器模型和 P2P 模型两大类。本章首先对两大模型进行介绍，然后给出各模型的应用举例，帮助读者更好的理解网络应用模型。

2.1.1 客户/服务器模型

客户（Client）和服务器（Server）是指通信中所涉及的两个应用进程。客户/服务器模型所描述的是进程之间服务和被服务的关系，通常简称 C/S 模型。所谓的客户是服务的请求方，服务器是服务的提供方。客户/服务器模型如图 2-1 所示。

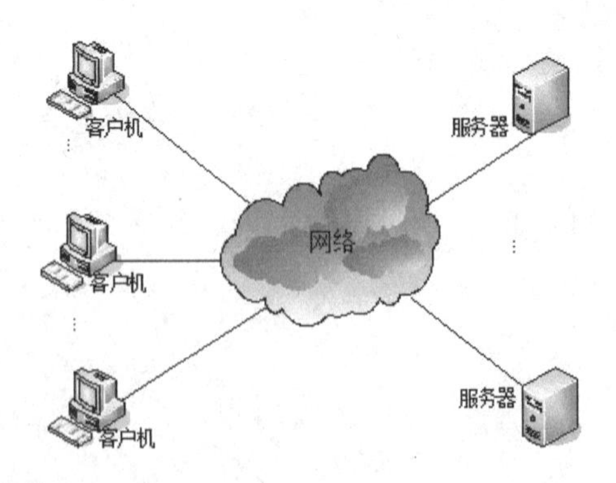

图 2-1 客户/服务器模型

客户软件被用户调用后运行，在打算通信时首先主动向远地服务器发起通信（请求服务），随后服务器向客户提供相应的服务。因此，客户进程必须知道服务器的地址，它一般不需要特殊的硬件和很复杂的操作系统。

服务器软件是一种专门用来提供某种服务的程序，可同时处理多个远地或本地客户的请求。系统启动后即被调用，一直不断地在后台运行着，被动地等待并接受来自各地的客户的通信请求。因此，服务器程序不需要知道客户程序的地址，它一般需要强大的硬件和高级的操作系统支持。

客户/服务器模型的典型应用有 DNS，FTP，WWW，Email，Telnet，DHCP 等。

客户/服务器模型具有以下优点。

① 信息存储管理比较集中规范。目前互联网上可以公开访问的信息基本都保存在服务器上，信息的储存管理功能比较透明，用户提出访问请求后，服务器就根据一定的规则应答访问请求。

② 安全性较好。从安全的角度来说，各种系统都存在或多或少的安全漏洞，由于 C/S 模式采用集中管理，因此一台客户机出现安全问题，不会影响整个系统。

2.1.2 P2P 模型

P2P 是“Peer to Peer”的缩写，P2P 模型也称对等网络模型，是指两个主机在进行通信时不存在中心结点，结点之间是对等的，不区分哪一个是服务请求方还是服务提供方，即每一个结点可以进行对等的通信，各结点同时具有媒体内容（Content）的接收、存储、发送和集成及其对媒体元数据（Metadata）的搜索和被搜索功能等。P2P 模型如图 2-2 和图 2-3 所示。

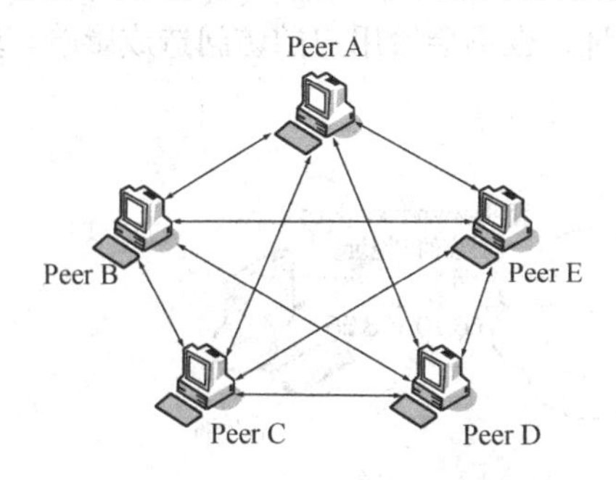

图 2-2　纯分散式 P2P 模型

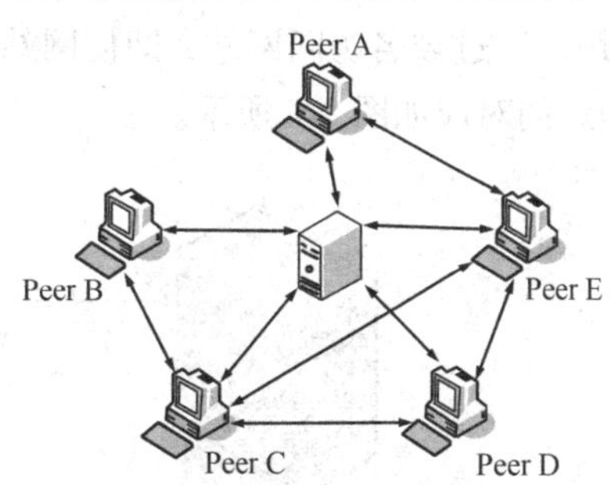

图 2-3　混合式 P2P 模型

P2P 模型的核心是利用用户资源，通过对等方式进行文件传输，这完全不同于传统的客户/服务器模型。P2P 通过“非中心化”的设计和多点传输机制，实现了不依赖服务器而快速的交换文件，在 P2P 模型的对等连接中，每一个主机既是客户端又同时是服务器。P2P 可以用来进行流媒体通信（如语音、视频或即时消息），也可以传送如控制信令、管理信息和其他数据文件，具体的应用如 Napster MP3 音乐文件搜索与共享、BitTorrent 多点文件下载、Skype VoIP 语音通信等。

P2P 模型具有以下优点。

① P2P 模型工作完全不依赖于集中式服务和资源。系统由直接互连通信的对等体组成，信息传递更加高效及时。

② 具有高扩展性。对等体越多，网络的性能越好，网络随着规模的增大而越发稳固，不存在瓶颈问题。

③ 资源利用率高。在 P2P 网络上，每一个对等体可以发布自己的信息，也可以利用网络上其他对等体的信息资源，使闲散资源有机会得到利用。

2.2 标准客户/服务器应用举例

在网络的发展历程中，很多客户/服务器应用被开发出来。下面将介绍 6 个标准应用，包括

DNS 域名解析服务，FTP 文件传输服务，HTTP 超文本传输服务，EMAIL 电子邮件服务，TELNET 远程登录服务，DHCP 动态主机配置服务。

2.2.1 DNS

DNS 是域名系统（Domain Name System）的缩写，也是 TCP/IP 网络中的一个协议。在 Internet 上域名与 IP 地址之间是一一对应的，域名虽然便于人们记忆，但计算机之间只能互相认识 IP 地址，域名和 IP 地址之间的转换工作称为域名解析，域名解析需要由专门的域名解析服务器来完成，DNS 就是进行域名解析的服务器。

当我们在上网的时候，通常输入的是如：www.ncbuct.edu.cn 这样的网址，其实这就是一个域名，而该域名实际对应的 IP 地址是 60.10.193.26。但是这样的 IP 地址我们很难记住，所以有了域名的说法，域名会让我们更容易记住。网站域名一般是不变的，但是网站的 IP 地址可能会更换，用户通过域名访问网站，即使网站要更换 IP 地址，也不会给用户的访问造成影响。域名与 IP 地址的对应如图 2-4 所示。

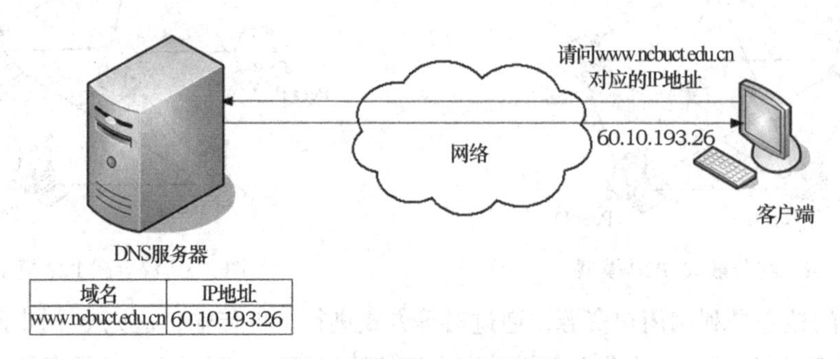

图 2-4　域名与 IP 地址对应

网站管理者只需要将 IP 地址与现有域名链接起来即可保证连通性。DNS 使用分布式服务器来解析与这些 IP 地址相关联的域名。

1. DNS 概述

DNS 协议定义了一套自动化服务，该服务将资源名称与所需的网络 IP 地址匹配。协议涵盖了查询格式、响应格式及数据格式。DNS 协议通信采用单一格式，即消息格式。该格式用于所有类型的客户端查询和服务器响应、报错消息以及服务器间的资源记录信息的传输。

DNS 是一种客户端/服务器服务。然而，它与我们讨论的其他客户端/服务器不同。其他服务使用的客户端是应用程序（如 Web 浏览器、电子邮件客户端程序），而 DNS 客户端本身就是一种服务。DNS 客户端有时被称为 DNS 解析器，它支持其他网络应用程序和服务的名称解析。

我们通常在配置网络设备时提供一个或者多个 DNS 服务器地址，DNS 客户端可以使用该地址进行域名解析。DNS 客户端的设置如图 2-5 所示。Internet 服务供应商（ISP）往往会为 DNS 服务器提供地址。当用户的应用程序请求通过域名连入远程设备时，DNS 客户端将向某一域名服务器请求查询，获得域名解析后的 IP 地址。

用户可以使用操作系统中名为 nslookup 的实用程序来诊断域名系统（DNS）基础结构的信息，如手动查询域名服务器，来解析给定的主机名。该实用程序也可以用于检测域名解析的故障，以及验证域名服务器的当前状态。

在 Windows 系统的命令提示符窗口输入“nslookup”命令回车后，即显示为主机配置的默认 DNS 服务器。如图 2-6 所示，DNS 服务器的域名是 cache.ctnt.com.cn，其 IP 地址是 219.150.32.132。在提示符后面输入域名可以解析出所对应的 IP 地址，输入 IP 地址可以解析出所对应的域名。

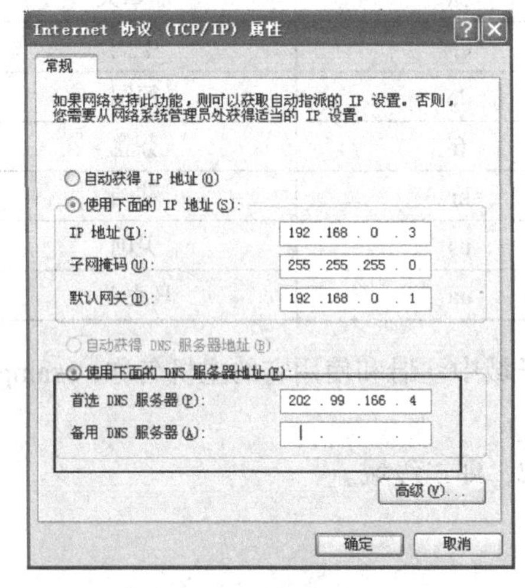

图 2-5 DNS 客户端的设置

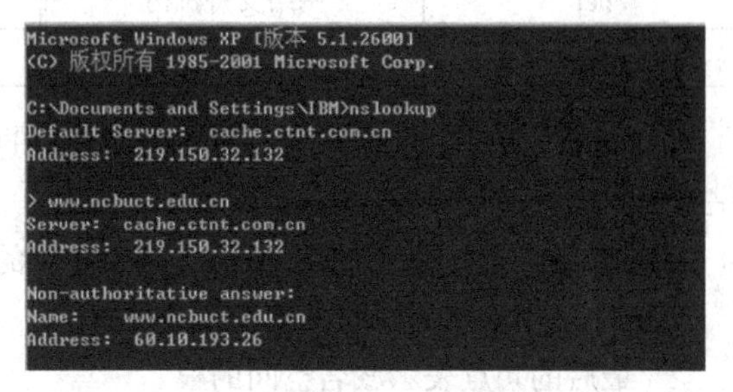

图 2-6 nslookup 命令使用演示

2. 域名的层次结构

域名系统采用分级系统创建域名数据库，从而提供域名解析服务。该层级模型的外观类似一棵倒置的树，枝叶在下，而树根在上。

域名系统采用层次化的命名机制，任何一个连接在 Internet 上的主机或路由器，都有一个唯一的层次结构的名字即域名。一个域由若干子域构成，而子域还可继续划分为子域的子域。如图 2-7 所示，域名的层次结构是树形的，最大的域是根域，根域是没有标识的，用“.”来表示。在根域下面是一级域名（也叫顶级域名），不同的顶级域名有不同的含义，分别代表组织类型或起源国家/地区。表 2-1 所示为部分顶级域名对应表。

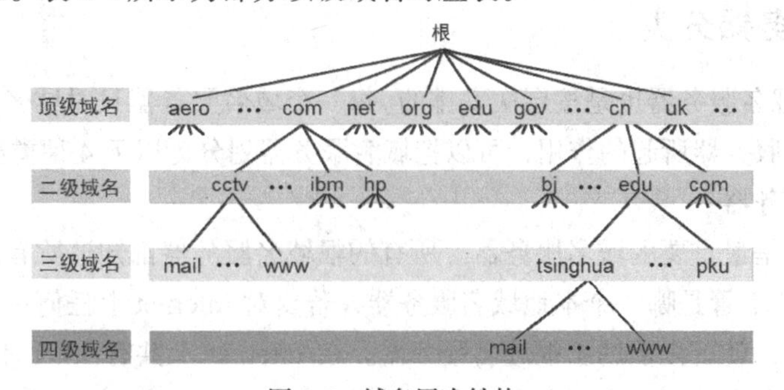

图 2-7 域名层次结构

顶级域名下层为二级域名，二级域名下层又可以划分多级子域。在最下面一层被称为 hostname（主机名称），如“host”。一般使用完全合格域名（FQDN）来表示域名，例如：

```
host.example.Microsoft.com.
```

“host”是最基本的信息，一般是一台计算机的主机名称。常见的 www 代表的是一个 Web 服务器，ftp 代表的是 FTP 服务器，smtp 代表的是电子邮件发送服务器，pop 代表的是电子邮件接收服务器。

表 2-1 部分顶级域名

顶级域名	域名类型	顶级域名	域名类型
com	商业组织	ca	加拿大
edu	教育机构	cn	中国
gov	政府机构	de	德国
int	国际组织	fi	芬兰
mil	美国军事机构	kr	韩国
net	网络支持机构	us	美国
org	非营利性组织	ua	乌克兰

“example”表示主机名称为 host 的计算机在这个子域中注册和使用它的主机名称，example 为三级域名。

“Microsoft”是“example”域的父域或相对的根域，即二级域。

“com”是用于表示商业机构的顶级域。

“.”最后的句点表示域名空间的根。

国家级域名下注册的二级域名结构由各国自己确定，中国互联网络信息中心（CNNIC）负责管理我国的顶级域名，它将二级域名划分为类别域名（如 com 表示商业组织）与行政区域域名（如 bj 代表北京）两类。

域名只是一个逻辑概念，并不代表计算机所在的物理位置。域名中的“点”和点分十进制 IP 地址中的“点”并无任何对应关系。

当一个组织希望加入域名系统时，必须到指定的域名管理机构申请，并申请自某个顶级域名下，大多数公司登记在 com 域，大多数大学登记在 edu 域。各级域名字段由上一级域名管理机构管理，顶级域名则由 Internet 有关国际机构管理。这种方法可以使每个域名是唯一的。新域名申请批准后，企业可以创建这个域名下的子域，创建子域无须征得域名树的上级同意。

3. 域名服务器分类

Internet 上的域名服务器也是按层次安排的。每一个域名服务器只对域名体系中的一部分进行管辖。根据域名服务器所起的作用，可以把域名服务器划分为以下 4 种类型。

（1）根域名服务器

根域名服务器是最重要的域名服务器。所有的根域名服务器都知道所有的顶级域名服务器的域名和 IP 地址。不管是哪一个本地域名服务器，若要对 Internet 上任何一个域名进行解析，只要自己无法解析，就首先求助于根域名服务器。在 Internet 上共有 13 个不同 IP 地址的根域名服务器，它们的名字是用一个英文字母命名，从 a 一直到 m（前 13 个字母）。尽管我们将这 13 个根域名服务器中的每一个都视为单个的服务器，但每台服务器实际上是冗余服务器的群集，以提供安全性和可靠性。

（2）顶级域名服务器

这些域名服务器负责管理在该顶级域名服务器注册的所有二级域名。当收到 DNS 查询请求时，就给出相应的回答（可能是最后的结果，也可能是下一步应当找的域名服务器的 IP 地址）。

（3）权限域名服务器

一个服务器所负责管辖的（或有权限的）范围叫作区（zone）。各单位根据具体情况来划分自己管辖范围的区，但在一个区中的所有结点必须是能够连通的。每一个区设置相应的权限域名服务器，用来保存该区中的所有主机的域名到 IP 地址的映射。DNS 服务器的管辖范围不是以“域”为单位，而是以“区”为单位。当一个权限域名服务器还不能给出最后的查询回答时，就会告诉发出查询请求的 DNS 客户，下一步应当找哪一个权限域名服务器。

（4）本地域名服务器

本地域名服务器对域名系统非常重要。当一个主机发出 DNS 查询请求时，这个查询请求报文就发送给本地域名服务器。每一个 Internet 服务提供者（ISP），或一个大学，甚至一个大学里的系，都可以拥有一个本地域名服务器，这种域名服务器有时也称为默认域名服务器。

DNS 域名服务器都把数据复制到几个域名服务器来保存，其中的一个是主域名服务器，其他的是辅助域名服务器。当主域名服务器出现故障时，辅助域名服务器可以保证 DNS 的查询工作不会中断。主域名服务器定期把数据复制到辅助域名服务器中，而更改数据只能在主域名服务器中进行，这样就保证了数据的一致性。

4. 域名解析过程

当 DNS 客户端向 DNS 服务器查询 IP 地址，或本地域名服务器（本地域名服务器有时也扮演 DNS 客户端的角色）向另一台 DNS 服务器查询 IP 地址时，可以有两种查询方式：递归查询和迭代查询。

（1）递归查询

递归查询是指 DNS 客户端发出查询请求后，如果 DNS 服务器内没有所需的数据，则 DNS 服务器会代替客户端向其他的 DNS 服务器进行查询。在这种方式中，DNS 服务器必须给 DNS 客户端做出回答。一般由 DNS 客户端提出的查询请求都是递归型的查询方式。

（2）迭代查询

迭代查询多用于 DNS 服务器与 DNS 服务器之间的查询方式。它的工作过程是：当第 1 台 DNS 服务器向第 2 台 DNS 服务器提出查询请求后，如果在第 2 台 DNS 服务器内没有所需要的数据，则它会提供第 3 台 DNS 服务器的 IP 地址给第 1 台 DNS 服务器，让第 1 台 DNS 服务器直接向第 3 台 DNS 服务器进行查询。依此类推，直到找到所需的数据为止。如果到最后一台 DNS 服务器中还没有找到所需的数据时，则通知第 1 台 DNS 服务器查询失败。

域名解析过程如图 2-8 所示，域名为 me.abc.com 的主机打算发送邮件给域名为 a.xyz.com 的另一个主机，那么域名为 me.abc.com 的主机就必须知道域名为 a.xyz.com 主机的 IP 地址。它所经历的查询步骤如下。

① 主机 me.abc.com 先向本地域名服务器 dns.abc.com 进行递归查询。

② 本地域名服务器采用迭代查询，向一个根域名服务器查询。

③ 根域名服务器告诉本地域名服务器，下一次应查询的顶级域名服务器 dns.com 的 IP 地址。

④ 本地域名服务器向顶级域名服务器 dns.com 进行查询。

⑤ 顶级域名服务器 dns.com 告诉本地域名服务器，下一次应该查询的权限域名服务器 dns.xyz.com 的 IP 地址。

⑥ 本地域名服务器向权限域名服务器 dns.xyz.com 进行查询。

⑦ 权限域名服务器 dns.xyz.com 告诉本地域名服务器，所查询的主机的 IP 地址。

⑧ 最后，本地域名服务器把查询结果告诉主机 me.abc.com。

以上 8 个步骤要使用 8 个 UDP 用户数据报报文。本地域名服务器经过 3 次迭代查询，从权限域名服务器得到了主机 a.xyz.com 的 IP 地址，最后把结果返回给发起查询的主机 me.abc.com。

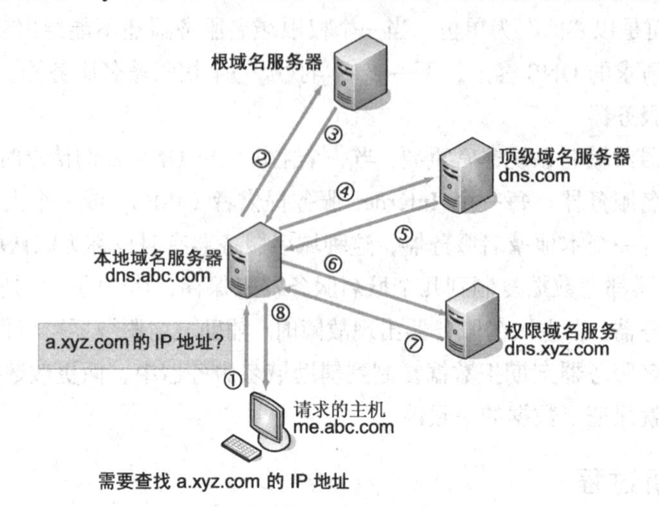

图 2-8　域名解析过程

域名解析请求将会发送到很多服务器，因此需要耗费额外的时间，而且耗费带宽。当检索到匹配信息时，当前服务器将该信息返回至源请求服务器，并将匹配域名的 IP 地址临时保存在缓存中。每个域名服务器都维护一个高速缓存，存放最近用过的名字以及从何处获得名字映射信息的记录。因此，当再次请求解析相同的域名时，第一台服务器就可以直接调用域名缓存中的地址。通过缓存机制，不但降低了 DNS 查询数据网络的流量，也减少了上层服务器工作的负载。为保持高速缓存中的内容正确，域名服务器应为每项内容设置计时器，并处理超过合理时间的项。在安装了 Windows 系统的个人计算机中，DNS 客户端服务可以预先在内存中存储已经解析的域名，从而优化 DNS 域名解析性能。在 Windows 操作系统中，输入 ipconfig/displaydns 命令可以显示所有 DNS 缓存条目。

2.2.2 FTP

文件传输协议（File Transfer Protocol，FTP）是 Internet 上使用得最广泛的协议。FTP 提供交互式的访问，允许客户指明文件的类型与格式（如指明是否使用 ASCII 码），并允许文件具有存取权限（如访问文件的用户必须经过授权，并输入有效的口令）。FTP 屏蔽了各计算机系统的细节，因而适合于在异构网络中任意计算机之间传送文件［RFC 959］。

在 Internet 发展的早期阶段，用 FTP 传送文件约占整个 Internet 的通信量的三分之一，而由电子邮件和域名系统所产生的通信量还要小于 FTP 所产生的通信量。只是到了 1995 年，WWW 的通信量才首次超过了 FTP。

本小节介绍基于 TCP 的 FTP，它是文件共享协议中的一大类，即复制整个文件。其特点是：若要存取一个文件，就必须先获得一个本地的文件副本。如果要修改文件，只能对文件的副本进行修改，然后再将修改后的文件副本传回原结点。

FTP 的主要作用，就是让用户连接上一个远程计算机（这些计算机上运行着 FTP 服务器程序）查看远程计算机有哪些文件，然后把文件从远程计算机上复制到本地计算机，或把本地计算机上的文件传送到远程计算机去。

1. 文件传输协议的工作原理

在网络环境中的一项基本应用就是将文件从一台计算机中复制到另一台计算机中（它们可能相距很远），但这往往是很困难的。原因是由于众多的计算机厂商研制出的文件系统多达数百种，且差别很大。经常遇到的问题是：

① 计算机存储数据的格式不同；

② 文件命名规定不同；

③ 对于相同的功能，操作系统使用的命令不同；

④ 访问控制方法不同。

文件传送协议（FTP）只提供文件传送的一些基本的服务，它使用 TCP 可靠的运输服务。FTP 的主要功能是减少或消除在不同操作系统下处理文件的不兼容性。

FTP 使用客户/服务器模式。一个 FTP 服务器进程可同时为多个客户进程提供服务。FTP 的服务器进程由两大部分组成：一个主进程，负责接受新的请求；另外有若干个从属进程，负责处理单个请求。

主进程的工作步骤如下。

① 打开熟知端口（端口号为 21），使客户进程能够连接上。

② 等待客户进程发出连接请求。

③ 启动从属进程来处理客户进程发来的请求。从属进程对客户进程的请求处理完毕后即终止，但从属进程在运行期间根据需要还可能创建其他一些子进程。

④ 回到等待状态，继续接受其他客户进程发来的请求。主进程与从属进程的处理是并发地进行。

FTP 的工作情况如图 2-9 所示。图中的圆圈表示在系统中运行的进程。

在进行文件传输时，FTP 的客户和服务器之间要建立两个连接："控制连接"和"数据连接"。图中的控制进程就是上述的"从属进程"。在创建该进程时，控制连接随之创建并连接到控制进程上。控制连接在整个会话期间一直保持打开，FTP 客户所发出的传送请求通过控制连接发送给控制进程，但控制连接并不用来传送文件，实际用于传输文件的是"数据连接"。控制进程在接收到 FTP 客户发送来的文件传输请求后就创建一个"数据传送进程"和一个"数据连接"，并将数据连接连接到"数据传送进程"，数据传送进程实际完成文件的传送，在传送完毕后关闭"数据传送连接"并结束运行。

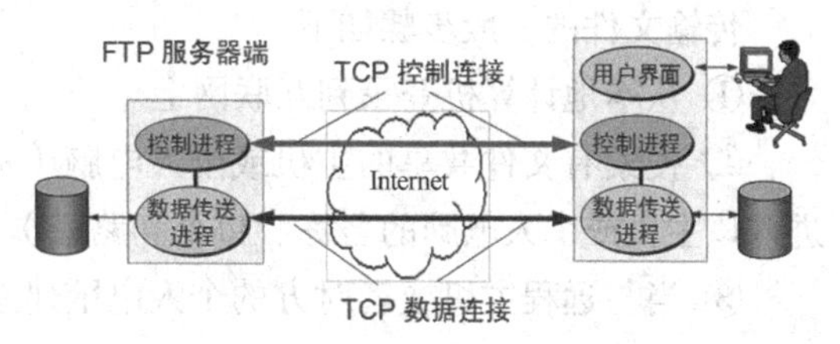

图 2-9 FTP 的工作情况

当客户进程向服务器进程发出建立连接请求时，要寻找连接服务器进程的熟知端口（21），同时还要告诉服务器进程自己的另一个端口号码，用于建立数据传送连接。接着，服务器进程用自己传送数据的熟知端口（20）与客户进程所提供的端口号建立数据传送连接。由于 FTP 使用了两个不同的端口号，所以数据连接与控制连接不会发生混乱。

使用两个独立连接的主要好处是使协议更加简单和更容易实现，同时在传输文件时还可以利用控制连接（例如，客户发送请求终止传输）。

2. 文件传输协议的使用

在 FTP 的使用当中，用户经常遇到两个概念：“下载”（Download）和“上传”（Upload）。“下载”文件就是从远程主机拷贝文件至自己的计算机上；“上传”文件就是将文件从自己的计算机中拷贝至远程主机上。用 Internet 语言来说，用户可通过客户机程序向（从）远程主机上传（下载）文件。

使用 FTP 时必须首先登录，在远程主机上获得相应的权限以后，方可上传或下载文件。也就是说，想要同哪一台计算机传送文件，就必须具有哪一台计算机的适当授权。换言之，除非有用户 ID 和口令，否则便无法传送文件。这种情况违背了 Internet 的开放性，Internet 上的 FTP 主机何止千万，不可能要求每个用户在每一台主机上都拥有账号。匿名 FTP 就是为解决这个问题而产生的。

匿名 FTP 是这样一种机制，用户可通过它连接到远程主机上，并从该主机下载文件，而无须成为其注册用户，系统管理员建立了一个特殊的用户名，即 anonymous，这是一个匿名用户，Internet 上的任何人在任何地方都可以使用该用户访问 FTP。

当远程主机提供匿名 FTP 服务时，会指定某些目录向公众开发，允许匿名存取，而系统中的其余目录则处于隐匿状态。作为一种安全措施，大多数匿名 FTP 主机都只允许用户从其下载文件，而不允许用户向其上传文件，即使有些匿名 FTP 主机允许用户上传文件，用户也只能将文件上传至某一指定的上传目录中。利用这种方式，远程主机的用户得到了保护，避免有人上传有问题的文件，如带病毒文件。

Internet 中有数据巨大的匿名 FTP 主机以及更多的文件，那么到底怎样才能知道某一特定文件位于哪个匿名 FTP 主机上的哪个目录中呢？这正是 Archie 服务器要完成的工作。Archie 服务器将自动在 FTP 主机中进行搜索，构造一个包含全部文件目录信息的数据库，使用户可以直接找到所需文件的位置信息。

传输文件的一般步骤如下。

① 从本地计算机登录到互联网上。

② 搜索有文件共享的主机或个人电脑（一般有专门的 FTP 服务器网站上公布的，上面有进入该主机或个人电脑的名称、口令和路径）。

③ 当与远程主机或者对方的个人电脑建立连接后，用对方提供的用户名和口令登录到该主机或对方个人电脑。

④ 在远程主机或对方的个人电脑登录成功后，就可以按账户所拥有的权限上传或下载文件了。

2.2.3 万维网和 HTTP

万维网（World Wide Web，WWW）是目前 Internet 上发展最快、应用最广泛的服务，WWW 在 20 世纪 90 年代产生于欧洲高能粒子物理实验室（European High-Energy Particle Physical Lab，CERN）。1993 年 3 月，第一个图形界面的浏览器开发成功，名字为 Mosaic。1995

年，著名的 Netscape Navigator 浏览器上市。现在应用浏览器用户数最多的是微软公司的 Internet Explorer。

1. 万维网概述

万维网并非某种特殊的计算机网络，而是一个大规模的、联机式的信息储藏所，英文简称为 Web，万维网提供分布式服务。

从用户的角度来看，Web 是由数量巨大且遍布全球的文档组成的，这些文档称为 Web 页（或简称页）。每个页除了含有基本的信息之外，还可以含有指向其他页的链接，这样的页就称为超文本（hypertext）页或超媒体（hypermedia）页。超文本和超媒体的不同在于文档内容，超文本文档只包含文本信息，而超媒体文档还包含其他媒体信息，如图标、图形、数字照片、音频、视频等。

页需要用称为浏览器的程序阅读，浏览器负责取回指定的页，并按照指定的格式显示在屏幕上。页中指向其他页的文本串称为超级链接（hyperlink），通常用下画线、加亮、闪烁、突出的颜色等进行强调。其实除了文本串以外，页中的其他元素，如图标、照片、地图等，都可以有指向其他页的超级链接。当用户点击超级链接时，浏览器就会取回该链接指向的页，并显示给用户。

万维网也是采用客户/服务器的工作方式。浏览器就是在用户计算机上的万维网客户程序。万维网文档所驻留的计算机则运行服务器程序，因此这个计算机也称为万维网服务器。客户程序向服务器程序发出请求，服务器程序向客户程序送回客户所要的万维网文档。万维网使用统一资源定位符（URL）来标志万维网上的各种文档，它使用搜索工具让用户方便地找到所需信息，使用超文本传送协议 HTTP 来实现万维网上的各种链接。HTTP 属于应用层，使用 TCP 连接。

统一资源定位符（URL）是用来表示从 Internet 上得到的资源位置和访问这些资源的方法。资源指的是 Internet 上可以被访问的任何对象。URL 相当于是与 Internet 相连的机器上的任何可访问对象的一个指针。由于访问不同对象所使用的协议不同，所以 URL 还指出读取某个对象时所使用的协议。URL 的格式为：<协议>：//<主机>：<端口>/<路径>。协议包括 http、ftp 等；主机为该主机在 Internet 上的域名；端口和路径有时可以省略。

对于万维网的网点的访问要使用 HTTP。HTTP 的默认端口是 80，通常省略。如果省略端口和路径，那么 URL 就是指到 Internet 上的某个主页。主页是一个 WWW 服务器的最高级别的页面。

Web 文档按照文档内容产生的时间可以划分为静态文档、动态文档和主动文档 3 个较宽的范畴。静态文档以文件方式保存在 Web 服务器上，文档的内容不会改变，所以对静态文档的请求会产生相同的响应。静态文档使用 HTML 语言书写。动态文档不是预先存在的，它是在浏览器请求文档时由 Web 服务器创建的。当请求到达时，Web 服务器运行一个应用程序创建动态文档，服务器将应用程序的输出作为响应。因为针对每个请求均会创建一个新的文档，所以每个请求产生的动态文档是不同的。主动（active）文档不是完全由服务器指定，主动文档由一个计算机程序组成，该程序知道如何进行计算并显示结果。当浏览器请求一个主动文档时，服务器返回一个必须在浏览器本地运行的程序的拷贝。当程序运行时，主动文档程序可以与用户进行交互，并不断地改变显示。因此，主动文档的内容不是固定不变的。

2. 超文本传输协议

（1）HTTP 的操作过程

服务器运行服务进程，监听服务端口（默认端口 80），以便发现是否有客户浏览器发出的连接请求。一旦监听到客户连接请求，建立 TCP 连接后，浏览器就向服务器发出浏览某个页面的请求。服务器作为响应将客户请求的页面返回给客户浏览器。最后，TCP 连接释放。在浏览器与服务器之间的请求与响应的交互，必须按照规定的格式和遵循一定的规则。这些格式和规则就是超文本传输协议（HTTP），它是 Web 的核心。HTTP 是面向事务的应用层协议，是万维网上能够可靠地交换文件（包括文本、声音、图像等各种多媒体文件）的重要基础。

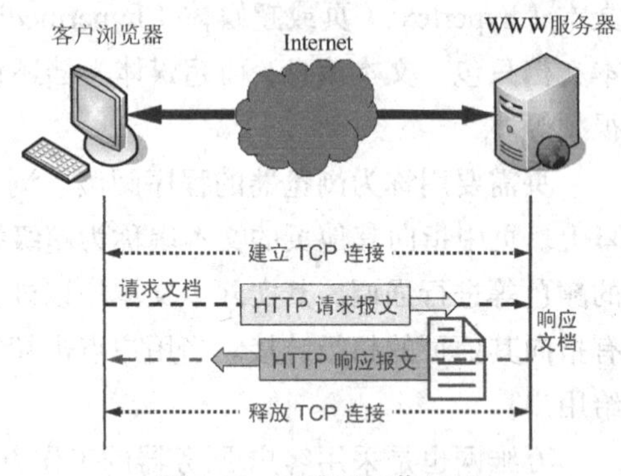

图 2-10　万维网工作过程

用户浏览页面的方法有两种，一种是用鼠标点击页面中的链接，另一种是在浏览器的地址栏键入所要找的页面的 URL。如图 2-10 所示，用户点击鼠标后所发生的事件如下。

① 浏览器分析链接指向的 URL。

② 浏览器向 DNS 请求解析 URL 的 IP 地址。

③ DNS 解析出 IP 地址。

④ 浏览器和服务器建立 TCP 连接。

⑤ 浏览器发出取文件命令：GET/路径+文件名。

⑥ 服务器给出响应，把指定文件发送给浏览器。

⑦ 释放 TCP 连接。

⑧ 浏览器显示发送回来的文件。

当 HTTP 的 1.1 版本出现时，它以一种根本的方式改变了基本 HTTP 模式。它不是为每个传输使用 TCP 连接，而是把持久连接用作默认方式，即一旦客户建立了和特定服务器的 TCP 连接，客户就让该连接在多个请求和响应过程中一直存在，当客户或服务器准备关闭连接时就通知另一端，然后关闭连接。还可以用流水线技术进一步优化使用持久连接的浏览器，可令浏览器逐个连续地发送请求而不必等待响应。在必须为某个页面取得多幅图像的情况下，流水线技术特别有用，它使得底层互联网具有较高的吞吐量，并且应用具有较快的响应速度。

（2）HTTP 报文格式

HTTP 有两种报文。

① 请求报文：从客户向服务器方式请求报文。

② 响应报文：从服务器到客户的回答。

由于 HTTP 是面向文本的，因此在报文中的每一个字段都是一些 ASCII 码串，各个字段的长度都是不明确的。

如图 2-11 和图 2-12 所示，请求报文和响应报文都是由 3 个部分组成的。两者的区别就是开始行不同。

① 开始行：用于区分报文。在请求报文中的开始行叫作请求行，在响应报文中的开始行叫作状态行。

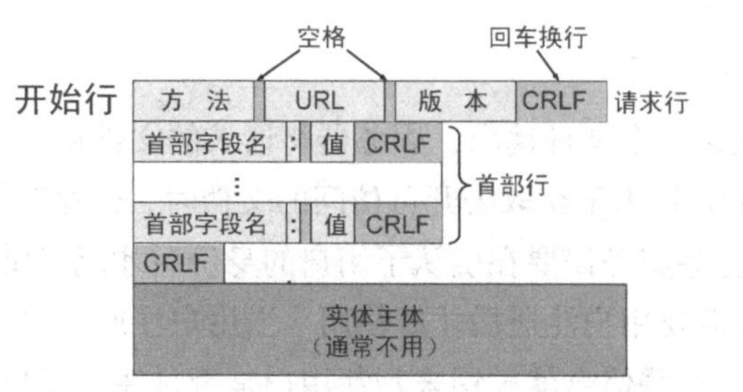

图 2-11　请求报文

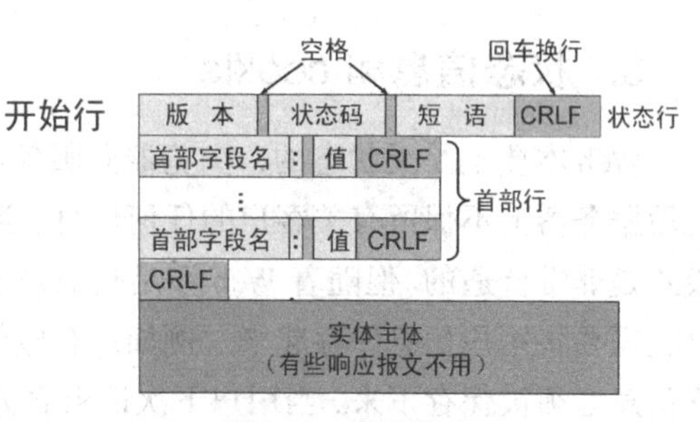

图 2-12　响应报文

② 首部行：用来说明浏览器、服务器或报文主体的一些信息，可以省略。在整个首部行结束时，还有一空行将首部行和后面的实体主体分开。

③ 实体主体：请求报文通常不用，响应报文可以不用。

在请求报文中，开始行就是请求行。请求报文的开始行由“方法 + URL + 版本 CRLF”组成。“方法”是面向对象技术中使用的专门名词。所谓“方法”就是对所请求的对象进行的操作，因此这些方法实际上也就是一些命令，如表 2-2 所示。因此，请求报文的类型是由它所采用的方法决定的。

下面给出一个请求报文的例子：

```
GET /pub/index.htm HTTP/1.1         //开始行，方法、URL、版本
Host: www.ncbuct.edu.cn             //首部行的开始，给出主机的域名
Connection:close                    //告诉服务器发送完请求的报文后可以释放连接
                                    //请求报文的最后一般为空行
```

表 2-2　　请求报文的方法

方法（操作）	意　义
OPTION	请求一些选项的信息
GET	请求读取由 URL 所标志的信息
HEAD	请求读取由 URL 所标志的信息的首部
POST	给服务器添加信息（例如：注释）
PUT	在指明的 URL 下存储一个文档
DELETE	删除指明的 URL 所标志的资源
TRACE	用来进行环回测试的请求报文
CONNECT	用于代理服务器

响应报文的开始行是状态行。状态行包括 3 项内容，即 HTTP 的版本、状态码以及解释状态码的简单短语。

状态码都是 3 位数字，分为 5 大类 33 种。

1**：表示通知信息的；

2**：表示成功；

3**：表示重定向；

4**：表示客户的差错；

5**：表示服务器的差错。

3. 状态信息和 cookie

Web 本质上是无状态的，浏览器向服务器发送一个文件请求，服务器将请求的文件返回，此后服务器上不保留有关客户的任何信息。当 Web 只用于获取公开可访问的文档时，这种工作模式是非常合适的。但随着 Web 涉足其他领域，有些服务需要在确认了用户的身份后才能提供，这就需要将用户信息保存起来。例如，有些软件需要用户注册后才能使用，当用户注册后，用户信息必须被保存下来，当用户下次请求服务时，这些信息就被用来判断用户是否是注册用户，从而决定如何向用户提供服务。

在两次调用之间程序保存的信息称为状态信息，保存状态信息的方法依赖于这些信息需要被保存的时间和信息的大小。服务器可以将少量信息传递给浏览器，浏览器将这些状态信息存储在磁盘上，然后在后续请求中将这些信息返回给服务器。如果服务器需要存储大量的信息，服务器必须将这些信息保存在本地磁盘上。

传递给浏览器的状态信息称为 cookie，它被保存在浏览器的 cookie 目录下。cookie 是一个小文件，最多包括 5 个字段，包括产生 cookie 的 Web 站点名称、适用的路径（在服务器的哪部分文件树上要使用这个 cookie）、内容、有效期和安全性要求。当浏览器要向某个 Web 服务器发送请求时，先检查 cookie 目录，看看是否有从哪个服务器发来的 cookie，如果有就把发来的所有 cookie 都包含在请求消息中，发送给服务器。由于 cookie 很小，大多数服务器软件不会在 cookie 中存储实际数据，两次调用之间需要保存的信息实际上是存放在服务器本地磁盘的文件中，而 cookie 被用作这些信息的索引。

cookie 是文本文档，同时用户可以拒绝 cookie。

4. Web 缓存

随着 Web 应用的普及，互联网络流量激增，网络经常处于超载状态，网络响应速度变慢。针对这种情况，人们提出改善 Web 传输效率的技术如 Web 缓存，目的是尽量避免不必要的传输，减少网络负载，从而加快响应速度。

Web 缓存，即将请求到的网页放到缓存中，以备过后还要使用。通常的做法是用一个称为代理的进程来维护这个缓存，浏览器被配置为向代理而不是真正的服务器请求网页。当缓存中有所请求的页时，代理直接将页返回，否则先从服务器取回，添加到缓存中，然后返回给请求页的客户。

在这里涉及两个重要的问题，一是谁来做缓存，二是一个页可以缓存多长时间。在实际的使用中，每一台 PC 通常都会运行一个本地代理，缓存自己请求过的页，以便在需要时快速找到自己访问过的页。在一个公司的局域网上，通常有一台专门的机器作为代理，该代理可被所有的机器访问。许多 ISP 也运行代理，以便为它的客户提供更快速的服务。通常所有这些代理都是一起工作的，因此请求首先被发送到本地代理，如果本地缓存中没有，本地代理会向局域网代理查询，如果局域网代理也没有，局域网代理会向 ISP 代理查询，若 ISP 代理也没有，它必须向更高层的代理请求（如果有的话）或者向真正的服务器查询。每个代理都将获得的页添加到自己的缓存中，然后再返回给请求者，这种方法称为分级缓存。

确定一个页需要缓存多长时间是比较困难的，因为这和页的内容以及生成时间等各种因素都有关系。事实上，所有高速缓存方案中的主要问题都是和时限有关。一方面，保留高速缓存的副本时间太长会使副本变得陈旧；另一方面，如果保留副本时间不够长效率就会降低。因此，方案的选择既要考虑到用户对过时信息的忍受程度，也要考虑到系统为此付出的开销。

解决这个问题有两种方法。第一种方法是使用一个启发式来猜测每个页要保存多长时间，常用的一个启发式是根据 Last-Modified 头来确定保存时间，即若一个页是在距今 T 时间前更新的，那么这个页可以在缓存中存放 T 时间。尽管这个启发式在实际工作中运行得很好，但它确实会经常返回过时的页。另一种方法是使用条件请求，代理将客户请求的页的 URL 及缓存中该页的最后修改时间放入 If-Modified-Since 请求头中发送给服务器，若服务器发现该页自请求头中给出的时间以后未曾修改过，就发回一个简短的 Not Modified 消息，告诉代理可以使用缓存中的页，否则返回新的页。尽管该方法总是需要一个请求消息和一个响应消息，但是当缓存中的页仍然有效时响应消息是非常短的。这两种方法也可以结合起来使用。

改善性能的另一个方法是积极缓存，当代理从服务器取得一个页后，它可以检查一下该页上是否有指向其他页的链接，如果有就向相关的服务器发送请求预取这些页，放在缓存中以备今后需要。这种方法能够减小后继请求的访问时间，但它也会消耗许多带宽取来许多可能根本不会用的页。

2.2.4 E-mail

电子邮件（E-mail）是 Internet 上使用最为广泛的一种服务之一。欲使用电子邮件的人员可到提供电子邮件服务机构（一般是 ISP）的网站注册申请邮箱，获得电子邮件账号（电子邮件地址）及口令，就可通过专用的邮件处理程序接、发电子邮件了。邮件发送者将邮件发送到邮件接收者的 ISP 邮件服务器的邮箱中，接收者可在任何时刻主动地通过 Internet 查看或下载邮件。电子邮件可以在两个用户间交换，也可以向多个用户发送同一封邮件，或将收到的邮件转发给其他用户。电子邮件不仅包含文本信息，还可包含声音、图像、视频、应用程序等各类计算机文件。

1. 电子邮件概述

电子邮件服务中最常见的两种应用层协议是邮局协议（POP）和简单邮件传输协议（SMTP），这些协议用于定义客户端/服务器进程。

POP 和 POP3（邮局协议，版本 3）是入站邮件分发协议，是典型的客户端/服务器协议。它们将邮件从邮件服务器分发到客户端。

另一方面，SMTP 在出的方向上，控制着邮件从发送的客户端到邮件服务器（MDA）的传递，同时，也在邮件插口间传递。SMTP 保证邮件可以在不同类型的服务器和客户端的数据网络上传递，并使邮件可以在 Internet 上交换。

当我们撰写一封电子邮件信息时，往往使用一种称为邮件用户代理的应用程序，或者电子邮件客户端程序。通过邮件用户代理程序，可以发送邮件，也可以把接收到的邮件保存在客户端的邮箱中。这两个操作属于不同的两个进程，如图 2-13 所示。

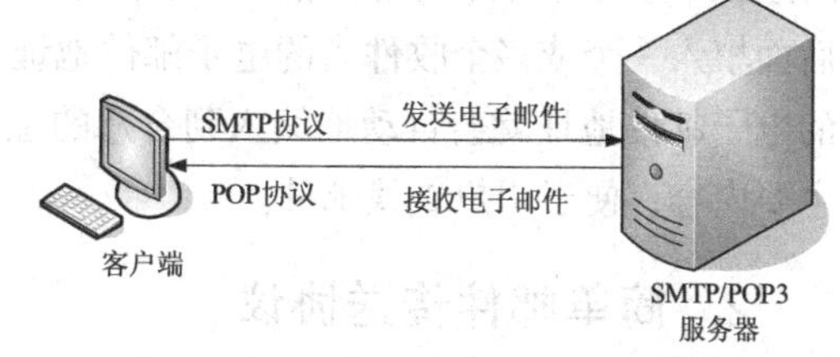

图 2-13　客户发送和接收电子邮件

电子邮件客户端可以使用POP协议从电子邮件服务器接收电子邮件消息。从客户端或者从服务器中发送的电子邮件消息格式以及命令字符串必须符合SMTP协议的要求。通常，电子邮件客户端程序可同时支持上述两种协议。

一个电子邮件系统应具有3个主要的组成部件：①用户代理；②邮件服务器；③邮件发送协议（SMTP）和邮件读取协议（POP3）。用户代理（User Agent，UA）就是用户与电子邮件系统的接口，在大多数情况下它就是在用户PC中运行的程序。用户代理允许用户阅读、撰写、发送和接收信件以及和本地邮件服务器通信。邮件服务器需要使用两个不同的协议。一个协议用于发送邮件，即SMTP，而另一个协议用于接收邮件，即邮局协议POP（Post Office Protocol）。

图2-14所示为PC之间发送和接收电子邮件的几个重要步骤。SMTP协议和POP3协议（或IMAP）协议都是在TCP连接的上面传送邮件，使得邮件的传送成为可靠的方式。

① 用户通过用户代理程序撰写、编辑邮件。

② 撰写完邮件后，单击发送按钮，准备将邮件通过SMTP传送到发送邮件服务器。

③ 发送邮件服务器将邮件放入邮件发送缓存队列中，等待发送。

④ 接收邮件服务器将收到的邮件保存到用户的邮箱中，等待收件人提取邮件。

⑤ 收件人在方便的时候，使用POP3协议从接收邮件服务器中提取电子邮件，通过用户代理程序进行阅览、保存及其他处理。

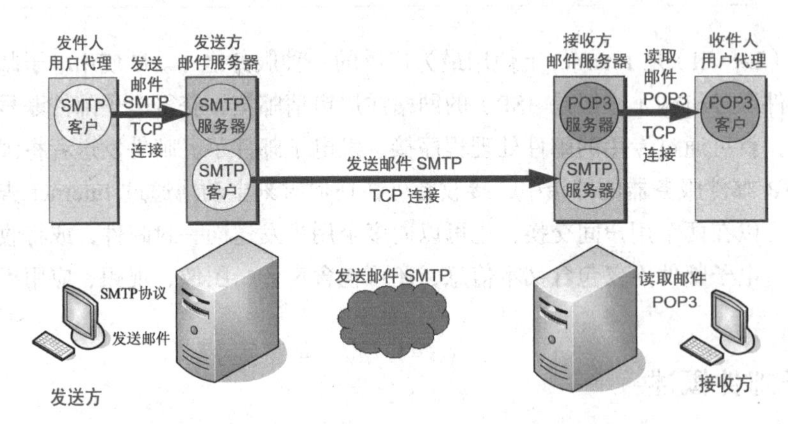

图2-14　PC之间发送和接收电子邮件的步骤

电子邮件由信封（envelope）和内容（content）两部分组成。在电子邮件的信封上，最重要的就是收件人的地址。E-mail地址的格式是固定的，并且在全球范围内是唯一的。用户的电子邮件地址格式为：收件人邮箱名@邮件所在主机域名，其中符号“@”读作“at”，表示“在”的意思。RFC 822只规定了邮件内容中的首部（header）格式，而对邮件的主体（body）部分则让用户自由撰写。用户写好首部后，邮件系统将自动地将信封所需的信息提取出来并写在信封上。邮件内容首部包括一些关键字，后面加上冒号。最重要的关键字是：To和Subject。“To:”后面填入一个或多个收件人的电子邮件地址。用户只需打开地址簿，点击收件人名字，收件人的电子邮件地址就会自动地填入到合适的位置上。“Subject:”是邮件的主题。它反映了邮件的主要内容，便于用户查找邮件。

2. 简单邮件传送协议

SMTP所规定的就是在两个相互通信的SMTP进程之间应如何交换信息。由于SMTP使用客户服务器方式，因此负责发送邮件的SMTP进程就是SMTP客户，而负责接收邮件的SMTP进程就是SMTP服务器。SMTP规定了14条命令和21种应答信息。每条命令用4个字母组成，而每一种应答信息一般只有一行信息，由一个3位数字的代码开始，后面附上（也可不附上）很简单的文字说明。

发送方和接收方的邮件服务器之间SMTP通信分为3个阶段。

（1）连接建立

发件人的邮件送到发送方邮件服务器的邮件缓存后，SMTP客户就每隔一定时间对缓存扫描一次。一旦发现邮件，就使用SMTP的端口号25与接收方的邮件服务器的SMTP服务器建立TCP连接。连接建立后，接收方SMTP服务器要发出“220 Service ready”。

SMTP客户向SMTP服务器发送HELO命令，附上发送方的主机名。SMTP服务器若要接收，就回答“250 OK”。SMTP服务器若要拒绝，就回答“421 Service not available”。

发送方和接收方的邮件服务器之间建立TCP连接不使用任何中间邮件服务器。

（2）邮件传送

邮件传送从MAIL命令开始。MAIL命令后有发件人地址，如MAIL FROM：<发件人地址>。若SMTP服务器做好接收准备，就回答“250 OK”。

下面跟着一个或多个RCPT命令，取决于把同一个邮件发送给一个或多个收件人。其格式为：RCPT TO：<收件人地址>。每发送一个RCPT命令，都应当有相应的信息从SMTP服务器返回。RCPT命令的作用是：先弄清接收方系统是否做好接收邮件的准备，然后才发送邮件。

再下面就是DATA命令，表示要开始传送邮件的内容。SMTP服务器返回的信息是：“354 Start mail input；end with <CRLF>.<CRLF>”。接着SMTP客户就发送邮件的内容。发送邮件完毕后，再发送<CRLF>.<CRLF>表示邮件内容结束。

（3）连接释放

邮件发送完毕后，SMTP客户发送QUIT命令。SMTP服务器返回“221（服务关闭）”，表示SMTP同意释放TCP连接。

SMTP只能传送7位的ASCII码，不能发送其他非英语国家的文字。SMTP会拒绝超过一定长度的邮件。

3. 通过Internet邮件扩充

随着网络规模的扩大和通信业务类型的增多，越来越多的用户要求电子邮件不仅能传输英文，也能传输其他语系的文字，甚至能传输多媒体信息。当邮件主体（body）是非ASCII文本形式的数据时，为了保证这些数据在现有系统中得以可靠传输，发送前通常必须将它们转换成某种适合传输的代码形式，接收时再进行相应的解码。另外，非ASCII文本形式的邮件主体大多是具有一定数据结构的信息块，必须调用相应的信件浏览器才能进行显示，因此在用户端需要运行特殊的发信程序和收信程序。因此，人们对RFC 822进行了扩展，提出了多用途Internet邮件扩展协议（Multipurpose Internet Mail Extensions，MIME）。MIME对RFC 822所作的扩充是，允许邮件主体具有一定的数据结构，规定了非ASCII文本信息在传输时的统一编码形式，并在邮件内容的首部扩充了一些域，用以指明邮件主体的数据类型和传输编码形式，从而引导收信程序正确地接收和显示信件。

如图 2-15 所示，MIME 并没有改动 SMTP 或取代它。MIME 的意图是继续使用目前的 RFC822 格式，但增加了邮件主体的结构，并定义了传送非 ASCII 码的编码规则。也就是说，MIME 邮件可在现有的电子邮件程序和协议下传送。

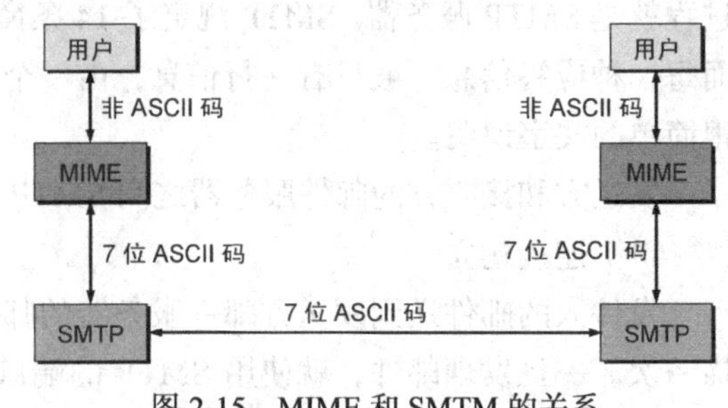

图 2-15　MIME 和 SMTM 的关系

MIME 在邮件首部中扩充的最重要的两个域是：邮件主体传输编码形式，邮件主体数据类型和子类型。MIME 定义了 5 种传输编码形式：基本的 ASCII 编码集，扩展的 ASCII 编码集，二进制编码，基 64 编码（base64 encoding），quoted-printable 编码。在基 64 编码中，每 24bit 数据被分成 4 个 6bit 的单元，每个单元编码成一个合法的 ASCII 字符，其对应关系为：0～25 编码为“A”～“Z”，26～51 编码为“a”～“z”，52～61 编码为“0”～“9”，62 和 63 分别编码为“+”和“/”，“= =”和“=”分别表示最后一组只有 8bit 和 16bit，回车和换行忽略。使用这种编码方式可以正确传输二进制文件。Quoted-printable 编码适用于消息中绝大部分都是 ASCII 字符的场合。每个 ASCII 字符仍用 7bit 表示，大于 127 的字符编码为一个等号再跟上该字符的十六进制值。例如，汉字“系统”的十六进制数字为：CFB5CDB3，用 Quoted-printable 编码表示为：=CF=B5=CD=B3。

RFC 1521 定义了 7 种数据类型，有些类型还定义了子类型。比如，文本（text）类型分为无格式文本（text/plain）和带有简单格式的文本（text/richtext），图像类型分为静态 GIF 图像（image/gif）和 JPEG 图像（image/jpeg），还有音频类型、视频类型、消息类型（信体中包含另一个报文）、多成分类型（信体中包含多种数据类型）和应用类型（需要外部处理且不属于其他任何一种类型）。

4. 邮件读取协议 POP3 和 IMAP

有两个协议可允许用户从邮件服务器读取邮件，一个是邮局协议 POP，另一个是网际报文存取协议 IMAP。

邮局协议 POP 是一个非常简单、但功能有限的邮件读取协议，现在使用的是它的第三个版本 POP3。POP 也使用客户服务器的工作方式。在接收邮件的用户 PC 中必须运行 POP 客户程序，而在用户所连接的 ISP 的邮件服务器中则运行 POP 服务器程序。用户激活一个 POP3 客户，该客户与邮件服务器的计算机的端口 110 建立一个 TCP 连接；连接建立后，用户发送用户名和口令；一旦 POP 服务器接受了鉴别，用户就可以对邮箱进行读取。只要用户从 POP 服务器读取了邮件，POP 服务器就把该邮件删除。

使用 POP3 协议接收邮件，对于那些经常使用多台计算机却只有一个邮箱账号的用户来说很不方便，因为他们的邮件会散布到多台机器上，而这些机器可能并不是他们自己的。

与 POP3 不同，IMAP 允许用户将所有邮件无限期地保留在服务器中，在线阅读邮件，并允许用户动态地在服务器上创建、删除和管理多个信箱，将阅读过的信件放到相应的信箱中保存。

IMAP 使用客户服务器方式。在使用 IMAP 时，用户和服务器建立 TCP 连接，用户在自己的计算机上就可以操作邮件服务器的邮箱，因此 IMAP 是个联机协议。当用户 PC 上的 IMAP 客户程序打开邮箱时，用户就可以看到邮件的首部。若用户需要打开某个邮件，则该邮件才会传到用户的计算机上。用户可以分类管理邮件。用户未发出删除邮件命令之前，IMAP 服务器邮箱中的邮件一直保存着。IMAP 允许收件人只读取邮件中某一部分内容。

需要注意的是不要将邮件读取协议 POP 或 IMAP 与邮件传送协议 SMTP 弄混。发信人的用户代理向源邮件服务器发送邮件，以及源邮件服务器向目的邮件服务器发送邮件，都是使用 SMTP。而 POP 或 IMAP 则是用户从目的邮件服务器上读取邮件所使用的协议。

5. 基于万维网的电子邮件

今天越来越多的用户使用他们的 Web 浏览器收发电子邮件。20 世纪 90 年代中期，HOTMAIL 引入了基于 Web 的接入。每个门户网站以及重要的大学或者公司都提供了基于 Web 的电子邮件。使用这种服务，用户代理就是普通的浏览器，用户和其远程邮箱之间的通信则通过 HTTP 进行。当发件人（如 A）要发送一封电子邮件报文时，该电子邮件报文从 A 的浏览器发送到他的邮件服务器，使用的是 HTTP 而不是 SMTP。当一个收件人（如 B）想从他的邮箱中取一个报文时，该电子邮件报文从 B 的邮件服务器发送到他的浏览器，使用的是 HTTP 而不是 POP3 或者 IMAP 协议。然而，邮件服务器在与其他的邮件服务器之间发送和接收邮件时，仍然使用 SMTP，如图 2-16 所示。

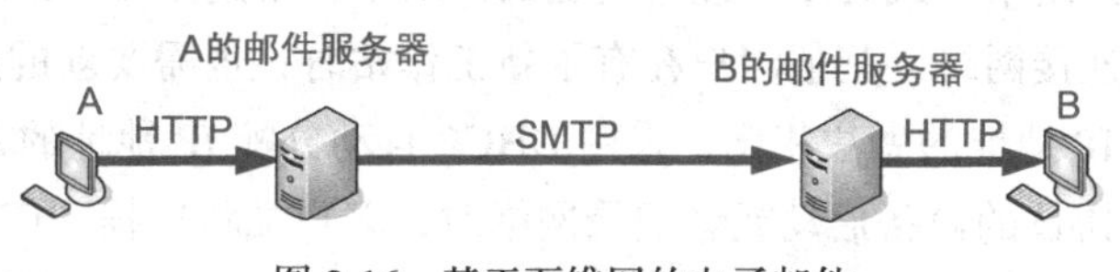

图 2-16　基于万维网的电子邮件

2.2.5 Telnet

Telnet 协议是 TCP/IP 协议族中的一员，是 Internet 远程登录服务的标准协议和主要方式。它为用户提供了在本地计算机上完成远程主机工作的能力。Telnet 服务虽然也属于客户机/服务器模型的服务，但它更大的意义在于实现了基于 Telnet 协议的远程登录。

远程登录的功能是把用户正在使用的终端或主机变成他要在其上登录的某一远程主机的仿真远程终端。利用远程登录，用户可以通过自己正在使用的计算机与其登录的远程主机相连，进而使用该主机上的各种资源。这些资源包括该远程主机的硬件、软件资源以及数据资源，这些可远程登录的主机一般都位于异地，但使用起来就像在身旁一样方便。

Telnet 工作原理

当用 Telnet 远程登录计算机时，用户实际上启动了两个程序，一个是客户程序，它在用户的本机上运行，另一个是服务器程序，它在用户要登录的远程计算机上运行。

使用 Telnet 协议进行远程登录时需要满足以下条件：在本地计算机上必须装有包含 Telnet

协议的客户程序；必须知道远程主机的 IP 地址或域名；必须知道登录标识与口令。

Telnet 远程登录服务分为以下 4 个过程。

① 本地与远程主机建立连接。该过程实际上是建立一个 TCP 连接，用户必须知道远程主机的 IP 地址或域名。

② 将本地终端上输入的用户名和口令及以后输入的任何命令或字符以 NVT（Net Virtual Terminal）格式传送到远程主机。该过程实际上是从本地主机向远程主机发送一个 IP 数据包。

③ 将远程主机输出的 NVT 格式的数据转化为本地所接受的格式送回本地终端，包括输入命令回显和命令执行结果。

④ 最后，本地终端对远程主机进行撤销连接。该过程是撤销一个 TCP 连接。

2.2.6 DHCP

通过动态主机配置协议（Dynamic Host Configuration Protocol，DHCP）服务，网络中的设备可以从 DHCP 服务器中获取 IP 地址和其他信息。该服务自动分配 IP 地址、子网掩码、网关以及其他 IP 网络参数。

DHCP 协议允许主机在连入网络时动态获取 IP 地址。主机连入网络时，将联系 DHCP 服务器并请求 IP 地址。DHCP 服务器从已配置地址范围（也称为“地址池”）中选择一条地址，并将其临时“租”给主机一段时间。

在较大型的本地网络中，或者用户经常变更的网络中，常选用 DHCP。新来的用户可能携带笔记本电脑并需要连接网络，其他用户在有了新工作站时，也需要新的连接。与由网络管理员为每台工作站分配 IP 地址的做法相比，采用 DHCP 自动分配 IP 地址的方法更有效。

当配置了 DHCP 协议的设备启动或者登录网络时，客户端将广播“DHCP 发现”数据包，以确定网络上是否有可用的 DHCP 服务器。DHCP 服务器使用“DHCP 提供”回应客户端。“DHCP 提供”是一种租借提供消息，包含分配的 IP 地址、子网掩码、DNS 服务器和默认网关信息，以及租期等信息。

但是 DHCP 分配的地址并不是永久性地址，而是在某段时间内临时分配给主机的。如果主机关闭或离开网络，该地址就可返回池中供再次使用。这一点特别有助于在网络中进进出出的移动用户。因此，用户可以自由换位，并随时重新连接网络。无论是通过有线还是无线局域网，只要硬件连通，主机就可以获取 IP 地址。

在 DHCP 协议下，用户可以在机场或者咖啡店内使用无线热点来访问 Internet。当用户进入该区域时，笔记本电脑的 DHCP 客户端程序会通过无线连接联系本地 DHCP 服务器，DHCP 服务器会将 IP 地址分配给笔记本电脑。

当运行 DHCP 服务软件时，很多类型的设备都可以成为 DHCP 服务器。在大多数中型到大型网络中，DHCP 服务器通常都是基于 PC 的本地专用服务器。

而家庭网络的 DHCP 服务器一般位于 ISP 处，家庭网络中的主机直接从 ISP 接收 IP 配置。

许多家庭网络和小型企业使用集成服务路由器（ISR）设备连接到 ISP。在这种现况下，ISR 既是 DHCP 客户端又是服务器。ISR 作为客户端从 ISP 接收 IP 配置并为在本地网络上的主机做服务器。

图 2-17 所示为 DHCP 服务器的不同配置方法。

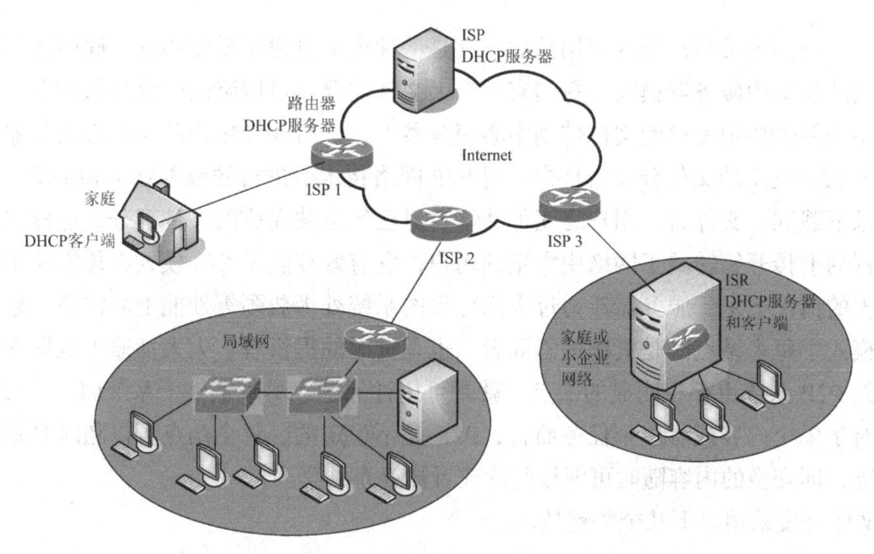

图 2-17　DHCP 服务器的不同配置方法

由于任何连接到网络上的设备都能接收到地址，因此采用 DHCP 会有一定的安全风险。所以，在确定是采用动态地址分配还是手动地址分配时，物理安全性是重点考虑的因素。

动态和静态地址分配方式在网络设计中都占有一席之地。很多网络都同时采用 DHCP 和静态地址分配方式。DHCP 适用于一般主机，如终端用户设备；而固定地址则适用于如网关、交换机、服务器以及打印机等网络设备。

如果在本地网络上有不止一个 DHCP 服务器，则客户端可能会收到多个 DHCP 提供数据包。此时，客户端必须在这些服务器中进行选择，并且将包含服务器标志信息及所接收的分配信息的 DHCP 请求数据包广播出去。客户端可以向服务器请求分配以前分配过的地址。

如果客户端请求的 IP 地址或者服务器提供的 IP 地址仍然有效，服务器将返回 DHCP ACK（确认信息）消息以确认地址分配。如果请求的地址不再有效，可能由于超时或被其他用户使用，则所选服务器将发送 DHCP NAK（否定）信息。一旦返回 DHCP NAK 消息，应重新启动选择进程，并重新发送新的 DHCP 发现消息。DHCP 服务器确保每个 IP 地址都是唯一的（一个 IP 地址不能同时分配到不同的网络设备上）。

2.3 P2P 应用举例

P2P 技术以其特有的自组织性、分布性在互联网上迅速发展，已成为网络不可分割的一部分。基于 P2P 技术的应用软件也遍布网络，如迅雷、eMule、BT、Skype 等。

2.3.1 P2P 文件分发

P2P 技术更好的解决了网络中的文件共享、对等技术、协同工作等问题，其中文件分发是 P2P 技术应用中最为广泛的领域之一。文件分发一般是指包括文件共享及流媒体在线观看等的一类将文件发送到大量客户端的应用总称，它是一种最常见也是最常用的互联网应用。传统文件分发采用的是集中服务器模式，每当有一个大文件需要通过网络向位置分散的多个用户进行分发时，系统首先要把发送的文件传到中心服务器上，之后通知用户从该中心服务器上下载文件。而基于P2P技术的文件分发，是指采用P2P网络技术所进行的数据共享和传输，当多个用户同时请求下载同一文件时，用户之间可共享自身已经下载完成的文件部分，这样实际上是把中心服务器的上传开销转给了网络中大量的用户，它有效克服了C/S模式在传输速率以及在用户数量增多的情况下由于服务器压力过大而导致的系统处理瓶颈等性能上的缺陷。基于P2P的文件分发模式中每个结点既是资源的索取者，也是资源的提供者，大大加速了数据在网络中的传播。当然P2P系统也存在明显的缺点，就是可用性问题，尽管从整个系统而言，P2P是可靠的，但是对于单个内容或者单个任务而言，P2P是不稳定的，每个结点可以随时终止服务，甚至退出系统，即交换的内容随时可能被删除或者被终止共享。

P2P文件分发采用以下几个关键技术。

1. 内容定位技术

内容定位是指用户寻找目的资源的过程。内容定位技术实现的功能是快速、可靠地在P2P网络上找到需要的目标文件。

2. 内容存储技术

在P2P网络上进行内容存储，以达到可靠存储的目的。内容存储技术包括内容源存储和内容缓存两个方面。

3. 内容分片技术

P2P文件分发中一个很重要的问题就是文件分片，因为数据文件，尤其是影音文件越来越大，不进行分片难以进行存储和传输，因此必须采用内容分片技术对一个文件进行分片，将文件分成适当大小的片段，通过在P2P结点间传输这些片段实现文件的分发。

4. 数据调度技术

根据业务的具体需求，制定合适的内容调度策略，最大限度地利用结点存储空间和带宽，保证业务的QoS。

2.3.2 在P2P区域中搜索信息

这里所说的P2P搜索和Web网页的搜索是两个不同的概念。它们在实现机制和内部原理上有着根本的不同。

P2P搜索是一种P2P资源的发现和定位技术，通过信息索引来发现、查找P2P网络中在时间和空间上都处于动态的变化中的结点信息和资源存储信息，以最大限度、最快速度、尽可能多且准确地发现结点上的资源。由于P2P软件特殊的工作方式，所以也就拥有了自己独有的搜索特性。到目前，P2P网络主要采用3种索引方式对信息进行搜索定位：集中式索引、查询洪泛和层次覆盖。

1. 集中式索引

集中式 P2P 网络被称为第一代 P2P 网络，其原理相对较简单，典型代表是 Napster。它是由一台或多台大型服务器作为中央服务器来提供索引服务。当用户启动 P2P 文件共享应用程序时，该应用程序将它的 IP 地址以及可供共享的文件名称向索引服务器进行注册。索引服务器通过收集可共享的对象，建立集中式的动态数据库（对象名称到 IP 地址的映射）。当有结点查询索引服务器时，索引服务器在自己的动态数据库中进行搜索，找到存储请求文件的结点并返回该结点的 IP 地址。实际的文件传输还是在请求结点和目的结点之间直接进行的。

这种索引方式的特点是：文件传输是分散的，但定位内容的过程是高度集中的。

它的优点是简单、易于实现，查询效率高，搜索全面，对等体负载均衡，系统可维护性好。

它的缺点是：

① 如果索引服务器出现故障，容易导致整个网络崩溃，可靠性和安全性较低；

② 由于随着网络规模的扩大，索引服务器维护和更新的费用将急剧增加，所需成本过高，因此不适合大型网络，可扩展性较差。

2. 查询洪泛

查询洪泛的典型代表是 Gnutella，查询洪泛采用完全分布式的方法，索引全面地分布在对等方的区域中，对等方形成了一个抽象的逻辑网络，称为覆盖网络。当 A 要定位索引（例如 xyz）时，它向它的所有邻居发送一条查询报文（包含关键字 xyz）。A 的所有邻居向它们的所有邻居转发该报文，这些邻居又接着向它们的所有邻居转发该报文等。如果其中一个对等结点与索引（xyz）配置，则沿发送路径返回一个查询命中报文。而此时其他结点仍然会继续转发该报文，直至请求的 TTL 递减为 0 时才停止转发。

这种索引的优点就是完全无中心结点，网络结构健壮。

这种索引方式的缺点是：

① 它会产生大量的网络流量，往往需要花费很长时间才能有返回结果；

② 可扩展性差，随着网络规模的扩大，通过洪泛方式定位结点及查询信息会造成网络流量急剧增加，从而导致网络拥塞，因此不适合大型网络；

③ 安全性不高，容易受到恶意攻击，如攻击者会发送垃圾查询信息，造成网络拥塞。

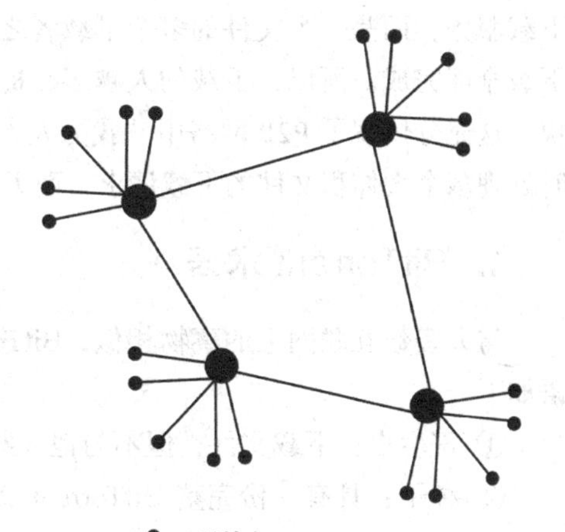

图 2-18　层次覆盖索引方式

3. 层次覆盖

层次覆盖方法结合了集中式索引和查询洪泛的优点。与查询洪泛相似，层次覆盖设计并不使用专用的服务器来跟踪和索引文件；不同的是在层次覆盖中并非所有的结点都是平等的，如图 2-18 所示。

在层次覆盖索引中选择性能较高的结点作为超级结点，每个超级结点上分布多个子结点。

超级结点维护着一个索引，该索引包括了其子结点正在共享的所有文件的标识符、有关文件的元数据和保持这些文件的子结点的 IP 地址。超级结点之间相互建立 TCP 连接，从而形成一个覆盖网络，超级结点可以向其相信超级结点转发查询，但是仅在超级结点使用范围查询洪泛。

当某结点进行索引时，它向其连接的超级结点发送带有关键词的查询。超级结点则用其具有相关文件的子结点的 IP 地址进行响应，如果在自身没有找到该查询结果，该超级结点还会向它连接的多个相邻的超级结点转发该查询。如果某相邻结点收到了这样一个请求，它也会用具有匹配文件的子结点的 IP 地址进行响应。KaZaa、POCO、Jxta 等都采用了这种超级结点的思想。

层次覆盖 P2P 网络搜索的优点是性能和可扩展性较好，较容易管理；缺点是对超级结点依赖性大，易于受到攻击，容错性也受到影响，实现上比较困难。为了能够利用这种模式的优点，需要提供能够有效组织对等体间关系的搜索网络。

基于 P2P 的特点，P2P 的搜索系统与目前使用的其他各类搜索引擎相比，其最大的优势在于应用先进的对等搜索理念，可不通过给定的中央服务器，也可不受信息文档格式和宿主设备的限制，对互联网络进行全方位的搜索。搜索深度和广度是传统搜索引擎所难以比拟的，其搜索范围可在短时间内以几何级数迅速增长，理论上最终将包括网络上的所有开放的信息资源，采集到的信息将有更强的实时性和有效性。

2.3.3 案例学习：BitTorrent

BitTorrent（简称 BT），俗称比特流、变态下载，是一种基于 P2P 的文件下载软件。一般使用的 HTTP/FTP 下载，若同时下载人数多时，基于服务器带宽的因素，速度会减慢许多；而 BitTorrent 下载却恰巧相反，它采用了多点对多点的传输原理，同时间下载的人数越多下载的速度就越快。在 BitTorrent 下载中，不同于一般的下载服务器为每一个发出下载请求的用户提供下载服务，而是一个文件的多个下载者之间互相上传自己所拥有的文件部分，直到所有用户的下载全部完成。所以，下载的人越多，提供文件的源就越多，相应每个用户的下载速度也就越快，这充分体现了 P2P 网络中“我为人人，人人为我”的思想。这种方法可以使下载服务器同时处理多个大体积文件的下载请求，而无须占用大量带宽。

1. BitTorrent 术语

与大多数互联网上的事物相似，BitTorrent 有自己的术语。与 BitTorrent 有关的一些常用术语如下。

① 寄生虫：下载文件，但不与他人共享自己计算机上文件的人。

② 种子：具有一份完整 BitTorrent 文件的计算机（执行 BitTorrent 下载至少需要一台种子计算机）。

③ 群：同时发送（上传）或接收（下载）同一个文件的一组计算机。

④ .torrent：引导计算机找到所要下载文件的指针文件，BitTorrent 下载是从解析.torrent 文件开始的。

⑤ Tracker：管理 BitTorrent 文件传输过程的服务器，客户端连上 Tracker 服务器，就会获

得一个正在下载和上传的用户信息列表。

2. BitTorrent 下载原理

BitTorrent 的工作是从解析.torrent 文件开始的，从.torrent 文件里得到 Tracker 信息，然后与 Tracker 交互以找到运行 BitTorrent 并存储有完整文件的种子计算机以及存储有部分文件的计算机（即通常处于下载文件过程中的对等计算机），Tracker 将识别计算机群，即具有全部或部分文件并正在发送或接收文件的互连计算机，并协助 BitTorrent 客户端软件与群中的其他计算机交换所需文件的片段，使正在下载的计算机同时接收多个文件片段。BitTorrent 的工作原理如图 2-19 所示。

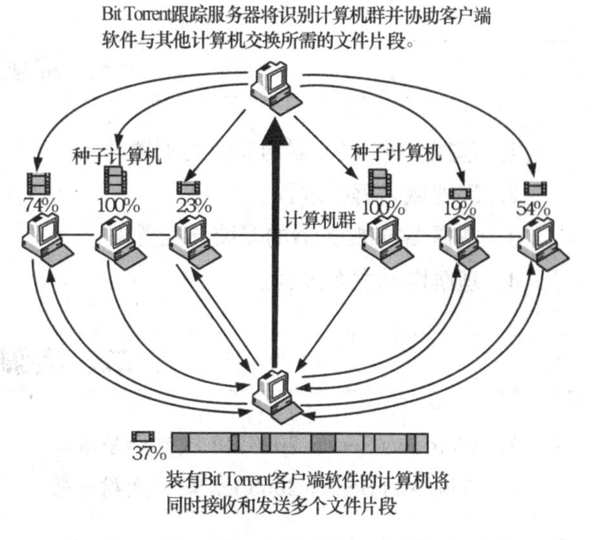

图 2-19 BitTorrent 的工作原理图

如果某计算机在下载完成后继续运行 BitTorrent 客户端软件，则其他人可从该计算机中接收到.torrent 文件。对等计算机上传文件的速度要比下载文件的速度慢得多，通过同时下载多个文件片段，总体下载速度将大大提高。群中包含的计算机数量越多，文件传输的速度就会越快，因为文件片段的来源增多了。基于这个原因，BitTorrent 特别适用于下载大型的常用文件。

3. BitTorrent 下载步骤示例

用 BitTorrent 下载可以用以下 3 步来描述。

① 把一个文件分成 3 个部分，甲下载了第一部分，乙下载了第二部分，丙下载了第三部分。

② 甲下载完第一部分后，就可以脱离与服务器的交互，直接与乙和丙连接，从乙那里下载第二部分、从丙那里下载第三部分。当甲同时下载完这三部分后，就可以将这三部分进行组合，形成一个完整的文件。

③ 依此类推，乙可以从甲那里获得第一部分内容，从丙那里获得第三部分内容，而丙从甲那里获得第一部分，从乙那里获得第二部分。

这样每个结点都可以通过结点之间的交互而取得全部文件的内容，结点之间一直这样交互下去，每个结点都与那些尚未下载到有关部分的其他结点分享其已经下载的部分，直到全部下载完成。

下载的人越多，速度就越快，但并不是总体的网络负载减轻了，而是通过 BT 技术，将庞大的网络负载均衡到每个结点中。当下载的人多时，每个结点均衡的负载就会变小，下载来源会变广，因而，直观的感觉就是速度越来越快。

使用 BitTorrent 软件本身是完全合法的。尽管有些人使用 BitTorrent 不当，将其用于分发受版权法保护的材料，但是 BitTorrent 程序本身还是合法并具有创新意义的。

2.4 实训 网络服务器配置

一、实训目的

1. 掌握 DNS 服务器的安装与配置。
2. 理解域名解析过程。
3. 掌握 Web 服务器的安装与配置。
4. 理解网站发布过程。

二、实训设备

1. Windows Server 2008 R2 版操作系统。
2. Windows Server 2008 R2 安装光盘一张。

三、实训任务

1. DNS 服务器安装与配置。
2. Web 服务器安装与配置。

四、实训步骤

任务 1. DNS 服务器安装与配置

1. 安装 DNS 服务。

DNS 服务器需要使用“添加角色向导”来进行安装，在安装 DNS 服务之前，除了要规划好 DNS 域名以外，还必须为服务器设置固定 IP 地址。

（1）选择管理工具中的“服务器管理器”，单击角色选项中的“添加角色”一项，弹出“添加角色向导”对话框，选择“服务器角色”选项，选择“DNS 服务器”，如图 2-20 所示。连续单击“下一步”按钮即可安装成功。

（2）DNS 服务安装成功后，可在“管理工具”中看到“DNS”项，单击打开 DNS 管理器，如图 2-21 所示。

2. 添加正向查找区域。

DNS 服务器安装完成后，还需要添加相应的正、反向查找区域及各种主机记录，才能为网络提供解析服务。正向查找区域的功能是将 DNS 域名解析成 IP 地址。一台 DNS 服务器可以添加多个正向查找区域，同时为多个 DNS 域名提供解析服务。

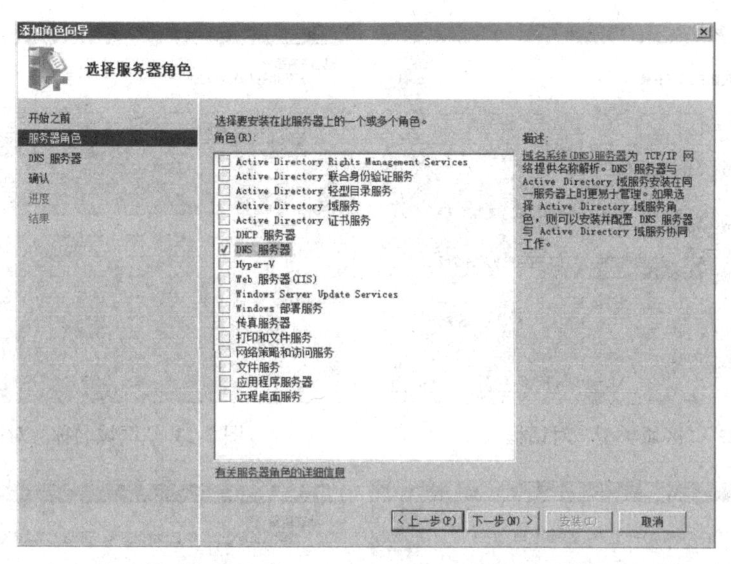

图 2-20　安装 DNS 服务器

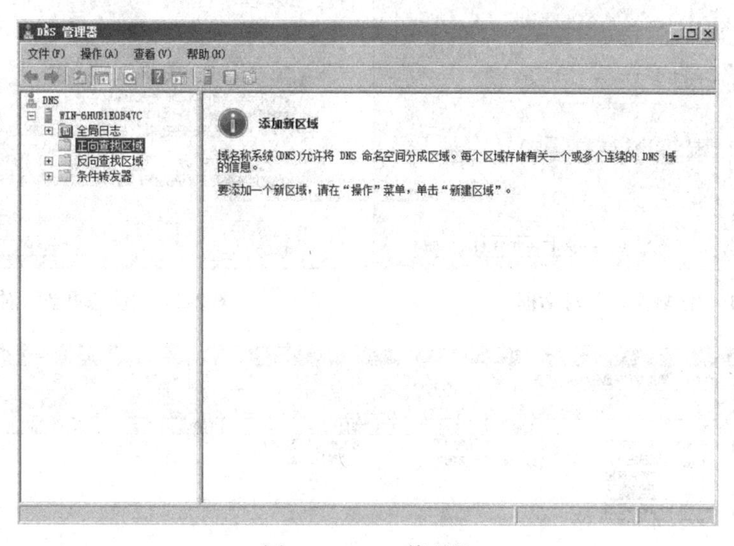

图 2-21　DNS 管理器

（1）打开“DNS 管理器”控制台，展开左侧目录树，右击“正向查找区域”选项，从弹出的快捷菜单中选择“新建区域”命令，弹出“新建区域向导”对话框，单击“下一步”按钮，在弹出的“区域类型”对话框中选择“主要区域”单选钮，单击“下一步”按钮，如图 2-22 所示。

（2）在“区域名称”对话框中，输入申请的域名，如“test.com”，单击“下一步”按钮，如图 2-23 所示。区域名称用于指定 DNS 名称空间部分，可以是域名或子域名。

（3）在“区域文件”对话框中，选择“创建新文件，文件名为”单选钮，创建一个新的区域文件，文件名可以使用默认名称。单击“下一步”按钮，如图 2-24 所示。

（4）在“动态更新”对话框中，选择动态更新方式，本实验选择“不允许动态更新”单选钮，单击“下一步”按钮，如图 2-25 所示。

（5）在“正在完成新建区域向导”对话框中，单击“完成”按钮完成主要区域创建。“test.com”区域创建完成，在正向查找选项中可以看到新建的区域，如图 2-26 所示。按照以上步骤，可以添加多个 DNS 区域，分别指定不同的域名。

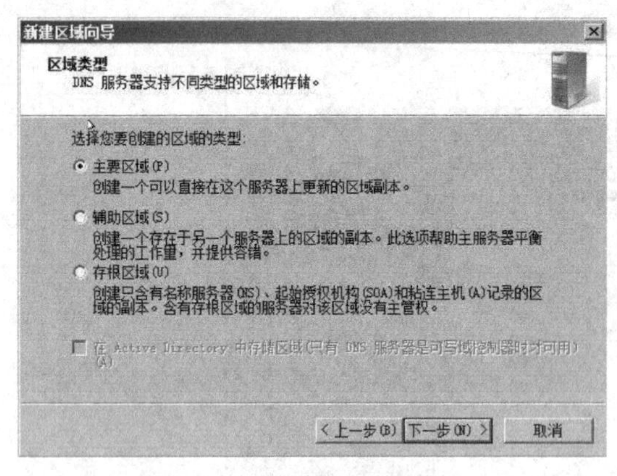

图 2-22 “区域类型”对话框

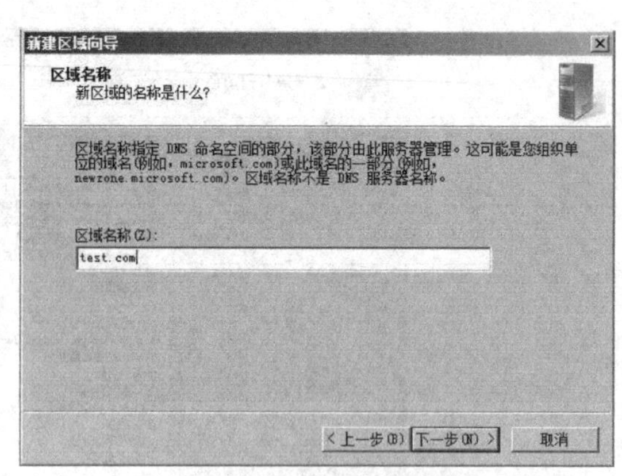

图 2-23 “区域名称”对话框

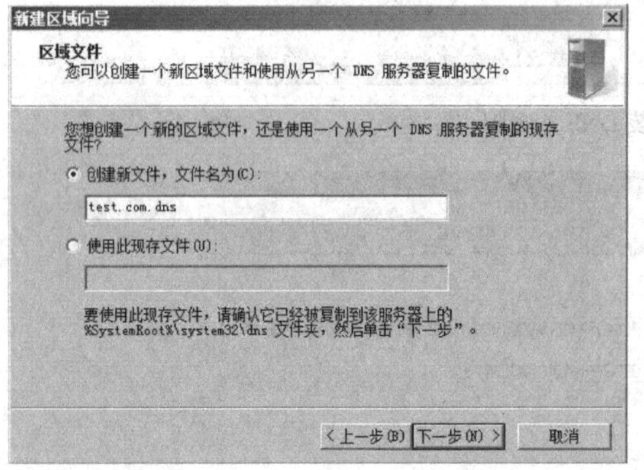

图 2-24 “区域文件”对话框

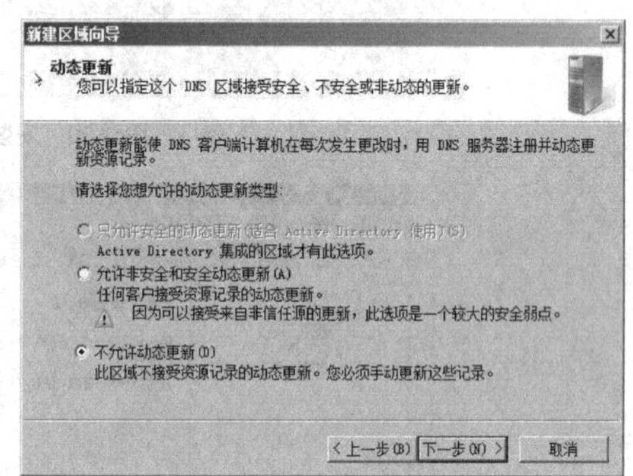

图 2-25 “动态更新”对话框

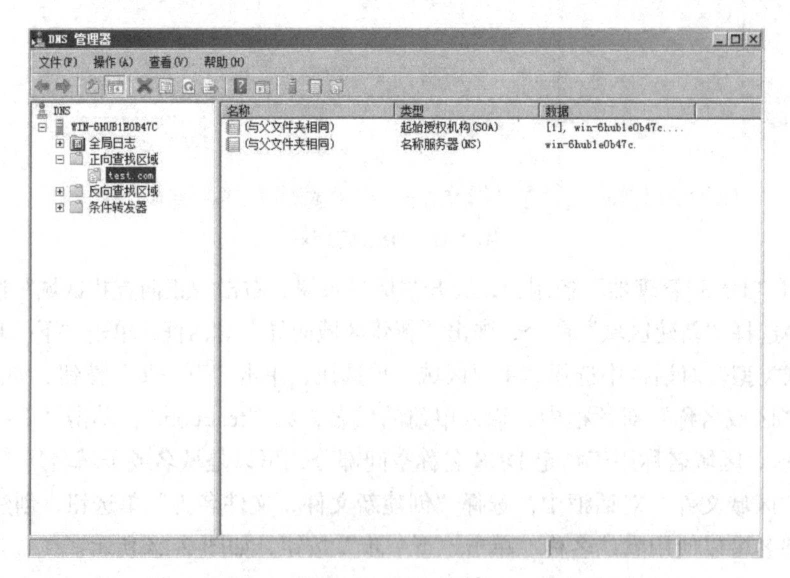

图 2-26 DNS 区域

3. 添加主机记录

DNS 区域创建完成后，要为所属的域提供域名解析服务，还必须向 DNS 域中添加 DNS 主机记录。主机记录的作用是将主机名与对应的 IP 地址添加到 DNS 服务器中，每一条主机记录对应一个完整域名，如 www.test.com、ftp.china.com 等。

（1）选择刚才创建的 test.com 区域，右击并选择快捷菜单中的“新建主机”选项，弹出“新建主机”对话框。输入主机名称，如 www，同时在“完全限定的域名”中会显示完整域名，输入此域名所对应的 IP 地址，如图 2-27 所示。

（2）单击“添加主机”按钮，显示如图 2-28 所示的提示框，提示主机记录创建成功。单击“确定”按钮，主机记录 www.test.com 创建完成。当用户访问相应域名时，DNS 服务器会自动解析主机记录所对应的 IP 地址。

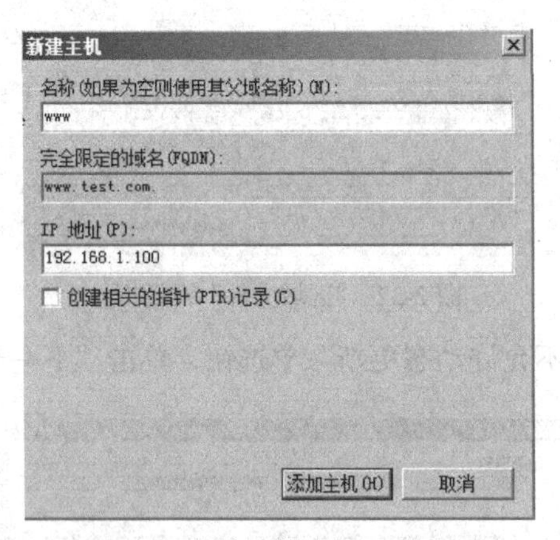

图 2-27 “新建主机”对话框

图 2-28 主机记录成功创建提示窗口

4. 添加反向查找区域

反向查找区域用于将 IP 地址解析成对应的 DNS 域名，和正向查找区域正好相反。

（1）打开“DNS 管理器”控制台，展开左侧目录树，右击“反向查找区域”选项，从弹出的快捷菜单中选择“新建区域”命令，弹出“新建区域向导”对话框，单击“下一步”按钮，在弹出的“区域类型”对话框中选择“主要区域”单选钮，单击“下一步”按钮，如图 2-29 所示。

（2）在“反向查找区域名称”对话框中，由于网络中只使用 IPv4，因此，选择“IPv4 反向查找区域”单选钮，单击“下一步”按钮，如图 2-30 所示。

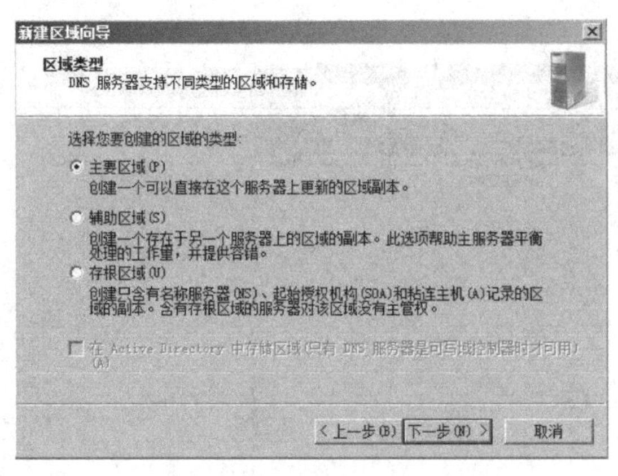

图 2-29 “区域类型”对话框

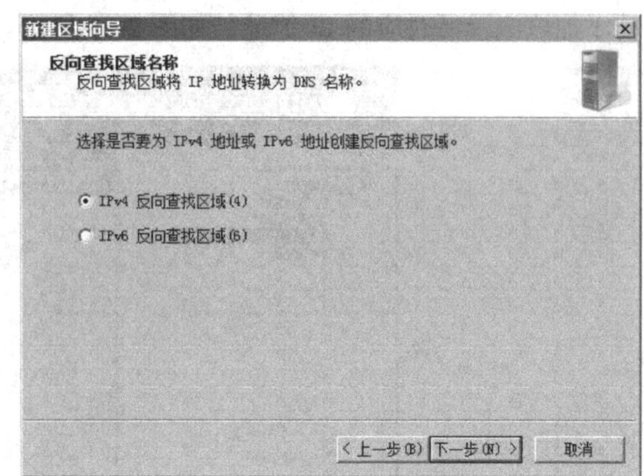

图 2-30 创建反向查找区域

（3）在“反向查找区域名称”对话框中，在“网络 ID”文本框中输入建立反向查找区域对应的 IP 地址段，如 192.168.1，如图 2-31 所示。

（4）在“区域文件”对话框中，选择“创建新文件，文件名为”单选钮，创建一个新的区域文件，文件名可以使用默认名称。单击“下一步”按钮，如图 2-32 所示。

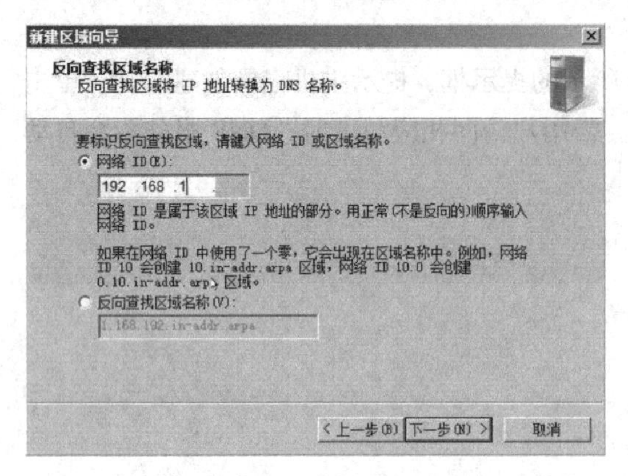

图 2-31 “反向查找区域名称”对话框

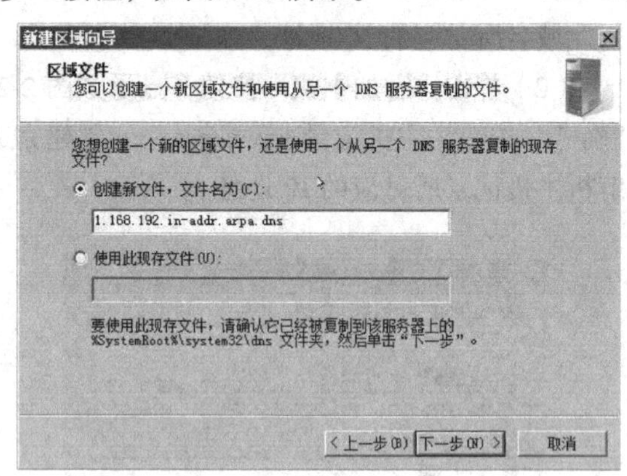

图 2-32 “区域文件”对话框

（5）在“动态更新”对话框中，本实验选择“不允许动态更新”单选钮，单击“下一步”按钮，如图 2-33 所示。

（6）在“正在完成新建区域向导”对话框中，单击“完成”按钮完成反向主要区域创建。“1.168.192.in-addr.arpa”区域创建完成，在反向查找选项中可以看到新建的区域，如图 2-34 所示。

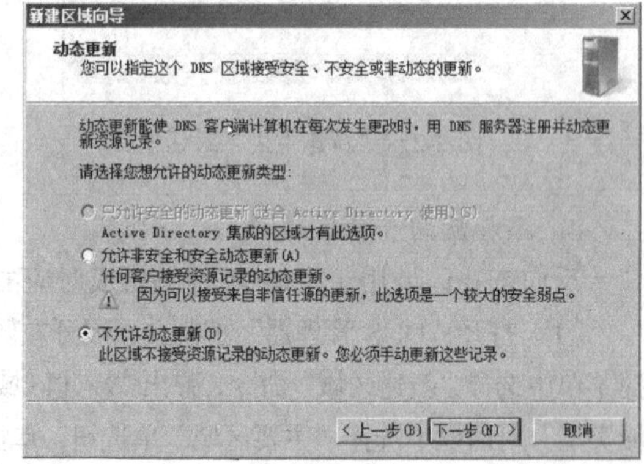

图 2-33 “动态更新”对话框

5. 添加反向记录

当反向查找区域创建完成后，还应在该区域内创建资源记录，使服务器能够通过 IP 地址解析出其所对应的域名。

（1）右击新创建的反向查找区域，选择快捷菜单中的“新建指针”命令，弹出“新建资源记录”对话框，单击“浏览”按钮，选择要添加的主机记录，在“主机 IP 地址”文本框中自动添加该记录所对应的 IP 地址，如图 2-35 所示。

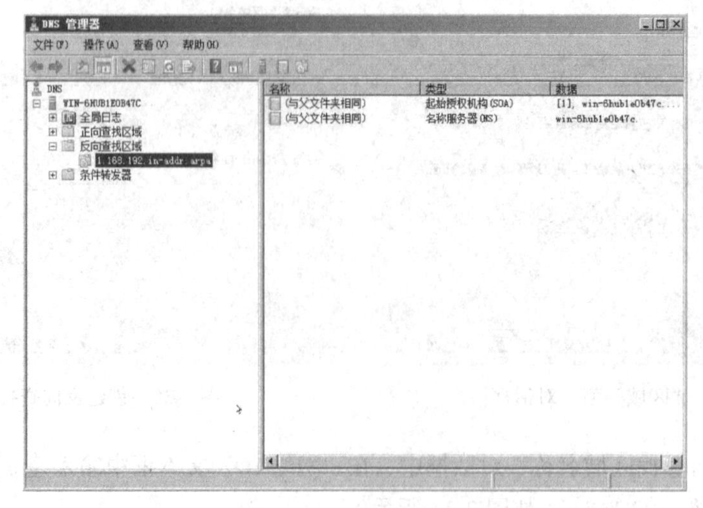

图 2-34 反向查找区域

（2）单击“确定”按钮，指针记录创建成功，如图 2-36 所示。按照同样步骤，可以添加多个指针记录。

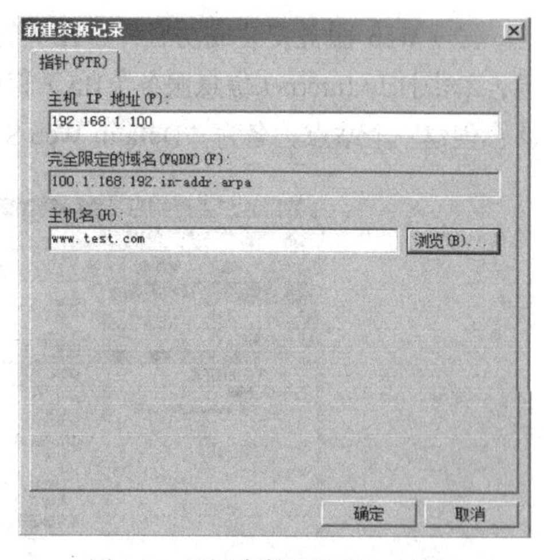

图 2-35 “新建资源记录”对话框

任务 2. Web 服务器安装与配置

1. 安装 Web 服务

Web 服务器是 Windows Server 2008 R2 自带的服务，如果安装服务时没有选择安装，需要在使用时自行安装，作为服务器必须要设置固定 IP 地址。

（1）选择管理工具中的“服务器管理器”，单击角色选项中的“添加角色”一项，弹出“添加角色向导”对话框，选择“服务器角色”选项，选择“Web 服务器（IIS）”，如图 2-37 所示。连续单击“下一步”按钮即可安装成功。

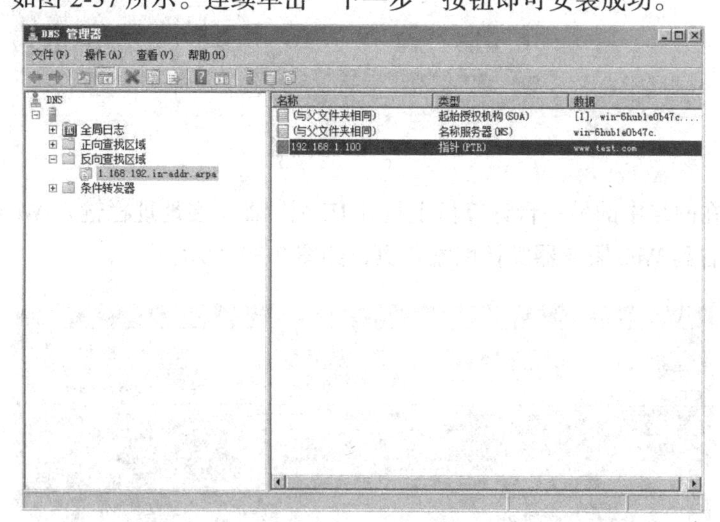

图 2-36 指针记录

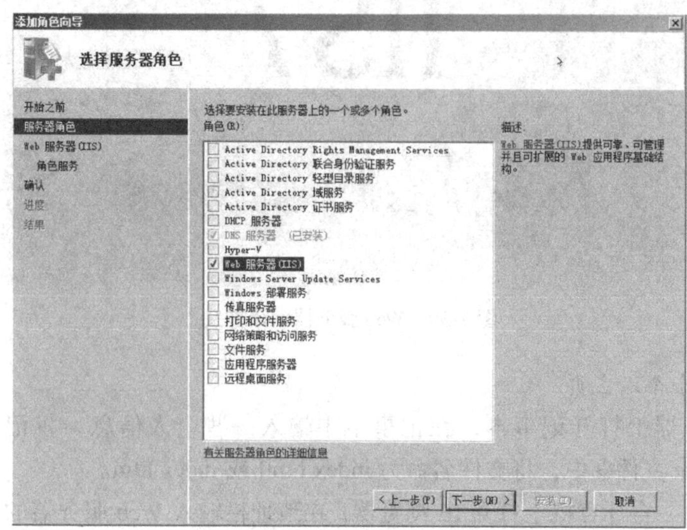

图 2-37 安装 Web 服务器

（2）Web 服务安装成功后，可在“管理工具”中看到“Internet 信息服务（IIS）管理器”项，单击打开 Internet 信息服务（IIS）管理器，如图 2-38 所示。Web 服务器安装成功以后，默认会创建一个站点，名为“Default Web Site”。

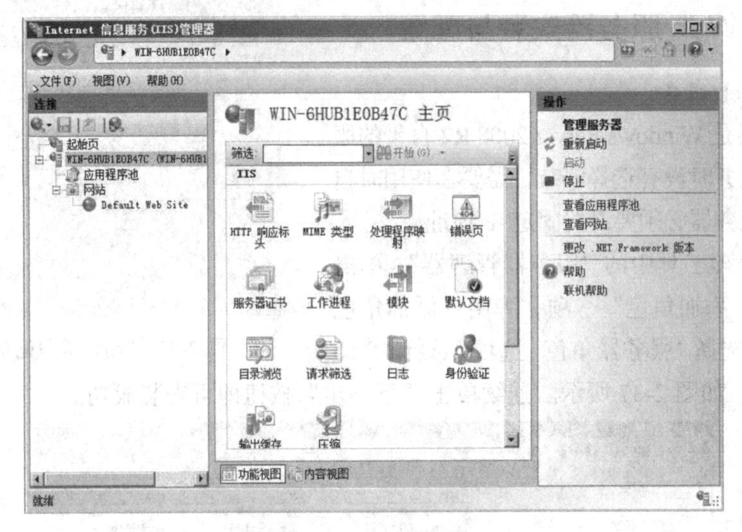

图 2-38　IIS 管理器

（3）此时，在网络中的另一台计算机上打开 IE 浏览器，在地址栏输入 Web 服务器的 IP 地址后回车，即可看到 Web 服务器默认网站首页，如图 2-39 所示。

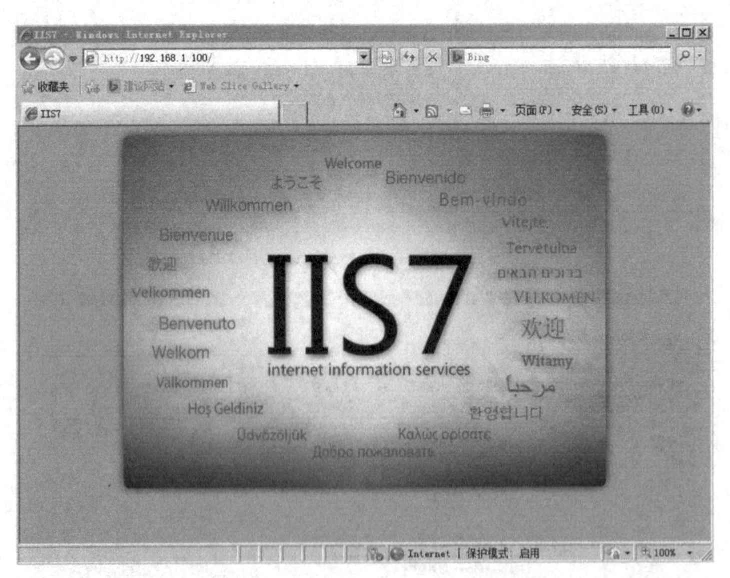

图 2-39　Web 服务器默认首页

2. 发布第一个个人主页

在 Web 服务器上打开记事本，在记事本中输入一些个人信息，将记事本文件保存到 C:\intepub\wwwroot 文件夹中，将文件名命为 index.html 或 index.htm。

在网络中的另一台计算机上打开 IE 浏览器，在地址栏输入 Web 服务器的 IP 地址和首页文件名后回车，即可看到自己发布的网页了，如图 2-40 所示。

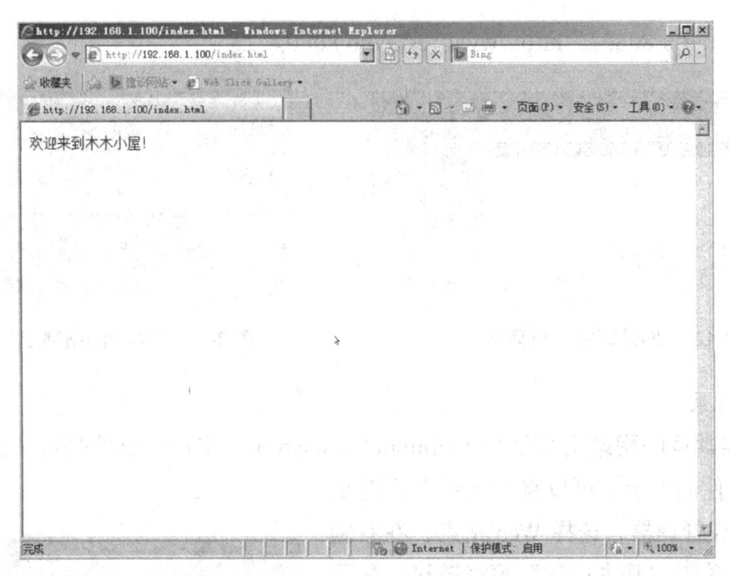

图 2-40　发布的个人网页

3. 配置 IP 地址和端口。

（1）在 IIS 管理器中，选择默认站点，如图 2-41 所示，在“Default Web Site 主页”窗口中，可以设置默认 Web 站点的各种配置；在右侧“操作”栏中，可以对 Web 站点进行操作。

图 2-41　默认 Web 站点

（2）右击“Default Web Site”并选择快捷菜单中的“编辑绑定”选项，或者单击右侧“操作”栏中的“绑定”超级链接，弹出“网站绑定”对话框，如图 2-42 所示。网站的默认端口是 80，IP 地址显示为“*”，表示绑定所有 IP 地址。

（3）单击“编辑”按钮，弹出“编辑网站绑定”对话框，在“IP 地址”下拉列表中，选择想指定的 IP 地址，在“端口”文本框中设置 Web 站点的端口号，端口号不能为空，通常使用默认的 80 端口，如图 2-43 所示。

（4）设置完成后，单击“确定”按钮保存设置，并单击“关闭”按钮关闭网站绑定窗口，这时，将只能使用指定的 IP 地址和端口访问 Web 网站。当使用默认的 80 端口时，用户访问网站时不需要输入端口号，但如果不是 80 端口，在访问网站时就必须在网站地址后面加上端口号，如 http://192.168.1.100:8080 或 http://www.test.com:8080。

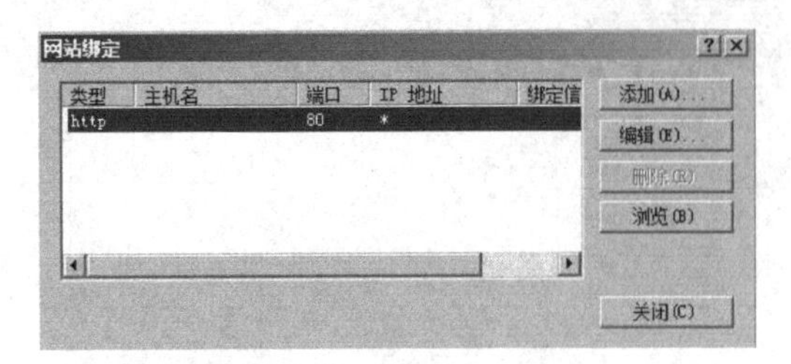

图 2-42 “网站绑定”对话框

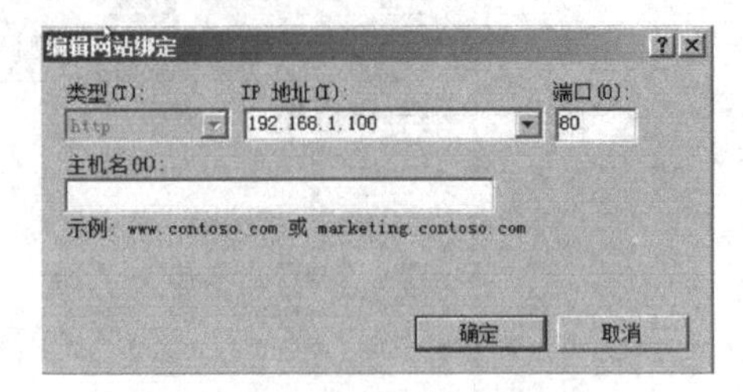

图 2-43 “编辑网站绑定”对话框

4. 配置主目录。

Web 服务器默认的网站主目录是 C:\intepub\wwwroot，主目录也就是网站的根目录，为了保证网页数据文件的安全，可以将主目录进行更改。

（1）打开 IIS 管理器，选择 Web 站点，在右侧的“操作”栏中单击“基本设置”超级链接，显示“编辑网站”对话框，在“物理路径”文本框中显示的就是网站的主目录，如图 2-44 所示。

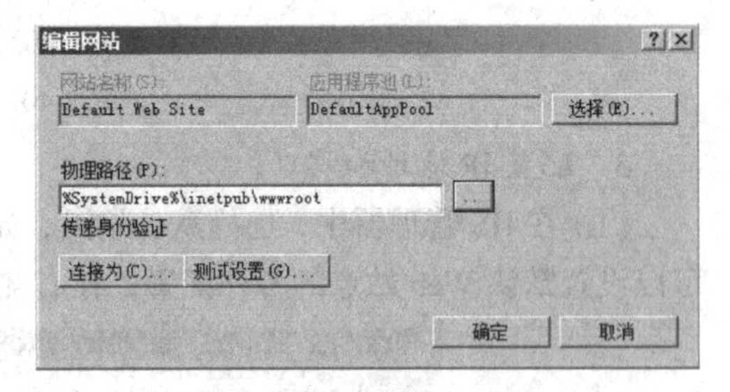

图 2-44 “编辑网站”对话框

（2）在“物理路径”文本框中输入 Web 站点新的主目录路径，或者单击“浏览”按钮选择，单击“确定”按钮保存设置。

5. 配置默认文档。

配置默认文档的作用是在访问网站首页时，无须输入首页名称，直接输入 IP 地址或域名即可打开该网站首页，方便用户的访问。

（1）在 IIS 管理器中，选择 Web 站点，在“Default Web Site 主页”窗口中，双击“默认文档”图标，系统自带 5 种默认文档，分别是 Default.htm、Default.asp、index.htm、index.html 和 iisstar.htm，如图 2-45 所示。

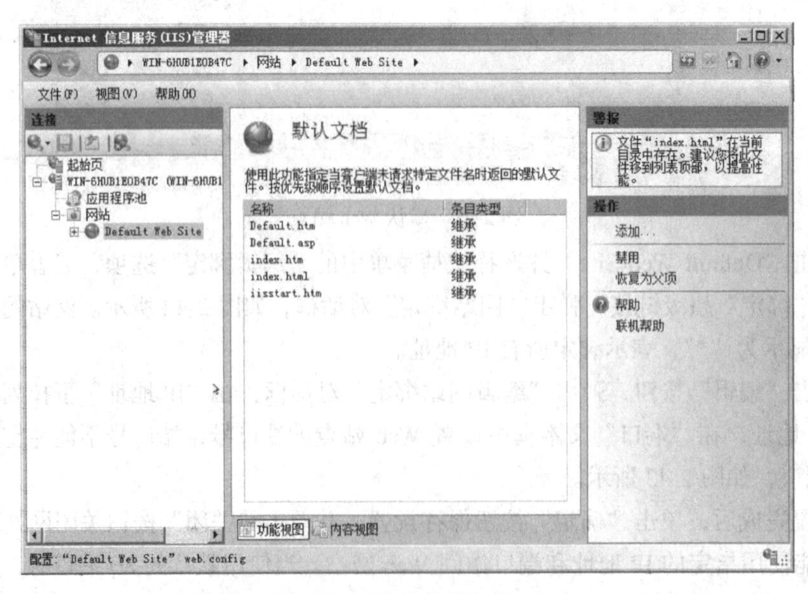

图 2-45 “默认文档”窗口

（2）如果要使用其他名称的默认文档，如网站首页名称是 index.asp，则需要添加该默认文档。单击右侧“操作”栏中的“添加”超级链接，在弹出的“添加默认文档”窗口中输入首页名称，如图 2-46 所示。

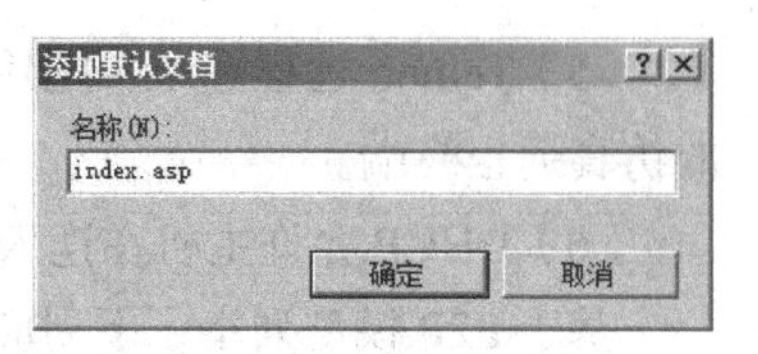

图 2-46 添加默认文档

（3）单击“确定”按钮，即可添加该默认文档。新添加的默认文档自动排列在最上方，如图 2-47 所示，可通过“上移”和“下移”超级链接来调整各个默认文档的顺序。

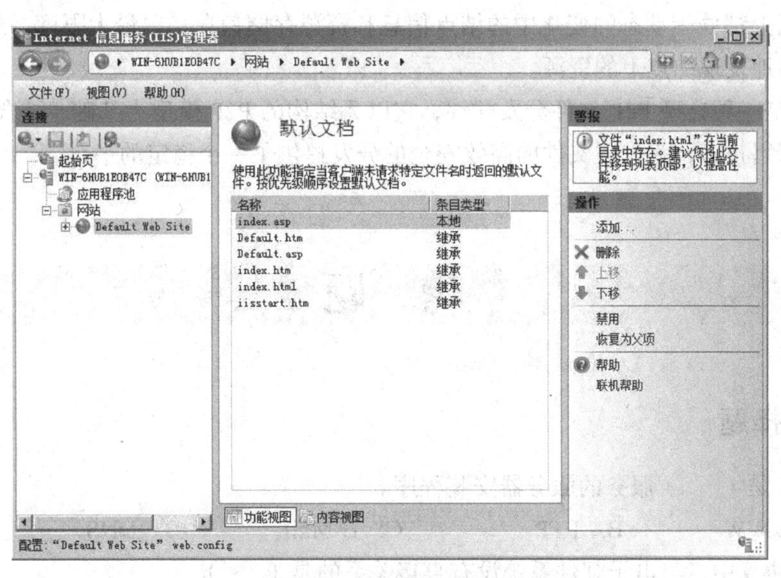

图 2-47 添加的默认文档

本章小结

应用层是网络体系结构的最高层。每个应用层协议都是为了解决某一类应用问题。客户/服务器模型所描述的是进程之间服务和被服务的关系，所谓的客户是服务的请求方，服务器是服务的提供方。P2P 模型的核心是利用用户资源，通过对等方式进行文件传输，这完全不同于传统的客户/服务器模型。

本章基于客户/服务器模型列举了下列应用服务。

（1）域名系统（DNS）作为域名和 IP 地址相互映射的一个分布式数据库。

（2）文件传输协议 FTP（File Transfer Protocol）是 Internet 上使用得最广泛的文件传送协议。适合于在异构网络中任意计算机之间传送文件。

（3）万维网是一个大规模的、联机式的信息储藏所，英文简称为 Web，万维网提供分布式服务。

（4）电子邮件是一种最常见的网络服务。由于它的简单快捷，人们的沟通方式发生了巨大变革。电子邮件服务中最常见的两种应用层协议是邮局协议（POP）和简单邮件传输协议（SMTP），这些协议用于定义客户端/服务器进程。

（5）Telnet 远程登录，把用户正在使用的终端或主机变成他要在其上登录的某一远程主机的仿真远程终端。

（6）DHCP 允许主机在连入网络时动态获取 IP 地址、子网掩码、网关以及其他网络参数。

基于 P2P 模型列举了下列应用服务。

（1）P2P 文件分发，有效克服了 C/S 模式在传输速率以及在用户数量增多的情况下由于服务器压力过大而导致的系统处理瓶颈等性能上的缺陷。

（2）P2P 搜索是一种 P2P 资源的发现和定位技术，通过信息索引来发现、查找 P2P 网络中在时间和空间上都处于动态的变化中的结点信息和资源存储信息，以最大限度、最快速度、尽可能多且准确地发现结点上的资源。

（3）BT 是一种典型 P2P 文件分发软件，它以无结构的 P2P 模型为基础，结合 HTTP、TCP 协议等传统网络技术，为大型文件的高效安全的分发提供了一个稳定的平台。

习　题

一、选择题

1. Ser-U 是（　　）服务的服务器安装程序。
   A. WWW　　B. FTP　　C. E-Mail　　D. DNS
2. 下列协议中，与电子邮件系统没有直接关系的是（　　）。
   A. MIME　　B. POP3　　C. SMTP　　D. SNMP
3. 在下面的服务中，（　　）不属于 Internet 标准的应用服务。
   A. WWW 服务　　B. Email 服务　　C. FTP 服务　　D. NetBIOS 服务
4. Web 客户端与 Web 服务器之间的信息传输使用的协议为（　　）。
   A. HTML　　B. HTTP　　C. SMTP　　D. IMAP
5. 下列（　　）网络特性 P2P 模式优于 C/S 模式。
   A. 数据分发　　B. 数据覆盖率　　C. 安全性　　D. 数据质量
6. Web 上的每个网页都有一个独立的地址，这些地址被称为（　　）。
   A. 域名　　B. IP 地址　　C. URL　　D. MAC 地址
7. 下列选项中表示域名的是（　　）。
   A. www.cctv.com　　B. hk@zj.school.com
   C. zjabc@china.com　　D. 192.96.68.123
8. 网址“www.pku.edu.cn”中的“cn”表示（　　）的顶级域名。
   A. 英国　　B. 美国　　C. 日本　　D. 中国
9. 在 Internet 中能够提供任意两台计算机之间传输文件的协议是（　　）。
   A. WWW　　B. FTP　　C. Telnet　　D. SMTP
10. Internet 远程登录使用的协议是（　　）。
   A. SMTP　　B. POP3　　C. Telnet　　D. IMAP

11. 下列中英文名称对应正确的是（　　）。

A. TCP/IP: 传输控制协议　　B. FTP: 文件传输协议

C. HTTP: 预格化文本协议　　D. DNS: 统一资源定位器

12. 顶级域名 gov 代表（　　）。

A. 教育机构　　B. 商业组织　　C. 政府部门　　D. 国家域名

13. 将数据从 FTP 服务器传输到 FTP 客户机上，称之为（　　）。

A. 数据下载　　B. 数据上传　　C. 数据传输　　D. FTP 服务

14. Internet 的电子邮件采用（　　）协议标准，保证可以在不同的计算机之间传送电子邮件。

A. SNMP　　B. FTP　　C. SMTP　　D. ICMP

15. 下列关于 WWW 浏览器的叙述中，错误的是（　　）。

A. WWW 浏览器是 WWW 的客户端程序

B. WWW 浏览器只能访问 WWW 服务器的资源

C. WWW 浏览器可以访问 FTP 服务器的资源

D. 利用 WWW 浏览器可以保存与打印主页

16. DNS 完成的工作是实现域名到（　　）之间的映射。

A. URL 地址　　B. IP 地址　　C. 主页地址　　D. 域名地址

17. 用户 E-mail 地址中的用户名（　　）。

A. 在整个 Internet 上是唯一的　　B. 在一个国家是唯一的

C. 在用户所在邮件服务器中是唯一的　　D. 在同一网络标识的网上是唯一的

18. 当使用电子邮件访问 POP3 服务器时，（　　）。

A. 邮件服务器保留邮件副本

B. 从不同的计算机上都可以阅读服务器上的邮件

C. 比较适合用户从一台固定的客户机访问邮箱的情况

D. 目前支持 POP3 协议的邮件服务器不多，一般都使用 IMAP 协议的邮件服务器

19. 对等网络的主要优点是网络成本低、网络配置和（　　）。

A. 维护简单　　B. 数据保密性好　　C. 网络性能较高　　D. 计算机资源占用小

20. 已知接入 Internet 网的计算机用户为 Alex，而连接的服务商主机名为 public.tpt.tj.cn，其相应的 E-mail 地址为（　　）。

A. Alex@public.tpt.tj.cn　　B. @Alex.public.tpt.tj.cn

C. Alex.public@tpt.tj.cn　　D. public.tpt.tj.cn@Alex

21. FTP 服务器上的命令通道和数据通道分别使用（　　）端口。

A. 21 号和 20 号　　B. 21 号和大于 1 023 号

C. 大于 1 023 号和 20 号　　D. 大于 1 023 号和大于 1 023 号

22. 测试 DNS 解析是否正常的命令是（　　）。

A. nslookup　　B. ping　　C. netstat　　D. ipconfig

23. DNS 区域中的正向搜索区的功能是（　　）。

A. 将 IP 地址解析为域名　　B. 将域名解析为 IP 地址

C. 进行域名和 IP 地址的双向解析　　D. 以上都不正确

24. 以下关于 C/S 与 P2P 工作模式比较的描述中，错误的是（　　）。

A. 从工作模式角度，互联网应用系统分为两类：C/S 模式与 P2P 模式

B. 在一次进程通信中发起通信一方叫客户端，接受连接请求的一方叫服务器端

C. 所有程序在进程通信中的客户端与服务器端的地位是不变的

D. C/S 模式反映出一种网络服务提供者与网络服务应用者的关系

25. 以下关于 P2P 概念的描述中错误的是（　　）。

A. P2P 是网络结点之间采用对等方式直接交换信息的工作模式

B. P2P 通信模式是指 P2P 网络中对等结点之间的直接通信能力

C. P2P 网络是指与互联网并行建设的、由对等结点组成的物理网络

D. P2P 实现技术是指为实现对等结点之间直接通信的功能和特定的应用所需要设计的协议、软件等。

二、简答题

1. 什么是域名？简述因特网域名系统 DNS 的构成及功能。
2. 列举几个网址，并对各级域名做出解释。
3. C/S 模式有什么优点？
4. Internet 的主要应用服务有哪些（至少写出 5 个）？
5. 简述 C/S 工作模式与 P2P 工作模式有何异同。

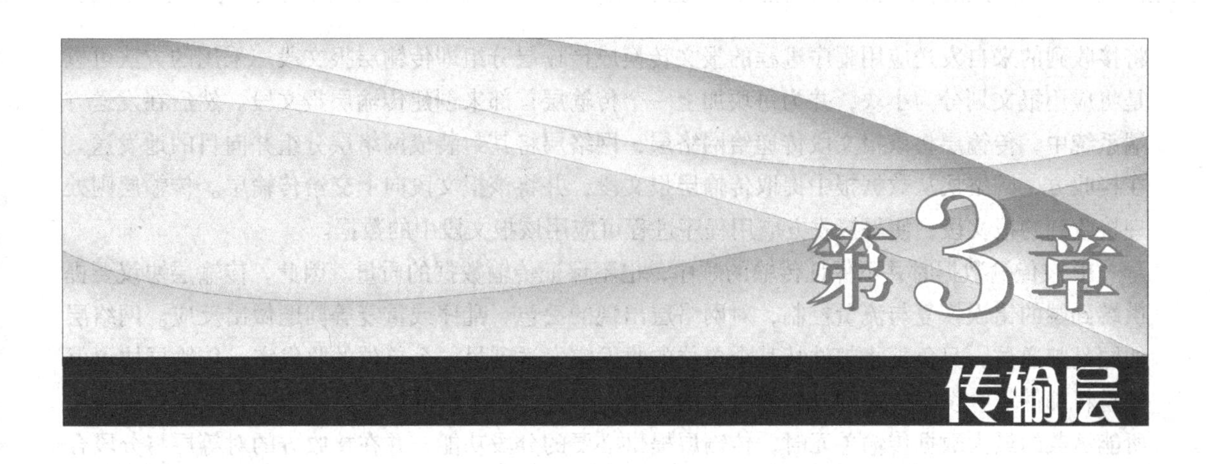

第3章 传输层

传输层位于应用层和网络层之间。它为应用层提供服务，并接收来自网络层的服务。传输层是客户程序和服务器程序之间的联络人，是一个进程到进程的连接。它是 Internet 上从一点到另一个点传输数据的端到端逻辑传输媒介。

3.1 传输层概述

传输层在应用层和网络层之间提供进程到进程的服务，一个进程在本地主机，另一个进程在远程主机。使用逻辑连接提供通信，意味着两个应用层可以位于地球上的不同位置，两个应用层假设存在一条想象的直接连接，通过这条连接它们可以发送和接收数据。

3.1.1 传输层功能及提供的服务

传输层协议是为运行在不同主机上的应用进程提供逻辑通信功能，它属于面向通信部分的最高层，同时也是用户功能中的最低层。从应用程序的角度看，通过逻辑通信，运行不同进程的主机好像直接相连，而实际上这些主机是通过很多路由器和多种不同的链路相连。应用进程通过传输层提供的逻辑通信功能彼此发送报文，而不需要考虑承载报文的物理基础设施的细节，如图 3-1 所示。

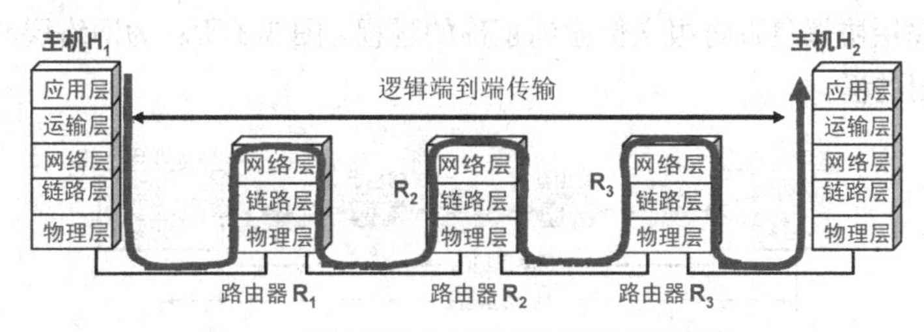

图 3-1　传输层为应用进程间提供逻辑通信

如图 3-1 所示，传输层协议是在端系统中，而不是在路由器中实现的。在发送方，传输层将接收到的来自发送应用程序进程的报文转换成传输层分组即传输层报文段。采用的方法可以是将应用报文划分为小块，并为每块加上一个传输层首部来创建传输层报文段。然后在发送方端系统中，传输层将该报文段传递给网络层，网络层将其封装成网络层分组并向目的地发送。在接收方，网络层从数据报中提取传输层报文段，并将该报文段向上交给传输层。传输层则处理接收到的报文段，使得接收方应用程序进程可应用该报文段中的数据。

IP 在传输数据时并不保证传输的顺序，也不保证传输数据的质量。因此，传输层协议要提供端到端的错误恢复与流量控制，对网络层出现的丢包、乱序或重复等问题做出反应。网络层如同是邮递员，只负责将邮件从某个单位的收发室发送到另一个单位的收发室，传输层协议就像是将邮件从收发室传递到具体的个人的手中。另外，当上层的协议数据包的长度超过网络层所能承载的最大数据传输单元时，传输层提供必要的分段功能，并在接收方的对等层将分段合并。总之，传输层通过扩展网络层服务功能，为高层提供可靠数据传输，从而使系统之间实现高层资源的共享时不必再考虑数据通信方面的问题，即它是资源子网与通信子网的界面与桥梁，它完成资源子网中两结点间的逻辑通信，实现通信子网中端到端的透明传输。

传输层是两台计算机经过网络进行数据通信时，第一个端到端的层，当网络层服务质量不能满足要求时，它将给上层（一般是应用层的进程）提供服务质量。传输层的服务经历建立连接、传送数据和释放连接这 3 个阶段来完成一个服务过程。

假如两台计算机 A 和 B 要进行数据通信，在计算机 A 和计算机 B 上分别有两个应用程序 AP_1 和 AP_2 在同时运行。这两个应用程序必须经过两个互连的网络才能相互进行数据通信，数据传输的过程如图 3-2 所示。

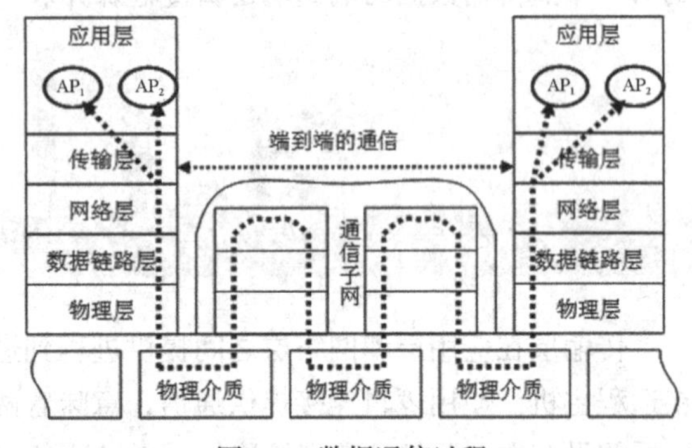

图 3-2　数据通信过程

3.1.2　应用进程、传输层接口与套接字

传输层协议的首要任务是提供进程到进程的通信（process-to-process communication），进程是使用传输层服务的应用层实体。我们在讨论进程到进程通信如何实现之前，需要理解主机到主机通信与进程到进程通信的不同之处。

网络层（第 4 章讨论）负责计算机层次的通信（主机到主机通信）。网络层协议只把报文传递到目的计算机，然而，这是不完整的传递。报文仍然需要递交给正确的进程，这正是传输层接管的部分，传输层协议负责将报文传输到正确的进程。图 3-3 所示为网络层和传输层的范围，其中 AP 表示应用进程。

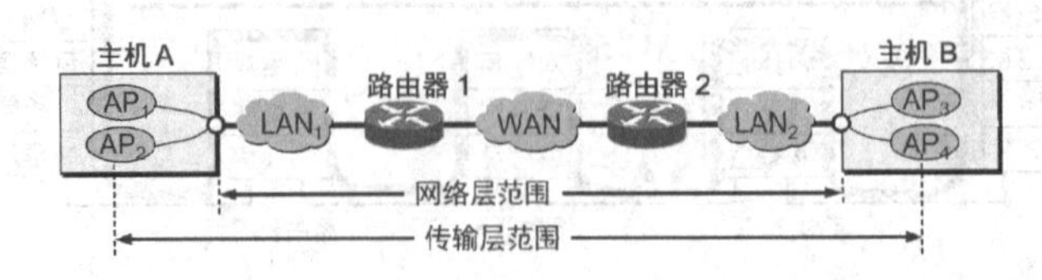

图 3-3　网络层与传输层的作用范围

尽管有一些方法可以实现进程到进程的通信，但是最常用的是通过客户/服务器模式（见第

2 章）。本地主机上的进程称为客户，它通常需要来自远程主机上的进程提供的服务，这种远程主机称为服务器。

这两个进程（客户和服务器）有相同的名字。例如，如果要从远程机器上获得日期和时间，我们需要在本地主机上运行 Daytime 客户进程并在远程机器上运行 Daytime 服务进程。

然而，目前的操作系统支持多用户和多程序运行的环境。一个远程计算机在同一时间可以运行多个服务器程序，就像许多本地计算机可在同一时间运行一个或多个客户应用程序一样。对通信来说，我们必须定义本地主机、本地进程、远程主机以及远程进程。我们使用 IP 地址来定义本地主机和远程主机（将在第 4 章讨论）。为了定义进程，需要第二个标识符，称为端口号（port number）。

准确地说，端口号是操作系统为不同的网络应用提供了一个用于区分不同网络通信进程的标识。端口号是 16 位的二进制数，即位于 0～65 535 的整数。每个通信进程产生时都同时被设定一个端口号用来标识该进程，且端口号在同一个操作系统上是唯一的。客户进程向某个服务器请求一种服务时，请求信息中指明服务器某个特定的端口号，服务器便可以将所接收的服务请求提交对应该端口号的服务进程。客户进程在发送服务请求时，随即也产生一个客户进程端口号，客户端与服务器就这样相互识别进行通信。

端口在传输层的作用有点类似 IP 地址在网络层的作用或 MAC 地址在数据链路层的作用，只不过 IP 地址和 MAC 地址标识的是主机，而端口标识的是网络应用进程。由于同一时刻一台主机上会有大量的网络应用进程在运行，所以需要大量的端口号来标识不同的进程。当传输层收到 IP 层交上来的数据（即 TCP 报文段或 UDP 用户数据报）时，就要根据其中首部的端口号来决定应当通过哪一个端口上交给应当接收此数据的应用进程。图 3-4 所示为端口在进程之间的通信中所起的作用。传输层具有复用和分用的功能（将在下一节介绍）。应用层所有的应用进程都可以通过传输层再传送到网络层，这称为复用。传输层从网络层收到数据报后必须交付给指明的应用进程，这就是分用。

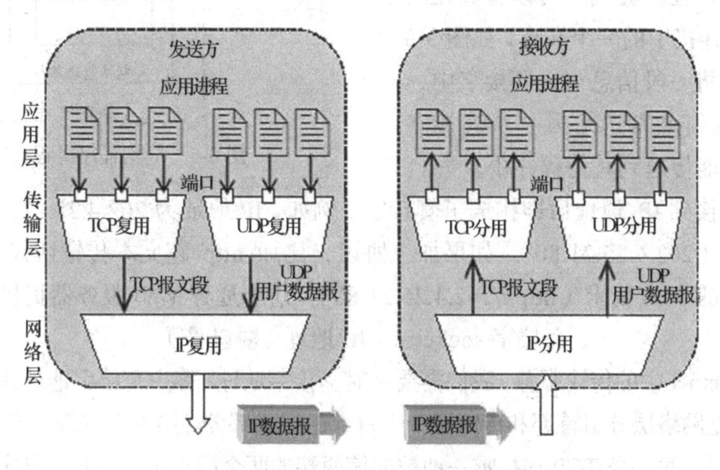

图 3-4 端口在进程之间的通信中所起的作用

端口可以分为两大类：服务器端使用的端口号和客户端使用的端口号。

服务器端使用的端口号又可以分为专用端口号和注册端口号。

① 专用端口号：也称为熟知端口号，端口号的范围是 0～1 023，绑定于一些特定的服务，通常带有这些端口号的通信明确表明了某种服务的协议，这种端口号不可再重定义它的作用对象。

② 注册端口号：端口号的范围是 1 024～49 151，多数没有明确的定义服务对象，不同程序可根据实际需要自己定义，如远程控制软件和木马程序中都会有这些端口号的定义。

客户端使用的端口号为 49 152～65 535，仅在客户进程运行时才动态分配，是留给客户进程暂时使用时选择。通信结束后被收回，供其他客户进程以后使用。

表 3-1 所示为常用的端口号及对应协议，如 DNS 的端口号是 53，HTTP 的端口号为 80 等。

表 3-1 常用的端口号及对应协议

端口号	应用程序	说明
20	FTP_DATA	文件传输协议（数据）
21	FTP_CONTROL	文件传输协议（命令）
23	TELNET	远程连接
25	SMTP	简单邮件传输协议
53	DNS	域名解析服务
69	TFTP	简单文件传输协议
80	HTTP	超文本传输协议
110	POP3	邮局协议版本 3
161	SNMP	简单网络管理协议
179	BGP	边界网关协议
520	RIP	路由信息协议

在 TCP 协议簇中的传输层协议需要 IP 地址和端口号，它们各在一端建立一条连接。一个 IP 地址和一个端口号结合起来称为套接字地址（socket address）。客户套接字地址唯一定义了客户进程，而服务器套接字地址唯一地定义了服务器进程。套接字可以看成在两个程序进行通信连接中的一个端点，如图 3-5 所示。一个程序将一段信息写入套接字中，该套接字将这段信息发送给另一个套接字中，使这段信息能传送到其他程序中。

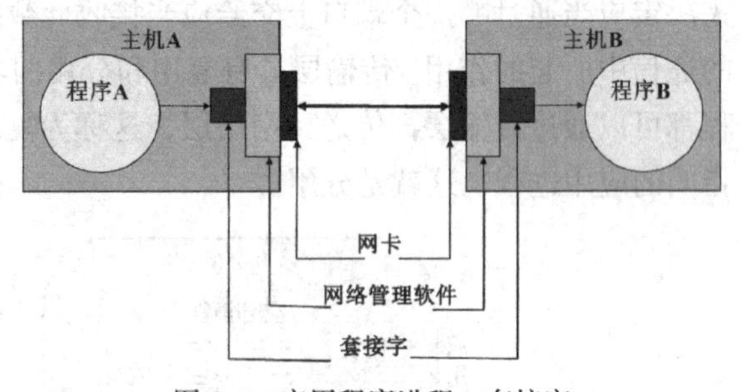

图 3-5 应用程序进程、套接字

将端口号拼接到 IP 地址后即构成了套接字。例如，IP 地址为 202.4.25.21，而端口号为 80，那么套接字就是（202.4.25.21:80）。如果加上协议，比如 http 超文本传输协议，将是我们常见的在浏览器输入的 Web 请求（http://202.4.25.21:80），请求远程 Web 服务器提供的服务。

$$套接字\ socket =（IP 地址：端口号）\quad（3-1）$$

为了使用 Internet 中的传输服务，我们需要一对套接字地址：客户套接字地址和服务器套接字地址。这 4 条信息是网络层分组首部和传输层分组首部的组成部分。第一个首部包含 IP 地址，而第二个首部包含端口号。每一条 TCP 连接唯一地被通信两端的两个端点（即一对套接字）所确定，即

TCP 连接::= {socket1, socket2}= {(IP1: port1), (IP2: port2)}（3-2）

3.1.3 传输层的多路复用与多路分解

每当一个实体从一个以上的源接收到数据项时，称为多路复用（multiplexing，多对一）；

每当一个实体将数据项传递到一个以上的源时，称为多路分解（demultiplexing，一对多）。源端的传输层执行复用，目的端的传输层执行多路分解，如图 3-6 所示。

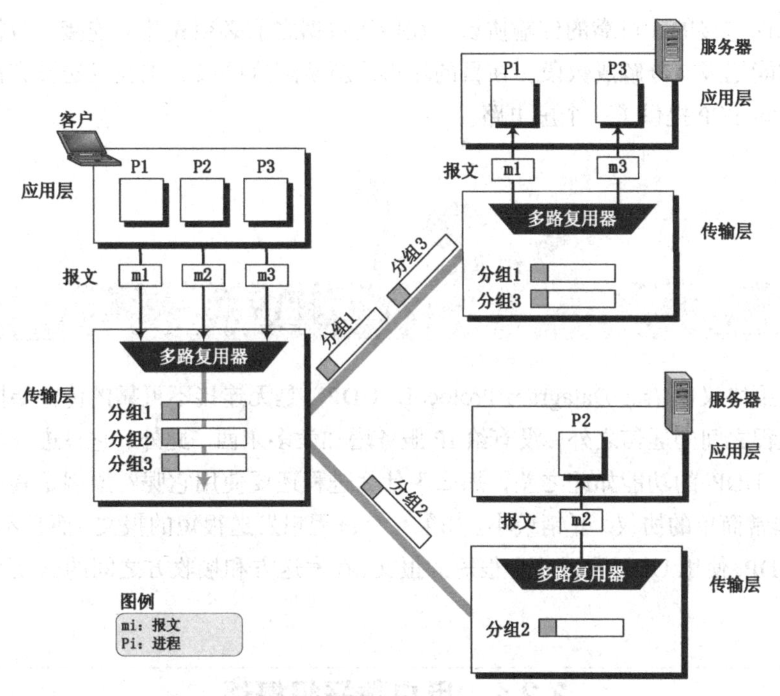

图 3-6 多路复用和多路分解

图 3-6 给出了一个客户和两个服务器之间的通信。客户端运行 3 个进程：P1、P2 和 P3。进程 P1 和 P3 需要将请求发送到对应的服务器进程。客户进程 P2 需要将请求发送到位于另外一个服务器的服务器进程。客户端的传输层接收到来自 3 个进程的 3 个报文并创建 3 个分组。它起到了多路复用器的作用，分组 1 和分组 3 使用相同的逻辑信道到达第一个服务器的传输层。当它们到达服务器时，传输层起到多路分解器的作用并将报文分发到两个不同的进程。第二个服务器的传输层接收分组 2 并将它传递到相应的进程。注意，尽管只有一个报文，我们仍然用到多路分解。

3.1.4 无连接服务与面向连接服务

由于 TCP/IP 的网络层提供的是面向无连接的数据报服务（第 4 章介绍），也就是说 IP 数据报传送会出现丢失、重复和乱序的情况，因此在 TCP/IP 网络结构中传输层就变得极为重要。TCP/IP 的传输层提供了两个主要的协议，即用户数据报协议（User Datagram Protocol，UDP）和传输控制协议（Transmission Control Protocol，TCP），如图 3-7 所示，并给出了这两种协议在协议栈中的位置。

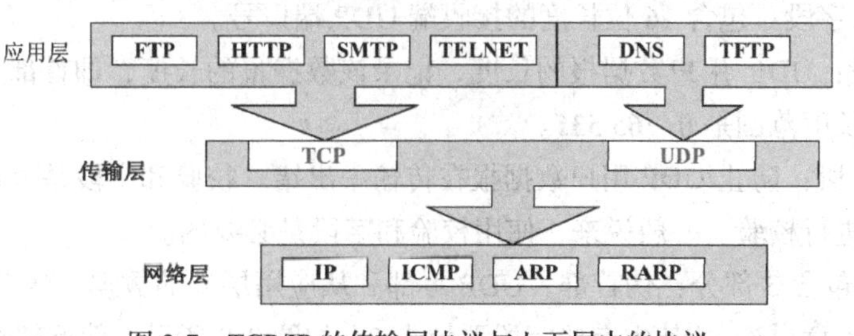

图 3-7 TCP/IP 的传输层协议与上下层中的协议

UDP是无连接的，而且“不可靠”，远端主机的运输层在收到UDP报文后，不需要给出任何确认，也没有对发送段进行软件校验。因此，被称之为“不可靠”。

TCP是面向连接的、可靠的传输协议。在传送数据之前必须先建立连接，数据传送结束后释放连接。它能把报文分解成数段，在目的端再重新装配这些段，重新发送没有被收到的段。在用户通信之间TCP提供了一个虚电路。

3.2 UDP

用户数据报协议（User Datagram Protocol，UDP）是无连接不可靠的传输层协议。它除了提供进程到进程之间的通信之外，没有给IP服务增加太多东西。此外，它只进行非常有限的差错检验。如果 UDP 的功能如此之差，那么为什么进程还要使用它呢？原因是具有的优点，即UDP是一个非常简单的协议，开销最小。如果一个进程想发送很短的报文，而且不在意可靠性，就可以使用UDP。使用UDP发送一个很短的报文，在发送方和接收方之间的交互要比使用TCP时少得多。

3.2.1 用户数据报概述

UDP分组称为用户数据报（user datagram），有8字节的固定首部，这个首部由4个字段组成，每个字段2字节（16位）。图3-8所示为用户数据报的格式。

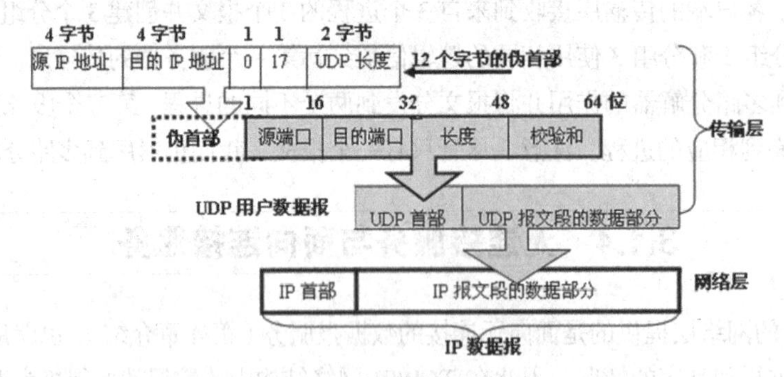

图3-8 用户数据报的格式

① 源端口字段：包含16位长度的发送端UDP端口号。

② 目的端口字段：包含16位长度的接收端UDP端口号。

③ 长度字段：UDP 用户数据报的长度，记录该数据报的长度，即首部加数据的长度，16位可以定义的总长度范围是0～65 535。

④ 校验和字段：防止UDP用户数据报在传输中出错。校验和字段是可选择的，如该字段值为0则表明不进行校验。一般说来，使用校验和字段是必要的。

UDP校验和包含3部分：伪首部、UDP首部和从应用层来的数据。伪首部是IP分组的首部的一部分（第4章讨论），其中有些字段要填入0，如图3-8所示。伪首部总共12字节，分5

个字段，第 1 个字段为源 IP 地址占 4 个字节（32 位）；第 2 个字段为目的 IP 地址占 4 个字节（32 位）；第 3 字段是全 0；第 4 个字段是 IP 首部中的协议字段的值，对于 UDP，此协议字段值为 17；第 5 字段是 UDP 用户数据报的长度。

所谓“伪首部”是因为它并不是 UDP 用户数据报真正的首部，只是在计算校验和时，临时和 UDP 用户数据报连接在一起，得到一个过渡的临时的 UDP 用户数据报。校验和就是按照这个过渡的 UDP 用户数据报来计算的。伪首部既不向下传送，也不向上递交。如果校验和不包括伪首部，用户数据报也可能是安全完整地到达。但是，如果 IP 首部受到损坏，那么它可能被提交到错误的主机。

增加协议字段是确保这个分组是属于 UDP，而不是属于其他传输层协议。我们在后面将会看到，如果一个进程既可用 UDP 又可用 TCP，则端口号可以是相同的。UDP 的协议字段值是 17。如果传输过程中这个值改变了，在接收端计算校验和时就可检测出来，UDP 就可丢弃这个分组，这样就不会传递给错误的协议。

UDP 计算校验和的方法和计算 IP 数据报首部校验和的方法相似（在第 4 章介绍）。但不同的是：IP 数据报的校验和只检验 IP 数据报的首部，但 UDP 的校验和是将首部和数据部分一起检验。在发送端，首先是将全零放入检验和字段。再将伪首部以及 UDP 用户数据报看成是由许多 16bit 的字串接起来。若 UDP 用户数据报的数据部分不是偶数个字节，则要填入一个全零字节（即：最后一个基数字节应是 16 位数的高字节而低字节填 0）。然后按二进制反码计算出这些 16bit 字的和（两个数进行二进制反码求和的运算的规则是：从低位到高位逐列进行计算。0 和 0 相加是 0，0 和 1 相加是 1，1 和 1 相加是 0 但要产生一个进位 1，加到下一列。若最高位相加后产生进位，则最后得到的结果要加 1）。将此和的二进制反码写入校验和字段后，发送此 UDP 用户数据报。在接收端，将收到的 UDP 用户数据报连同伪首部（以及可能的填充全零字节）一起，按二进制反码求这些 16bit 字的和。当无差错时其结果应全为 1。否则就表明有差错出现，接收端就应将此 UDP 用户数据报丢弃（也可以上交给应用层，但必须附上出现了差错的警告信息）。

【例 3-1】假设从源端 A 要发送下列 3 个 16 位的二进制数：word1，word2 和 word3 到终端 B，校验和计算如下：

word1：0110011001100110

word2：0101010101010101

word3：0000111100001111

解：先将校验和字段全填 0；即 word4 为 0000000000000000。

将 4 个 16bit 的二进制反码求和 Sum=word1+word2+word3+ word4=1100101011001010。

校验和（sum 的反码）为 0011010100110101。

从发送端发出的 4 个（word1，2，3 以及校验和）16 位二进制数之和为 1111111111111111，如果接收端收到的这 4 个 16 位二进制数之和也是全“1”，就认为传输过程中没有出差错。

【例 3-2】十六进制格式的 UDP 首部内容为 CB80 0035 002A 001C，请问：

（1）源端口号是多少？

（2）目的端口号是多少？

（3）用户数据报总长度是多少？

（4）数据长度是多少？

（5）分组是从客户端发往服务器端的还是相反方向的？

（6）客户进程是什么？

答：（1）源端口号是头 4 位十六进制数 $(CB80)_{16}$，这意味着源端口号是 52096。

（2）目的端口号是第二组 4 位十六进制数 $(0035)_{16}$，即目的端口号为 53。

（3）第三组 4 位十六进制数 $(002A)_{16}$，定义了整个 UDP 分组的长度，即长度为 42 字节。

（4）数据的长度是整个分组长度减去首部长度，即 42–8=34 字节。

（5）由于目的端口号是 53（为专用端口号），分组是从客户端发送到服务器端。

（6）客户进程是 DNS（见表 3-1）。

3.2.2 UDP服务

我们在前面讨论过传输层协议提供的一般服务。在本小节中，我们讨论 UDP 提供的一般服务。

（1）进程到进程的通信

UDP 使用套接字地址提供进程到进程的通信，也就是 IP 地址和端口号的组合。

（2）无连接服务

如前所述，UDP 提供无连接服务，这就是表示 UDP 发送出去的每一个用户数据报都是一个独立的数据报。不同的用户数据报之间没有关系，即使它们都是来自相同的源进程并发送到相同的目的程序。用户数据报不进行编号，此外，也没有像 TCP 那样的连接建立和连接终止过程，这就表示每一个用户数据报可以沿着不同的路径传递。

无连接的一个结果就是使用 UDP 的进程不能够向 UDP 发送数据流，并期望它将这个数据流分隔成许多不同的相关联的用户数据报。相反，每一个请求必须足够小，使其能够装入用户数据报中，只有这些发送短报文的进程才应当使用 UDP。

（3）流量控制

UDP 是一个非常简单的协议。它没有流量控制，因而也没有窗口机制。当到来的报文太多时，接收方可能会溢出。

（4）差错控制

除了校验和外，UDP 也没有差错控制机制，这就表示发送方不知道报文是丢失还是重传。当接收方使用校验和检测出差错时，它就悄悄地将此用户数据报丢弃。

（5）拥塞控制

由于 UDP 是无连接协议，它不提供拥塞控制。UDP 假设被发送的分组很小且零星，不会在网络中造成拥塞。

（6）封装和解封装

要将报文从一个进程发送到另一个进程，UDP 协议就要对报文进行封装和解封装。

（7）多路复用与多路分解

在运行 TCP/IP 协议簇的主机上只有一个 UDP，但可能有多个想使用 UDP 服务的进程。处理这种情况，UDP 采用多路复用和多路分解。

3.2.3 UDP应用

尽管 UDP 不满足我们之前讨论的可靠传输层协议标准，但是，UDP 更适合某些应用。原因是其他某些服务可能有副作用，这些副作用是不可接受的或者是不称心的。一位应用设计师有时需要折中来得到最佳情况。例如，在日常生活中，我们都知道寄送快件比寄送普通的包裹要贵。尽管时间和价钱在寄送包裹中都是想要获取的特性，但是它们是彼此矛盾的。我们需要根据情况选择最佳值。

如前所述，UDP 是无连接协议，同一个应用程序发送的 UDP 分组之间是独立的。这个特征可以看作是优势也可以看作是劣势，这要取决于应用的要求。例如，如果一个客户应用需要向服务器发送一个短的请求并接收一个短的响应，那么这就是优势。如果请求和响应各自可以填充进一个数据报，那么无连接服务可能就更可取。在这种情况下，建立和关闭连接的开销可能很可观。在面向连接服务中，要达到以上目标，至少需要在客户和服务器之间交换 9 个分组，而在无连接服务中只需要交换 2 个分组。无连接提供了更小的延迟；面向连接服务造成了更多的延迟。例如，一种客户/服务器应用如 DNS（见第 2 章），它使用 UDP 服务，因为客户需要向服务器发送一个短的请求，并从服务器接收快速响应。请求和响应可以填充进一个用户数据报。由于在每个方向上只交换一个报文，因此无连接特性不是问题；客户或服务器不担心报文会时序传递。

UDP 不提供差错控制，它提供的是不可靠服务。绝大多数应用期待从传输层协议中得到可靠服务。尽管可靠服务是人们想要的，但是它可能有一些副作用，这些副作用对某些应用来说是不可接受的。当一个传输层提供可靠服务时，如果报文的一部分丢失或者被破坏，它就需要被重传。这意味着接收方传输层不能向应用程序立即传送那一部分信息；在传向应用层的不同报文部分会有不一致的延迟。对于某些应用根本注意不到这些不一致的延迟，但是对于有些应用这些延迟却是致命的。假设我们正在使用一个实时交互应用，如 Skype。音频和视屏被分割成帧并且一个接一个地发送。如果传输层应该重传某些被破坏或丢失的帧，那么整个传输的同步性就会丧失。观众会突然看到空白屏幕并且需要等待，直到第二个传输到达。这是不可容忍的。然而，如果屏幕的每个小部分都使用一个用户数据报传送，那么接收 UDP 可以轻易地忽略被破坏或丢失的分组，并将其余分组传递到应用程序。屏幕的那部分会空白很短时间，而绝大多数观众都不会注意到。

UDP 不提供拥塞控制。然而在倾向于出错的网络中 UDP 没有创建额外的通信量。TCP 可能多次重发一个分组，因此这个行为促使拥塞发生或者使得拥塞状况加重。因此，在某些情况下，当拥塞是一个大问题时，UDP 中缺乏差错控制可以看成是一个优势。

下面给出了一些典型应用，与 TCP 服务相比，可从 UDP 服务中获益更多。

① UDP 适合于这样的进程：它需要简单的请求—响应通信，而较少考虑流量控制和差错控制。对于需要传送成块数据的进程（如 FTP）则通常不使用 UDP。

② UDP 适用于具有内部流量控制和差错控制机制的进程。例如，简单文件传输协议（TFTP）的进程就包含流量控制和差错控制，它可很容易地使用 UDP。

③ 对于多播来说，UDP 是一个合适的传输协议。多播能力已嵌入到 UDP 软件中，但没有嵌入到 TCP 软件中。

④ UDP 可用于管理进程，如 SNMP。

⑤ UDP 可用于某些路由选择更新协议，如路由选择信息协议（RIP）（见第 4 章）。

⑥ UDP 通常用于交互实时应用，这些应用不能容忍接受报文之间的不一致延迟。

3.3 TCP

传输层的TCP是TCP/IP体系中非常复杂的一个协议，该协议指定了两台计算机之间为了进行可靠传输而交换的数据和确认信息的格式，以及计算机为了确保数据的正确到达而采取的措施。TCP从应用程序接收字节流，字节流被TCP分组成为多个数据段（segment），并按照顺序编号发送。TCP会在每个数据段前添加TCP报头，其中包括各种控制信息。接收端通过这些控制信息，向发送端做出相应响应，并在将TCP报头剥离后，把收到的多个数据段重组成为字节流，把字节流传递给应用层。TCP使用IP数据报作为载体，在网络层，每一个TCP包封装在一个IP数据报中，然后通过网络传输。当数据报到达目的主机，IP将数据报的内容传给TCP。在此过程中，IP只把每个TCP消息看作数据来传输，而并不关心这些消息的内容。可以将数据传送过程形象地理解为：TCP和IP就像两个信封，要传递的信息被划分成若干段，每一段装入一个TCP信封，并在该信封上记录分段号信息，再将TCP信封装入IP大信封中，发送上网。在接收端，每个TCP软件包收集信封，抽出数据，按照发送前的序列还原，并加以校验，若发现差错，TCP将会要求重发。因此，TCP在Internet中几乎可以无差错地传送数据。

TCP只把IP看作一个包通信系统，这一通信系统负责连接两个端点的主机，如图3-9所示，在一个虚连接的每一端都要有TCP应用程序，但中间的路由器不需要。从TCP的角度来看，整个Internet是一个通信系统，这个系统能够接收和传递消息而不会改变和干预消息的内容。

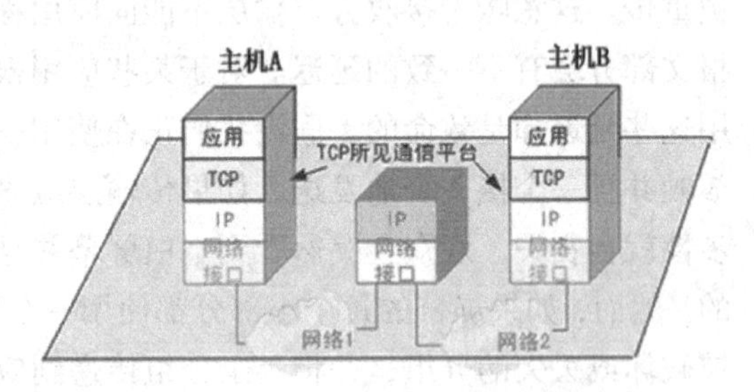

图3-9　在Internet中看TCP与IP的关系

本节先对TCP所提供服务的特点进行概括的介绍，然后详细讨论TCP分段格式、TCP连接管理、TCP的流量控制、差错控制和拥塞控制等问题。

3.3.1　TCP服务

TCP服务包括以下内容。

① 面向连接的传输：应用程序在使用TCP之前，必须先建立TCP连接。在传送数据结束后，必须释放建立的TCP连接。也就是说，应用程序之间的通信好像“打电话”，通话前先拨号建立连接，通话结束后要挂机释放连接。

② 端到端的通信：每一个TCP连接只能有两个端点，只有连接的源和目的之间可以通信。

③ 高可靠服务：TCP确保发送端发出的消息能够被接收端正确无误地接收到，且不会发生数据丢失或乱序。接收端的应用程序确信从TCP接收缓存中读出的数据是否正确是通过检查传送的序列号（sequence number）、确认（acknowledgement）和出错重传（retransmission）等

措施给予保证的。

④ 全双工通信：TCP 连接允许任何一个应用程序在任何时刻都能发送数据，使数据在该 TCP 的任何一个方向上传输。因为在 TCP 连接的两端都设有发送缓存和接收缓存，用来临时存放通信的数据。发送时，应用程序把数据传递给 TCP 缓存，TCP 在合适的时刻把数据发送出去。接收时，TCP 把接收到的数据放入缓存，上层的应用进程在适当的时刻读取缓存数据。

⑤ 采用字节流方式，即以字节为单位传输字节序列：这种字节流是无结构的，不能确保数据块传递到接收端应用进程时保持与发送端有同样的尺寸。但接收端应用程序收到的字节流必须和发送端应用程序发出的字节流完全一样。因此，使用字节流的应用程序必须在开始连接之前就了解字节流的内容并对格式进行协商。

⑥ 可靠的连接建立：TCP 要求当两个应用程序进程创建一个连接时，两端必须遵从新的连接。前一次连接所用的重复的包是非法的，也不会影响新的连接。

3.3.2 TCP 报文格式

TCP 报文是 TCP 层传输的数据单元，也称为报文段，一个 TCP 报文段由首部和数据段两部分组成。其中，首部是 TCP 为了实现端到端可靠传输所加上的控制信息，而数据段部分则是由高层即应用层来的数据。图 3-10 所示为 TCP 报文段的首部格式，其中有关字段的意义如下。

① 源端口和目标端口：分别写入源端口号和目的端口号，支持 TCP 的多路复用机制。

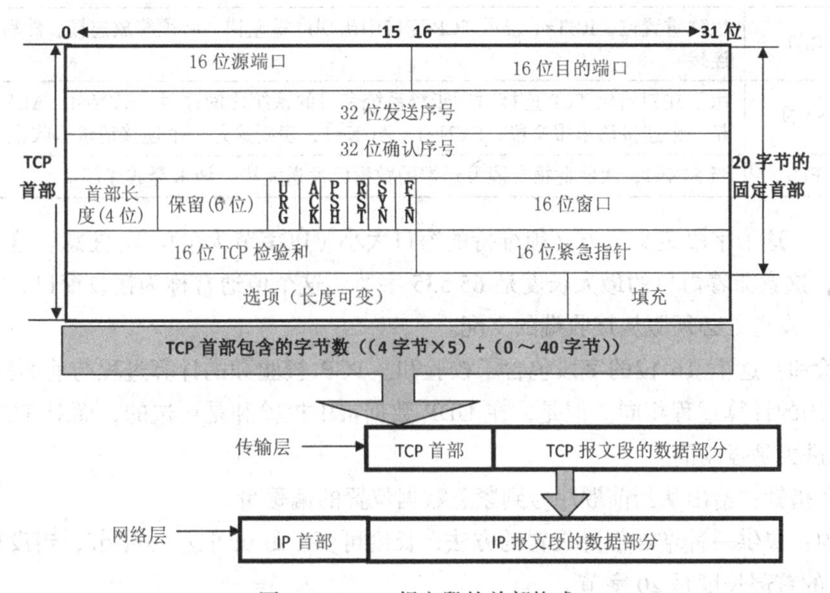

图 3-10　TCP 报文段的首部格式

② 发送序号：为了确保数据传输的正确性，TCP 对每一个传输的字节进行 32 位的按顺序编号，这个编号不一定从 0 开始，首部中的序号字段值指的是本报文段所发送的数据的第一个字节的编号。例如，某个 TCP 发送序号为 2600，报文包含 1 200 个字节数据，则这个 TCP 连接产生的下一个 TCP 报文段的发送序号为 2 600+1 200=3 800。这样 TCP 的接收端能够通过跟踪所接收 TCP 报文的发送序号判断是否有数据报文丢失、重复或乱序等情况，并做出相应的修正。

③ 确认序号：确认序号也称为接收序号，是期望收到对方下一个报文段的第一个数据字节的编号。例如，A 发送一个发送序号为 200 包括 100 个字节的 TCP 报文段，B 收到这个 TCP，假设校验正确，B 可以返回 A 一个确认序号为 300 的 TCP 确认报文，意思是告诉 A 它已经收到序号为 300 号以前的报文，A 可以继续发送序号为 300 的新报文了。

④ 首部长度：占 4 位，表示 TCP 报文的首部长度（从图 3-10 中纵向上看，以 32 位为单位，表明在 TCP 报文首部中包含有 5 个 32 位的固定首部，即 20 字节的固定首部），由于 4 位二进制数表示的最大十进制数是 15，因此数据偏移的最大值是（4 字节 × 15）60 字节，这也就是 TCP 首部的最大长度，即选项长度不能超过 40 字节。

⑤ 保留：未用的 6 位，为将来的应用而保留，目前置为“0”。

⑥ 6 个控制位：完成 TCP 的主要传输控制功能（比如会话的建立和终止）。各标志位的含义如表 3-2 所示。

表 3-2　　TCP 报文首部中的 6 个控制位的说明

TCP 控制	说　明
紧急比特 URG	当 URG=1 时表示本报文段包含紧急数据，应该优先处理本段数据
确认比特 ACK	当接收到一个 TCP 报文其 ACK=1 时，表示对方已经正确接收到这个确认号之前的所有字节，并希望对方继续发送从该确认号开始以后的数据。当 ACK=0 时，确认号无效
推送比特 PSH	当发送端 PSH=1 时，便立即创建一个报文段发送出去。接收端 TCP 收到 PSH=1 的报文段，应该立即上交给应用程序，即使其接收缓冲区尚未填满
复位比特 RST	也称重置位，RST=1 表示 TCP 连接中出现严重差错，必须释放连接，然后再重新建立连接
同步比特 SYN	用于在初始化 TCP 连接时同步源系统和目的系统之间序号。SYN=1，ACK=0，表明这是一个连接请求报文段；SYN=1，ACK=1，表明这是一个连接请求接收报文段
终止比特 FIN	当 FIN=1，表明此报文段发送端的数据已发送完毕，请求释放连接

⑦ 窗口：这个字段定义对方必须维持的窗口大小（以字节为单位）。注意，这个字段的长度是 16 位，这意味着窗口的最大长度是 65 535 字节。这个值通常称为接收窗口，它由接收方确定。此时，发送方必须服从接收端的支配。

⑧ 检验和：这个 16 位的字段包含了校验和。TCP 校验和的计算过程与前面描述的 UDP 的校验和所用的计算过程相同。但是，在 UDP 数据报中校验和是可选的，而对 TCP 来说，将校验和包含进去是强制的。

⑨ 紧急指针：给出从当前顺序号到紧急数据位置的偏移量。

⑩ 选项：提供一种增加额外设置的方法，长度可变，最长可达 40 字节，当没有使用该选项时，TCP 的首部长度是 20 字节。

⑪ 填充：当选项字段长度不足 32 位字长时，将会在 TCP 报头的尾部出现若干字节的全 0 填充。

⑫ 数据：来自高层即应用层的协议数据。

3.3.3 TCP 连接管理

TCP 是面向连接的协议，连接的建立和释放是每一次面向连接的通信中必不可少的过程。

TCP 连接的管理就是使连接的建立和释放都能正常地进行。

1. TCP 连接的建立——三次握手建立 TCP 连接

TCP 通过三次握手信号建立一个 TCP 连接。连接可以由任何一方发起，也可以由双方同时发起。图 3-11 所示为一个建立 TCP 连接的三次握手过程，假设客户端主机 A 向服务器端主机 B 请求一个 TCP 连接。主机 B 运行了一个服务器进程，它要提供相应的服务，就首先发出一个被动打开命令，要求它的 TCP 准备接收客户进程的连接请求，此时服务器进程就处于“监听”状态，等待客户的连接请求。如有，就做出响应。这里以 SYN、ACK 表示 TCP 报文段中的控制位，以 seq、ack 分别表示 TCP 的发送序号和确认序号。连接过程分为以下 3 步。

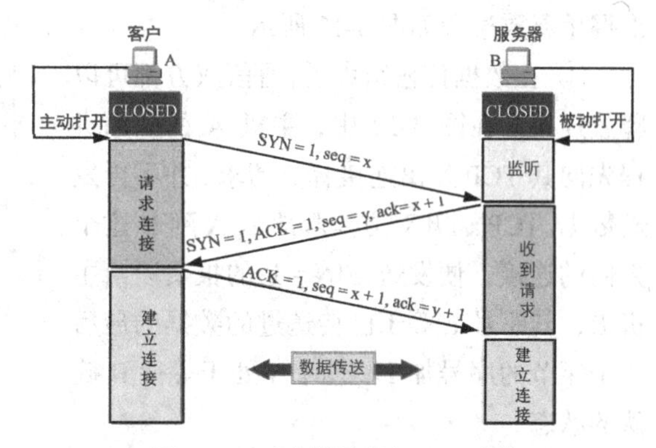

图 3-11　三次握手建立 TCP 连接

① 若主机 A 中运行了一个客户进程，当它需要主机 B 的服务时，就发起 TCP 连接请求，并在所发送的分段中用 SYN=1 表示连接请求，并产生一个随机发送序号 x，如果连接成功，A 将以 x 作为其发送序号的初始值：seq=x。主机 B 收到 A 的连接请求报文，就完成了第一次握手。

② 主机 B 如果同意建立连接，则向主机 A 发送确认报文，用 SYN=1 和 ACK=1 表示同意连接，用 ack=x+1 表明正确收到 A 的序号为 x 的连接请求，同时也为自己选择一个随即发送序号 seq=y 作为它的发送序号的初始值。主机 A 收到主机 B 的请求应答报文，完成第二次握手。

③ 主机 A 收到主机 B 的确认后，还要向主机 B 发出确认，用 ACK=1 表示同意连接，用 ack=y+1 表明收到 B 对连接的应答，同时发送 A 的第一个数据 seq=x+1。主机 B 收到主机 A 的确认报文，完成第三次握手。此时双方就可以使用协定好的参数以及各自分配的资源进行正常的数据通信了。

完成了上面所述的三次握手，才算建立了可靠的 TCP 连接。该顺序就如同两个人谈话。第一个人想对第二个人说话，于是他说，“我想和你说话”（SYN）。第二个人回答“好的，我愿意和你说话”（SYN，ACK）。第一个人说，“好，开始吧”（ACK）。

通过第三次握手，主要目的是为了防止已失效的连接请求报文段突然又传送到了主机 B，因而产生错误。所谓“失效的连接请求报文段”是指一端（如 A）发出的连接请求，由于没有在允许的时间内传送到目的方（如 B），使得发送方不得不又发送一个新的连接请求报文段。而在新的连接请求建立并传送完数据将连接释放后，出现了一种情况，即主机 A 发出的第一个连接请求报文段迟迟到达了 B。本来，这是一个已经失效的报文段，但主机 B 收到此失效的连接请求报文段后，就误认为是主机 A 又发出一次新的连接请求，于是向主机 A 发出确认报文段，同意建立连接。主机 A 由于并没有要求建立连接，因此不会理睬主机 B 的确认，也不会向主机 B 发送数据。但主机 B 却以为传输连接就这样建立了，并一直等待主机 A 发来数据。主机 B 的许多资源就这样白白浪费了。采用三次握手机制可以防止上述现象的发生。在上述情况下，主机 A 就不会理睬主机 B 发来的确认，也不会向主机 B 发出确认报文，连接也就建立不起来。

2. TCP 连接的拆除——用四次握手释放 TCP 连接

由于一个 TCP 连接是全双工（即数据在两个方向上能同时传递），因此每个方向必须单独地进行关闭。关闭的原则就是当一方完成它的数据发送任务后就能发送一个 FIN 来终止这个方向连接。当一端收到一个 FIN，它必须通知应用层另一端已经终止了那个方向的数据传送。四次握手释放过程如图 3-12 所示。

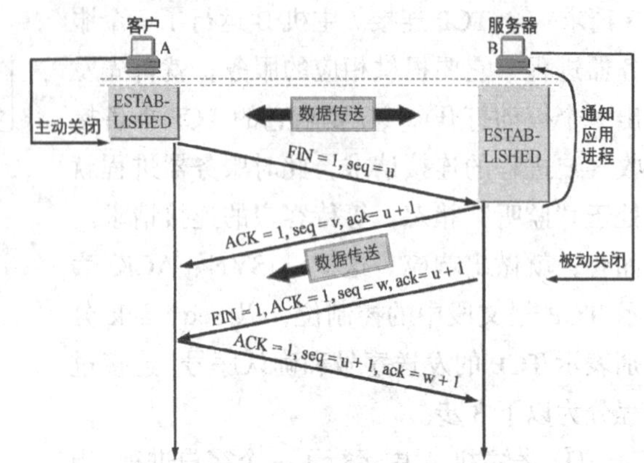

图 3-12 四次握手释放 TCP 连接

① 在数据传输结束后，通信双方都可以释放连接。在图 3-12 中，主机 A 的应用进程先向其 TCP 发出连接释放请求，并不再发送数据。TCP 通知对方要释放从 A 到 B 这个方向的连接，便发送 FIN = 1 的报文段给主机 B，其序号 u 等于已传送过的数据的最后一个字节的序号加 1。这时 A 处于等待 B 确认的状态。

② 主机 B 的 TCP 收到释放连接的通知后，即发出确认，其确认序号 ack=u+1，而这个报文段自己的序号是 v，等于主机 B 已经传送过的数据的最后一个字节的序号加 1，同时通知高层的应用进程。这样，从 A 到 B 的连接就释放了，连接处于半关闭状态，即主机 A 已经没有数据要发送了，但主机 B 若发送数据，A 仍要接收。也就是说，从 B 到 A 这个方向的连接并未关闭，可能还要等待一段时间。等待是因为若主机 B 还有一些数据要发往主机 A，则可以继续发送，主机 A 只要收到数据，仍应向主机 B 发送确认。

③ 在主机 B 向主机 A 的数据发送结束后，其应用进程就通知 TCP 释放连接。主机 B 发出的连接释放报文段必须将 FIN 置 1，先假设 B 的序号为 w（在半关闭状态下主机 B 可能又发送了一些数据），同时还必须重复上次已发送过的确认序号 ack=u+1。这时主机 B 进入等待 A 的确认状态。

④ 主机 A 收到 B 的连接释放报文段后，必须对此发出确认，在确认报文段中将 ACK 置 1，给出确认序号 ack=w+1，而自己的序号是 seq=u+1。从 B 到 A 的连接被释放掉。主机 A 的 TCP 再向其应用进程报告，整个连接已经全部释放。

3.3.4 滑动窗口机制

当发送数据的速率高于接收数据的速率时，必须采取适当的措施，限制发送速率，否则会带来由于来不及接收而造成数据丢失。流量控制就是让发送方的发送速率不要太快，要让接收方来得及接收。在本小节，我们介绍如何用滑动窗口机制来达到流量控制的目的。

尽管流量控制可以用多种方式实现，但通常的方式是使用两个缓冲区，一个位于发送方传输层，另一个位于接收方传输层。缓冲区是一组内存单元，它可以在发送端和接收端存储分组。这样的缓冲区我们又称之为窗口，在发送端和接收端分别设置发送窗口和接收窗口。

发送窗口用来对发送端进行流量控制，发送窗口是发送方用来保存允许发送和已发送但尚未经确认的数据分组。发送窗口的大小 W_T 代表在还没有收到对方确认信息的情况下发送端最多可以发送多少个分组。图 3-13 所示为发送窗口的规则。

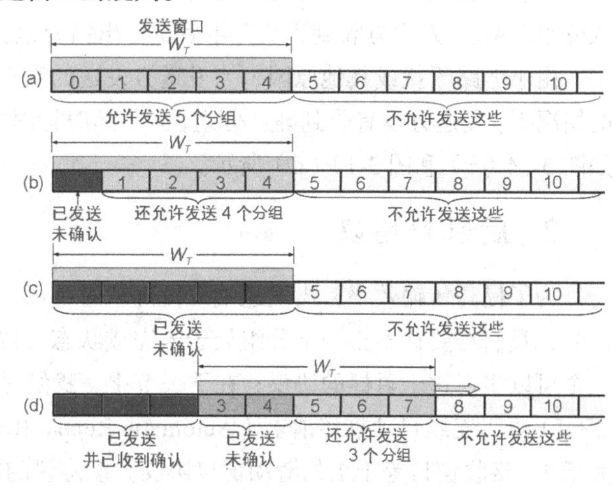

图 3-13　发送窗口的规则

① 发送窗口内的分组是允许发送的分组（见图 3-13（a），发送窗口大小为 5）。

② 每发送完一个分组，允许发送的分组数减 1，但发送窗口的位置、大小不变（见图 3-13（b））。

③ 若所允许发送的分组都发送完了，但还没有收到任何确认，发送方就不能再发送，进入等待状态（见图 3-13（c））。

④ 发送方收到对方对一个分组的确认信息后，将发送窗口向前滑动一个分组的位置（见图 3-13（d），依次收到 3 个确认分组）。

⑤ 发送方设置一个超时计时器，当超时计时器满且未收到应答，则重发分组。

接收窗口是为了控制可以接收的数据分组的范围。接收窗口是接收方用来保存已正确接收但尚未交给上层的分组。接收窗口的规则如下。

① 只有当收到的分组序号落入接收窗口内才允许收下，否则丢弃它。

② 当接收方接收一个序号正确的分组，接收窗口向前滑动，并向发送端发送对该分组的确认。

只有在接收窗口向前滑动时（与此同时也发送了确认），发送窗口才有可能向前滑动。收发两端的窗口按照以上规律不断地向前滑动，因此这种协议又称为滑动窗口协议。使用滑动窗口机制，由接收方控制发送方的数据流，实现了流量控制。同时采用有效的确认重传机制，向高层提供可靠传输的服务。

下面的停止-等待协议、后退 N 协议和选择重传协议 3 个协议都实现了流量控制，是保证数据可靠传输常采用的协议。

1. 停止-等待协议

发送方和接收方都使用大小为 1 的滑动窗口。停止-等待协议（Stop-and-Wait-Protocol）（也叫停-等协议）的规则是：发送方每发送一分组后就要停下来等待接收方的确认返回，仅当接收方正确接收，并返回确认分组 ACK，发送方接收到确认分组后，才可以发送下一分组。正常情况如图 3-14（a）所示。

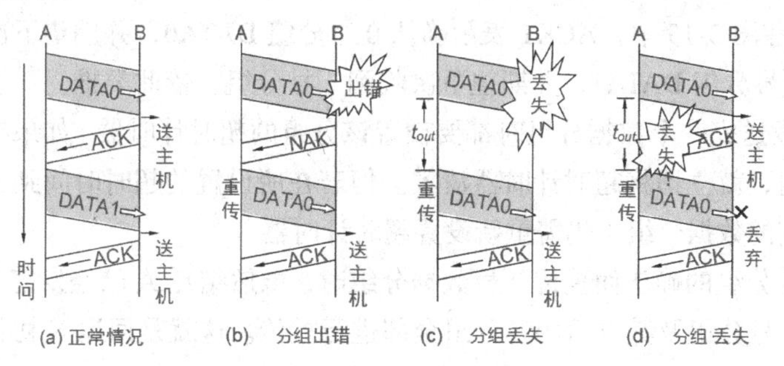

图 3-14　停止-等待协议

接收方收到一个数据分组，通过差错检测发现数据是错误的，接收方向发送方发送一个否认分组 NAK，发送方收到否认分组后重传出错分组，如图 3-14（b）所示。

由于链路干扰或其他原因，当发送方发送的数据分组或接收方发送的确认分组 ACK 丢失的情况下，发送方没有收到确认分组，到了超时计时器所设置的重传时间发送方会重传该分组，如图 3-14（c）和图 3-14（d）所示。

2. 后退 N 协议

为了提高传输效率，当发送端等待确认时，可以传输多个分组。换言之，当发送端等待确认时，我们需要让不止一个分组处于未完成状态，以此确保信道忙碌。在这一节中，我们讨论一个可以实现这个目标的协议；在下一节中，我们讨论第二个协议。后退 N 协议（Go-back-N，GBN）也叫连续自动重传请求（Automatic Repeat Request，ARQ）协议，可以看成是发送窗口大于 1，接收窗口等于 1 的滑动窗口协议。该协议的规则如下。

① 在发送完一个数据分组后，不是停下来等待确认分组，而是可以连续再发送若干个数据分组。由于减少了等待时间，整个通信的吞吐量就提高了。

② 如果这时收到了接收端发来的确认分组，那么还可以接着发送数据分组。

③ 如果发送方发送了前 5 个分组，而中间的第 3 个分组丢失了，这时接收方只能对前两个分组发出确认。发送方无法知道后面 3 个分组的下落，只好把后面的 3 个分组重传一次。这就叫作 Go-back-N（回退 N），表示需要再退回来重传已发送过的 N 个分组。后退 N 协议如图 3-15 所示。

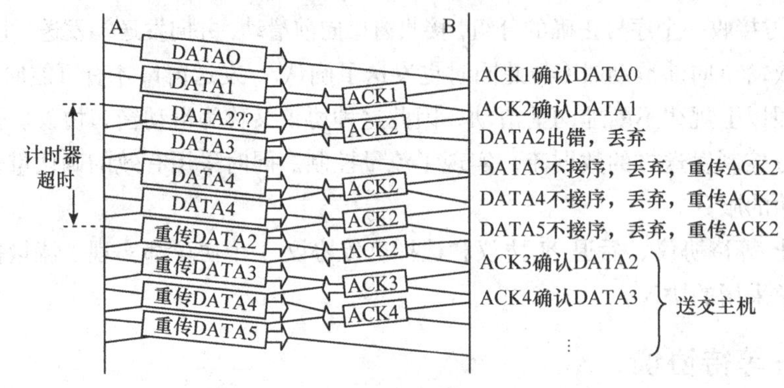

图 3-15　后退 N 协议

接收端只按序号顺序接收数据分组。虽然在有差错的 2 号分组之后接着又收到了正确的 3 个数据分组，但接收端都必须将这些分组丢弃，因为在这些分组前面有一个 2 号分组还没有收到。虽然丢弃了这些不按序的无差错分组，但应重复发送已发送过的最后一个确认分组（防止确认分组丢失）。在图 3-15 中，ACK1 表示确认 0 号分组 DATA0，并期望下次收到 1 号分组；ACK2 表示确认 1 号分组 DATA1，并期望下次收到 2 号分组，依此类推。

结点 A 在每发送完一个数据分组时都要设置该分组的超时计时器。如果在所设置的超时时间内收到确认分组，就立即将超时计时器清零。但若在所设置的超时时间到了而未收到确认分组，就要重传相应的数据分组（仍需重新设置超时计时器）。

在等不到 2 号分组的确认而重传 2 号数据分组时，虽然结点 A 已经发完了 5 号分组，但仍必须向回走，将 2 号分组及其以后的各分组全部进行重传。这就是回退 N 协议，意思是当出现差错必须重传时，要向回走 N 个分组，然后再开始重传。

在后退 N 协议中，接收窗口的大小 $W_R = 1$，如图 3-16 所示。只有当收到的帧的序号与接收窗口一致时才能接收该帧（如图 3-15 中的 DATA0、DATA1）。否则，就丢弃它（如图 3-15 中的 DATA3、DATA4、DATA5）。

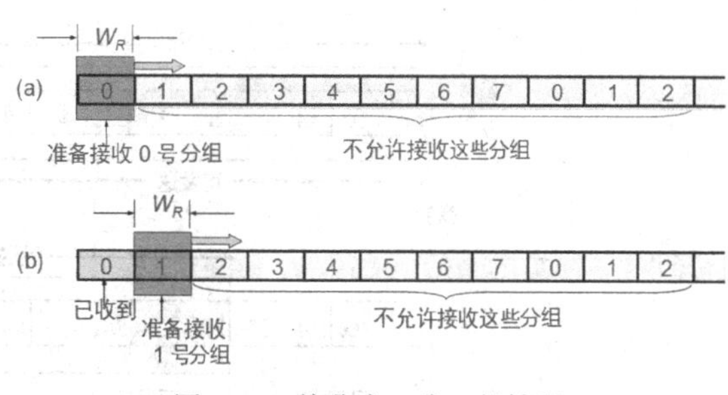

图 3-16 接收窗口为 1 的情况

3. 选择重传协议

后退 N 协议简化了接收方的进程。接收方只记录一个变量,没有必要缓冲时序分组，它们被简单地丢弃。然而，如果下层网络层丢失很多分组，那么这个协议就低效的。每当一个分组丢失或被破坏，发送方要重新发送所有未完成分组，即使有些时序分组已经被完全完整地接收了。如果网络层由于网络拥塞，丢失了很多分组，那么重发所有这些未完成分组将会使得拥塞更严重，最终更多的分组丢失。

另一个协议，称为选择重传协议（Selective-Repeat（SR）Protocol），只是选择性重发分组，即那些确实丢失的分组。在选择重传协议中，发送窗口大于 1，接收窗口大于 1。选择重传协议规则是加大接收窗口，先收下发送序号不连续但仍处在接收窗口中的那些数据分组，等到所缺序号的数据分组收到后再一并送交主机。

选择重传协议可避免重复传送那些本来已经正确到达接收端的数据分组。但我们付出的代价是在接收端要设置具有相当容量的缓存空间。

3.3.5 TCP 流量控制和拥塞控制

传输层中两个用户进程间的流量控制是要防止发送端快速发送数据时超过接收端的接收能力而导致接收端溢出，或者因接收端处理太快而浪费时间。在 TCP 中采用的方法都是基于滑动窗口的原理。与链路层采用固定窗口大小不同，传输层则采用可变窗口大小和使用动态缓冲分配。

TCP 采用可变发送窗口机制可以很方便地在 TCP 连接上实现对发送端的流量控制。窗口大小的单位是字节。在 TCP 报文段首部的窗口字段写入的数值就是当前设定的接收窗口大小，即当前给对方设置的发送窗口数值的上限。发送窗口在连接建立时由双方商定。但在通信的过程中，接收端可根据自己的资源情况，随时动态地调整对方的发送窗口上限值（可增大或减小）。这种由接收端控制发送端的做法，在计算机网络中经常使用。图 3-17 所示为在 TCP 中使用的窗口概念。在 TCP 中接收端的接收窗口总是等于发送端的发送窗口（因为后者是由前者确定的），因此一般就只使用发送窗口这个词汇。

图 3-17（a）所示为发送端要发送 900 字节长的数据，划分为 9 个 100 个字节长的报文段，对方确定的发送窗口为 500 字节。发送端只要收到了对方的确认，发送窗口就可前移。发送端的 TCP 要维护一个指针，每发送一个报文段，指针就向前移动一个报文段的距离。当指针移动到发送窗口的最右端（即窗口前沿）时就不能再发送报文段了。

图 3-17（b）所示为发送端已发送了 400 字节的数据，但只收到对前 200 字节数据的确认，同时窗口大小不变，我们注意到，现在发送端还可发送 500–200=300 字节。

图 3-17（c）所示为发送端收到了对方对前 400 字节数据的确认，但窗口减小到 400 字节，

于是，发送端还可发送400字节的数据。

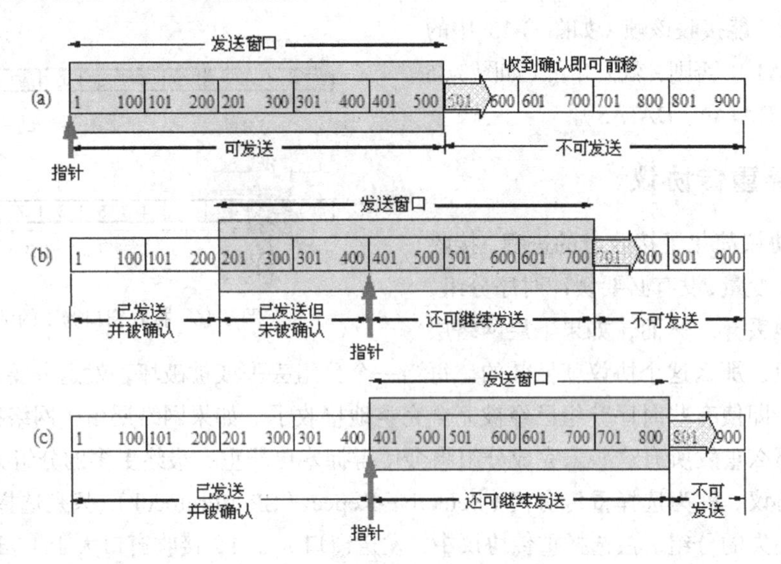

图3-17 TCP中的窗口概念

下面通过图3-18所示的例子说明利用可变窗口大小进行流量控制。

主机A向主机B发送数据。双方确定的窗口值是500。再设每一个报文段为100字节长，序号的初始值为1（见3-18图中第一个箭头上的seq＝1）。图中ACK表示TCP报文首部中的确认位ACK，小写ack表示确认字段的值。图3-18中右边的注释可帮助理解整个的过程。我们应注意到，主机B进行了3次流量控制。第一次将窗口减小为300字节，第二次又减为200字节，最后减至0，即不允许对方再发送数据了。这种暂停状态将持续到主机B重新发出一个新的窗口值为止。

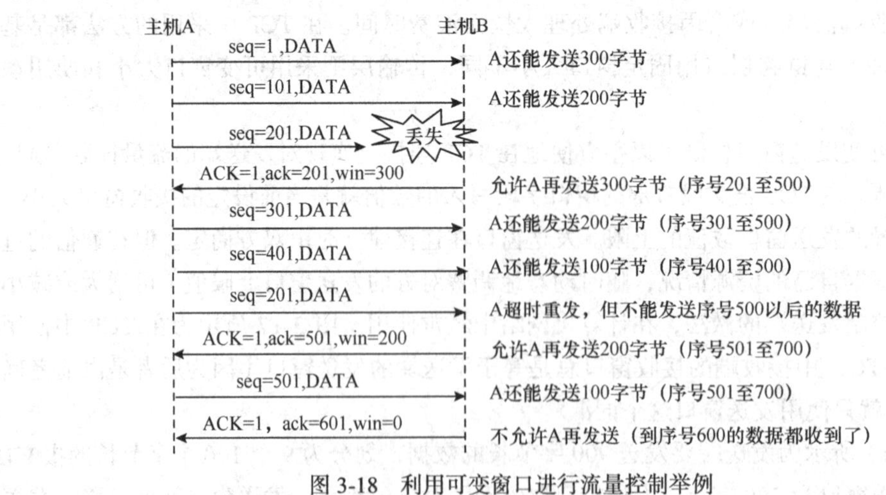

图3-18 利用可变窗口进行流量控制举例

实现流量控制并非仅仅为了使接收端来得及接收。如果发送端发出的报文过多会使网络负荷过重，由此会引起报文段的时延增大。但报文段时廷的增大，将使主机不能及时地收到确认。因此会重传更多的报文段，而这又会进一步加剧网络的拥塞。为了避免发生拥塞，主机应当降低发送速率。可见发送端的主机在发送数据时，既要考虑到接收端的接收能力，又要使网络不要发生拥塞。因而，发送端的发送窗口应以下方式确定：

$$\text{发送窗口} = \text{Min}\left[\text{通知窗口，拥塞窗口}\right] \tag{3-3}$$

通知窗口（advertised window）是接收端根据其接收能力许诺的窗口值，是来自接收端的流量控制。接收端将通知窗口的值放在 TCP 报文的首部中，传送给发送端。

拥塞窗口（congestion window）是发送端根据网络拥塞情况得出的窗口值，是来自发送端的流量控制。

式（3-3）表明，发送端的发送窗口取“通知窗口”和“拥塞窗口”中的较小的一个。在未发生拥塞的稳定工作状态下，接收端通知的窗口和拥塞窗口是一致的。

为了更好地进行拥塞控制，Internet 标准推荐使用以下 3 种技术，即慢启动（slow-start）、加速递减（multiplicative decrease）和拥塞避免（congestion avoidance）。使用这些技术的前提是：由于通信线路带来的误码而使得分组丢失的概率很小（远小于 1%）。因此，只要出现分组丢失或迟延过长而引起超时重传，就意味着在网络的某处出现了拥塞。在 TCP 连接中维护两个变量：拥塞窗口和慢启动门限。

图 3-19 中用具体数值说明了拥塞控制的过程，具体实现步骤如下。

① 当一个连接初始化时，将拥塞窗口置为 1（即窗口允许发送 1 个报文段，实际上窗口的单位是字节。这里讨论原理，不用字节这个单位），并设置慢启动的门限窗口值为 16 个报文段。

② 在执行慢启动算法时，拥塞窗口的初始值为 1。以后发送端每收到一个对新报文段的确认 ACK，就只将拥塞窗门值加 1，然后开始下一轮的传输（图 3-19 中的横坐标是传输轮次）。因此拥塞窗口随着传输轮次按指数规律增长。当拥塞窗口增长到慢开始门限值时（即为 16 时），就改为执行拥塞避免算法，拥塞窗口按线性规律增长。

③ 假定当拥塞窗口增长到 24 时出现了网络超时，于是将 24 的一半，即 12，作为新的门限窗口值，同时拥塞窗口再次设置为 1，就是图 3-19 中的 B 起点，并开始执行慢启动算法。当按指数规律增长到新的门限窗口 12 时，改为执行拥塞避免算法，拥塞窗口每次加 1 按线性规律增长。

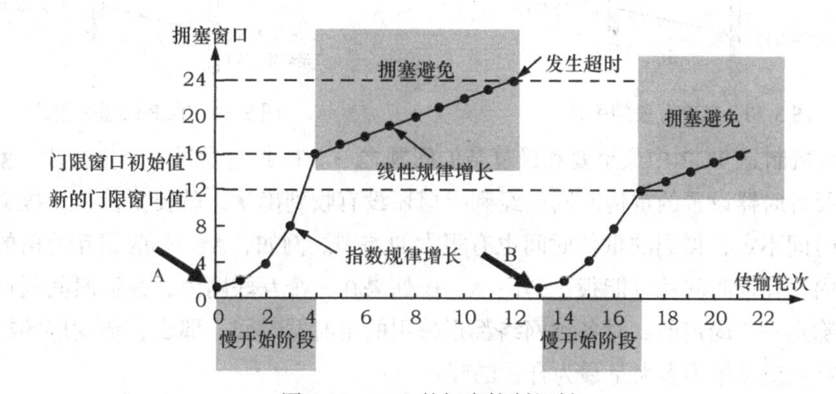

图 3-19 TCP 的拥塞控制机制

从以上讨论可看出，“慢启动”是指每出现一次超时，拥塞窗口都降低到 1，使报文段慢慢注入到网络中。“加速递减”是指每出现一次超时，就将门限窗口值减半。若超时频繁出现，则门限窗口减小的速率是很快的。“拥塞避免”是指当拥塞窗口增大到门限窗口值时，就将拥塞窗口指数增长速率降低为线性增长速率，避免网络再次出现拥塞。

采用这样的流量控制和拥塞控制方法使得 TCP 的性能有明显的改进。

3.3.6 TCP 差错控制

TCP 是一个可靠的传输层协议，这意味着将数据流传递给 TCP 的应用程序依靠 TCP，并且接收端收到的数据流是按序的、无差错的、没有任何一部分丢失或者重复的。

TCP 使用差错控制提供可靠性。差错控制包括用于检测并重发损坏段机制、用于重发丢失的段的机制、用于存储时序的段直到丢失段到达的机制，以及检测并丢弃重复段的机制。TCP 中的差错检测和纠正通过 3 种简单的工具来完成：校验和、确认和超时重传。

每个数据段都包含校验和字段，用来检查损坏的数据段。如果段被损坏，它将被目的端 TCP 丢弃，并被认为是丢失了。TCP 的每个数据段中强制使用了一个 16 位的校验和，校验和的计算我们前面已经介绍过了。

TCP 使用确认方法来证实收到了数据段。不携带数据但占用序号的一些控制段也要确认。确认是指接收端在正确收到报文段之后向发送端回送一个确认（ACK）信息，该确认信息即收到的数据流中的最后一个序号。发送端将每个已发送的报文段备份在自己的发送缓冲区里，而且在收到相应的确认之前是不会丢弃所保存的报文段的。发送端在送出一个报文段的同时启动一个定时器，假如定时器的定时期满而报文的确认信息还未到达，则发送端认为该报文段已丢失并主动重发。图 3-20 所示为带重传功能的确认协议传输数据的情况，图 3-21 所示为报文段丢失引起超时和重传。为了避免由于网络拥塞引起迟到的确认和重复的确认，TCP 规定在确认信息中附带一个报文段的序号，使接收端能正确地将报文段与确认关联起来。

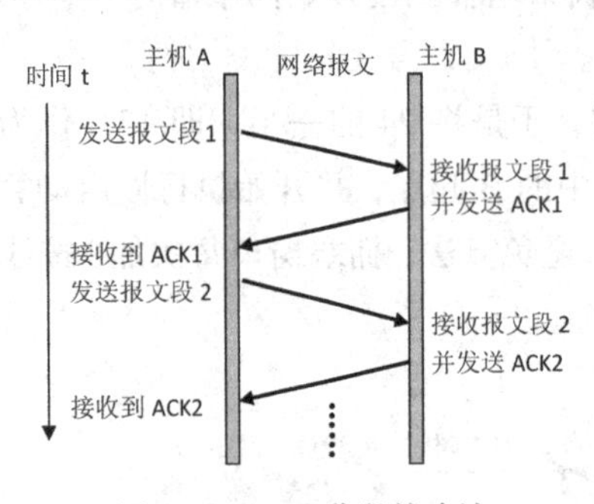

图 3-20　TCP 分段的确认

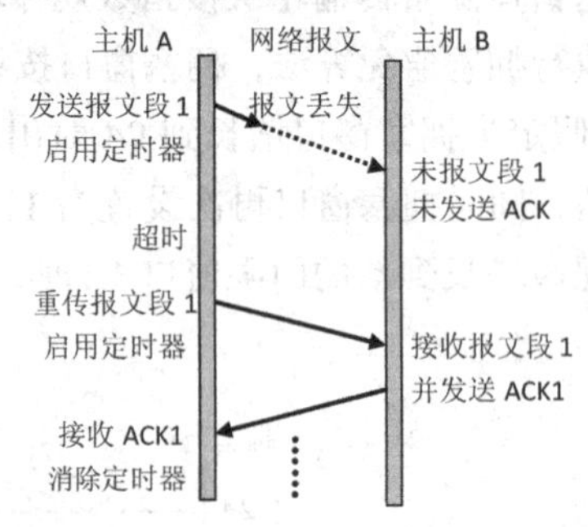

图 3-21　TCP 的超时重传

超时重传机制是 TCP 中最重要和最复杂的问题之一。TCP 每发送一个报文段，就设置一次计时器。只要计时器设置的重传时间已经到了但还没有收到确认，就要重传这一报文段。由于报文往返的时间不定，得到的重传时间也有很大的差别。例如，A、B 两相互通信的主机在同一个局域网内，往返时间就可能很小；而 A、B 如果在一个互联网内，往返时间就可能很大。因此，很难确定一个固定的、对各种网络都很适用的定时器时间。那么，传输层的超时计时器的重传时间究竟应设置为多大是最为合适的呢？

TCP 采用了一种自适应算法。这种算法记录每一个报文段发出的时间和收到相应的确认报文段的时间。这两个时间之差就是报文段的往返时延。将各个报文段的往返时延样本加权平均，就得出报文段的平均往返时延 T，每测量到一个新的往返时间样本，就按下式重新计算一次平均往返时延：

$$平均往返时延\ T = a \times (旧的往返时延\ T) + (1-a) \times (新的往返时延样本) \quad (3\text{-}4)$$

在上式中，$0< a <1$。若 a 很接近于 1，表示新算出的往返时延 T 和原来的值相比变化不大，而新的往返时延样本的影响不大（T 值更新较慢）。若选择 a 接近于 0，则表示加权计算的往返

时延 T 受新的往返时延样本的影响较大（T 值的更新较快）。典型的 a 值为 7/8。

显然，计时器设置的重传时间应略大于上面得出的平均往返时延，即

$$重传时间 = B \times (平均往返时延) \quad (3\text{-}5)$$

这里 B 是个大于 1 的系数，实际上，系数 B 是很难确定的，若取 B 很接近于 1，发送端可以很及时地重传丢失的报文段，因此效率得到提高。但若报文段并未丢失而仅仅是增加了一点时延，那么过早地重传未收到确认的报文段，反而会加重网络的负担。因此，TCP 原先的标准推荐将 B 值取为 2，但现在已有了更好的办法。

上面所说的往返时间的测量，实现起来相当复杂，试看下面的例子。

如图 3-22 所示，发送出一个 TCP 报文段 1，设定的重传时间到了，但还没有收到确认。于是重传此报文段，即图中的报文段 2，后来收到了确认报文段 ACK。现在的问题是：如何判出此确认报文段是对原来的报文段 1 的确认，还是对重传的报文段 2 的确认？由于重传的报文段 2 和原来的报文段 1 完全一样，因此源站在收到确认后，就无法做出正确的判断了。

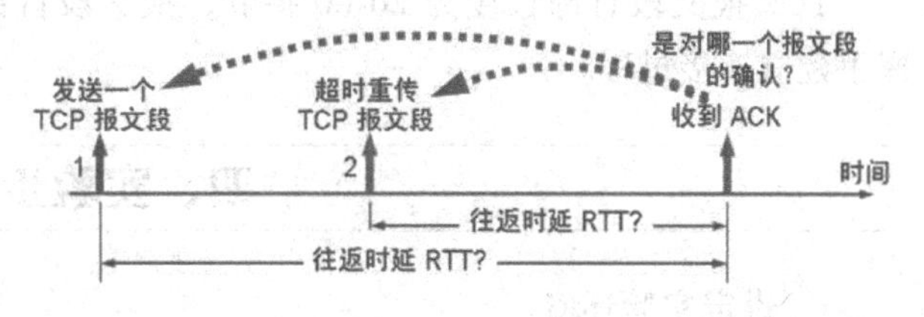

图 3-22　收到的确认报文段 ACK 是对哪一个报文段的确认

若收到的确认是对重传报文段 2 的确认，但被源站当成是对原来的报文段 1 的确认，那么这样计算出的往返时延样本和重传时间就会偏大。如果后面再发送的报文段又是经过重传后才收到确认报文段，那么按此方法得出的重传时间就越来越长。

同样，若收到的确认是对原来的报文段 1 的确认，但被当成是对重传报文段 2 的确认，则由此计算出的往返时延样本和重传时间都会偏小，这就必然更加频繁地导致报文段的重传，这样就有可能使重传时间越来越短。

根据以上所述，Karn 提出了一个算法：在计算平均往返时延时，只要报文段重传了，就不采用其往返时延样本。这样得出的平均往返时延和重传时间当然就较准确。

但是，这又引起新的问题。设想出现这样的情况：报文段的时延突然增大了很多，因此在原来得出的重传时间内，不会收到确认报文段，于是就重传报文段。但根据 Karn 算法，不考虑重传的报文段的往返时延样本，这样，重传时间就无法更新。

因此，对 Karn 算法进行修正的方法是：报文段重传一次，就将重传时间增大一些，即

$$新的重传时间 = Y \times（旧的重传时间） \quad (3\text{-}6)$$

系数 Y 的典型值是 2，当不再发生报文段的重传时，才根据报文段的往返时延更新平均往返时延和重传时间的数值。实践证明，这种策略较为合理。

3.4 实训 TCP 传输控制协议分析

一、实验目的

1. 掌握 TCP 协议的报文形式。

2. 掌握 TCP 连接的建立和释放过程。
3. 掌握 TCP 数据传输中编号与确认的过程。
4. 理解 TCP 重传机制。

二、实验设备

1. 计算机一台
2. 实验软件：Wireshark

三、实验原理

TCP 报文段首部长度为 20-60 字节，报文段首部格式如 3.3.2 节中所介绍的。TCP 三次握手建立连接过程。

四、实验步骤

1. 设定实验环境。
（1）安装 Wireshark 软件。
（2）主机连接网络。
2. 熟悉 Wireshark 软件。
（1）打开 Wireshark 软件，界面如图 3-23 所示。

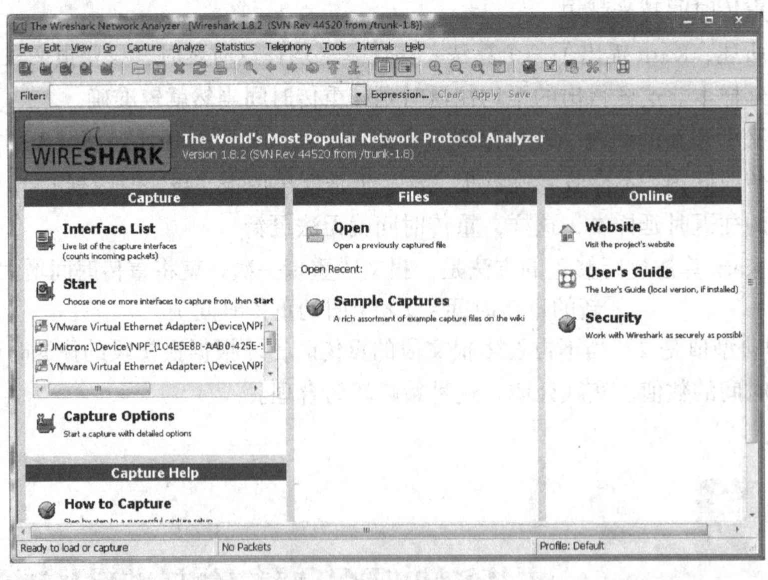

图 3-23 Wireshark 界面

Wireshark 是捕获机器上的某一块网卡的网络包，当你的机器上有多块网卡的时候，你需要选择一个网卡。点击 Caputre->Interfaces 会出现如图 3-24 所示的对话框，选择正确的网卡。在这里选择“本地连接”，然后点击“Start”按钮，开始抓包。

（2）Wireshark 窗口如图 3-25 所示。

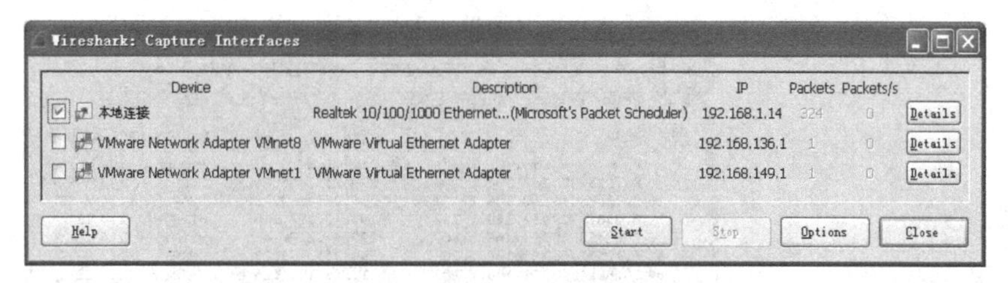

图 3-24　接口对话框

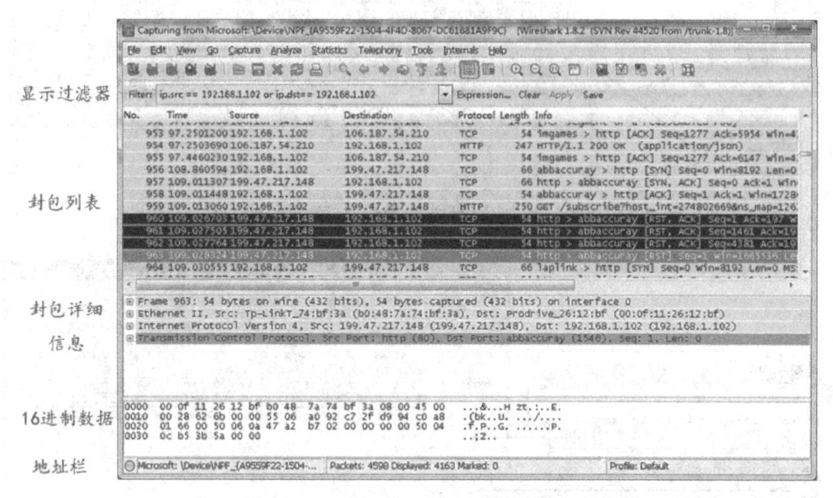

图 3-25　Wireshark 抓取数据包界面

Wireshark 窗口主要分为这几个界面：

① Display Filter（显示过滤器），用于过滤。使用过滤是非常重要的，初学者使用 Wireshark 时，将会得到大量的冗余信息，在几千甚至几万条记录中，以至于很难找到自己需要的部分。在 Capture -> Capture Filters 中进行设置。

② Packet List Pane（封包列表），显示捕获到的封包，封包列表的面板中显示编号、时间戳、源地址、目标地址、协议、长度、以及封包信息。你可以看到不同的协议用了不同的颜色显示。你也可以修改这些显示颜色的规则，View ->Coloring Rules。

③ Packet Details Pane（封包详细信息），显示封包中的字段。Wireshark 与对应的 OSI 七层模型的对应关系如图 3-26 所示。

④ Dissector Pane（16 进制数据）。

⑤ Miscellanous（地址栏，杂项）。

3. TCP 包的具体内容

从图 3-27 中可以看到 Wireshark 捕获到的 TCP 包中的每个字段。

4. 实例分析 TCP 三次握手过程。

TCP 三次握手建立连接过程如图 3-11 所示，分成三个步骤。现我们用 Wireshark 实际分析一下三次握手的过程。

（1）打开 Wireshark，打开浏览器输入网址，在 Wireshark 中输入 http 过滤，然后选中 GET/tankxiao HTTP/1.1 的那条记录，右键然后点击“Follow TCP Stream”，这样做的目的是为了得到与浏览器打开网站相关的数据包，将得到如图 3-28 所示的界面。图中可以看到 Wireshark 截获到了三次握手的三个数据包。第四个包才是 HTTP 的，这说明 HTTP 的确是使用 TCP 建立连接的。

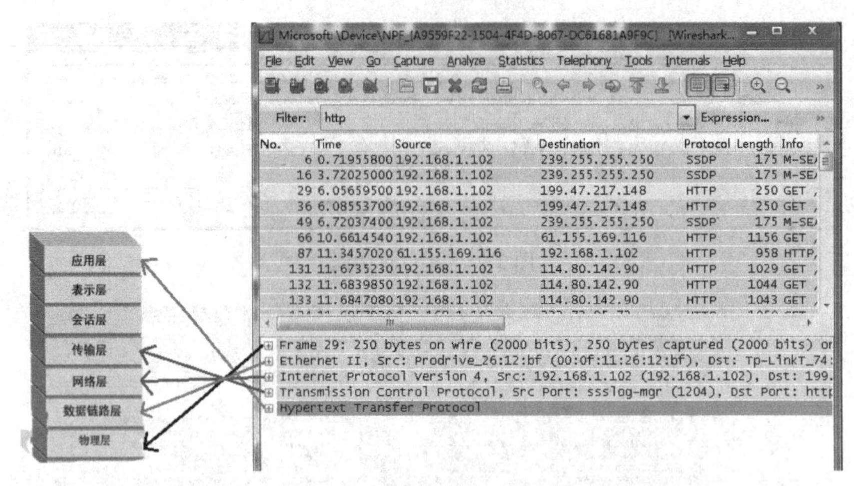

图 3-26　Wireshark 与对应的 OSI 七层模型的对应关系

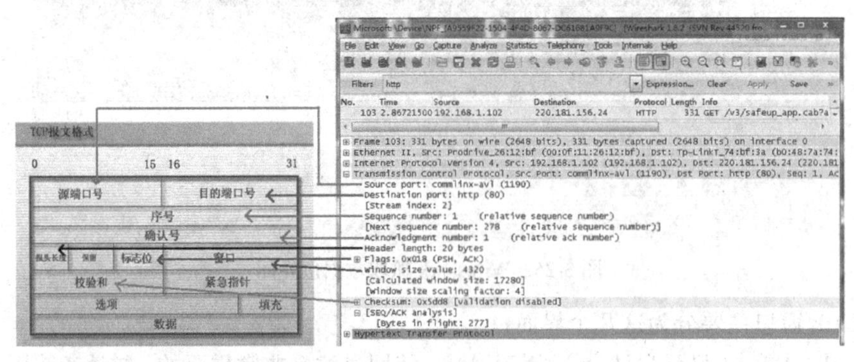

图 3-27　TCP 数据包

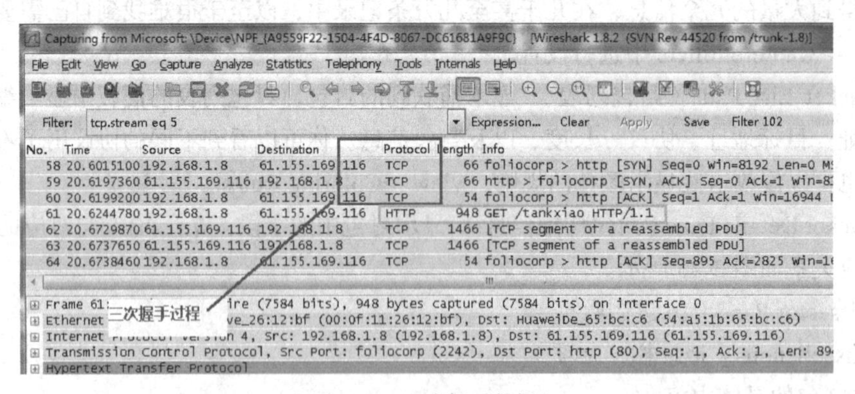

如图 3-28　三次握手数据包

（2）第一次握手数据包，客户端发送一个 TCP，标志位为 SYN，序列号为 0，即 seq=x=0，代表客户端请求建立连接。如图 3-29 所示。

（3）第二次握手的数据包，服务器发回确认包，标志位为 SYN，ACK。将确认序号（Acknowledgement Number）设置为客户的 seq 加 1，即 ack=x+1=0+1=1。发送数据序列 seq=y=0。如图 3-30 所示。

（4）第三次握手的数据包，客户端再次发送确认包（ACK）SYN 标志位为 0，ACK 标志位为 1。并且把服务器发来确认序列 ack=y+1=0+1=1，放在确定字段中发送给对方。并发送序列 seq=x+1=1。如图 3-31 所示。就这样通过了 TCP 三次握手，建立了连接。

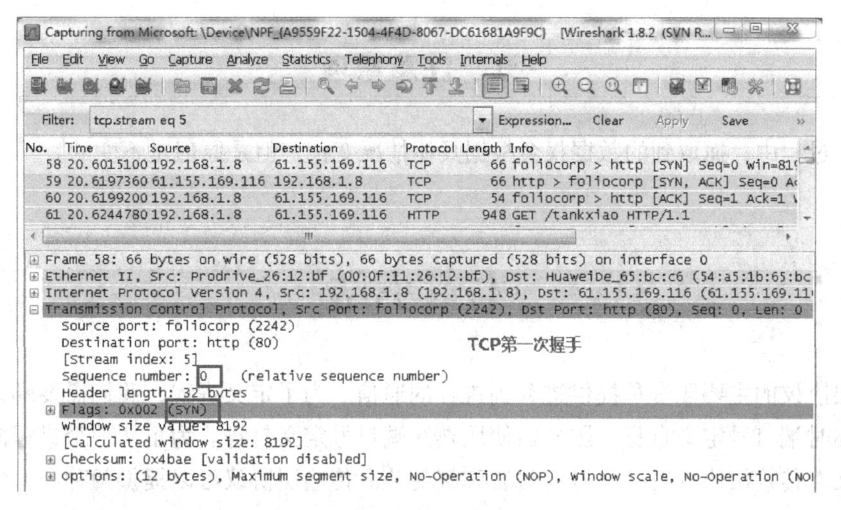

图 3-29　第一次握手数据包

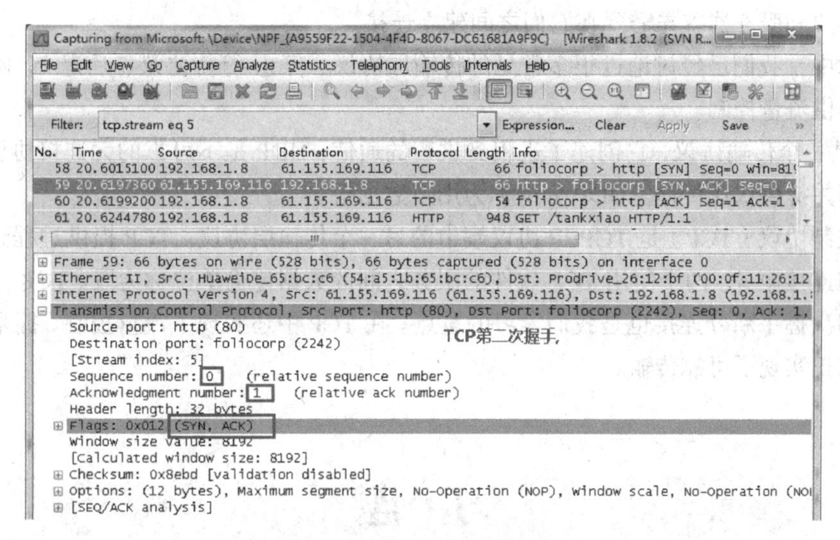

图 3-30　第二次握手数据包

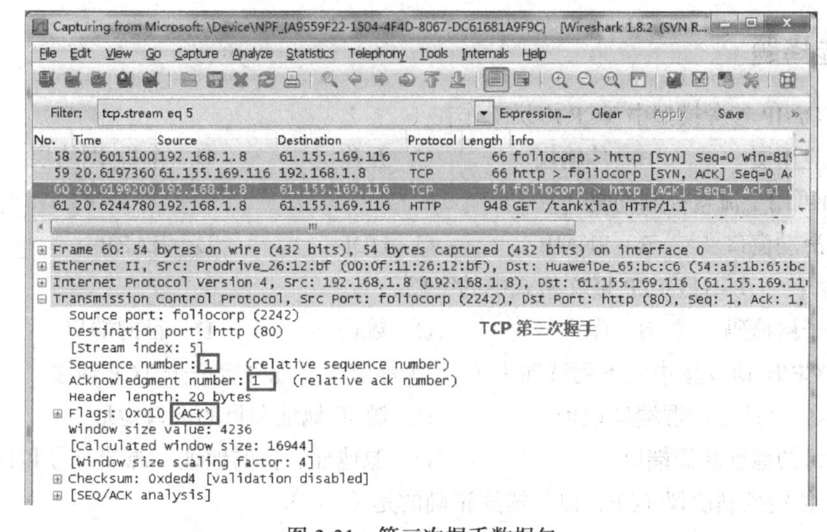

图 3-31　第三次握手数据包

五、注意事项

在实验过程中，抓取到的数据报会根据具体情况变化，但是原理是不变的。

本章小结

传输层协议的主要职责是提供进程到进程的通信。为了定义进程，我们需要端口号。客户程序使用临时端口号定义自身，服务器使用熟知端口号定义自身。为了从一个进程向另一个进程发送报文，传输层协议对报文进行封装和解封装。传输层协议可以提供两种类型的服务：无连接和面向连接。在无连接服务中，发送方向接收方发送分组，而没有连接建立。在面向连接服务中，客户和服务器首先需要在它们之间建立连接。

在本章中，我们已经讨论过很多常见的传输层协议。停止-等待协议、后退 N 协议和选择重传协议提供流量控制。

UDP 是一个传输协议，它创建了进程到进程的通信，UDP 是不可靠的无连接协议，它需要很小的开销并提供快速传递。UDP 分组称为用户数据报。

传输控制协议（TCP）是 TCP/IP 协议簇中的另一个传输层协议。TCP 提供进程到进程、全双工的面向连接服务。两个使用 TCP 软件的服务之间的数据传输单位称为段。TCP 三次握手建立连接和四次握手断开连接也是我们学习的重点。在 TCP 中还实现了流量控制、拥塞控制和超时重传，真正实现了可靠传输。

习　题

一、选择题

1. 在 TCP/IP 参考模型中 TCP 协议工作在（　　）。

   A. 应用层　　B. 传输层　　C. 互连层　　D. 主机-网络层

2. 下面可用于流量控制的是（　　）。

   A. 滑动窗口　　B. SNMP　　C. UDP　　D. RARP

3. 下面（　　）不是 TCP 报文格式中的字段。

   A. 子网掩码　　B. 序列号　　C. 数据　　D. 目的端口

4. 在 TCP/IP 协议簇中，下列选项中（　　）能够唯一地确定一个 TCP 连接。

   A. 源 IP 地址和源端口地址　　B. 源 IP 地址和目的端口地址

   C. 目的地址和源端口号　　D. 源地址、目的地址、源端口号和目的端口

5. 关于传输控制协议 TCP，以下描述正确的是（　　）。

   A. 面向连接、不可靠的数据传输　　B. 面向连接、可靠的数据传输

C. 面向无连接、可靠数据的传输　D. 面向无连接、不可靠的数据传输

6. 在 TCP/IP 参考模型中，(　　) 完成进程到进程之间的通信。

A. 传输层　B. 网络接口层　C. 网络层　D. 物理层

7. 套接字是指下列 (　　) 的组合。

A. IP 地址和协议号　B. IP 地址和端口号

C. 端口号与协议号　D. 源端口号与目的端口号

8. 当 TCP 实体要建立连接时，其段头中的 (　　) 标志置 1。

A. SYN　B. FIN　C. RST　D. URG

9. 为了区分各种不同的应用程序，传输层使用 (　　) 来进行标识。

A. IP 地址　B. 端口号

C. 服务接入点（SAP）　D. 协议号

10. 在 TCP 协议中，建立连接需要经过 (　　) 阶段，终止连接需要经过 (　　) 阶段。

A. 直接握手，2 次握手　B. 2 次握手，4 次握手

C. 3 次握手，4 次握手　D. 4 次握手，2 次握手

二、简答题

1. 简述三次握手建立 TCP 连接的过程。
2. 简述四次握手释放 TCP 连接过程。
3. 简述 TCP 协议和 UDP 协议的相似点和区别。
4. 端口和套接字的区别是什么？
5. 一个套接字能否同时与远地的两个套接字相连？
6. TCP 协议能够实现可靠的端到端传输。在数据链路层和网络层的传输还有没有必要来保证可靠传输呢？
7. 在 TCP 报文段的首部中只有端口号而没有 IP 地址。当 TCP 将其报文段交给 IP 层时，IP 协议怎样知道目的 IP 地址呢？
8. TCP 和 UDP 是否都需要计算往返时间 RTT？
9. 为什么 TCP 在建立连接时不能每次都选择相同的、固定的初始序号？
10. 假定在一个互联网中，所有链路的传输都不出现差错，所有的结点也都不会发生故障。试问在这种情况下，TCP 的“可靠交付”的功能是否就是多余的？
11. TCP 是通信协议还是软件？
12. 一个 TCP 报文段中的首部最多能包含多少个字节？为什么？
13. 以下是十六进制格式的 UDP 首部内容：9B8A 0015 0030 B348，请问：

（1）源端口号是多少？

（2）目的端口号是多少？

（3）用户数据报总长度是多少？

（4）数据长度是多少？

（5）分组是从客户端发往服务器端的还是相反方向的？

（6）客户进程是什么？

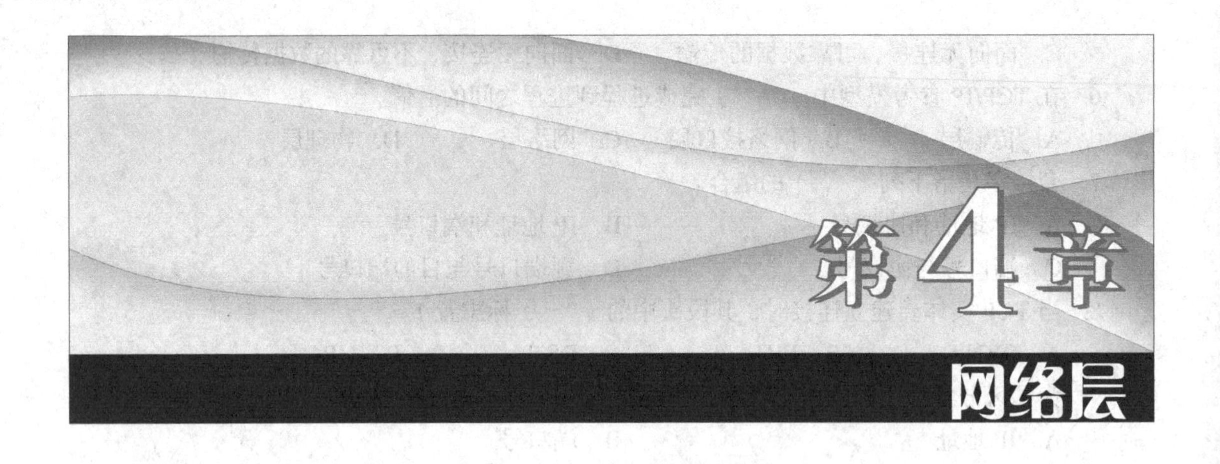

第4章 网络层

网络层关注的是如何将源主机数据包送到目的主机。数据包从发送方到接收方，可能沿途要经过许多跳中间路由器。为了实现这个目的，网络层必须知道网络拓扑结构（即所有路由器和链路的集合），并从中选择出适当的路径，即使是大型网络也要选出一条好路径。同时，网络层还必须仔细选择路由器，避免某些通信线路和路由器负载过重，而其他线路和路由器空闲。最后，当源主机和目的主机位于不同网络时，还会出现新的问题，这些问题都需要由网络层来解决。本章将讨论这些问题，在了解网络层功能的基础上探讨网际协议；重点介绍路由选择算法与分组交付的方法，讨论如 RIP、OSPF、BGP 等路由选择协议；在掌握了网络层基本知识后，探讨目前流行的移动 IP 并介绍新一代网络层协议 IPv6。

4.1 网络层概述

网络层使用中间设备路由器将异构网络互连，形成一个统一的网络，并且将源主机发出的分组经由各种网络路径通过路由和转发，到达目的主机。利用数据链路层所提供的相邻结点之间的数据传输服务，向传输层提供从源到目标的数据传输服务。

4.1.1 网络层功能

为了有效地实现源到目标的分组传输，网络层需要提供多方面的功能。

1. 分组生成和装配

网络层需要规定该层协议数据单元的类型和格式，网络层的协议数据单元称为分组（packet），负责传输层报文与网络层分组间的相互转换。传输层报文通常很长，不适合直接在分组交换网络中传输。在发送端，网络层负责将传输层报文拆成一个个分组再进行传输。在接收端，网络层负责将分组组装成报文交给传输层处理。

2. 路由与转发

网络层的主要功能是将分组从源主机通过网络传输到目的主机。源/目的主机之间存在多条相通的路径，网络层如何来选择一条“最佳”路径，这就是路由选择。路由器的基本功能是转发分组，路由器的不同端口连接不同的网络。当一个分组从某端口到达路由器时，路由器根据目的 IP 地址，并依据某种路由选择算法，选择适当的输出端口转发该分组。

3. 拥塞控制

在选择路径时还要注意既不要使某些路径或通信线路处于超负载状态而造成网络吞吐量下降，也不能让另一些路径或通信线路处于空闲状态而浪费资源，即所谓的拥塞控制和负载平衡。当网络带宽或通信子网中的路由设备性能不足时都可能导致拥塞。

4. 异种网络的互连

当源主机和目标主机的网络不属于同一种网络类型时，即为了解决不同网络在寻址、分组大小、协议等方面的差异，要求在不同种类网络交界处的路由器能够对分组进行处理，使得分组能够在不同网络上传输。网络层必须协调好不同网络间的差异即所谓解决异构网络互连的问题。

5. 透明传输

根据分层的原则，网络层在为传输层提供分组传输服务还要做到：服务与通信子网技术无关，即通信子网的数量、拓扑结构及类型对于传输层是透明的；传输层所能获得的地址应采用统一的方式，以使其能跨越不同的 LAN 和 WAN。这也是网络层设计的基本目标。

4.1.2 网络层提供的服务

网络层为传输层提供服务，它通常是通信子网的边界。网络层上应该提供给传输层什么样的服务呢，一直有两派意见争执不下。

一派是以电话公司为代表，认为网络层应该提供较为可靠的面向连接的服务。发送数据前先建立连接，然后在该连接上实现有次序的分组传输，当数据交换结束后，终止这个连接。其好处是可以对诸如控制参数、可选服务类型、服务质量等进行协商，确定需要的服务，另外可以保证数据的顺序传输，也便于进行流量控制。这一派主要强调要面向连接，提供可靠服务，即虚电路服务。如图 4-1 所示，网络提供虚电路服务，主机 H_1 和 H_2 之间交换分组都必须在建立的虚电路连接的基础上才能进行传送。虚电路表示这只是一条逻辑上的连接，分组都沿着这条逻辑连接按照存储转发方式传送，而并不是真正建立了一条物理连接。（请注意，电路交换的电话通信是先建立了一条真正的物理连接。因此，分组交换的虚连接和电路交换的连接只是类似，但并不完全一样。）因为这条逻辑通路不是专用的，所以称之为“虚”电路。

另一派是以 Internet 团体为代表，认为通信子网本质上是不可靠的，无论采取什么措施都改变不了这个事实，为了保证数据的正确传输，主机总是要进行差错控制的。既然如此，就干脆简化网络层的设计，使其只提供最简单的无连接数据传输服务，而将剩下的工作全部交由主机（传输层）来完成（包括差错处理、流量控制等）。在这种方式下，每个分组被称为一个数据报，若干个数据报构成一次要传送的报文或数据块。每个数据报自身携带有完整的地址信息，它的传送是被单独处理的，独立寻址，独立传输，相互之间没有什么关系，彼此之间不需要保持任何顺序关系。一个结点接收到一个数据报后，根据数据报中的地址信息和结点所存储的路由信息，找出一个合适的路径，然后把数据报原样地发送到下一个结点。

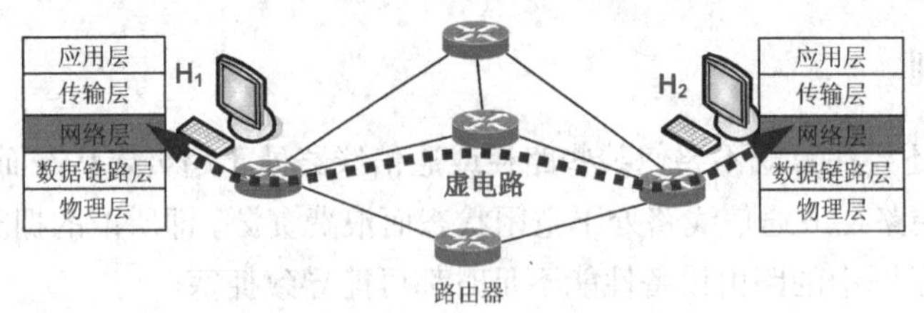

图 4-1　虚电路服务

如图 4-2 所示，网络提供数据报服务，主机 H_1 向 H_2 发送的分组各自独立地选择路由，也就是说各个分组可能沿着不同路径传送，并且在传输的过程中还可能丢失。采用这种设计思路的好处是：网络的造价大大降低，运行方式灵活，能够适应多种应用。Internet 能够发展到今日的规模，充分证明了它采用这种设计思路的正确性。

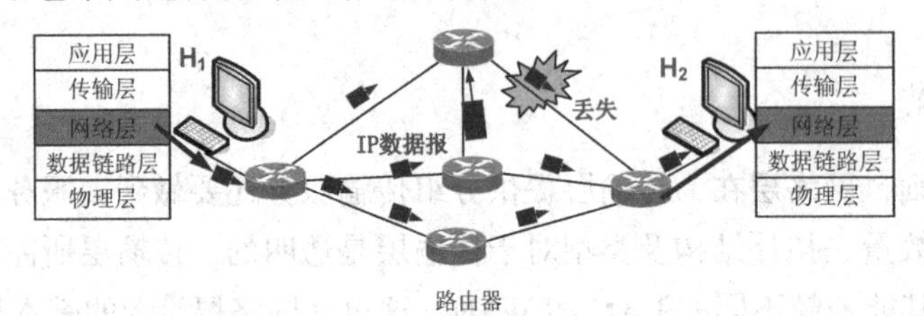

图 4-2　数据报服务

面向连接的可靠服务和无连接的不可靠服务两种方式的争论，实质就是在计算机通信中，复杂的功能应该由网络层还是传输层来处理的问题。网络层上提供无连接服务，则网络层（子网）设计简单，而传输层（主机）协议复杂；相反，网络层上提供面向连接的服务，则网络层复杂而传输层简单。在面向连接的服务中，它们被置于网络层（通信子网），而在面向无连接服务中，则被置于传输层（主机）。

面向连接和面向无连接的服务各有其适用场合，无连接服务适用于要求快速投递而允许偶然出错的实时系统，如实时数据采集系统；而面向连接的服务适用于实时的电视图像传送。例如，全球最大的互联网络 Internet，它的网络层是无连接的；而支持多媒体通信的 ATM 网络是面向连接的。因此，当前的网络层既提供面向连接的服务，即虚电路服务，又提供面向无连接的服务，即数据报服务。表 4-1 所示为虚电路服务和数据报服务两种方式的对比。

表 4-1　　虚电路服务与数据报服务的对比

比较项目 \ 服务方式	虚电路服务	数据报服务
思路	可靠通信应当由网络来保证	可靠通信应当由用户主机来保证
连接设置	需要	不需要
地址	每个分组包含一个虚电路号	每个分组需要完整的源和目的地址

续表

服务方式 比较项目	虚电路服务	数据报服务
分组的转发	属于同一条虚电路的分组按照同一路由进行转发	每个分组独立选择路由进行转发
当结点处故障时	所有通过出故障的结点的虚电路均不能工作	出故障的结点可能会丢失分组，一些路由可能会发生变化
分组的顺序	总是按发送顺序到达终点	到达终点时不一定按发送顺序
端到端差错控制和流量控制	可以由网络负责，也可以由用户主机负责	由用户主机负责

4.2 网络层协议

互联网就像一个虚拟的大网，使得所有能够连接在这个网上的计算机都可以互通互连。互连在一起的网络要进行通信，由于各种网络的结构和系统并不相同，因此会出现许多问题。例如，不同的寻址方案，不同的最大分组长度，不同的网络接入机制，不同的超时控制，不同的差错恢复方法，不同的状态报告方法，不同的路由选择技术，不同的用户接入控制，不同的服务（面向连接服务和无连接服务），不同的管理与控制方式等。

能不能让所有的网络都具有上述各方面相同的模式呢，这肯定是不可能的，因为用户的需求是多种多样的，没有一种单一的网络能够适应所有用户的需要。另外，由于计算机技术的发展，网络技术也随之不断发展，网络的制造厂商也要不断推出新的网络产品，在网络信息化时代为了求得生存，市场上总是有很多不同性能、不同网络协议的网络，供不同的用户选用。

TCP/IP 系统在网络互连上采用的做法是：在网络层采用了标准化协议，通过协议使得相互连接的异构网络能在 Internet 上实现互通，即具有“开放性”。图 4-3（a）所示为许多计算机网络通过一些路由器进行互连。由于参加互连的计算机网络都使用相同的网际协议 IP，因此，可以将互连以后的计算机网络看成一个虚拟互连网络（见图 4-3（b））。所谓虚拟互连网络也就是逻辑互连网络，它的意思就是互连起来的各种物理网络的异构性本来就是客观存在的，但是我们利用 IP（Internet Protocol）就可以使这些性能各异的网络从用户看起来好像是一个统一的网络。这种使用 IP 虚拟互连网络可简称为 IP 网。使用 IP 网的好处是当互联网上的主机进行通信时，就好像在一个网络上通信一样，它们看不见互连的各个具体的网络的异构细节，如具体的编址方案、路由选择协议等。

网络层除了 IP 外，还有以下 4 个与 IP 配套使用的协议。

① 地址解析协议（Address Resolution Protocol，ARP）。

② 逆地址解析协议（Reverse Address Resolution Protocol，RARP）。

③ 网际控制报文协议（Internet Control Message Protocol，ICMP）。

④ 网际组管理协议（Internet Group Management Protocol，IGMP）。

IP 负责在主机和网络之间寻址和路由数据包。ARP 协议用于获得同一物理网络中的硬件主机地址。ICMP 协议用于发送消息，并报告有关数据包的传送错误。IGMP 协议被 IP 主机用来向本地多路广播路由器报告主机组成员。

图 4-4 所示标出了网际协议 IP 及其配套协议。在这一层中，ARP 和 RARP 画在最下面，因为 IP 经常要使用这两个协议。ICMP 和 IGMP 画在这一层的上部，因为它们要使用 IP。这 4 个协议将在后面陆续介绍。

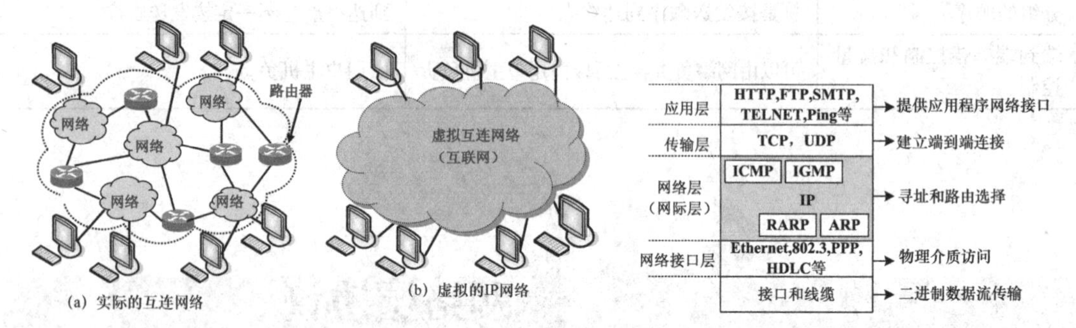

图 4-3　网络互连的概念　　　　图 4-4　网际协议 IP 及其配套协议

4.2.1 IP 概述

TCP/IP 体系结构的网络层提供的 IP 是 TCP/IP 体系中最重要的部分，由于 IP 是用来使互连起来的许多计算机网络能够进行通信，因此在 TCP/IP 体系中的网络层常常称为网际层（internet layer）或 IP 层。网际协议 IP 是一个无连接的协议，在数据交换前，主机之间并未联络，经它处理的数据在传输时是没有保障的，是不可靠的。IP 协议既提供了分段功能，分段（再装配）由 IP 报头的一个域来完成，用以实现端到端的分组（也叫数据报）传输，又提供寻址功能，用以标识网络及主机结点地址（即 IP 地址）。

当很多异构网络通过路由器互连起来时，如果所有的网络都使用相同的网际协议，那么，网络层所讨论的问题就显得很方便。

IP 的基本任务是采用数据报方式，通过互连网络传送数据，各个数据报之间是相互独立的。主机的网际层向它的传输层提供服务时，IP 不保证服务的可靠性，在主机资源不足的情况下，它可能会丢失某些数据报。同时，IP 也不检查可能由于数据链路层出现错误而造成的数据报丢失。除此之外，IP 在网络层执行了一项重要的功能：路由选择——选择数据报从 A 主机到 B 主机将要经过的路径以及利用合适的路由器完成不同网络之间的跨越。

在如图 4-5 所示的互联网中，当发送数据时，源主机 H_1 与目的主机 H_2 如果直接连在同一个网络中，则不需要经过任何路由器，IP 可以直接通过这个网络将数据报传送给目的主机 H_2。若源主机 H_1 和目的主机 H_2 不在同一网络，数据报则经过本地 IP 路由器 R_1，R_1 在查找自己的路由表（或叫转发表，将在后面内容讲解）后，知道应该将数据报转发给路由器 R_2 进行间接交付。在图 4-5 中，经过了路由器 R_3、R_4 的转发后，最后由路由器 R_5 知道了自己是和 H_2 连接在同一个网络上，不需要使用别的路由器转发了，于是就把数据报直接交付给目的主机 H_2。当数据到达目的主机时，物理层先接收数据，数据链路层检查数据帧有无错误，如果数据帧正确，数据链路层便从数据帧中提取有效负载，将其交给网络层。当 IP 确定数据报本身在传输过程中无误时，对数据报中包含的目的地址同主机的 IP 地址进行比较，如果比较结果一致，则表明数据报已传送到正确的目的地址。随后，IP 检查数据报中的各个域，以确定源主机 IP 发送的是什么指令，在通常情况下，这些指令是要将数据报传给 TCP 或 UDP 层。图中画出了源主机、目的主机及路由器的协议栈，同时也画出了数据在各协议栈中流动的方向。我们注意到，主机的协议栈有 5 层，而路由器的协议栈只有下 3 层。我们还可以注意到，在 R_4、R_5 之间使用了卫星链路，而 R_5 所连接的是一个无线局域网。R_1 与 R_4 之间的 3 个网络可以是任意类型的网络。总之，由于在网际协议 IP 的控制下，从图中可以看出，通过工作在网络层的路由器可以将多种异构网络互连起来形成统一的互联网。

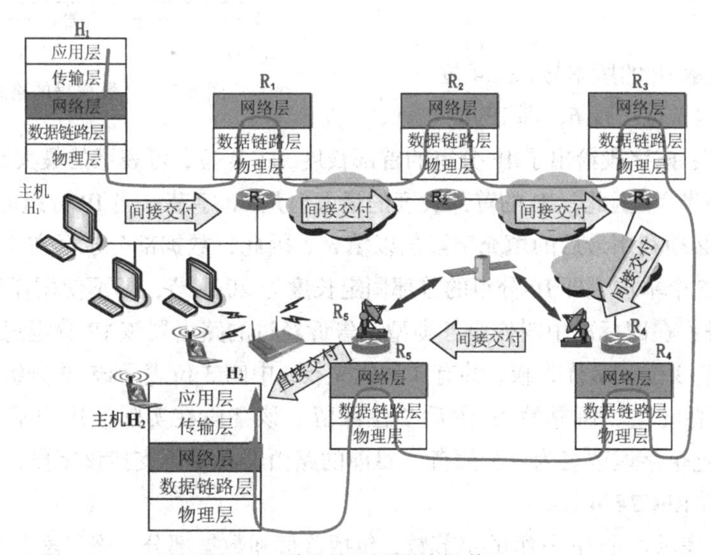

图 4-5　分组在互联网中的传送

如果只从网络层的角度去考虑，而不考虑协议栈中其他层的存在。我们可以想象 IP 数据报在网络层中传送，如图 4-6 所示。

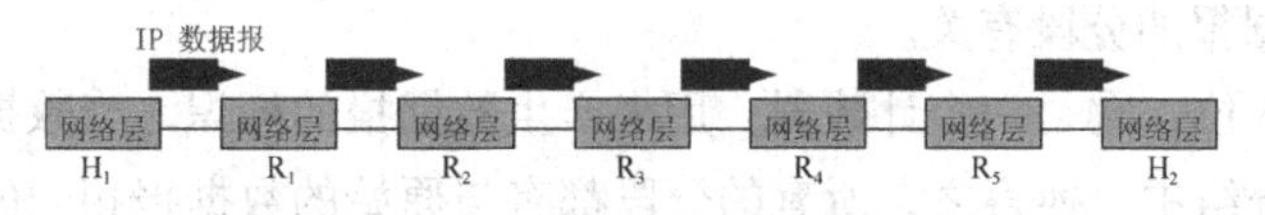

图 4-6　从网络层看数据报的传送

IP 有两个版本：IPv4 和 IPv6。IPv4 是目前 Internet 的主流，IPv6 处于试验阶段。下面着重介绍 IPv4 的数据报格式及 IPv4 的地址。

4.2.2 IPv4 数据报格式

在 IP 分组的传递过程中，不管传送多长的距离，或跨越多少个物理网络，IP 的寻址机制和路由选择功能都能保证将数据送到正确的目的地。所经过的各个物理网络可能采用不同的链路协议和帧格式，但是，无论是在源主机和目的主机中还是在路过的每个路由器中，网络层都使用始终如一的协议（IP）和不变的分组格式（IP 分组）。

IP 使用的分组称为数据报（datagram）。图 4-7 所示为 IPv4 数据报的格式。数据报是可变长分组，由两部分组成：首部和数据。首部长度由 20～60 个字节组成，包括有与路由选择和传输相关的重要信息。首部的前一部分是固定长度，普通的 IP 首部共 20 字节，是所有 IP 数据报必须具有的。在首部的固定部分的后面是一些可选字段，其长度是可变的。

下面来分析图 4-7 中的首部信息。最高位在左边，记为 0 位；最低位在右边，记为 31 位。

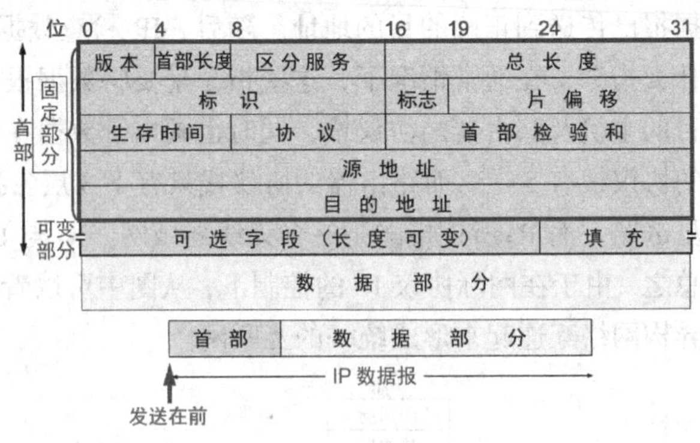

图 4-7　IP 数据报的格式

讨论每个字段存在的意义和理由对于理解 IPv4 的运作十分重要，以下按顺序简要介绍每个字段。

① 版本：表示 IP 的版本号，占 4 位，常见为 4，即 IPv4；也出现 6，即 IPv6。

② 首部长度：该字段给出了 IP 分组的首部长度，占 4 位，可表示的最大数值是 15 个单位（一个单位为 4 字节），因此，IP 的首部长度的最大值是 60 字节。当 IP 分组的首部长度不是 4 字节的整数时，必须利用最后的填充字段加以填充。因此，数据部分永远在 4 字节的整数倍时开始，最小值是 5 个单位，即 IP 分组的首部固定长度为 20 字节，即不使用任何可选部分。

③ 区分服务：在旧标准中叫作服务类型，告诉经过的路由器该 IP 分组想获得何种服务。该字段占 8 位，前 3 位表示优先权，共有 3 种优先权；中间 3 位表示该 IP 分组希望获得何种服务质量（时延、吞吐量、可靠性）；最后 2 位保留。该字段在实际应用中基本没被使用过。1998 年 IETF 把这个字段改名为区分服务。目前的路由器几乎不支持该字段，在一般的情况下不使用这个字段［RFC2474］。

④ 总长度：表示整个 IP 分组的字节数，包括首部和数据部分。该字段占 16 位，单位为字节。因此数据报的最大长度为 65 535 字节（64KB）。然而，数据报的长度通常远远小于这个值。这个字段帮助接收设备知道什么时候分组完全到达。

当数据报大于底层网络可以携带的大小时，IP 数据报就需要分段。标识、标志和片偏移这 3 个字段就跟 IP 数据报的分段有关。

⑤ 标识：占 16 位，它是一个计数器，用来产生数据报的标识。当数据分段时，标识字段的值被复制到所有分组中。换言之，所有的分段都有与原始的数据报相同的标识号。标识号有助于在目的端重组数据报。目的端知道应将所有具有相同标识值的分段重组成一个数据报。

⑥ 标志：占 3 位，最左侧的位是保留位（不使用）。第二位（D 位）称为不分段（do not fragment）位。如果其值为 1，则机器不能将该数据分段，如果无法将此数据报通过任何可用的物理网络进行传递，那么机器就丢弃这个分组，并向源主机发送一个 ICMP 差错报文（稍后讨论）；如果值为 0，则根据需要对数据报进行分段。第三位（M 位）称为多分段（more fragment）位。如果其值为 1，则表示此数据报不是最后的分段，在该分段后还有更多的分段；如果其值为 0，则表示它是最后一个或者唯一的分段。

⑦ 片偏移：又称分段偏移，占 13 位，表示这个分段在整个数据报中的相对位置。它是在原始数据报中的数据偏移量，以 8 字节为度量单位。图 4-8 所示为具有 3 000 字节的数据报被划分成 3 个分段的例子。原始数据报的字节编号从 0 到 2 999，第一个分组携带的数据是字节 0～999，对于这个数据报，分段的偏移量是 0/8=0。第二个分段携带的数据是字节 1 000～1 999，对于这个数据报其偏移量为 1 000/8=125。最后，第三个分段携带的数据是字节 2 000～2 999，

其偏移量为 2 000/8=250。

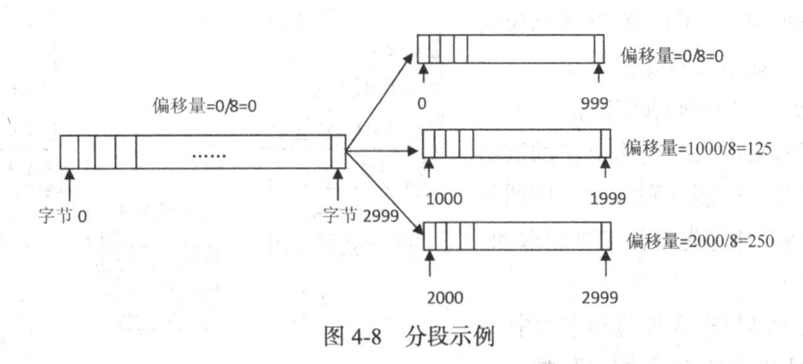

图 4-8　分段示例

⑧ 生存时间：限制分组在 IP 网络中的生存时间。占 8 位，生存时间字段记为 TTL，设置这个字段是防止数据报无限期地在 Internet 中传送，因而消耗大量网络资源。数据报每经过一个路由器时，就把生存时间 TTL 减少一个单位。当 TTL 值减为零时，路由器就将该数据报丢弃。我们常用的网络层协议 ICMP 的 ping 命令中（关于 ping 命令我们在后面的 ICMP 中再详细说明），可以看到 TTL 这个值，如图 4-9 所示。

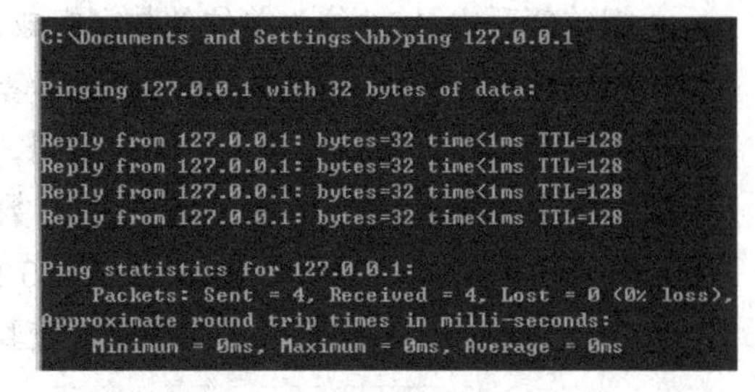

图 4-9　ping 命令

其实 TTL 值这个东西本身并代表不了什么，对于使用者来说，关心的问题应该是包是否到达了目的地而不是经过了几个结点后到达。但是 TTL 值还是可以得到有意思的信息的。每个操作系统对 TTL 值的定义都不同，这个值甚至可以通过修改某些系统的网络参数来修改，如 Windows2000 默认为 128，通过注册表也可以修改，而 Linux 大多定义为 64。不过一般来说，很少有人会去修改自己机器的这个值，这就给了我们机会可以通过 ping 的回显 TTL 来大体判断一台机器是什么操作系统。因此，现在 TTL 的意思就是规定了一个数据报在 Internet 中至多可以经过多少跳，这实际上就是规定了一个数据报在 Internet 中至多可以经过多少个路由器。如果把 TTL 值设置为 1，就表示这个数据报只能在本局域网中传送，一传送到某个路由器就会被丢弃。

⑨ 协议：表示该分组携带的数据使用何种协议，以便使目的主机的 IP 层知道应将数据部分上交给哪个处理过程（如 TCP、UDP、ICMP 等）。占 8 位。常用的一些协议和相应的协议字段值（写在协议后面的括号中）是：UDP（17）、TCP（6）、ICMP（1）、GGP（3）、EGP（8）、IGP（9）、OSPE（89）。

⑩ 首部检验和：占 16 位。IP 不是可靠性协议，在发送期间，它不检查数据报中携带的数据是否被破坏。然而，数据报首部被 IP 加入，并且它的差错检测是 IP 的责任，因为 IP 头部的差错可能是一个灾难。例如，如果目的 IP 地址被破坏，分组可能被传递到错误的主机；如果协议字段被破坏，分组可能被传递到错误的协议；如果与分组相关的字段被破坏，数据报不能在目的端被正确重组等。出于这些原因，IP 加入首部校验和字段来检查首部，但不检查数据部分。这是因为数据报每经过一个路由器，路由器都要重新计算一下首部检验和（一些字段，如生存时间、标志、片偏移等都可能发生变化）。如把数据部分一起检验，计算的工作量就太大了。为了减小计算检验和的工作量，IP 首部的检验和不采用复杂的 CRC 检验码，而采用下面的简单

计算方法，如图 4-10 所示。

在发送数据时，为了计算 IP 数据包的校验和，应该按如下步骤操作。

• 把 IP 数据包的校验和字段置为 0。

• 把首部看成以 16 位为单位的数字组成，依次进行二进制反码求和（所谓的二进制反码求和，即为先进行二进制求和，然后对和取反）。

• 把得到的结果存入校验和字段中。

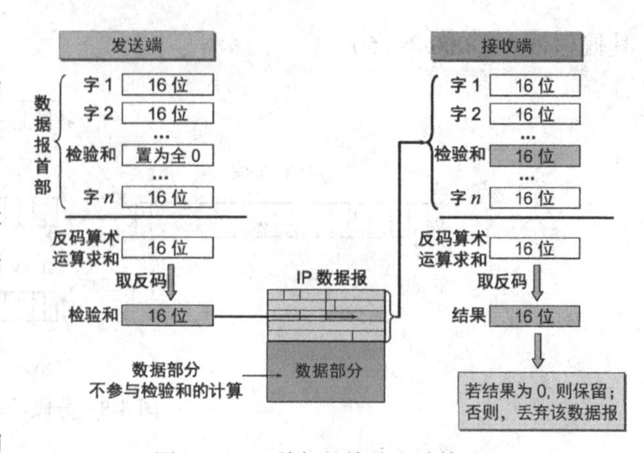

图 4-10 IP 首部的检验和计算过程

在接收数据时，计算数据包的校验和相对简单，按如下步骤操作。

• 把首部看成以 16 位为单位的数字组成，依次进行二进制反码求和，包括校验和字段。

• 检查计算出的校验和的结果是否等于零（反码应为 16 个 1）。

• 如果等于零，说明校验和正确。否则，校验和就是错误的，协议栈要抛弃这个数据包。

【例 4-1】抓取了一个 IP 数据包，该 IP 数据报的首部（20B）数据是：

45 00 00 30 80 4c 40 00 80 06 b5 2e d3 43 11 7b cb 51 15 3d，试计算其校验和。

解：发送端：从该数据报的首部取得校验和字段 b5 2e，具体的计算过程如图 4-11 所示。

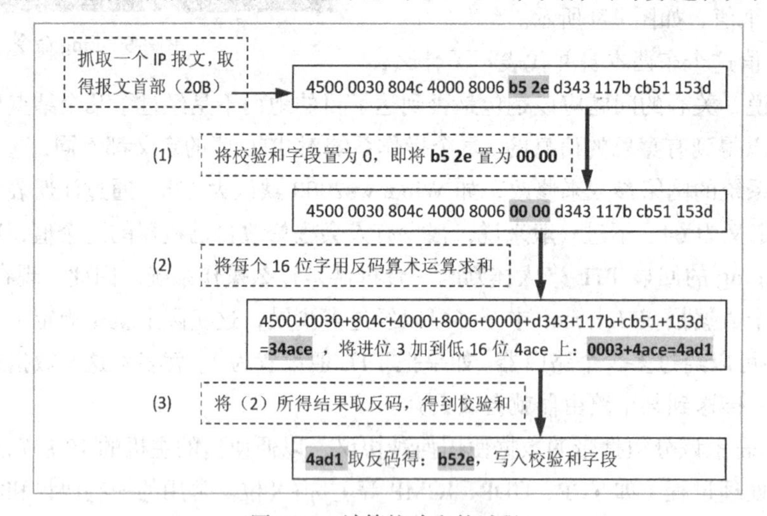

图 4-11 计算校验和的过程

接收 IP 数据报，检验 IP 校验和。

反码求和：4500+0030+804c+4000+8006+b52e+d343+117b+cb51+153d=3fffc，进位 3 加到低 16 位 fffc 上=ffff。

对 ffff 取反码=0000，说明正确。

⑪ 源/目的地址：各占 4 字节，32 位，分别表示源/目的主机的 IP 地址。

⑫ 可选字段：IP 首部的可变部分就是一个选项字段。选项字段用来支持排错、测量以及安全等措施，内容很丰富。此字段长度可变，从 1 个字节到 40 个字节不等，取决于所选择的项目。某些选项项目只需要 1 个字节，它只包括 1 个字节的选项代码。但还有些选项需要多个字节，这些选项一个个拼接起来，中间不需要有分隔符，最后用全 0 的填充字段补齐成为 4 字节

的整数倍。

增加首部的可变部分是为了增加 IP 数据报的功能，但这同时也使得 IP 数据报的首部长度成为可变的，这就增加了每一个路由器处理数据报的开销。实际上这些选项很少被使用。

⑬ 数据：数据或负载是创建数据报的主要原因。数据是来自使用 IP 服务的其他协议的分组。将数据报比作邮包的话，数据就是包裹的内容，首部就是包裹上写的信息。

4.2.3 IPv4 地址

有一种标识符，它被 TCP/IP 协议簇的 IP 层用来标识连接到 Internet 的设备，这种标识符称作 Internet 地址或者 IP 地址。一个 IPv4 地址是 32 位地址，它唯一地并通用地定义了一个连接到 Internet 上的主机或者路由器。IP 地址是连接的地址，不是主机或者路由器的地址，因为如果设备移动到另一个网络，IP 地址可能会改变。

IPv4 地址是唯一的，这表示每一个地址定义了一个且唯一一个连接到 Internet 上的设备。如果某个设备有两个到 Internet 的连接，那么它就有两个 IP 地址。IPv4 是通用的，这表示地址系统必须被任何一个想要连接到 Internet 上的主机所接收。

像 IPv4 这样定义了地址的协议拥有一个地址空间。地址空间是该系统能够使用地址的总个数。如果协议使用 b 位来定义地址，地址空间是 2^b，因为每一位二进制可有两个不同值（0 或 1）。IPv4 使用 32 位地址，这意味着地址空间是 2^{32}（大于 40 亿）。

IPv4 地址有两种常用的表示方法：二进制标识法和点分十进制标识法。在二进制标识法（binary notation）中，IPv4 地址用 32 位表示。为了使这种地址可读性更强，通常在每 8 位之间插入一个或者多个空格。每 8 位通常称为一个字节。由于 32 位的 IP 地址不太容易书写和记忆，通常又采用带点十进制标识法（dotted decimal notation）来表示 IP 地址，即“点分十进制表示法”。在这种格式下，将 32 位的 IP 地址分为 4 个 8 位组（octet），每个 8 位组以一个十进制数表示，取值范围为 0～255；相邻 8 位组的十进制数以小圆点分割。例如，有 IP 地址：11000000 00000101 00100010 00001011 可以记为 192.5.34.11，如图 4-12 所示。

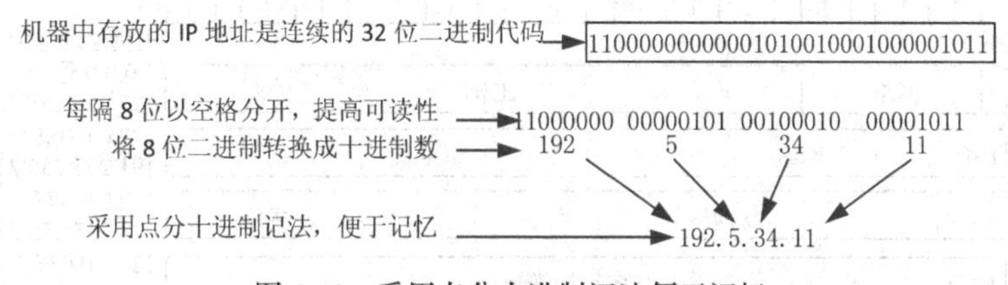

图 4-12 采用点分十进制记法便于记忆

我们把整个 Internet 看成一个单一的、抽象的网络。IP 地址就是给每个连接在 Internet 上的主机分配一个在全世界范围是唯一的 32 位的标识符。IP 地址的结构使我们可以在 Internet 上很方便地进行寻址。IP 地址现在由 Internet 的名字与号码指派公司进行分配。

IP 地址的编址方法共经过了以下 3 个历史阶段。

① 分类的 IP 地址：这是最基本的编址方法，在 1981 年就通过了相应的标准协议。

② 子网的划分：这是对基本的编址方法的改进，其标准 RFC950 在 1985 年通过。

③ 构造超网：这是比较新的无分类编址方法。1993 年提出后很快就得到推广和应用。

1. 标准分类IP地址

我们首先讨论分类的IP地址。例如，电话网络或者邮政网络这类涉及传递的网络，地址系统都是有层次结构的。在邮政网络中，邮政地址（信件地址）包含国家、城市、区县、街道、门牌号以及邮件收件人姓名。类似地，电话号码也分为国家代码、地区代码、当地交换局代码以及连接码。一个32位IPv4地址也是有层次结构的。

这里要指出，由于近年来已经广泛使用无分类IP地址进行路由选择，A类、B类和C类地址的区分已成为历史，但由于很多文献和资料都还使用传统的分类IP地址，因此我们在这里还要从分类IP地址讲起。

所谓“分类的IP地址”就是将地址划分为若干个固定类，每一类地址都由两个固定长度的字段组成，其中第一个字段是网络号，它标志主机所连接到的网络，而第二个字段是主机号，它标志该主机。由于在Internet上，每一台三层网络设备，例如路由器，为了彼此通信，储存每一个结点的IP地址，为了减少路由器的路由表数目，更加有效地进行路由，清晰地区分各个网段，因此就采用结构化的分层方案。这种两级的IP地址可以记为：

IP地址::= {＜网络号＞，＜主机号＞}　　(4-1)

其中，“::=”表示“定义为”。

IP地址的分层方案类似于我们常用的电话号码，电话号码也是全球唯一的。例如，对于电话号码010-64436198，前面的字段010代表北京的区号，后面的字段64436198代表北京地区的一部电话。IP地址也是一样，前面的网络号代表一个网段，后面的主机号代表这个网段的一台设备。这样，每一台第三层网络设备就不必储存每一台主机的IP地址，而是储存每一个网段的网络地址（网络地址代表了该网段内的所有主机），大大减少了路由表条目，增加了路由的灵活性。

那么如何区分IP地址的网络号和主机号呢？最初互联网络设计者根据网络规模大小规定了地址类，把IP地址分为A、B、C、D、E共5类。图4-13所示为IP地址的分类以及各类地址中的网络号字段和主机号字段，其中A类、B类和C类是单播地址。

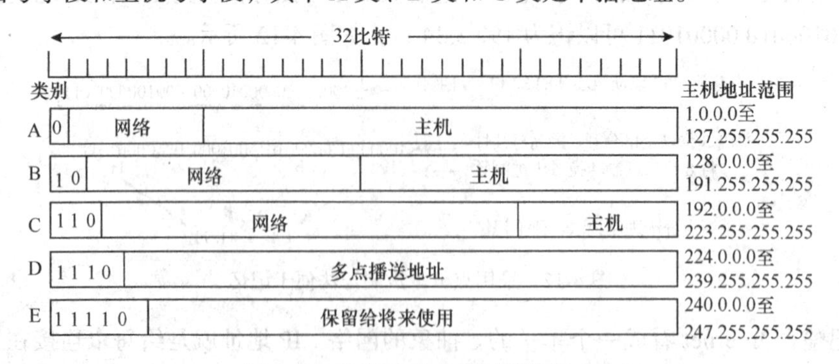

图4-13　各类IP地址类别及其格式

（1）A类地址

第1个字节用作网络号（即高8位），且最高位为0，这样就只有7可以表示网络号，能够表示的网络号有2^7=128个，因为全0（即00000000）和全1（即01111111，127）在地址中有特殊用途，网络号字段为全0的IP地址是个保留地址，意思是“本网络”；网络号字段为127保留作为本地软件环回测试本主机之用。所以去掉有特殊用途的全0和全1的网络地址，这样，就只能表示 126 个网络号，范围是 1～126。后 3 个字节用作主机号，有 24 位可表示主机号，能够表示的主机号有 $2^{24}-2$=16 777 214，约为 1 600 万台主机。这里减 2 的原因是主机号为全 0 和全 1 两种，主机号字段全 0 表示该 IP 地址是“本主机”所连接到的单个网络地址，主机号字段全 1 表示该网络上的所有主机（即广播地址）。IP 地址空间共有 2^{32}（4 294 967 296）个地址，整个 A 类地址空间共有 2^{31} 个地址，占有整个 IP 地址空间的 50%。A 类 IP 地址常用于大型的网络。

（2）B 类地址

前 2 个字节用作网络号（即高 16 位），后 2 个字节用作主机号。网络号字段中最高位为 10，剩下 14 位可以进行分配。实际上 B 类网络地址 128.0.0.0 是不能指派的，而可以指派的 B 类最小网络地址是 128.1.0.0。因此，B 类地址的可用网络数为 $2^{14}-1$，即 16 383。B 类地址的每一个网络号上最大主机数是 $2^{16}-2$，即 65 534 台主机，这里减 2 是去掉全 0 和全 1 的主机号。整个 B 类地址空间共约有 2^{30} 个地址，占整个 IP 空间的 25%。B 类地址通常用于中等规模的网络。

（3）C 类地址

前 3 个字节用作网络号（即高 24 位），最后 1 个字节用作主机号，网络号字段中最高位为 110，还有 21 位可以进行分配。但 C 类网络地址 192.0.0.0 也是不能指派的，可以指派的 C 类最小网络地址是 192.0.1.0，因此，C 类地址的可用网络总数是 $2^{21}-1$，即 2097151。在每一个 C 类网络地址上最大主机数是 $2^{8}-2$，即 254 台主机。整个 C 类地址空间共有 2^{29} 个地址，占整个 IP 地址的 12.5%。C 类 IP 地址通常用于小型的网络。

（4）D 类地址

最高位为 1110，因此，D 类地址的第一个字节为 224～239。是多播地址，不识别互联网内的单个接口，但识别接口组。主要是留给因特网体系结构委员会（IAB，Internet Architecture Board）使用的。

（5）E 类地址

最高位为 11110，因此，E 类地址第一个字节为 240～255，保留用于科学研究。

这样，我们就可得出表 4-2 所示的 IP 地址的指派范围。

表 4-2　IP 地址的指派范围

网络类别	最大可指派的网络数	第一个可指派的网络号	最后一个可指派的网络号	每个网络中的最大主机数
A	126（$2^{7}-2$）	1	126	16 777 214
B	16 383（$2^{14}-1$）	128.1	191.255	65 534
C	2 097 151（$2^{21}-1$）	192.0.1	223.255.255	254

表 4-3 所示为一般不使用的 IP 地址，这些地址只能在特定的情况下使用。

表 4-3　一般不使用的特殊 IP 地址

网络号	主机号	源地址使用	目的地址使用	代表的意思
0	0	可以	不可以	本网络上的本主机
0	主机号	可以	不可以	在本网络上的某个主机
全 1	全 1	不可以	可以	只在本网络上广播（路由器不转发）
网络号	全 1	不可以	可以	对该网络号上的所有主机进行广播
127	非全 0 或全 1 的数	可以	可以	用作本地软件环回测试之用

IP 地址具有以下一些重要特点。

① 每一个 IP 地址都由网络号和主机号两部分组成。从这个意义上说，IP 地址是一种分等级的地址结构。分两个等级的好处主要有以下两个方面。第一，IP 地址管理机构在分配 IP 地址时只分配网络号，而剩下的主机号则由得到该网络号的单位自行分配。这样就方便了 IP 地址的管理。第二，路由器根据目的主机所连接的网络号来转发分组（而不考虑主机号），这样就可以使路由表中的项目大幅度减少，从而减小了路由表所占的存储空间。

② 实际上 IP 地址是标志一个主机（或路由器）和一条链路的接口。当一个主机同时连接到两个网络上时，该主机就必须有两个相应的 IP 地址，其网络号必须是不同的。这种主机称为多归属主机。由于一个路由器至少应当连接到两个网络（这样它才能把 IP 数据报从一个网络转发到另一个网络），因此，一个路由器至少应当有两个不同的 IP 地址。

③ 按照 Internet 的观点，用转发器或网桥连接起来的若干个局域网仍为一个网络，因此，这些局域网都有同样的网络号。

④ 在 IP 地址中，所有分配到网络号的网络都是平等的。

图 4-14 所示为 3 个局域网 LAN_1、LAN_2、LAN_3，通过 3 个路由器 R_1、R_2、R_3 连接起来形成一个互联网。从图 4-14 中我们应该注意到以下几点。

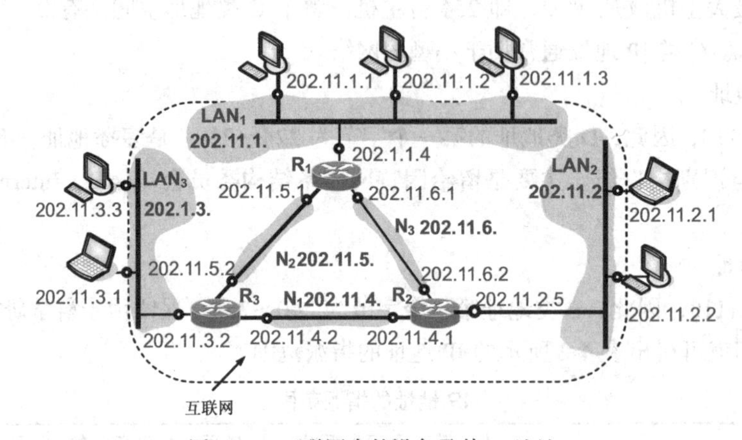

图 4-14　互联网中的设备及其 IP 地址

① 在同一个局域网上的主机或路由器的 IP 地址中的网络号必须是一样的。图中的网络号就是 IP 地址中的网络号字段值。

② 路由器总是具有两个或两个以上的 IP 地址。路由器的每一个接口都有一个不同网络号的 IP 地址。

③ 两个路由器直接相连的接口处，可指明也可不指明 IP 地址。如指明 IP 地址，则这一段连线就构成了一种只包含一段线路的特殊“网络”。现在常不指明 IP 地址。

分类寻址被废止的原因就是地址耗尽。因为地址没有被恰当分配，Internet 面临地址迅速用光的问题，这导致了需要连接到 Internet 的组织和个人没有可用的地址。为了理解这个问题，让我们先来考虑 A 类地址，这个类仅仅分配给世界上的 126（2^7-2）个组织，但是每个组织需要有一个带有 16 777 214（$2^{24}-2$）个结点的网络，由于只有很少的组织会如此庞大，在这个类中绝大多数的地址都浪费了（没有被使用）。B 类地址为中等组织设计，但是这一类中多数地址也没有被使用。C 类地址在设计上有一个完全不同的缺陷，每个网络中可以使用的地址数量

（254）过小，以至于绝大多数使用C类中一大块地址的公司并不感到宽裕。E类地址几乎从未使用，浪费了整个类。

为了减轻地址耗尽，提出了两种策略，并且它们在某种程度上被实施了，那就是子网划分和构造超网。

2. 子网划分

（1）子网划分的基本概念

假设某小公司有4个独立的部门，分别是研发部、财务部、销售部和人事部，这4个部门相互独立，相互之间用路由器相连。每个部门不超过20台主机，请问如何申请IP地址？我们知道在同一个局域网上的主机或路由器的IP地址中的网络号必须是一样的。那么4个部分也就是4个局域网，每个局域网的IP地址中的网络号不同，按照之前学的内容，如果申请C类地址的话就需要申请4个C类网络，如202.4.1.0，202.4.2.0，202.4.3.0，202.4.4.0。然而每组C类地址其实能够接254台主机，但是这里只需要接20台主机就够了，所以说这种情况就会浪费很多IP地址，因此我们需要划分子网。

子网划分（subnetworking）是指由网络管理员将本单位一个给定的网络分为若干个更小的部分，这些更小的部分被称为子网（subnet）。当本单位网络中的主机总数未超出所给定的某类网络可容纳的最大主机数，但单位内部又要划分成若干个分段（segment）而便于进行管理时，就可以采用子网划分的方法。为了创建子网，网络管理员需要从原有的两个层次结构的IP地址的主机位中借出连续的高若干位作为子网络号（subnet-id），后面剩下的仍为主机号字段。于是，原来的两级层次结构的IP地址在本单位内就变为三级IP地址：网络号、子网号、主机号，如图4-15所示。也就是说，经过划分后的子网因为其主机数量减少，已经不需要原来那么多位作为主机标识了，从而我们可以将这些多余的主机位用作子网标识。这种三级IP地址的子网划分，也可以用以下记法来表示。

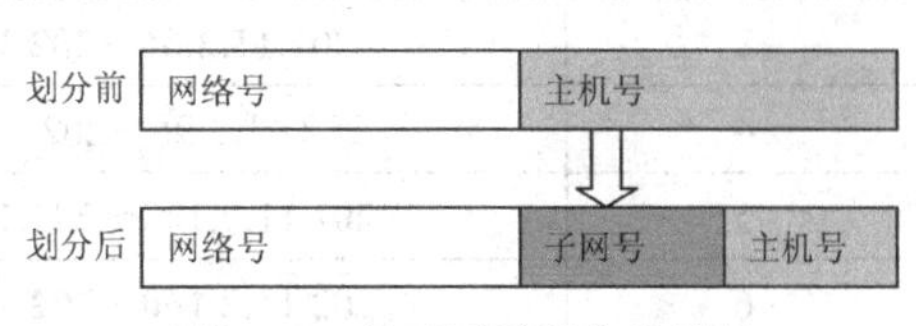

图4-15 关于子网划分的示意

IP地址::＝{<网络号>，<子网号>，<主机号>}　　（4-2）

注意：子网的划分是属于本单位内部的事，在本单位以外看不见这样的划分。从外部看，这个单位仍只有一个网络号。只有当外面的分组进入到本单位范围后，本单位的路由器再根据子网号进行路由选择，最后找到目的主机。若本单位按照主机所在的地理位置来划分子网，那么在管理方面就会方便得多。

下面用例子说明划分子网的概念。假定申请了一个C类网络202.11.2.0（网络号是202.11.2.），如图4-16所示。凡目的地址为202.11.2.X的数据报都被送到这个网络上的路由器R_1。

假设一个由路由器相连的网络，其有3个相对独立的网段，并且每个网段的主机数不超过30台，现把图4-16所示的网络划分为3个子网，如图4-17所示。现需要我们以子网划分的方法为其完成IP地址规划。由于该网络中所有网段合起来的主机数没有超出一个C类网络所能容纳的最大主机数，将C类网络202.11.2.0从主机位中借出其中的高3位作为子网号（请思考为什么不能是2位），这样一共可得8个子网络，每个子网络的相关信息如表4-4所示。其中，第1个子网因网络号与未进行子网划分前的原网络号202.11.2.0重复而不用，第8个子网因为广播地址与未进行子网划分前的原广播地址202.11.2.255重复也不可用，这样我们可以选择6

个可用子网中的任何 3 个为现有的 3 个网段进行 IP 地址分配，留下 3 个可用子网将作为未来网络扩充之用。在划分子网后，整个网络对外部仍表现为一个网络，其网络地址仍为 202.11.2.0。但网络 202.11.2.0 上的路由器 R_1 在收到数据报后，再根据数据报的目的地址将其转发到相应的子网。

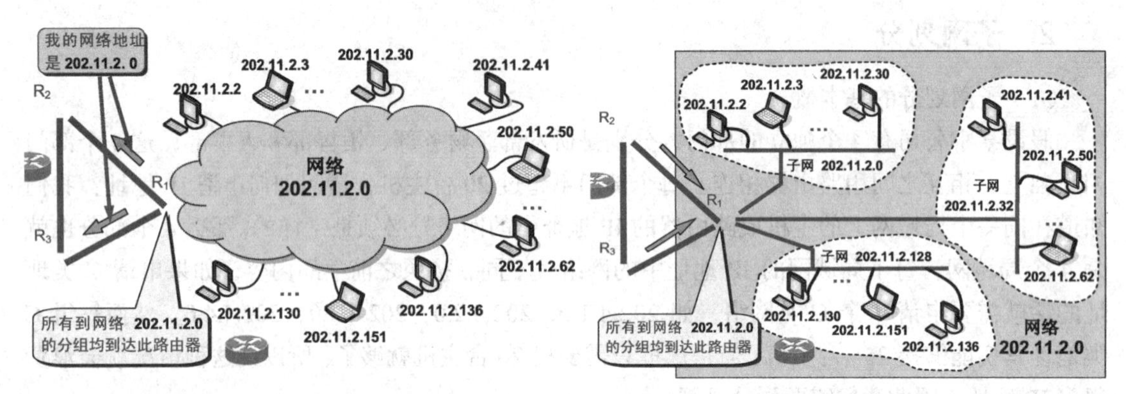

图 4-16 一个 C 类网络 202.11.2.0

图 4-17 将图 4-16 的网络划分为三个子网，从外部来看仍然是一个网络

表 4-4 对 C 类网络 202.11.2.0 进行子网划分

第 *n* 个子网	地址范围	网络号	广播地址
1	202.11.2.0～202.11.2.31	202.11.2.0	202.11.2.31
2	202.11.2.32～202.11.2.63	202.11.2.32	202.11.2.63
3	202.11.2.64～202.11.2.95	202.11.2.64	202.11.2.95
4	202.11.2.96～202.11.2.127	202.11.2.96	202.11.2.127
5	202.11.2.128～202.11.2.159	202.11.2.128	202.11.2.159
6	202.11.2.160～202.11.2.191	202.11.2.160	202.11.2.191
7	202.11.2.192～202.11.2.223	202.11.2.192	202.11.2.223
8	202.11.2.224～202.11.2.255	202.11.2.224	202.11.2.225

总之，当没有划分子网时，IP 地址是两级结构，地址的网络号字段也就是 IP 地址的“因特网部分”，而主机号字段是 IP 地址的“本地部分”。划分子网后 IP 地址就变成了三级结构。请注意，划分子网只是将 IP 地址的本地部分进行再划分，而不改变 IP 地址的因特网部分。

对上述子网划分的例子进一步分析我们发现，引入子网划分技术可以有效提高 IP 地址的利用率，从而可节省宝贵的 IP 地址资源。在该例子中，假设没有子网划分技术，则至少需要申请 3 个 C 类网络地址，从而 IP 地址的使用率仅达 11.81%，而浪费率则高达 88.19%；采用子网划分技术后，尽管第 1 个和最后 1 个子网也是不可用的，并且在每个子网中又留出了一个网络号地址和广播地址，但 IP 地址的利用率却可以提高到 71%。

（2）子网掩码

引入子网划分技术后，带来的一个重要问题就是主机或路由设备如何区分一个给定的 IP 地址是否已被进行了子网划分，从而能正确地从中分离出有效的网络号字段（包括子网络号的信息)。因此 IP 的设计者在 RFC950 文档中描述了使用子网掩码的过程。子网掩码的功能就是告知设备,地址的哪一部分是包含子网的网络号部分,地址的哪一部分是主机号部分。

子网掩码使用与 IP 地址相同的编址格式,即 32 位长度的二进制比特位,也可分为 4 个 8 位组并采用点十进制来表示。在子网掩码中,网络号部分和子网号部分取值为“1”,主机号部分对应的位取值为“0”。

图 4-18(a)所示为 IP 地址为 143.232.5.66 的主机本来的两级 IP 地址结构。图 4-18(b)所示为同一主机的三级 IP 地址的结构,也就是说,现在从原来 16 位的主机号中拿出 8 位作为子网号 subnet-id,而主机号减少到 8 位。请注意,现在子网号为 5 的网络的网络地址是 143.232.5.0(既不是原来的网络地址 143.232.0.0,也不是子网号 5)。为了使路由器能够很方便地从数据报中的目的 IP 地址中提取所要找的子网的网络地址,路由器就要使用子网掩码。图 4-18(c)所示为子网掩码,32 位,网络号和子网号为 1,主机号为 0。图 4-18(d)所示为路由器将子网掩码和收到的数据报的目的 IP 地址 143.232.5.66 逐位相“与”(AND),得出了所要找的子网的网络地址 143.232.5.0。

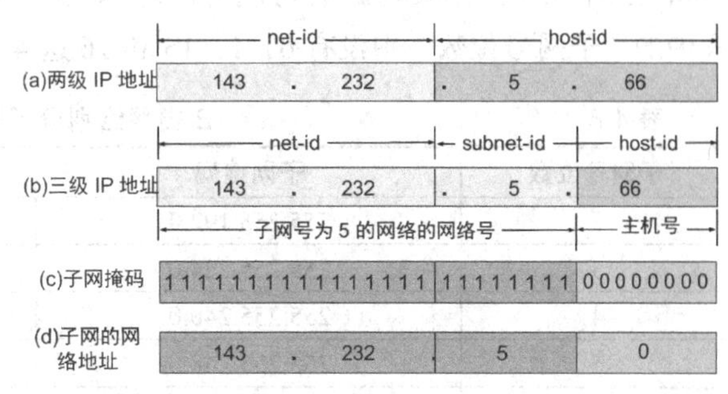

图 4-18 IP 地址的各字段和子网掩码

使用子网掩码的好处是:不管网络有没有划分子网,主要把子网掩码和 IP 地址进行逐位的“与”运算(AND),就立即得出网络地址来。这样在路由器处理到来的分组时就可采用同样的算法。网络地址的计算公式为:

网络地址=(IP 地址)AND(子网掩码) (4-3)

另外,我们注意到,在不划分子网时,也就没有子网,为什么还要使用子网掩码呢?这就是为了更方便地查找路由表。现在 Internet 的标准规定:所有的网络都必须有一个子网掩码,同时在路由器的路由表中也必须有子网掩码这一记录。如果一个网络不划分子网,那么该网络的子网掩码就使用默认子网掩码。默认子网掩码中 1 的位置和 IP 地址中的网络号字段正好相对应,因此,若使用默认子网掩码和某个不划分子网的 IP 地址逐位相“与”(AND),就得出该 IP 地址的网络地址。这样做可以不用查找该地址的类别位就能知道这是哪一类的 IP 地址。显然在默认状态下,当没有借用主机部分的比特位时,A、B、C 三类网络的默认其对应的子网掩码应分别为:

A 类网络 11111111 0000000 0000000 00000000,即 255.0.0.0。

B 类网络 11111111 11111111 0000000 00000000,即 255.255.0.0。

C 类网络 11111111 11111111 11111111 00000000,即 255.255.255.0。

子网掩码是一个网络或一个子网的重要属性。路由器在和相邻路由器交换路由信息时,必须把自己所在网络(或子网)的子网掩码告诉相邻路由器。路由器的路由表中的每一个项目,除了要给出目的网络地址外,还必须同时给出该网络的子网掩码。若一个路由器连接在两个子网上就拥有两个网络地址和两个子网掩码。

以下分别对 C 类、B 类地址进行子网划分,表 4-5 所示为 C 类子网规划所使用的表。

表 4-5　　C 类网络划分子网的选择

子网号位数	子网掩码	子网数	每个子网的主机数
2	255.255.255.192	2	$2^6-2=62$
3	255.255.255.224	6	$2^5-2=30$
4	255.255.255.240	14	$2^4-2=14$
5	255.255.255.248	30	$2^3-2=6$
6	255.255.255.252	62	$2^2-2=2$

表 4-6 所示为 B 类子网规划所使用的表。子网数是根据子网号 subnet-id 计算出来的。若 subnet-id 有 n 位，则共有 2^n 种可能的排列，减去全 0 全 1 这两种情况，就得出表中的子网数了。表中的“子网号位数”中没有 0，1，15 和 16 这 4 种情况，因为这几种情况没有实际意义。

表 4-6　　B 类网络划分子网的选择

子网号位数	子网掩码	子网数	每个子网的主机数
2	255.255.192.0	2	$2^{14}-2=16\ 382$
3	255.255.224.0	6	$2^{13}-2=8\ 190$
4	255.255.240.0	14	$2^{12}-2=4\ 094$
5	255.255.248.0	30	$2^{11}-2=2\ 046$
6	255.255.252.0	62	$2^{10}-2=1\ 022$
7	255.255.254.0	126	$2^9-2=510$
8	255.255.255.0	254	$2^8-2=254$
9	255.255.255.128	510	$2^7-2=126$
10	255.255.255.192	1 022	$2^6-2=62$
11	255.255.255.224	2 046	$2^5-2=30$
12	255.255.255.240	4 094	$2^4-2=14$
13	255.255.255.248	8 190	$2^3-2=6$
14	255.255.255.252	16 382	$2^2-2=2$

请大家注意，根据 Internet 标准协议的 RFC950 文档，子网号不能为全 1 或全 0，但随着无分类域间路由选择 CIDR 的广泛使用，现在全 1 和全 0 的子网号也可以使用了，但一定要谨慎使用，要弄清楚你的路由器所用的路由选择软件是否支持全 0 或全 1 的子网号。

根据表 4-5 和表 4-6 所列出的数据，我们可以看出，若使用较少位数的子网号，那么每个子网上可连接的主机数较多。反之，若使用较多位数的子网号，那么每个子网上可连接的主机数就较少。因此，可根据具体情况来选择合适的子网掩码。通过简单的计算，我们不难发现这样的结论：划分子网增加了灵活性，但是减少了能够连接在网络上的主机的总数。例如，本来一个 B 类网络最多能够连接 65 534 台主机，但表 4-6 中任意一行的最后两项的乘积都小于 65 534。

路由器在获得一个 IP 地址和子网掩码后，就可以取得该 IP 地址的网络地址，就能够确定将收到的数据发送到目的网络。下面通过两个例子来进一步说明。

【例 4-2】给定一个 IP 地址 204.238.7.45，子网掩码为 255.255.255.224，求其 IP 地址的网络地址。

解：如图 4-19 所示，将给定的 IP 地址和子网掩码都以 32 位的二进制表示，然后使得两者逐位“与”运算，就可以得到对应的网络地址，最后将二进制转换为点分十进制，即该 IP 地址的网络地址是 204.238.7.32。

通过图 4-19 的计算过程可以看出，子网掩码前 3 个字节全 1，因此网络地址的前 3 个字节可以不参加“与”运算，只要将子网掩码的第 4 个字节和 IP 地址对应的第 4 个字节进行“与”运算即可。

【例 4-3】例 4-2 中的 IP 地址不变，而子网掩码改为 255.255.255.240，求其 IP 地址的网络地址。

解：用同样方法来计算，如图 4-20 所示，得到的网络地址是 204.238.7.32。

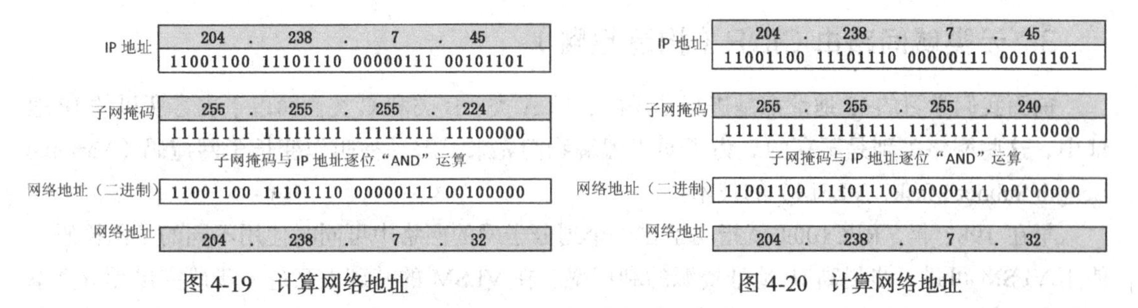

图 4-19　计算网络地址　　　　图 4-20　计算网络地址

通过以上两个例子，我们发现同样的 IP 地址和不同的子网掩码可以得出相同的网络地址，但是，不同的掩码产生的结果是不一样的，也就是说子网掩码中，子网号所占位数不同，所得的子网数和在该子网中的主机数也是不一样的。

【例 4-4】已知子网掩码为 255.255.255.192，那么 200.200.200.224 和 200.200.200.222 是否属于同一个子网？

解：子网掩码中的最后一个字节 192 的二进制形式为 11000000，IP 地址对于字节 224 和 222 的二进制形式是分别是 11100000 和 11011110，将这两个 8 位的二进制分别和子网掩码中最后一个 8 位二进制进行“与”运算，得到 11000000 和 11000000 相同的结果，也就是说这两个 IP 地址的网络地址都为 200.200.200.192，说明这两个 IP 地址属于同一个子网。

除了以上说明的通过 IP 地址和子网掩码来求得网络地址之外，我们往往还通过所申请的 IP 地址来划分子网。

【例 4-5】某公司申请了一个 C 类地址 196.5.1.0。为了便于管理，需要划分为 4 个子网，每个子网都有不超过 20 台的主机，3 个子网用路由器相连。请说明如何对该子网进行规划，并写出子网掩码和每个子网的子网地址。

解：196.5.1.0 是 C 类地址，可以从最后的 8 位中借出几位作为子网地址。由于 $2<4<8$，所以选择 3 位作为子网地址，即子网掩码所对应的 8 位二进制形式是 11100000，3 位可以提供 6 个可用子网地址。由于子网地址为 3 位，故还剩下 5 位作为主机地址。而 $2^5-2=30>20$，所以能满足每个子网中不超过 20 台的主机的要求。

IP 地址：196.5.1. ××××××××

子网掩码：255.255.255. 11100000（224）

可能的子网地址：

196.5.1. 0000 0000（0）非法，子网 id 全 0

196.5.1. 0010 0000（32）子网中 IP 范围是：196.5.1.32～196.5.1.63

196.5.1. 0100 0000（64）子网中 IP 范围是：196.5.1.64～196.5.1.95

196.5.1. 0110 0000（96）子网中 IP 范围是：196.5.1.96～196.5.1.127

196.5.1. 1000 0000（128）子网中 IP 范围是：196.5.1.128～196.5.1.159

196.5.1. 1010 0000（160）子网中 IP 范围是：196.5.1.160～196.5.1.191

196.5.1. 1100 0000（192）子网中 IP 范围是：196.5.1.192～196.5.1.223

196.5.1. 1110 0000（224）非法，子网 id 全 1

因此，子网地址可以在十进制数 32、64、96、128、160、192 中任意选择 4 个。

4 个子网的子网掩码都是 255.255.255.224。

3. 无类域间路由 CIDR（构造超网）

前面我们学习的 IP 地址都是进行分类的，即 A 类、B 类和 C 类。而以下内容所讲的 IP 地址中，这些网络类别是不存的。为了便于理解我们先来了解一种叫作变长子网掩码（Variable Length Subnet Mask，VLSM）的技术。

早在 1987 年，RFC1009 就指明了在一个划分子网的网络中可同时使用不同的子网掩码。使用 VLSM 可进一步提高 IP 地址资源的利用率。在 VLSM 的基础上又进一步研究出无分类编址的方法，它的正式名字是无分类域间路由选择（Classless Inter-Domain Routing，CIDR）。在 1993 年形成了 CIDR 的 RFC 文档：RFC1517～1519 和 RFC1520。现在 CIDR 已成为 Internet 建议标准协议。

（1）变长子网掩码（VLSM）

之前我们介绍的子网划分中每个子网的大小都是相同的，那么存在这样的情况，当我们要求划分的子网大小不同的时候该怎么办？比如某学校有两个主要部门，招生办和教务处，招生办又分为本科生招生和研究生招生两个小部门。教务处需要不超过 62 台的主机，本科生招生办和研究生招生办各需要不超过 30 台的主机。那么这种情况我们怎么设计呢？

这里我们需要用到一种叫作变长子网掩码（VLSM）的技术。VLSM 规定了如何在一个进行了子网划分的网络中的不同部分使用不同的子网掩码。这对于网络内部不同网段需要不同大小子网的情形来说非常有效。VLSM 实际上是一种多级子网划分技术。上面的例子我们可以用图 4-21 来划分子网。

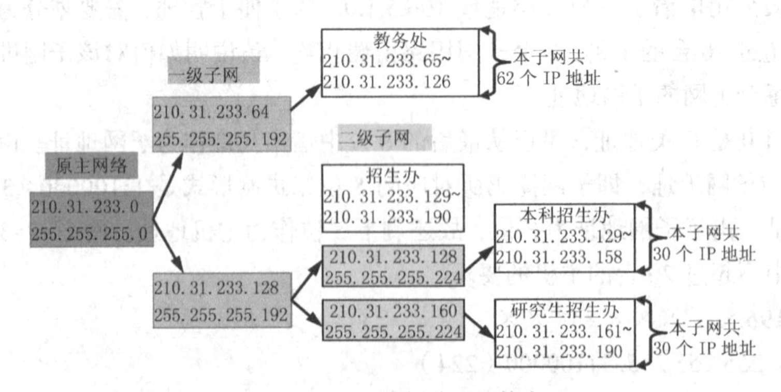

图 4-21　VLSM 划分子网技术

假如该学校申请到了一个完整的 C 类 IP 地址段：210.31.233.0，子网掩码为 255.255.255.0。为了便于分级管理，采用了 VLSM 技术，将原主网络划分称为两级子网（未考虑全 0 和全 1 子网）。教务处得了一级子网中的第 1 个子网，即 210.31.233.64，子网掩码为 255.255.255.192，该一级子网共有 62 个 IP 地址可供分配。招生办将所分得的一级子网中的第 2 个子网 210.31.233.128，子网掩码为 255.255.255.192，又进一步划分成了两个二级子网。其中第 1 个二级子网 210.31.233.128，子网掩码为 255.255.255.224，划分给招生办的下属办公室——本科生招生办，该二级子网共有 30 个 IP 地址可供分配。招生办的下属办公室——研究生招生办分得了第 2 个二级子网 210.31.233.160，子网掩码为 255.255.255.224，该二级子网共有 30 个 IP 地址可供分配。

在实际工程实践中，可以进一步将网络划分成三级或者更多级子网。同时，必须充分考虑到：这一级别现在需要多少个子网，将来需要多少个子网；这一级别最大子网现在需要容纳多少台主机；将来容纳多少台主机。

（2）无类域间路由（CIDR）

分类寻址中的子网划分没有真正解决地址耗尽问题。随着 Internet 的发展，很明显，长久的解决办法是需要更大的地址空间。然而，较大的地址空间需要 IP 地址长度的增加，这意味着 IP 分组的格式需要改变。尽管长期的解决办法已经提出并且被称为 IPv6（后面章节讨论），但是短期的解决办法也被设计出来了，它使用相同的地址空间，但是将地址的分配改成了为每个组织提供平等的分享。短期解决方法仍然只用 IPv4 地址，但是，它称为无类寻址（classless addressing）。换言之，为了补偿地址耗尽，类特权被从分配中消除。

无类寻址还有另外一个动机。在 20 世纪 90 年代，Internet 服务提供商（ISP）开始涌现。ISP 是为个人、小型企业和中型组织提供 Internet 连接的组织。那些个人、小型企业和中型组织不想自己建立网站并为自己的员工提供 Internet 服务（例如电子邮件），ISP 可以提供这些服务。ISP 被分配了很大范围的地址并且再将地址细分（1、2、4、8、16 个地址一组，等等），它将一定范围的地址给家用或小公司。用户通过拨号调制解调器、DSL 或电缆调制解调器连接到 ISP。

在 1996 年，Internet 机构宣布了一个新的体系结构，称为无类寻址。在无类寻址中，使用了不属于任何类的变长块。我们可以使用 1 个地址块，2 个地址块，4 个地址块……128 个地址块，等等。

在无类寻址中，整个地址空间被分为变长块。也就是说 IP 地址从三级编址（使用子网掩码）又回到了两级编址：

IP 地址::= {<网络前缀>, <主机号>}　　（4-4）

地址的前缀定义了块（即网络）；后缀定义了结点（即主机或者设备）。不像分类寻址，无类寻址中前缀长度是可变的。前缀的长度可以在 0~32 变化。网络的大小与前缀的长度成反比。一个小的前缀意味着较大的网络；一个大的前缀意味着较小的网络。我们需要强调的是无类寻址的思想很容易应用到分类寻址中，如一个 A 类地址可以看作是前缀长度为 8 的无类寻址，一个 B 类地址可以看作是前缀长度为 16 的无类寻址等。换言之，分类寻址是无类寻址的特殊情况。

① 前缀长度：斜杠标记法。

在无类寻址方面，我们需要回答的第一个问题是，如果给出地址，那么如何找出其前缀的长度。由于地址中的前缀长度不是固定的，我们需要给出前缀的长度。在这种情况下，前缀的长度 n 被加入了地址中，用斜杠来分隔。这个标记法的非正式称呼为斜杠标记法，正式称呼为无类域间路由（Classless Inter-Domain Routing，CIDR）策略，即在 IP 地址后面加上斜线“/”，然后写上网络前缀所占的位数（对应子网掩码中的 1 的个数），如 220.8.21.231/25 这个地址中前 25 位表示网络前缀，后 7 为表示主机位。

② 从一个地址中抽取信息。

给出块中的任意一个地址，我们通常想知道这个块中的 3 个信息：地址的数目、块中首地址以及末地址。因为前缀长度 n 已经给出，我们可以轻易地找到这 3 个信息，如图 4-22 所示。

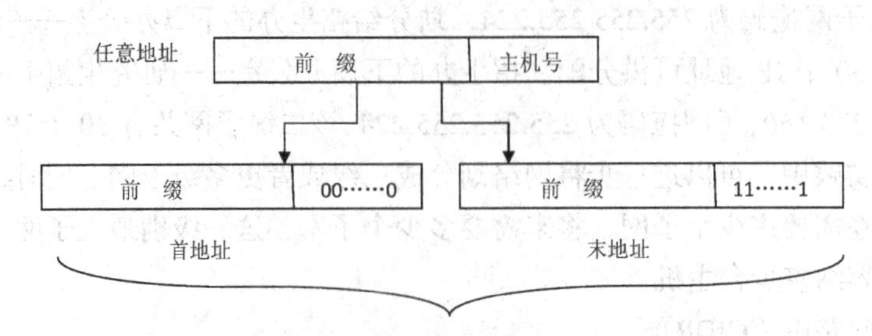

图 4-22 无类地址中信息的抽取

地址块中的地址的数量可通过 $N=2^{32-n}$（n 为前缀数）得出。

首地址的计算，保持最左 n 位不变，并将最右侧的（$32-n$）位全设为 0。

末地址的计算，保持最左 n 位不变，并将最右侧的（$32-n$）位全设为 1。

【例 4-6】已知 IP 地址 128.14.32.12/20 是某 CIDR 地址块中的一个地址，试分析这个地址块的地址的数目、块中首地址以及末地址。

解：这个地址块的地址数量 $N=2^{32-n}=2^{32-20}=2^{12}=4\,096$ 个地址。

首地址可以通过保持前 20 位不变并将剩余的位设为 0 得到。

地址：128.14.45.4/20　　　　10000000 00001110 00101101 00000100

首地址：128.14.32.0/20：　　10000000 00001110 00100000 00000000

末地址可以通过保持前 20 位不变并将剩余的位设为 1 得到。

地址：128.14.45.4/20　　　　10000000 00001110 00101101 00000100

末地址：128.14.47.255：　　10000000 00001110 00101111 11111111

由此可见，斜线记法还有个好处就是它除了表示一个 IP 地址之外，还提供了其他一些信息。如图 4-23 中，通过地址 128.14.45.4/20 不仅表示 IP 地址是 128.14.45.4，而且还知道这个地址块的网络的前缀有 20 位，地址块包含有 $2^{12}=4\,096$ 个 IP 地址。通过以上简单的计算还可得出这个地址块的最小地址和最大地址。一般的，这两个主机号是全 0 和全 1 的地址并不使用，因为首地址即为网络地址，末地址即为广播地址。

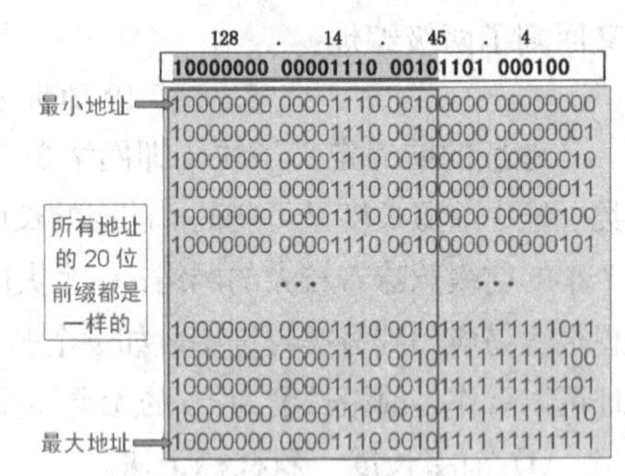

图 4-23 一个 CIDR 地址块

③ 地址掩码。

虽然 CIDR 不使用子网了，但是目前仍有一些网络使用子网划分和子网掩码，因此，CIDR 所使用的地址掩码也可以继续叫作子网掩码。例如，IP 地址 210.31.233.1，子网掩码 255.255.255.0 可表示成 210.31.233.1/24；IP 地址 166.133.67.98，子网掩码 255.255.0.0 可表示成 166.133.67.98/16；IP 地址 192.168.0.1，子网掩码 255.255.255.240 可表示成 192.168.0.1/28 等。其中对于/20 地址块，其地址掩码是：11111111 11111111 11110000 00000000（20 个连续的 1）。斜线记法中的数字就是地址掩码中 1 的个数。

④ 地址聚合。

CIDR 可以用来做 IP 地址汇聚，在未作地址汇聚之前，路由器需要对外声明所有的内部网络 IP 地址空间段。这将导致 Internet 核心路由器中的路由条目非常庞大（接近 10 万条）。采用 CIDR 地址汇聚后，可以将连续的地址空间块聚合成一条路由条目，这种地址的聚合常称为路由聚合（route aggregation）。它使得路由表中的一个项目可以表示原来传统分类地址的很多个路由。路由聚合也称为构造超网（supernetting）。路由聚合大大减小了路由表中路由条目的数量，有利于减少路由器之间的路由选择信息的交换，提高了路由器的可扩展性。进而也提高了整个 Internet 的性能。

如图 4-24 所示，一个 ISP 被分配了一些 C 类网络，198.168.0.0～198.168.255.0。这个 ISP 准备把这些 C 类网络分配给各个用户群，目前已经分配了 3 个 C 类网段给用户。如果没有实施 CIDR 技术，ISP 的路由器的路由表中会有 3 条网段的路由条目，并且会把它通告给 Internet 上的路由器。通过实施 CIDR 技术，我们可以在 ISP 的路由器上把这 3 条网段 198.168.1.0，198.168.2.0，198.168.3.0 汇聚成一条路由 198.168.0.0/16。这样 ISP 路由器只向 Internet 通告 198.168.0.0/16 这一条路由，大大减少了路由表的数目。

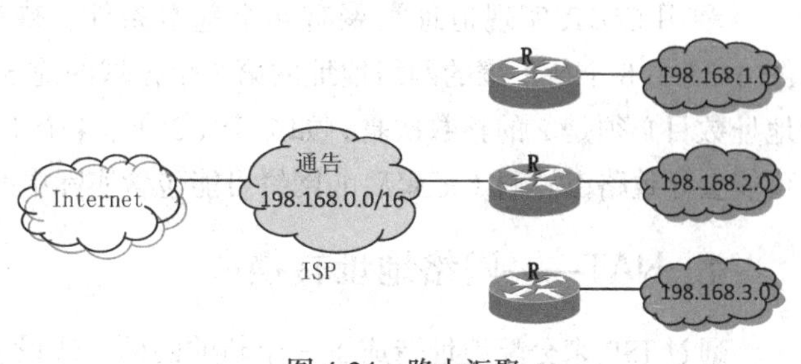

图 4-24　路由汇聚

那么，CIDR 地址块是如何进行汇聚的呢？例如，某公司申请到了 1 个网络地址块（共 8 个 C 类网络地址）：210.31.224.0/24-210.31.231.0/24，为了对这 8 个 C 类网络地址块进行汇聚，采用了新的子网掩码 255.255.248.0，CIDR 前缀为/21，如图 4-25 所示。

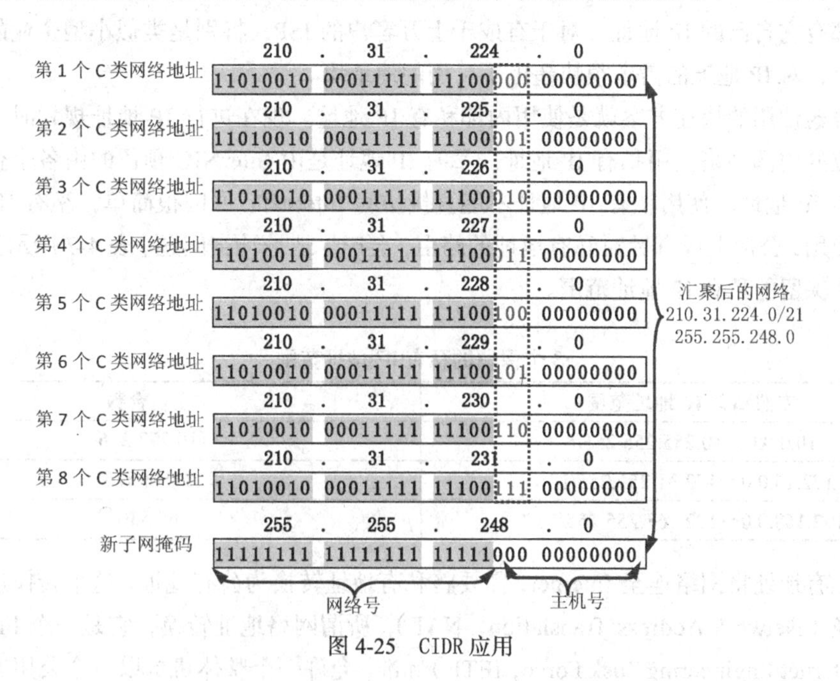

图 4-25　CIDR 应用

可以看出，CIDR 实际上是借用部分网络号充当主机号的方法。在图 4-25 中，因为 8 个 C 类地址网络号的前 21 位完全相同，变化的只是最后 3 位网络号。因此，可以将网络号的后 3 位看成是主机号，选择新的子网掩码为 255.255.248.0（11111000），将这 8 个 C 类网络地址汇聚成为 210.31.224.0/21。

由此我们可知，计算一个汇聚路由地址可以通过以下几个步骤来完成。

① 写出每个子网号的二进制形式。

② 找出这些子网号中连续且值相同的位，这些位的位数即前缀值 x。

③ 写一个新的 32 位数，该数复制子网号的前 x 位数，剩余位的值都为 0（见图 4-25 中 **11010010 00011111 11100000 00000000**），这就是汇聚的路由。

④ 将该数转换成点分十进制表示形式（见图 4-25 中 210.31.224.0/21）。

利用 CIDR 实现地址汇聚有两个基本条件：待汇聚地址的网络号拥有相同的高位。如图 4-25 中 8 个待汇聚的网络地址的第 3 个位域的前 5 位完全相等，均为 11100；待汇聚的网络地址数目必须是 2 的整数次幂，如 2 个（2^1）、4 个（2^2）、8 个（2^3）、16 个（2^4）等。否则，可能会导致路由黑洞（汇聚后的网络可能包含实际中并不存在的子网）。

4. NAT——网络地址转换

通过 ISP 来分配地址造成了一个新的问题。假设一个 ISP 给一个小公司或家庭用户分配了一小范围地址。如果公司成长或者家庭用户需要更大的地址范围，ISP 可能无法满足需要，因为这个范围之前或之后的地址可能已经被分配给其他网络了。例如，家庭用户订购了 ADSL，这些用户中很多人在家里有两台或更多台计算机，通常每个家庭成员都有一台，而且他们都希望所有的时间都能在线。相应的解决方案是通过局域网把所有的计算机连接到一个家庭网络，并且在家庭网络上放置一台（无线）路由器，然后路由器连接到 ISP。从 ISP 的角度来看，家庭网络现在就像一个拥有少数计算机的小型企业。用我们迄今为止所看到的技术，每台计算机必须整天都有它自己的 IP 地址。对于有成千上万客户的 ISP，特别是类似小型企业的商业用户和家庭客户，对 IP 地址的需求很快超出了可用的地址块。

目前普遍使用的快速方案就是使用内部私有 IP 地址。现在进行 IP 地址规划时，我们通常在一个单位的内部网络使用私有 IP 地址。私有 IP 地址是由 InterNIC 预留的由各个企业内部网自由支配的 IP 地址。使用私有 IP 地址不能直接访问 Internet。原因很简单，私有 IP 地址不能在公网上使用，公网上没有针对私有地址的路由，会产生地址冲突问题。表 4-7 所示为 InterNIC 预留的 3 个保留的私有 IP 地址范围。

表 4-7　　3 个保留的私有 IP 地址范围

内部私有 IP 地址范围	主机台数
10.0.0.0～10.255.255.255/8	16 777 216
172.16.0.0～172.31.255.255/12	1 048 576
192.168.0.0～192.168.255.255/16	65 536

使用私有地址将网络连至 Internet，需要将私有地址转换为公有地址。这个转换过程称为网络地址转换（Network Address Translation，NAT），所谓网络地址转换，它是一个 Internet 工程任务组（Internet Engineering Task Force，IETF）标准，允许一个整体机构以一个公用 IP（Internet Protocol）地址出现在 Internet 上。顾名思义，它是一种把内部私有网络地址（IP 地址）翻译成合法网络 IP 地址的技术。

简单地说，NAT 就是在局域网内部网络中使用内部地址，而当内部结点要与外部网络进行通信时，就在网关（可以理解为出口，打个比方就像院子的门一样）处，将内部地址替换成公用地址，从而在外部公网（internet）上正常使用。NAT 可以使多台计算机共享 Internet 连接，这一功能很好地解决了公共 IP 地址紧缺的问题。通过这种方法，我们可以只申请一个合法 IP 地址，就把整个局域网中的计算机接入 Internet 中。这时，通过 NAT 屏蔽了内部网络，所有内部网计算机对于公共网络来说是不可见的，而内部网计算机用户通常不会意识到 NAT 的存在。这里提到的内部网络地址，是指在内部网络中分配给结点的私有 IP 地址，这个地址只能在内部网络中使用，不能被路由。

NAT 功能通常被集成到路由器、防火墙、ISDN 路由器或者单独的 NAT 设备中。比如 Cisco 路由器中已加入这一功能，网络管理员只需在路由器中设置 NAT 功能，就可以实现对内部网络的屏蔽。如图 4-26 所示，客户机内部 IP 地址 10.8.10.88 在路由器上映射为外部 IP 地址 196.138.149. 2 后去访问 Web 服务器。

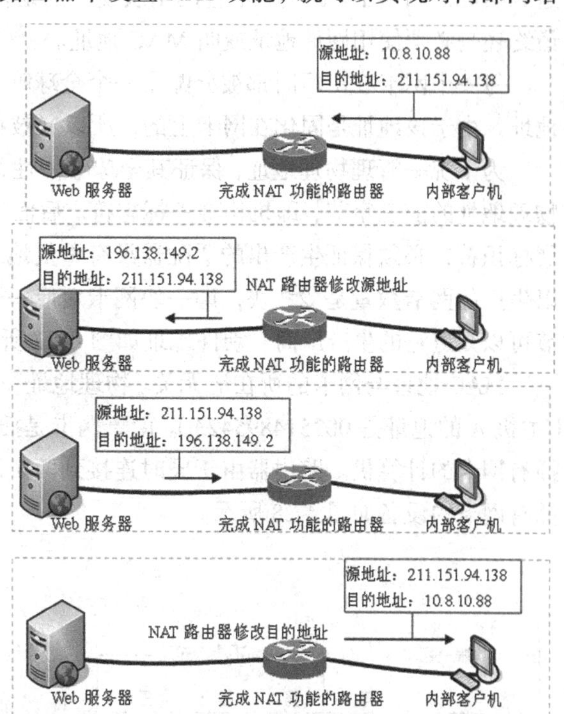

图 4-26　内部私有 IP 地址通过 NAT 访问外部网络

NAT 最初的目的也是通过允许较少的公用 IP 地址代表多数的专有 IP 地址来减缓 IP 空间枯竭的速度。NAT 技术的双向性：内部网络 PC 的私有地址和外部网络 PC 的私有地址可以同时通过 NAT 路由器通信。

NAT 有 3 种类型：静态 NAT（Static NAT）、动态地址 NAT（Pooled NAT）、网络地址端口转换（Network Address Port Translation，NAPT）。其中静态 NAT 设置起来最为简单，是最容易实现的一种，内部网络中的每个主机都被永久的以一对一“IP 地址+端口”映射成外部网络中的某个合法的地址。而动态地址 NAT 则是在外部网络中定义了一系列的合法地址，采用动态分配的方法映射到内部网络。NAPT 则是把内部地址映射到外部网络的一个 IP 地址的不同端口上。用户可以根据不同的需要选择 NAT 方案，这 3 种 NAT 方案各有利弊。

动态地址 NAT 只是转换 IP 地址，它为每一个内部的 IP 地址分配一个临时的外部 IP 地址，主要应用于拨号，对于频繁的远程连接也可以采用动态 NAT。当远程用户连接上之后，动态地址 NAT 就会分配给他一个 IP 地址，用户断开时，这个 IP 地址就会被释放而留待以后使用。

NAPT 是人们比较熟悉的一种转换方式，它普遍应用于接入设备中，可以将中小型的网络隐藏在一个合法的 IP 地址后面。NAPT 与动态地址 NAT 不同，它将内部连接映射到外部网络中的一个单独的 IP 地址上，同时在该地址上加上一个由 NAT 设备选定的 TCP 端口号。

在 Internet 中使用 NAPT 时，所有不同的信息流看起来好像来源于同一个 IP 地址。这个优点在小型办公室内非常实用，通过从 ISP 处申请的一个 IP 地址，将多个连接通过 NAPT 接入 Internet。这样，ISP 甚至不需要支持 NAPT，就可以做到多个内部 IP 地址共用一个外部 IP 地址接入 Internet，虽然这样会导致信道的一定拥塞，但考虑到节省的 ISP 上网费用和易管理的特点，用 NAPT 还是很值得的。

4.2.4 ARP 和 RARP

1. IP 地址与物理地址的映射

无论是局域网，还是广域网中的计算机之间的通信，最终都表现为将数据包从某种形式的链路上的初始结点出发，从一个结点传递到另一个结点，最终传送到目的结点。数据包在这些结点之间的移动都是需要源和目的地址的。前面我们学过的 IP 地址只是在抽象网络层中的地址，若要把网络层传送的数据报交给目的主机，还得传到数据链路层转变成 MAC 帧后才能发送到实际的网络上。因此，不管网络层使用的是什么协议，在实际网络的链路上传送数据帧时，最终还是必须使用硬件地址或叫 MAC 地址。

每一个网卡在出厂时都被分配了一个全球唯一的地址标识，该标识被称为网卡地址或 MAC 地址，由于该地址是固化在网卡上的，所以又被称为物理地址或硬件地址。

为了统一管理物理地址，保证其全球唯一性，IEEE 注册委员会为每一个网卡生产厂商分配物理地址的前三字节，即机构唯一标志符。后面三字节（即低 24 位）由厂商自行分配，称为扩展标识符，必须保证生产出的适配器没有重复地址。当一个厂商获得一个前三字节的地址就可以生产的网卡数量是 2^{24} 块，即一块网卡对应一个物理地址，也就是说对应物理地址的前三字节可以知道它的生产厂商。硬件地址如图 4-27 所示。

MAC 地址与网卡的所在地无关。物理地址一般用十六进制数表示，记作 00-25-14-89-54-23（主机 A 的地址是 002514895423）。由于网卡是插在计算机中，因此 MAC 地址就可以用来标识插有网卡的计算机。路由器由于同时连接到两个网络上，因此它有两块网卡和两个硬件地址。插有网卡的设备如图 4-28 所示。

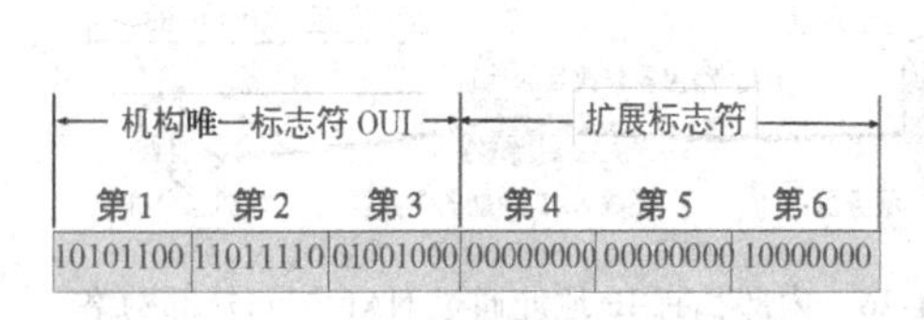

图 4-27 硬件地址

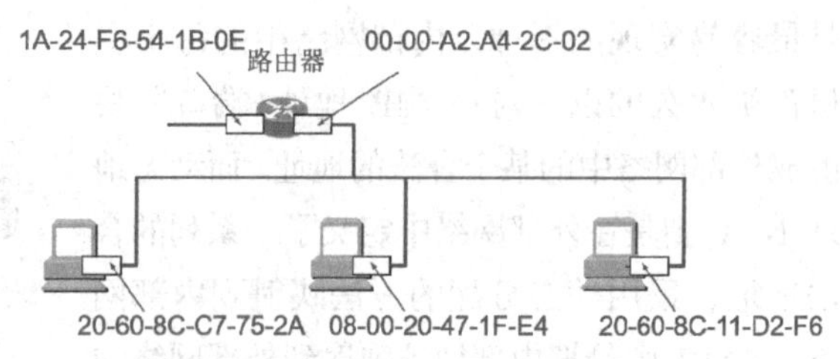

图 4-28 插有网卡的设备

网卡从网络上每收到一个 MAC 帧就首先用硬件检查 MAC 帧中的 MAC 地址。如果是发往本站的帧则收下，然后再进行其他的处理。否则就将此帧丢弃，不再进行其他的处理。

MAC 地址的长度一般为 6 字节（48 位），通过命令 ipconfig/all 可获得当前计算机网卡 MAC 地址，如图 4-29 所示。

```
PPP adapter 宽带连接:

        Connection-specific DNS Suffix  . :
        Description . . . . . . . . . . . : WAN (PPP/SLIP) Interface
        Physical Address. . . . . . . . . : 00-53-45-00-00-00
        Dhcp Enabled. . . . . . . . . . . : No
        IP Address. . . . . . . . . . . . : 60.10.210.238
        Subnet Mask . . . . . . . . . . . : 255.255.255.255
        Default Gateway . . . . . . . . . : 60.10.210.238
        DNS Servers . . . . . . . . . . . : 202.99.166.4
                                            202.99.160.68
        NetBIOS over Tcpip. . . . . . . . : Disabled
```

图 4-29 ipconfig/all 命令显示 MAC 地址

既然每个以太网设备在出厂时都有一个唯一的 MAC 地址了，那为什么还需要为每台主机再分配一个 IP 地址呢？或者说为什么每台主机都分配唯一的 IP 地址了，为什么还要在网络设备（如网卡、集线器、路由器等）生产时内嵌一个唯一的 MAC 地址呢？主要原因有以下几点。

① IP 地址的分配是根据网络的拓扑结构，而不是根据谁制造了网络设备。若将高效的路由选择方案建立在设备制造商的基础上而不是网络所处的拓扑位置基础上，这种方案是不可行的。

② 当存在一个附加层的地址寻址时，设备更易于移动和维修。例如，如果一个以太网卡坏了，可以被更换，而无须再申请一个新的 IP 地址。如果一个联网主机从一个网络移到另一个网络，可以给它重新分配一个新的 IP 地址，而无须换一个新的网卡。

③ 无论是局域网还是广域网中的计算机之间的通信，最终都表现为将数据包从某种形式的链路上的初始结点出发，从一个结点传递到另一个结点，最终传送到目的结点。数据报在这些结点之间的移动都是由网络层的 ARP 负责将 IP 地址映射到 MAC 地址上来完成的。

从图 4-30 中可以看出这两种地址的区别，从网络层次结构的角度看，物理地址是数据链路层使用的地址，而 IP 地址是虚拟互联网络所使用的地址，即网络层和以上各层使用的地址。

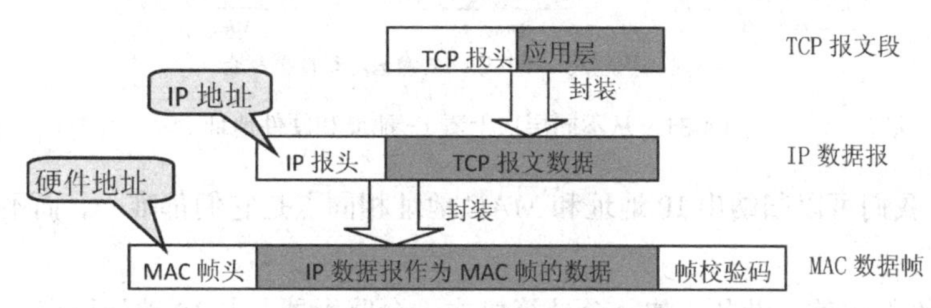

图 4-30　IP 地址与硬件地址的区别

在发送数据时，数据从高层下到低层，然后才到通信链路上传输。使用 IP 地址的 IP 数据报一旦交给了数据链路层，就被封装成 MAC 帧了。MAC 帧在传送时使用的源地址和目的地址都是硬件地址，这两个硬件地址都写在 MAC 帧的首部中。连接在通信链路上的设备在接收 MAC 帧时，其根据是 MAC 帧首部中的硬件地址。在数据链路层看不见隐藏在 MAC 帧的数据中的 IP 地址，只有在剥去 MAC 帧的首部和尾部，再将 MAC 层的数据上交给网络层后，网络层才能在 IP 数据报的首部中找到源 IP 地址和目的 IP 地址。

总之，IP 地址放在 IP 数据报的首部，而硬件地址则放在 MAC 帧的首部。在网络层和网络层以上使用的是 IP 地址，而数据链路层使用的是硬件地址。在图 4-30 中，当 IP 数据报放入数据链路层的 MAC 帧中以后，整个的 IP 数据报就成为 MAC 帧的数据，因而在数据链路层看不见数据报的 IP 地址。

下面我们来通过一个例子来看看 IP 地址和 MAC 地址是怎样结合来传送数据包的。如图 4-31（a）所示，画的是 3 个局域网用两个路由器 R_1 和 R_2 互连起来。现在主机 H_1 要和主机 H_2 通信。这两个主机的 IP 地址分别是 IP_1 和 IP_2，而它们硬件地址分别为 HA_1 和 HA_2（HA 表示 Hardware Address）。通信的路径是 H_1→经过 R_1 转发→再经过 R_2 转发→H_2。路由器 R_1 因同时连接到两个局域网上，所以，它有两个硬件地址，即 HA_3 和 HA_4。同理，路由器 R_2 也有两个硬件地址 HA_5 和 HA_6。H_1 发送数据包给 H_2，H_1 发送数据包之前，先发送一个 ARP 请求，

找到其到达 IP_2 所必须经历的第一个中间结点 R_1 的 MAC 地址 HA_3，然后在其数据包中封装这些地址：IP_1，IP_2，HA_1 和 HA_3。到达路由器 R_1 后，数据经过 R_1 再由 ARP 根据其目的 IP 地址 IP_2，找到其要经历的第二个中间结点 R_2 的 MAC 地址 HA_5，这时封装在数据包中的地址变为 IP_1，IP_2，HA_4 和 HA_5。依此类推，直到最后找到目的地 IP_2。注意：在传输过程中，IP_1 和 IP_2 一直是不变的，但是封装在数据包中的硬件地址是变化的。

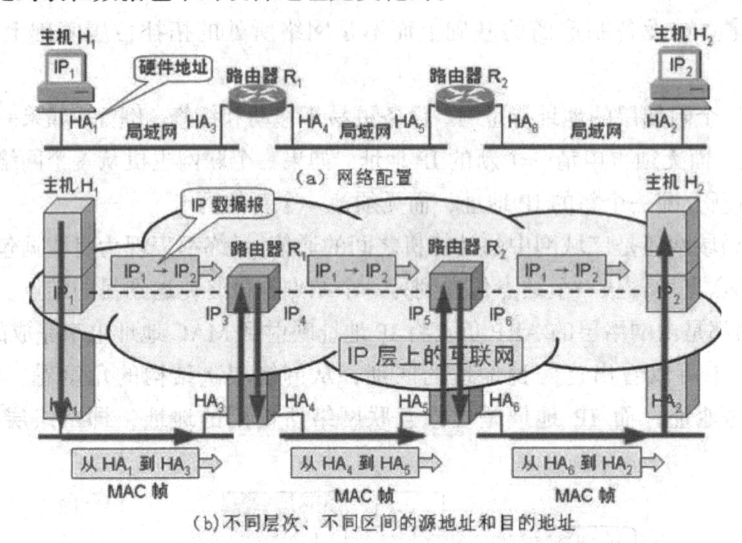

图 4-31　从不同层次上看 IP 地址和硬件地址

综上所述，我们可以归纳出 IP 地址和 MAC 地址相同点是它们都唯一，而不同点主要有以下几个方面。

① 对于网络上的某一设备，如一台计算机或一台路由器，其 IP 地址可变（但必须唯一），而 MAC 地址不可变。我们可以根据需要给一台主机指定任意的 IP 地址，如可以给局域网上的某台计算机分配 IP 地址为 192.168.0.112，也可以将它改成 192.168.0.200。或者可以将不同的 IP 地址分配给同一台计算机。而任一网络设备（如网卡、路由器）一旦生产出来以后，其 MAC 地址永远唯一且不能由用户改变。

② 长度不同。IP 地址为 32 位，MAC 地址为 48 位。

③ 分配依据不同。IP 地址的分配是基于网络拓扑，MAC 地址的分配是基于制造商。

④ 寻址协议层不同。IP 地址应用于 OSI 第三层，即网络层，而 MAC 地址应用在 OSI 第二层，即数据链路层。数据链路层协议可以使数据从一个结点传递到相同链路的另一个结点上（通过 MAC 地址），而网络层协议使数据可以从一个网络传递到另一个网络上（ARP 根据目的 IP 地址，找到中间结点的 MAC 地址，通过中间结点传送，从而最终到达目的网络）。

2. 地址解析协议（ARP）和逆地址解析协议（RARP）

不管网络层使用的是什么协议，在实际网络的链路上传送数据帧时，最终还是必须使用硬件地址。在发送端，地址解析协议（Address Resolution Protocol，ARP）负责在网络层提供从主机 IP 地址到主机物理地址或 MAC 地址的映射功能。相反，逆地址解析协议（Reverse Address Resolution Protocol，RARP）负责在网络层将一个已知的 MAC 地址映射到 IP 地址。图 4-32 所示说明了这两种协议的作用。ARP 和 RARP 都已经成为 Internet 标准协议，其 RFC 文档分别为 RFC826 和 RFC903。

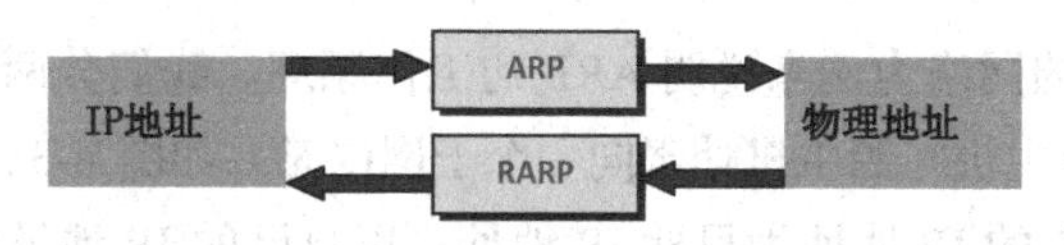

图 4-32　ARP 和 RARP 的作用

我们知道，网络层使用的是 IP 地址，但是实际在网络链路上传送数据帧时，最终还是必须使用该网络的硬件地址。但是，在一个网络上可能经常会有主机的添加或撤出。更换网卡也会使主机的硬件地址改变。地址解析协议（ARP）解决这个问题的方法是在主机的高速缓存中存放一个从 IP 地址到硬件地址的映射表，并且这个映射表还经常动态更新（增加新的或删除长期未被访问的）。每一个主机都有一个 ARP 高速缓存，里面有所在的局域网上的各主机和路由器的 IP 地址到硬件地址的映射表，这些都是该主机目前知道的一些地址。

当主机 A 欲向本局域网上的某个主机 B 发送 IP 数据报时，就先在其 ARP 高速缓存中查看有无主机 B 的 IP 地址。如有，就可查出其对应的硬件地址，再将此硬件地址写入 MAC 帧，然后通过局域网将该 MAC 帧发往此硬件地址。如果高速缓存中没有 B 的信息，主机 A 广播发送 ARP 请求分组，如图 4-33 所示，发出的 ARP 请求分组信息包含自己的 IP 地址、MAC 地址和对方的 IP 地址等，类似于"我是 192.168.1.1，硬件地址是 35-10-C4-A2-5D-18，我想知道主机 192.168.1.2 的硬件地址"这样一句话。主机 B 收到 ARP 请求分组后，将主机 A 的 IP 地址和 MAC 地址的映射写入 ARP 高速缓存中，同时发回 ARP 应答信息，类似于"我是 192.168.1.2，硬件地址是 78-14-9B-45-BA-1A"这样的信息给主机 A。主机 A 就可以将主机 B 的 IP 地址和 MAC 地址的映射写入 ARP 高速缓存中。

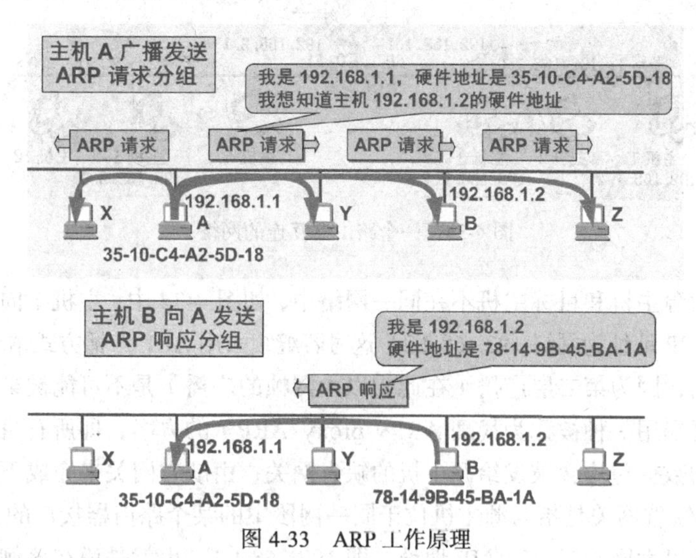

图 4-33　ARP 工作原理

为了减少网络上的通信量，主机 A 在发送其 ARP 请求分组时，就将自己的 IP 地址到硬件地址的映射写入 ARP 请求分组。当主机 B 收到主机 A 的 ARP 请求分组时，就将主机 A 的这一地址映射写入主机 B 自己的 ARP 高速缓存中。这对主机 B 以后向主机 A 发送数据报时就更方便了。

应当注意的是，ARP 是解决同一个局域网上的主机或路由器的 IP 地址和硬件地址的映射问题。如果所要找的主机和源主机不在同一个局域网上，那么就要通过 ARP 找到一个位于本局域网上的某个路由器的硬件地址，然后把分组发送给这个路由器，让这个路由器把分组转发给下一个网络。剩下的工作就由下一个网络来做。

下面以图 4-34 所示的网络为例来说明 ARP 的工作原理。我们分两种情况来说明。

第一种情况是当目标主机与源主机处于同一个子网内时，如图 4-34 中主机 1 向主机 3 发送数据包。主机 1 以主机 3 的 IP 地址为目标 IP 地址，以自己的 IP 地址为源 IP 地址封装了一个 IP 数据包；在数据包发送以前，主机 1 通过将子网掩码和源 IP 地址及目标 IP 地址进行求“与”操作判断源和目标在同一网络中；于是主机 1 转向查找本地的 ARP 缓存，以确定在缓存中是否有关于主机 3 的 IP 地址与 MAC 地址的映射信息；若在缓存中存在主机 3 的 MAC 地址信息，则主机 1 的网卡立即以主机 3 的 MAC 地址为目标 MAC 地址、以其自己的 MAC 地址为源 MAC 地址进行帧的封装并启动帧的发送；主机 3 收到该帧后，确认是给自己的帧，进行帧的拆封并取出其中的 IP 分组交给网络层去处理。若在缓存中不存在关于主机 3 的 MAC 地址映射信息，则主机 1 以广播帧形式向同一网络中的所有结点发送一个 ARP 请求（ARP request），在该广播帧中 48 位的目标 MAC 地址以全“1”即“ffffffffffff”表示，并在数据部分发出关于“谁的 IP 地址是 192.168.1.4”的询问，这里 192.168.1.4 代表主机 3 的 IP 地址。网络 1 中的所有主机都会收到该广播帧，并且所有收到该广播帧的主机都会检查一下自己的 IP 地址，但只有主机 3 会以自己的 MAC 地址信息为内容给主机 1 发出一个 ARP 回应（ARP reply）。主机 1 收到该回应后，首先将该其中的 MAC 地址信息加入到本地 ARP 缓存中，然后启动相应帧的封装和发送过程。

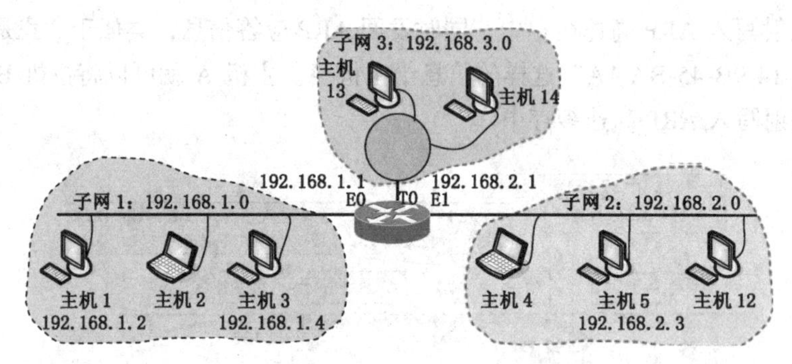

图 4-34　一个路由器互连的网络

第二种情况为源主机和目标主机不在同一网络中，如图 4-34 中，主机 1 向主机 4 发送数据包，假定主机 4 的 IP 地址为网络 192.168.2.2。这时若继续采用 ARP 广播方式请求主机 4 的 MAC 地址是不会成功的，因为第二层广播（在此为以太网帧的广播）是不可能被第三层设备路由器转发的。于是需要采用一种被称为代理 ARP（proxy ARP）的方案，即所有目标主机不与源主机在同一网络中的数据包均会被发给源主机的缺省网关，由缺省网关来完成下一步的数据传输工作。注意，所谓缺省网关是指与源主机位于同一网段中的某个路由器接口的 IP 地址，在此例中相当于路由器的以太网接口 E0 的 IP 地址，即 192.168.1.1。也就是说在该例中，主机 1 以缺省网关的 MAC 地址为目标 MAC 地址，而以主机 1 的 MAC 地址为源 MAC 地址将发往主机 4 的分组封装成以太网帧后发送给缺省网关，然后交由路由器来进一步完成后续的数据传输。实施代理 ARP 时需要在主机 1 上缓存关于缺省网关的 MAC 地址映射信息，若不存在该信息，则同样可以采用前面所介绍的 ARP 广播方式获得，因为缺省网关与主机 1 是位于同一网段中的。

在上述过程中，我们发现 ARP 高速缓存非常有用。如果不使用 ARP 高速缓存，那么任何一个主机只要进行一次通信，就必须在网络上用广播方式发送 ARP 请求分组，这就使得网络上的通信量大大增加。ARP 把已经得到的地址映射保存在高速缓存中，这样就使得该主机下次再和具有同样目的地址的主机通信时，可以直接从高速缓存中找到所需的硬件地址，而不必再用广播方式发送 ARP 请求分组。

ARP 把保存在高速缓存中的每个映射地址项目都设置生存时间。凡超过生存时间的项目就从高速缓存中删除掉。设置这种地址映射项目的生存时间是很重要的。设想有一种情况，主机 A 和主机 B 通信，A 的 ARP 高速缓存是保存有 B 的物理地址，但 B 的网卡突然坏了，B 立即更换了一块，因此 B 的硬件地址就改变了。A 还要和 B 继续通信，A 在其 ARP 高速缓存中查找到 B 原先的硬件地址，并使用该硬件地址向 B 发送数据帧。但 B 原先的硬件地址已经失效了，因此 A 无法找到主机 B。但是过了一段时间，A 的 ARP 高速缓存中已经删除了 B 原先的硬件地址，于是 A 重新广播发送 ARP 请求分组，又找到了 B。

这里我们还要指出，从 IP 地址到硬件地址的解析是自动进行的，主机的用户对这种地址解析过程是不知道的。只要主机或路由器要和本网络上的另一个已知 IP 地址的主机或路由器进行通信，ARP 就会自动地将该 IP 地址解析为链路层所需要的硬件地址。

最后我们归纳出使用 ARP 的 4 种典型情况。

① 发送方是主机，要把 IP 数据报发送到本网络上的另一个主机。这时用 ARP 找到目的主机的硬件地址。

② 发送方是主机，要把 IP 数据报发送到另一个网络上的一个主机。这时用 ARP 找到本网络上的一个路由器的硬件地址，剩下的工作由这个路由器来完成。

③ 发送方是路由器，要把 IP 数据报转发到本网络上的一个主机。这时用 ARP 找到目的主机的硬件地址。

④ 发送方是路由器，要把 IP 数据报转发到另一个网络上的一个主机。这时用 ARP 找到本网络上的一个路由器的硬件地址，剩下的工作由这个路由器来完成。

ARP 解决了 IP 地址到 MAC 地址的映射问题，但在计算机网络中有时也需要反过来解决从 MAC 地址到 IP 地址的映射。例如，在网络环境中启动一台无盘工作站时就常常会出现这类问题。无盘工作站在启动时需要从远程文件服务器上下载其操作系统启动文件的二进制映像，但首先要知道自己的 IP 地址，RARP 就用于解决此类问题。向网络中广播 RARP 请求，RARP 服务器接收广播请求，发送应答报文，无盘工作站获得 IP 地址。对应于 ARP、RARP 请求以广播方式发送，ARP、RARP 应答一般以单播方式发送，以节省网络资源。RARP 的实现采用的是一种客户机/服务器工作模式，典型的例子就是 DHCP（见第 2 章）包含了 RARP 的功能。

4.2.5 ICMP

网际协议（IP）提供的是面向无连接的服务，不存在关于网络连接的建立和维护过程，也不包括流量控制与差错控制功能。如果出现某些差错将会发生什么？如果路由器因为找不到通往最终目的端的路径，或者因为生存时间字段为 0 而必须丢弃一个数据报时，将会发生什么？如果最终目的端的主机在预先设置的时间内不能收到所有的数据报分段，而将一个数据报的全部分段都丢弃时，又会发生什么？这些例子中，都出现了差错但是 IP 没有内在机制可以通知发送该数据报的主机。

同时，IP 还缺少主机和管理方面的查询机制。主机有时候需要确定一个路由器或另一个主机是否处于活跃状态，有时候网络管理员需要从另一个主机或路由器得到信息。

因特网控制报文协议（Internet control message protocol，ICMP）就是为了弥补上述两个缺点而设计的，它是配合 IP 使用的。ICMP 自身是网络层协议。然而，它的报文并不像预期地那样直接传递给数据链路层。在进入较低层之前，报文首先被封装在 IP 数据报中。当一个 IP 数据报封装了 ICMP 报文，IP 数据报中的协议字段值就设为 1，这表示 IP 负载是一个 ICMP 报文，如图 4-35 所示。需要注意的是，ICMP 并不是高层协议，而仍被视为网络层协议。

1. ICMP 报文格式

由于 ICMP 报文的类型很多，且各自又有各自的代码，因此，ICMP 并没有一个统一的报文格式，不同的 ICMP 类别分别有不同的报文字段。ICMP 报文只是在前 4 个字节有统一的格式，共有类型、代码和校验和 3 个字段，如图 4-36 所示。

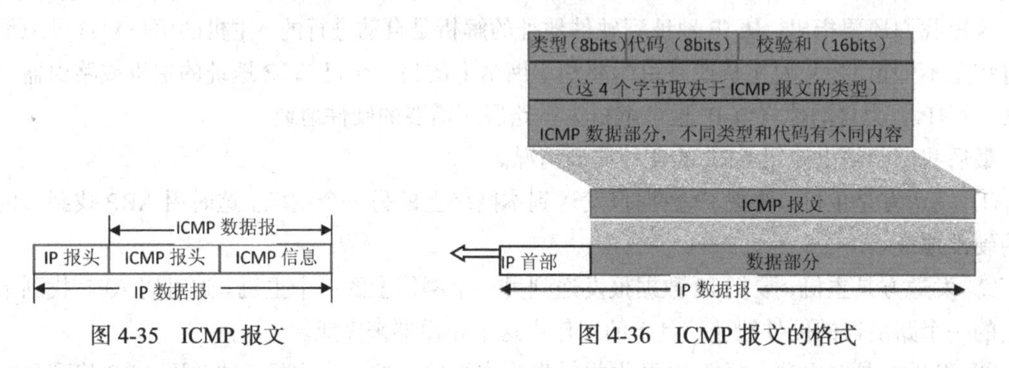

图 4-35 ICMP 报文

图 4-36 ICMP 报文的格式

其中的类型字段表示 ICMP 报文的类型；代码字段是为了进一步区分某种类型的几种不同情况；校验和字段用来检验整个 ICMP 报文。接着的 4 个字节的内容与 ICMP 的类型有关。再后面是数据字段，其长度取决于 ICMP 的类型。

2. ICMP 报文的类型

ICMP 报文有 ICMP 差错报告报文和 ICMP 询问报文两种，其类型字段的值与 ICMP 报文类型的对应关系如表 4-8 所示。

表 4-8 类型字段的值与 ICMP 报文的类型的关系

ICMP 报文种类	类型的值	ICMP 报文的类型
差错报告报文	3	终点不可到达
	4	源站抑制
	11	时间超过
	12	参数问题
	5	改变路由
询问报文	8 或 0	回送请求或回答
	13 或 14	时间戳请求或回答
	17 或 18	地址掩码请求或回答
	10 或 9	路由器询问或通告

ICMP 报文的代码字段是为了进一步区分某种类型中的几种不同的情况。检验和字段用来检验整个 ICMP 报文。读者应当还记得，IP 数据报首部的检验和并不检验 IP 数据报的内容，因此不能保证经过传输 ICMP 报文不产生差错。

ICMP 差错报告报文共有以下 5 种。

① 终点不可达：当路由器或主机不能交付数据报时就向源站发送终点不可达报文。

② 源站抑制：当路由器或主机由于拥塞而丢弃该数据报时，就向源站发送源站抑制报文，使源站知道应当将数据报的发送速率放慢。

③ 时间超过：当路由器收到生存时间为零的数据报时，除丢弃数据报外，还要向源站发送时间超过报文。当目的站在预先规定的时间内不能收到一个数据报的全部数据报片时，就把已收到的数据片都丢弃，并向源站发送时间超过报文。

④ 参数问题：当路由器或目的主机收到的数据报的首部中，有的字段的值不正确时，就丢弃该数据报，并向源站发送参数问题报文。

⑤ 改变路由（重定向）：路由器把改变路由报文发送给主机，让主机知道下次应将数据报发送给另外的路由器（可通过更好的路由）。

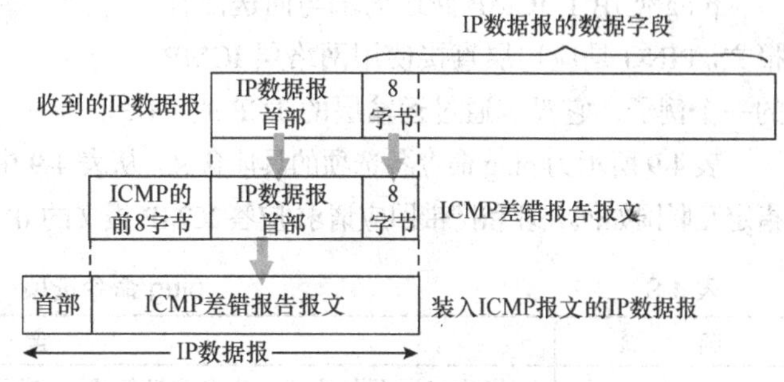

图 4-37　ICMP 差错报告报文的数据字段的内容

所有的 ICMP 差错报告报文中的数据字段都有同样的格式，如图 4-37 所示。把收到的需要进行差错报告的 IP 数据报的首部和数据字段的前 8 个字节提取出来，作为 ICMP 报文的数据字段。再加上相应的 ICMP 差错报告报文的前 8 个字节，就构成了 ICMP 差错报告报文。提取收到的数据报的数据字段的前 8 个字节是为了得到传输层的端口号（对于 TCP 和 UDP）以及传输层报文的发送序号（对于 TCP），这些信息对源站通知高层协议是有用的（端口的作用将在传输层章节中已经介绍）。整个 ICMP 报文作为 IP 数据报的数据字段发送给源站点。

在以下几种情况下，是不应发送 ICMP 差错报告报文的。

① 对 ICMP 差错报告报文不再发送 ICMP 差错报告报文。

② 对第一个分片的数据报片的所有后续数据报片都不发送 ICMP 差错报告报文。

③ 对具有多播地址的数据报都不发送 ICMP 差错报告报文。

④ 对具有特殊地址（如 127.0.0.1 或 0.0.0.0）的数据报不发送 ICMP 差错报告报文。

ICMP 询问报文主要有 2 种，即回送请求或回答、时间戳请求或回答。

ICMP 回送请求报文是由主机或路由器向一个特定的目的主机发出的询问。收到此报文的机器必须给源主机发送 ICMP 回送回答报文。这种询问报文用来测试目的站是否可达以及了解其有关状态，如这对报文在调试工具中的应用：ping 以及 tracert。

ICMP 时间戳请求报文是请某个主机或路由器回答当前的日期和时间。在 ICMP 时间戳回答报文中有一个 32 位的字段，其中写入的整数代表从 1990 年 1 月 1 日起到当前时刻一共有多少秒。时间戳请求与回答可用来进行时钟同步和测量时间。

3. ICMP 的应用举例

在应用层有一个很常用的服务叫作 PING（Packet InterNet Groper），用来测试两个主机之间的连通性。Windows 操作系统的用户可以在联网的计算机中，转入 MS DOS（点击“开始”，选择“运行”，在文本框中输入“cmd”），在打开的窗口中输入“ping 主机名或它的 IP 地址或域名”命令，回车后即可看到结果。图 4-38 所示为从廊坊的一台 PC 到中国教育网的 Web 服务器的连通性的测试结果。PC 一连发出 4 个 ICMP 回送请求报文，如果 Web 服务器正常工作并且响应这个 ICMP 回送请求报文，那么它就反馈回 ICMP 回送回答报文。由于往返的 ICMP 报文上都有时间戳，因此很容易得出往返时间。最后显示出的是统计结果：发送到哪个主机（IP 地址），发送的分组数，往返时间的最小值、最大值和平均值。

```
C:\Documents and Settings\Administrator>ping www.edu.cn

Pinging www.edu.cn [211.151.94.138] with 32 bytes of data:

Reply from 211.151.94.138: bytes=32 time=16ms TTL=49
Reply from 211.151.94.138: bytes=32 time=14ms TTL=49
Reply from 211.151.94.138: bytes=32 time=15ms TTL=49
Reply from 211.151.94.138: bytes=32 time=15ms TTL=49

Ping statistics for 211.151.94.138:
    Packets: Sent = 4, Received = 4, Lost = 0 (0% loss),
Approximate round trip times in milli-seconds:
    Minimum = 14ms, Maximum = 16ms, Average = 15ms
```

图 4-38　用 PING 测试主机的连通性

ping 使用了 ICMP 回送请求与回送回答报文。PING 是应用层直接使用网络层 ICMP 的一个例子，它没有通过运输层的 TCP 或 UDP。

表 4-9 所示为 ping 命令各选项的具体含义。从表 4-9 中可以看出，ping 命令的许多选项实际上是指定互联网如何处理和携带回应请求/应答 ICMP 报文的 IP 数据报的。

表 4-9　　　ping 命令选项

选　项	含　义
-t	不停的 ping 目的主机，直到手动停止（按下 Control-C）
-a	将 IP 地址解析为计算机主机名
-n count	发送回送请求 ICMP 报文的次数（默认值为 4）
-l size	定义 echo 数据包大小（默认值为 32B）
-f	在数据包中不允许分片（默认为允许分片）
-i TTL	指定生存周期
-v TOS	指定要求的服务类型
-r count	记录路由
-s count	使用时间戳选项
-j host-list	利用 computer-list 指定的计算机列表路由数据包。连续计算机可以被中间网关分隔（路由稀疏源）IP 允许的最大数量为 9
-k host-list	利用 computer-list 指定的计算机列表路由数据包。连续计算机不能被中间网关分隔（路由严格源）IP 允许的最大数量为 9
-w timeout	指定超时间隔，单位为毫秒

另外有一个 tracert（跟踪路由）命令，tracert 是路由跟踪实用程序，用于获得 IP 数据报访问目标主机时从本地计算机到目的主机的路径信息。

在 Windows 操作系统中该命令为 tracert，而在 UNIX/Linux 以及 Cisco IOS 中则为 traceroute。tracert 命令用 IP 生存时间（Time To Live，TTL）字段和 ICMP 差错报文来确定从一个主机到网络上其他主机的路由。

```
C:\Documents and Settings\Administrator>tracert www.edu.cn

Tracing route to www.edu.cn [202.112.0.36]
over a maximum of 30 hops:

  1     1 ms     1 ms     1 ms  219.226.163.254
  2    <1 ms    <1 ms    <1 ms  bogon [192.168.31.9]
  3     2 ms     1 ms     1 ms  bogon [192.168.254.10]
  4     *        *        *     Request timed out.
  5     *        *        *     Request timed out.
  6     *        *        *     Request timed out.
  7     *        *        *     Request timed out.
  8     *        *        *     Request timed out.
  9     1 ms     1 ms     1 ms  galaxy.net.edu.cn [202.112.0.36]

Trace complete.
```

图 4-39　用 tracert 命令获得到目的主机的路由信息

同样，图 4-39 所示为从廊坊的一台

PC 向中国教育网的 Web 服务器 www.edu.cn 发出的 tracert 命令后所获得的结果。

下面我们简单介绍这个程序的工作原理。

tracert 从源主机向目的主机发送一连串的 IP 数据报，数据报中封装的是无法交付的 UDP 用户数据报。从 tracert 程序中可以看到 IP 数据报到达目的地经过的路由。tracert 利用 ICMP 数据报和 IP 数据报头部中的 TTL 值来实现。当每个 IP 数据报经过路由器的时候都会把 TTL 值减去 1 或者减去在路由器中停留的时间，但是大多数数据报在路由器中停留的时间都小于 1s，因此实际上就是在 TTL 值减去了 1。这样，TTL 值就相当于一个路由器的计数器。当路由器接收到一个 TTL 为 0 或者 1 的 IP 数据报的时候，路由器就不再转发这个数据了，而直接丢弃，并且发送一个 ICMP“超时”信息给源主机。tracert 程序的关键就是这个回显的 ICMP 报文的 IP 报头的信源地址就是这个路由器的 IP 地址。同时，如果到达了目的主机，我们并不能知道，于是，tracert 还同时发送一个 UDP 信息给目的主机，并且选择一个很大的值作为 UDP 的端口，使主机的任何一个应用程序都不使用这个端口。所以，当达到目的主机的时候，目标主机的 UDP 模块（别的主机的不会做出反应）就产生一个“端口不可到达”的错误，这样就能判断是否是到达目的地了。

tracert 命令查看某个地址，得到的时间有 3 个。

比如:　26ms　　10ms　　10ms

表示发送的 3 个探测包的回应时间。一般在网络情况平均的情况下，3 个时间差不多，如果相差比较大，说明网络情况变化比较大。也就是说，tracert 每次返回的时间都是从出发点到目的路由器的所花费的时间，因为中间是包的转发，所以花费的时间很少，而且有些路由器负荷比较大，响应时间比较长，也就有可能出现前面的路由器返回的时间比后面一跳路由器返回的时间还要长的情况。表 4-10 所示为 tracert 命令各选项的具体含义。

表 4-10　　tracert 命令选项

选　项	含　义
-d	防止 tracert 试图将中间路由器的 IP 地址解析为它们的名称。这样可加速显示 tracert 的结果
-h *MaximumHops*	指定搜索目标（目的）的路径中存在的跃点的最大数。默认值为 30 个跃点
-j *HostList*	指定回显请求消息将 IP 报头中的松散源路由选项与 *HostList* 中指定的中间目标集一起使用。使用松散源路由时，连续的中间目标可以由一个或多个路由器分隔开。*HostList* 中的地址或名称的最大数量为 9。*HostList* 是一系列由空格分隔的 IP 地址（用带点的十进制符号表示）。仅当跟踪 IPv4 地址时才使用该参数
-w *Timeout*	指定等待“ICMP 已超时”或“回显答复”消息（对应于要接收的给定“回现请求”消息）的时间（以毫秒为单位）。如果超时时间内未收到消息，则显示一个星号（*）。默认的超时时间为 4 000（4 秒）
-R	指定 IPv6 路由扩展标头应用来将“回显请求”消息发送到本地主机，使用目标作为中间目标并测试反向路由
-S	指定在“回显请求”消息中使用的源地址。仅当跟踪 IPv6 地址时才使用该参数
-4	指定 Tracert.exe 只能将 IPv4 用于本跟踪
-6	指定 Tracert.exe 只能将 IPv6 用于本跟踪
TargetName	指定目标，可以是 IP 地址或主机名
-?	在命令提示符下显示帮助

4.2.6 IP 多播与 IGMP

1. IP 多播的基本概念

我们之前介绍的都只是一个源端到一个目的端网络的通信，称之为单播（unicasting）。源端和目的端网络的关系是一对一的。数据报路径中的每个路由器试图将分组转发到唯一一个端口上。图 4-40 所示为一个小型互联网，其中单播分组需要被从源端计算机传递到连接到 N6 的目的端计算机。路由器 R_1 负责通过接口 3 转发分组；路由器 R_4 负责通过接口 2 转发分组。当分组到达 N6，传递的任务就落在了网络上，它或者向所有主机广播或者以太网交换机只将其传递到目的端主机。

在 Internet 上实现的视频点播（VOD）、可视电话、视频会议等视音频业务和一般业务相比，有着数据量大、时延敏感性强、持续时间长等特点。因此采用最少时间、最小空间来传输和解决视音频业务所要求的网络利用率高、传输速度快、实时性强的问题，就要采用不同于传统单播、广播机制的转发技术，而 IP 多播技术是解决这些问题的关键技术。

在多播（multicasting）中，存在一个源端和一组目的端，其关系是一对多。在这类通信中，源地址是一个单播地址，而目的地址是一组地址，其中存在至少一个有兴趣接收多播数据报的组成员，组定义组成员。图 4-41 所示为图 4-40 中的一个小型互联网，但是路由器已经改成多播路由器。IP 多播的思想是：源主机发送一份数据，该数据中的目的地址为多播组的地址。多播组中的所有接收者都可以接收到相同的数据副本，并且只有加入该多播组的主机（目的主机）可以接收该数据。网络中的其他主机不可能收到数据。

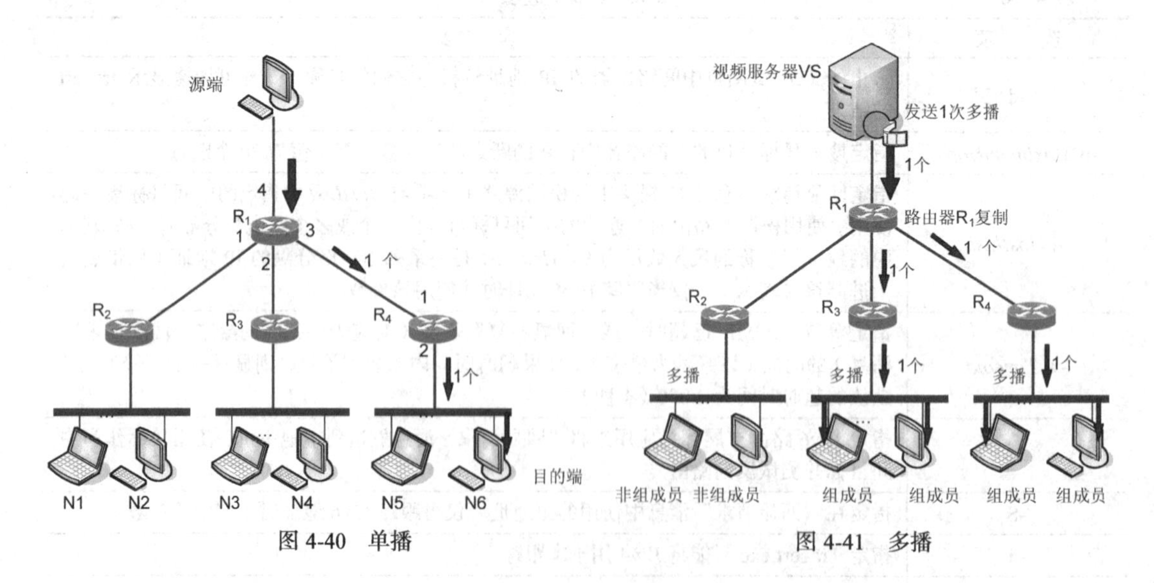

图 4-40　单播　　　　图 4-41　多播

当今多播有很多应用，如访问分布式数据库、信息发布、电话会议和远程学习。

访问分布式数据库：当前数据库大多数是分布式的，即信息通常在生成时存储在多个地方。需要访问数据库的用户不知道信息的地址，用户的请求是向所有数据库多播，而有该信息的地方响应。

信息发布：商业机构时常需要向它们的客户发送信息。如果对每个客户来说信息都是相同的，那么它可以多播。采用这种方式，一个商业机构可向多个客户发送一个报文。例如，可向购买某个特殊软件包的所有客户发送一个软件更新。类似地，可以容易地通过多播发布新闻。

电话会议：电话会议包含多播，所有出席会议的人都在同一时间接收到相同的信息。为此，可构成临时组或永久组。

远程学习：多播使用中一个正在成长的领域是远程学习。某一教授讲的课可以被一个特定组的学生接收到。这特别适用于那些不能到大学课堂听课的学生。

2. IP 多播地址

当我们向目的端发送一个单播分组时，分组的源地址定义了发送端，分组目的地址定义了分组接收端。在多播通信中，发送端只有一个，但是接收方有多个，有时成千上万个接收方分布在世界各地。应该清楚的是，我们不能包含分组中所有接收者的地址。正如在 IP 中描述的，分组目的端地址应该只有一个。因此，我们需要多播地址。一个多播地址定义了一组接收者，而不是一个。换言之，多播地址是多播组的一个标识符。如果一个新的多播组由一些活跃成员组成，权威机构可以向这个组分配一个唯一的多播地址来唯一地定义它。这意味着分组通信的源地址可以是唯一定义发送方的单播地址，而目的地址可以是定义一个多播组的多播地址。如图 4-42 所示，如果一台主机是多播组的成员，那么它事实上有两个地址：一个单播地址，它用作单播通信源地址和目的地址，以及一个多播地址，它仅用作目的地址来接收发送到这个组的报文。

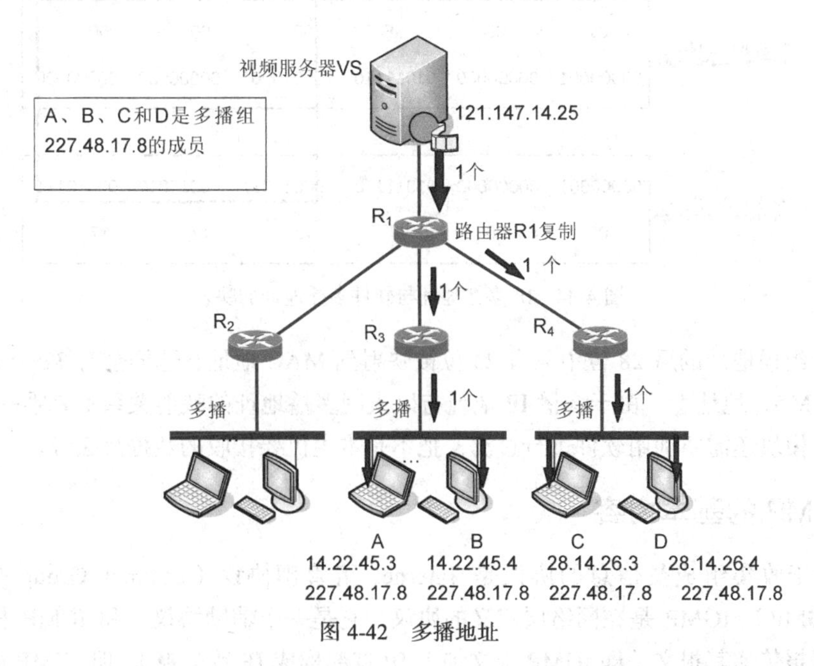

图 4-42　多播地址

IP 多播通信必须依赖于 IP 多播地址，在 IPv4 中它是一个 D 类 IP 地址，D 类 IP 地址去掉类别位（1110）后，剩下的 28bit 共有 2^{28} 种组合。因此，可以使用的多播组地址的范围是从

224.0.0.0～239.255.255.255，并被划分为局部链接多播地址、预留多播地址和本地管理多播地址3类。图4-43所示为3类地址的划分范围。Internet号码指派管理局（IANA）把224.0.0.0～224.0.0.255范围内的地址全部都保留给了路由协议和其他网络维护功能。该范围内的地址属于局部范畴，不论生存时间字段（TTL）值是多少，路由器并不转发属于此范围的IP包；预留多播地址为224.0.1.0～238.255.255.255，可用于全球范围（如Internet）或网络协议；管理权限多播地址为239.0.0.0～239.255.255.255，可供组织内部使用，类似于私有IP地址，不能用于Internet，可限制多播范围。多播地址只能用作目的地址，而不能用作源地址。

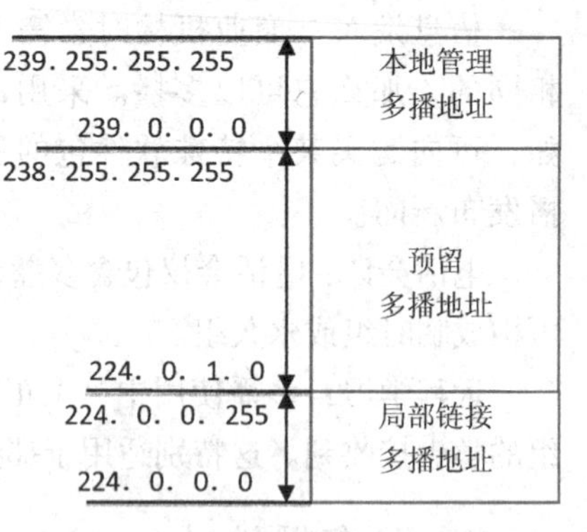

图4-43　IP多播地址划分范围

在局域网上进行硬件多播，IANA将MAC地址范围01:00:5E:00:00:00～01:00:5E:7F:FF:FF分配给多播使用（即以太网MAC地址字段中第一字节的最低位1时即为多播地址）。

不难看出，在每个地址中，只有23位可用作多播。这就要求将28位的IP多播地址空间映射到23位的MAC地址空间中，具体的映射方法是将组播地址中的低23位放入MAC地址的低23位，如图4-44所示。

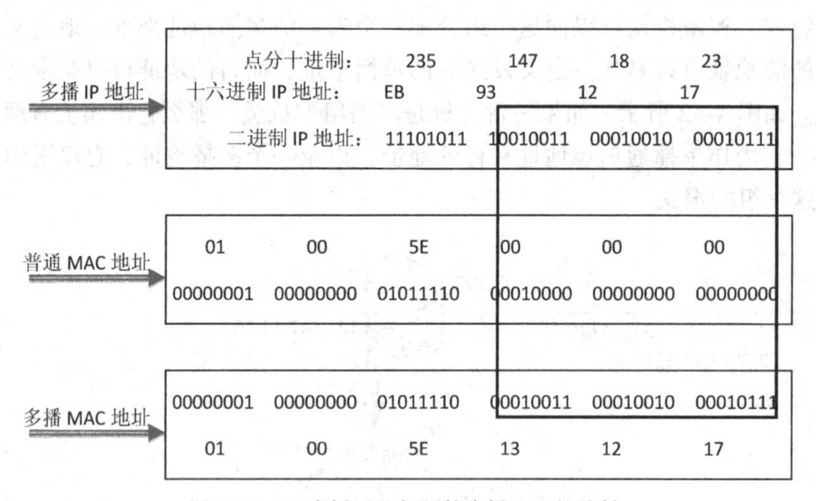

图4-44　IP多播地址与硬件多播地址的映射

由于IP组播地址的后28位中只有23位被映射到MAC地址，这样会有32个IP组播地址映射到同一MAC地址上。由于多播IP地址与以太网多播地址的映射关系不是唯一的，所以，主机中的IP模块还需要利用软件进行过滤，把不是本主机要接收的数据报丢弃。

3. IGMP的基本内容

这个用于收集组成员信息的协议是Internet组管理协议（Internet Group Management Protocol，IGMP）。IGMP是在网络层定义的协议，它是一个辅助协议。和ICMP相似，IGMP使用IP数据报传递其报文（即IGMP报文加上IP首部构成IP数据报）。但IGMP也向IP提供服务，它让一个物理网络上的所有系统知道主机当前所在的多播组。多播路由器需要这些信息以便知道多播数据报应该向哪些接口转发。

IGMP 应视为 TCP/IP 的一部分，其工作可分为两个阶段。

第一阶段：当某个主机加入新的多播组时，该主机应向多播组的多播地址发送一个 IGMP 报文，声明自己要成为该组的成员。本地多播路由器收到 IGMP 报文后，还要利用多播路由选择协议把这种组成员关系发给 Internet 上的其他多播路由器。

第二阶段：多播组成员关系是动态的。本地多播路由器要周期性地探询本地局域网上的主机，以便知道这些主机是否还继续是组的成员。只要有一个主机对某个组响应，多播路由器就认为这个主机是活跃的。但如果一个组在经过几次探询后仍然没有一个主机响应，多播路由器就认为本网络上的主机已经都撤离了这个组，因此也就不再把这个组的成员关系转发给其他多播路由器。

4.3 路由选择

在前面关于 ARP 工作原理的介绍中我们还留下了一个悬而未决的问题，即当目标主机和源主机不在同一网络中时，数据包将被发送至源主机的缺省网关（即源主机本网络上的路由器接口地址），发给路由器后剩下的工作由路由器完成，那么路由器收到该数据包后又将做什么样的处理呢？这就涉及本节要讨论的路由与路由协议。

4.3.1 分组交付和路由选择的基本概念

1. 路由和路由表

所谓路由是指对到达目标网络所进行的最佳路径选择，通俗地讲就是解决“何去何从”的问题，路由是网络层最重要的功能。在网络层完成路由功能的设备被称为路由器，路由器是专门设计用于实现网络层功能的网络互连设备。除了路由器外，某些交换机里面也可集成带有网络层功能的模块即路由模块，带有路由模块的交换机又称三层交换机。另外，在某些操作系统软件中也可以实现网络层的路由功能，在操作系统中所实现的路由功能又称为软件路由。软件路由的前提是安装了相应操作系统的主机必须具有多宿主功能，即通过多块网卡至少连接了两个以上的不同网络。不管是软件路由、路由模块还是路由器，它们所实现的路由功能都是一致的，所以我们下面在提及路由设备时，将以路由器为代表。

路由器将所有有关如何到达目标网络的最佳路径信息以数据库表的形式存储起来，这种专门用于存放路由信息的表被称为路由表。路由表的不同表项可给出到达不同目标网络所需要历经的路由器接口信息，包括路由器连接的全部网段的 IP 地址信息，同时也表示了如何将 IP 数据报发送到没有和路由器直接相连的网络。正是路由表才使基于第三层地址的路径选择最终得以实现。

每个运行着 TCP/IP 的计算机根据自己的路由表作出路由决定。路由表是自动创建的，创建的依据是计算机当前的 TCP/IP 设置。要显示 Windows 操作系统计算机中的路由表，在命令行状态下使用：route print 命令，回车后显示的路由表如图 4-45 所示。

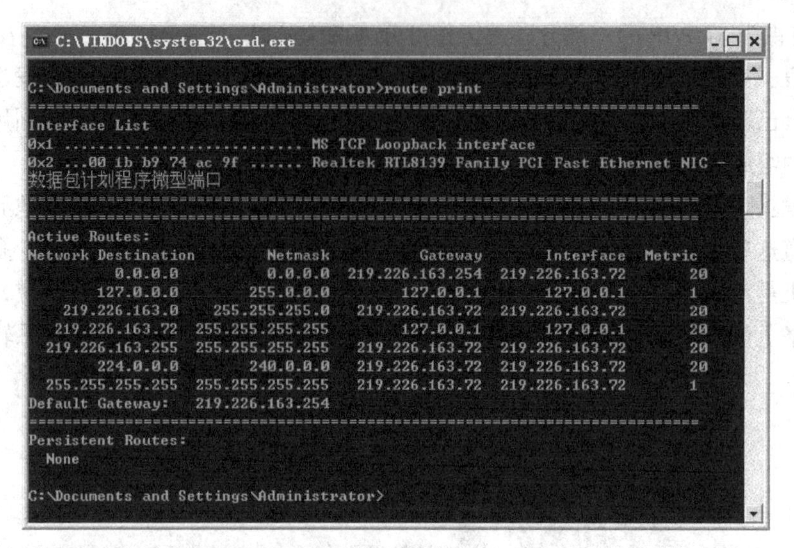

图 4-45 路由表

图 4-45 中路由表记录的每列数据的含义如下。

① Network Destination：网络目的，即为可到达的网络的网络地址，是用于匹配报文中的目的 IP 地址和网络掩码一起计算得出的网络 ID。网络目的的范围可以从 0.0.0.0（默认路由）到 255.255.255.255（广播路由）。如果没有路由记录与网络目的匹配，那么计算机将使用默认路由（Default Gateway）。

② Netmask：网络掩码，应用于报文中的目的 IP 地址，又称为子网掩码。子网掩码可以区分 IP 地址中的网络 ID 和子网 ID。

③ Gateway：网关，确定本地主机进行 IP 报文转发时发往的 IP 地址。网关可能是本地网卡的 IP 地址，也可能是同一网段的路由器的 IP 地址。

④ Interface：接口，确定计算机在转发报文时使用的本地网卡的 IP 地址。

⑤ Metric：跃点数，确定路由的花费。如果到同一个 IP 目的有多个路由存在，可以使用 Metric 决定使用哪个路由，应该使用 Metric 数量低的路由。如何确定 Metric 的数目取决于使用的路由协议。

路由器有两个或更多个 TCP/IP 网络的接口，负责从一个接口接收数据报并把它们转到另一个接口，路由器根据路由表内容决定转发。路由器中的路由表通常比主机系统中的更负责。它不仅有更多的条目，而且接口（Interface）栏也有很大不同。路由表是在路由选择协议的作用下被建立和维护的，如图 4-46 所示。根据所使用的路由选择协议（本节后面即将介绍）不同，路由信息也会有所不同。

如图 4-46 所示的路由选择表中，学习途径栏目包括了 C 和 R，其中，C 是 connected 直接相连的意思；R 是 RIP，通过动态路由协议（Routing Information Protocol，RIP）学到的路由。

路由器在它们的路由选择表中保存着重要的信息，如信息类型、目的地/下一跳、路由选择度量标准、出站接口等。

① 信息类型：创建路由选择表条目的路由选择协议的类型。

② 目的地/下一跳：告诉路由器特定的目的地是直接连接在路由器上还是通过另一个路由器达到，这个位于达到最终目的地途中的路由器叫作下一跳。当路由器接收到一个入站分组，

它就会查找目的地地址并试图将这个地址与路由选择表条目匹配。

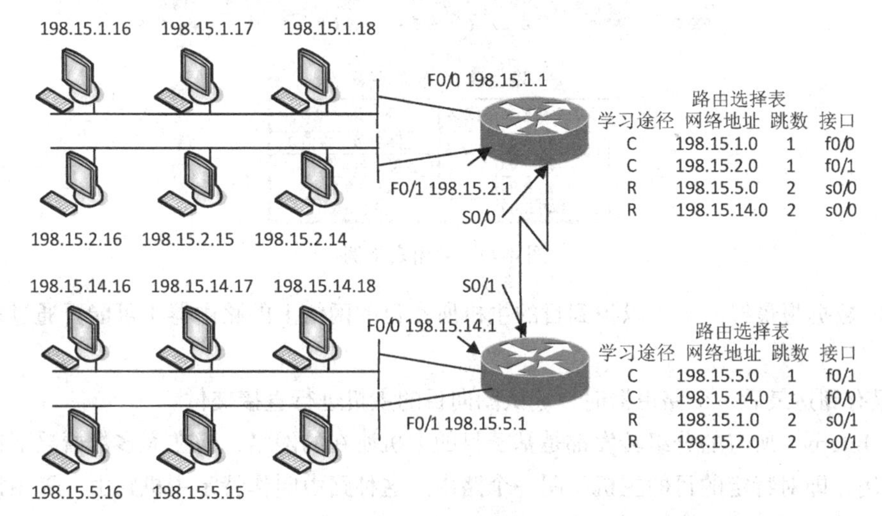

图 4-46 路由选择表

③ 路由选择度量标准：不同的路由选择协议使用不同的路由选择度量标准。路由选择度量标准用来判别路由的好坏。例如，RIP 使用跳数作为度量标准值，IGRP 使用带宽、负载、延迟、可靠性来创建合成的度量标准值。

④ 出站接口：数据必须从这个接口被发送出去以到达最终目的地。

路由器的某一个接口在收到帧后，首先进行帧的拆封以便从中分离出相应的 IP 分组，然后利用子网掩码求“与”的方法从 IP 分组中提取出目标网络号，并将目标网络号与路由表进行比对看能否找到一种匹配，即确定是否存在一条到达目标网络的最佳路径信息。若存在匹配，则将 IP 分组重新进行封装成出去端口所期望的帧格式并将其从路由器相应端口转发出去；若不存在匹配，则将相应的 IP 分组丢弃。所以说路由器的两大基本功能为：查找路由表以获得最佳路径信息的过程，即为路由器的分组转发功能；将从接收端口进来的数据经过重新封装后在输出端口重新发送出去的功能。

2. 分组转发算法

下面我们先用一个简单例子来说明路由器是怎样转发分组的。图 4-47 所示为一个路由表的简单例子。有 4 个 A 类网络通过 3 个路由器连接在一起。每一个网络上都可能有成千上万个主机。可以想象，若按照目的主机号来制作路由表，则所得出的路由表就会过于庞大。但若按照主机所在的网络地址来制作路由表，那么每一个路由器中的路由表就只包含 4 个项目。这样大大简化了路由表。以路由器 R_2 的路由表为例，由于 R_2 同时连接在网络 2 和网络 3 上，因此只要目的站在这两个网络上，都可以通过接口 0 或接口 1 直接交付（当然还要利用地址解析协议（ARP）才能找到这些主机相应的硬件地址）。若目的主机在网络 1 中，则下一跳路由器应该为 R_1，其 IP 地址为 20.0.0.1。路由器 R_2 和 R_1 由于同时连接在网络 2 上，因此从路由器 R_2 把分组转发到路由器 R_1 是很容易的。同理，若目的主机在网络 4 中，则路由器 R_2 应把分组转发给 IP 地址为 30.0.0.2 的路由器 R_3。

总之，在路由表中，对每一条路由，最主要的信息是：目的网络地址，下一跳地址。

于是，我们可以根据目的网络地址确定下一跳路由器，这样做的结果是：

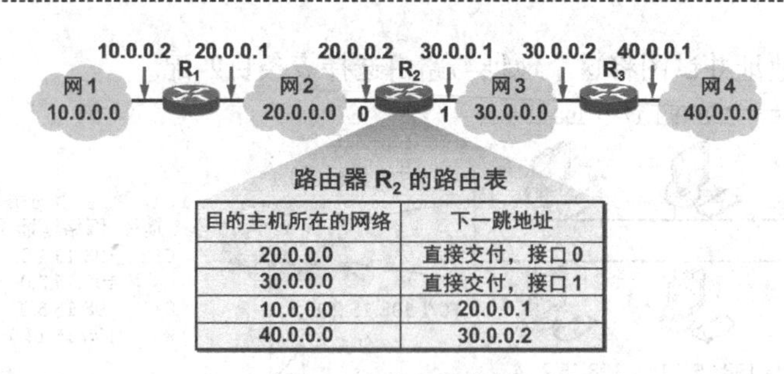

图 4-47　路由表举例

① IP 数据报最终一定可以找到目的主机所在目的网络上的路由器（可能要通过多次的间接交付）；

② 只有到达最后一个路由器时，才试图向目的主机进行直接交付。

虽然 Internet 所有的分组转发都是基于目的主机所在的网络，但在大多数情况下也允许有这样的特例，即对特定的目的主机指明一个路由。这种路由叫作特定主机路由。采用特定主机路由可使网络管理人员能更方便地控制网络和测试网络，同时也可在需要考虑某种安全问题时采用这种特定主机路由。在对网络的连接或者路由表进行排错时，指明到某一个主机的特殊路由也是十分有用的。

路由器还可采用默认路由以减少路由表所占用的空间和搜索路由表所用的时间。这种转发方式在一个网络只有很少的对外连接时是很有用的。默认路由在主机发送 IP 数据报时往往更能显示出它的好处。如果一个主机连接在一个小网络上，而这个网络只用一个路由器和 Internet 连接，那么在这种情况下使用默认路由是非常合适的。如图 4-48 所示的互联网中，连接在网络 N1 上的任何一个主机中的路由表只需要 3 个项目即可。第一个项目就是到本网络主机的路由，其目的网络就是本网络 N1，不需要路由器转发，直接交付即可。第二个项目是到网络 N2 的路由，对应的下一跳路由器是 R_2。第三个项目就是默认路由。只要目的网络不是 N1 和 N2，就一律选择默认路由，把数据报先间接交付路由器 R_1，让 R_1 再转发给下一个路由器，一直转发到目的网络上交付给目的主机。注意：在实际的路由器中，像图 4-48 所示路由表中的“直接”并没有出现在路由表中，而是被记为 0.0.0.0。

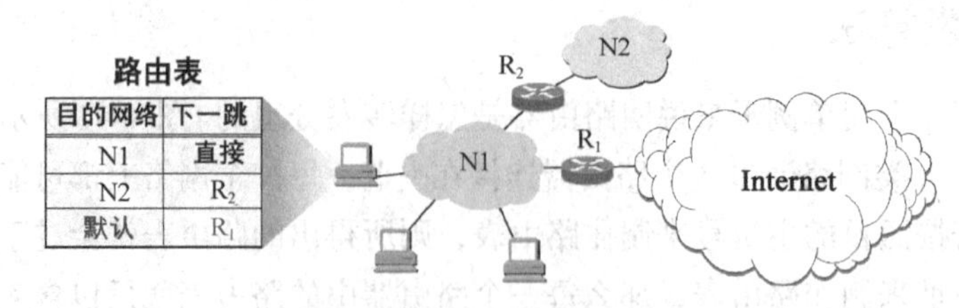

图 4-48　默认路由举例

在这里我们必须强调的是，在 IP 数据报的首部中没有地方可以用来指明“下一跳路由器的 IP 地址”。当路由器收到待转发的数据报，不是将下一跳路由器的 IP 地址填入 IP 数据报，而是送交下层的网络接口软件。网络接口软件使用 ARP 负责将下一跳路由器的 IP 地址转换成硬件地址，并将此硬件地址放在链路层的 MAC 帧的首部，然后根据这个硬件地址找到下一跳路由器。这个内容将在下面的路由的基本过程中详细阐述。

根据以上所述，可归纳出分组转发算法如图 4-49 所示。

① 从数据报的首部提取目的主机的 IP 地址 D。

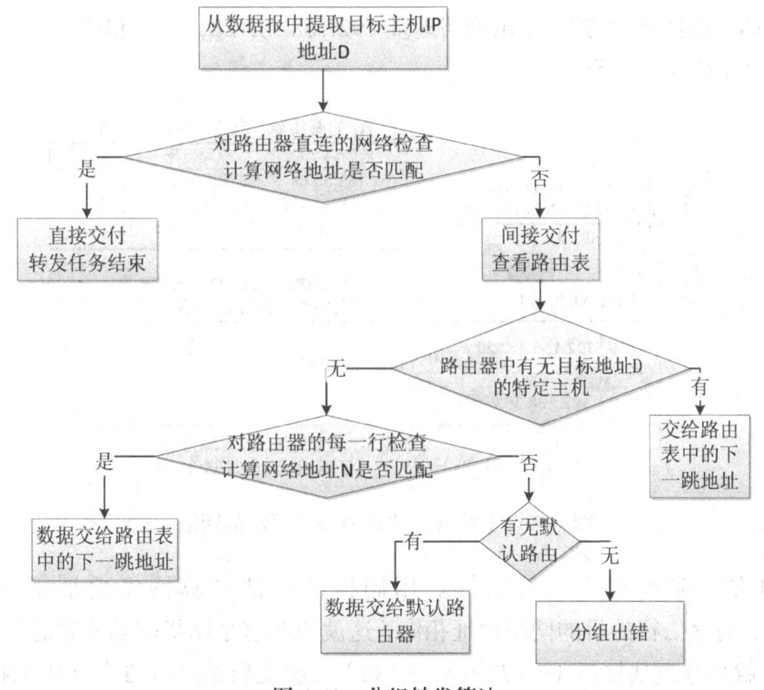

图 4-49　分组转发算法

② 先判断是否为直接交付。对路由器直接相连的网络逐个进行检查：用各个网络的子网掩码和 D 逐位相“与”（AND 操作），看结果是否和相应的网络地址匹配。若匹配，则将分组进行直接交付，转发任务结束；否则是间接交付，执行③。

③ 若路由表中有目的地址为 D 的特定主机路由，则把数据报传送给路由表中所指明的下一跳路由器；否则，执行④。

④ 对路由表中的每一行（目的网络地址，子网掩码，下一跳地址），用其中的子网掩码和 D 逐位相“与”（AND 操作），其结果为 N。若 N 与该行的目的网络地址匹配，则把数据报传送给路由表指明的下一跳路由器；否则，执行⑤。

⑤ 若路由表中有一个默认路由，则把数据报传送给路由表中所指明的默认路由器；否则，执行⑥。

⑥ 报告转发分组出错。

【例 4-7】已知图 4-50 所示的网络，以及路由器 R_1 中的路由表。现在主机 A 向 B 发送分组。试讨论 R_1 收到主机 A 向主机 B 发送的分组后查找路由表的过程。

解：主机 A 向主机 B 发送的分组的目的地址是主机 B 的 IP 地址 192.168.33.138。主机 A 首先检查主机 B 是否连接在本网络上，如果是，则直接交付；否则，就送交路由器 R_1，并逐项查找路由表。主机 A 首先将本子网的子网掩码 255.255.255.192 与分组的 IP 地址 192.168.33.138 逐比特相“与”（AND 操作），得出网络地址为 192.168.33.128，与主机 A 所在的网络地址（192.168.33.64）不同。这说明主机 A 和主机 B 不在同一个子网中，不能将分组直接交付给主机 B，而必须交给子网上的路由器 R_1 来转发。

路由器 R_1 在收到一个分组后，逐项查找路由表，先找到路由表中的第一行，看看这一行的网络地址和收到的分组的网络地址是否匹配。因为并不知道收到的分组的网络地址，因此只能试试看，即用这一行（子网 1）的“子网掩码 255.255.255.192”和收到的分组的“目的主机

IP192.168.33.138”逐位相“与”，得出网络地址 192.168.33.128；然后和这一行的目的网络地址相比较，发现比较结果不一致。

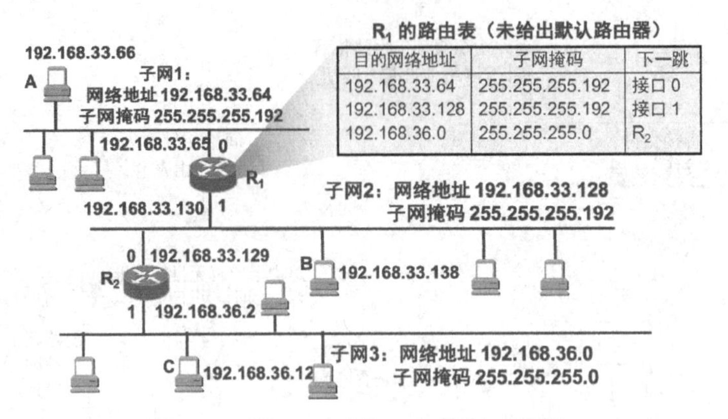

图 4-50　主机 A 向主机 B 发送分组的网络

用同样的方法继续往下找第二行。用同样的方法计算网络地址得到网络地址为 192.168.33.128，与第二行的目的网络地址相同，这就说明这个网络就是收到的分组所要寻找的网络。于是 R_1 就将分组从接口 1（192.168.33.130）直接交付给主机 B 了（因为接口 1 和 B 都在同一个子网中）。

【例 4-8】设某路由器建立了如表 4-11 所示的转发表，此路由器可以直接从接口 0 和接口 1 转发分组，也可通过相邻的路由器 R_2、R_3 和 R_4 进行转发。现共收到 5 个分组，其目的站 IP 地址分别为①128.96.39.10；②128.96.40.12；③128.96.40.151；④192.4.153.17；⑤192.4.153.90。试分别计算每个分组的下一跳。

表 4-11　　路由表

目 的 网 络	子 网 掩 码	下 一 跳
128.96.39.0	255.255.255.128	接口 0
128.96.39.128	255.255.255.128	接口 1
128.96.40.0	255.255.255.128	R_2
192.4.153.0	255.255.255.192	R_3
*（默认）		R_4

解：分别计算这 5 个目的 IP 地址的网络地址，子网掩码 255.255.255.128 最后一组的二进制表示为 10000000，子网掩码 255.255.255.192 的最后一组二进制表示为 11000000。

① 128.96.39.10 最后一组转换为二进制为 00001010 与 10000000 做“与”运算得到 0，即网络地址为 128.96.39.0，所以应选择第一条路由下一跳为接口 0。

② 同理得出 128.96.40.12 的网络地址为 128.96.40.0 的下一跳为 R_2。

③ 128.96.40.151 的网络地址为 128.96.40.128，路由条目中没有对应的目的网络，所以下一跳应为默认条目 R_4。

④ 192.4.153.17 与 255.255.255.192 做“与”运算得到 192.4.153.0，下一跳为 R_3。

⑤ 192.4.153.90 与 255.255.255.192 做“与”运算得到 192.4.153.64 下一跳为默认路由为 R_4。

3. 路由的基本过程

图 4-51 所示为一个最简单的网络拓扑，连接在同一台路由器上的两个网段。下面以图 4-51 为例来介绍数据包是如何被路由的。

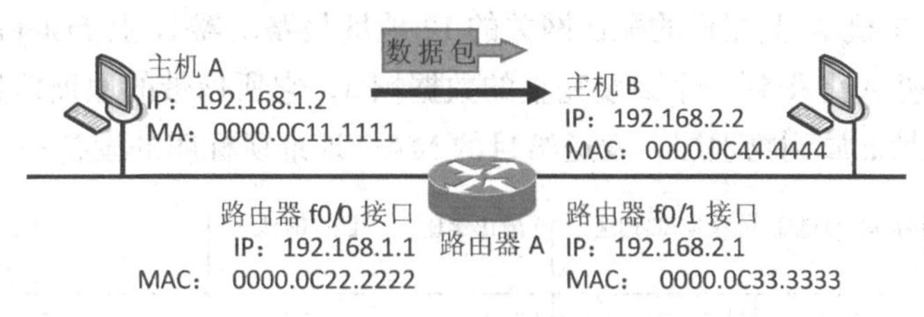

图 4-51 连接在同一台路由器上的两个子网

假设主机 A（IP：192.168.1.2）要发一个数据包（为了下文表述方便，称该数据包为数据包 a）到主机 B（IP：192.168.2.2）。主机 A 和主机 B 的 IP 地址分别属于子网 192.168.1.0 和子网 192.168.2.0。由于这两台主机不在同一网段，它们之间的联系必须通过路由器才能实现。

下面来描述数据传输过程中某个数据包 a 被路由的步骤。

第一步：在主机 A 上的封装过程

首先，在主机 A 的应用层上向主机 B 发出一个数据流，该数据流在主机 A 的传输层上被分成了数据段（segment）。然后这些数据段从传输层向下进入到网络层，准备在这里封装成为数据包。在这里，只描述其中一个数据包——数据包 a 的路由过程，其他数据包的路由过程是与之相同的。

在网络层上，将数据段封装为数据包的一个主要工作，就是为数据段加上 IP 包头，而 IP 包头中主要的一部分就是源 IP 地址和目的 IP 地址。路由器正是通过检查 IP 包头的源 IP 地址和目的 IP 地址，从而知道这个包是哪里来，要到哪里去。

数据包 a 的源 IP 地址和目的 IP 地址分别是主机 A 和主机 B 的 IP 地址。主机 A 的 IP 地址 192.168.1.2 就是数据包 a 的源 IP 地址，而主机 B 的 IP 地址 192.168.2.2 就是数据包 a 的目的 IP 地址。在封装完成以后，主机 A 将数据包 a 向下送到数据链路层上进行帧的封装，在这一层里要为数据包 a 封装上帧头和尾部的校验码，而帧头中主要的一部分就是源 MAC 地址和目的 MAC 地址。

那么，数据帧 a（注意，现在数据包 a 已经被封装为数据帧 a 了）的源 MAC 地址和目的 MAC 地址又是什么呢？源 MAC 地址当然还是主机 A 的 MAC 地址 0000.0C11.1111，但是，在这里数据帧的目的 MAC 地址并不是主机 B 的 MAC 地址，而是路由器 A 的 F0/0 接口的 MAC 地址，由于主机 A 和主机 B 不在同一个 IP 网段，它们之间的通信必须经过路由器。当主机 A 发现数据包 a 的目的 IP 地址不在本地时，它会把该数据包发送给默认网关，由默认网关把这个数据包路由到它的目的 IP 网段。在这个例子里，主机 A 的默认网关就是路由器 A 的 fastethernet0/0 接口。

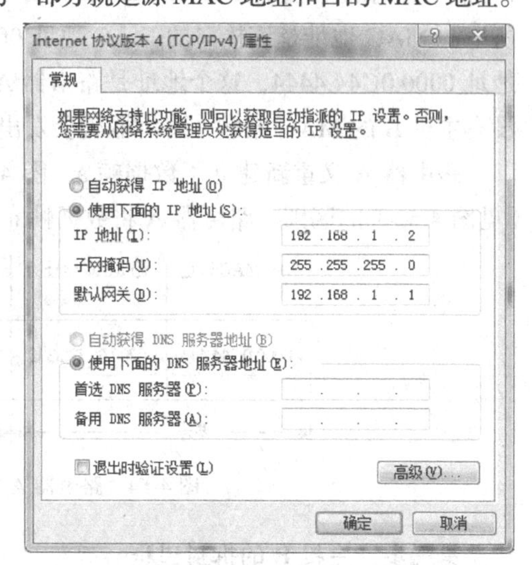

图 4-52 在主机 A 上配置默认网关

默认网关的 IP 地址是可以配置在主机 A 上的（见图 4-52），主机 A 可以通过 ARP 地址解析得到自己默认网关的 MAC 地址，并将它缓存起来以备使用。一旦出现数据包的目的 IP 地址不在本网段内的情况，就以默认网关的 MAC 地址作为目的 MAC 地址封装数据帧，将该数据帧发往默认网关（具有路由功能的设备），由网关负责寻找目的 IP 地址所对应的 MAC 地址或可以到达目的网段的下一个网关的 MAC 地址。

在图 4-52 中，主机 A 上配置的默认网关的 IP 地址是路由器 A 上 fastethernet0/0 接口的 IP 地址。至此，在主机 A 上得到一个封装完整的数据帧 a，它所携带的地址信息如图 4-53 所示。主机 A 将这个数据帧 a 放到物理层，发送给目的 MAC 地址所标明的设备——默认网关。

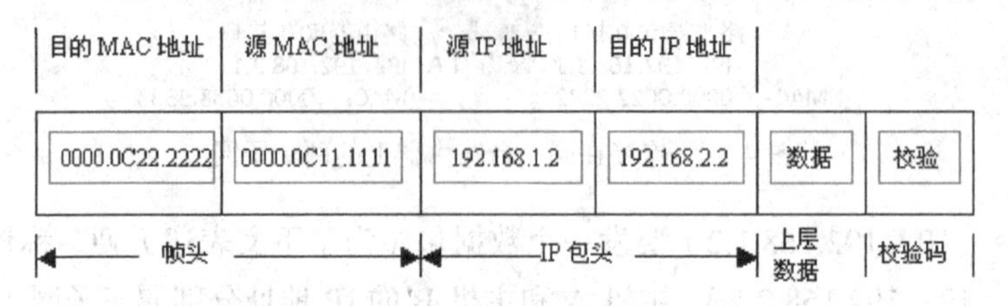

图 4-53 主机 A 中数据帧 a 所携带的地址信息

第二步：路由器 A 的工作

当数据帧 a 到达路由器 A 的 fastethernet0/0 接口之后，首先被存放在接口的缓存里进行校验以确定数据帧在传输过程中没有损坏，然后路由器 A 会把数据帧 a 的二层封装（即帧头和尾部校验码）拆掉，取出其中的数据包 a。至此，由主机 A 所封装的帧头完成使命而被抛弃。

路由器 A 将数据包 a 的包头送往路由器处理，路由器会读取其中的目的 IP 地址，然后在自己的路由表里查找是否存在着它所在网段的路由。只有数据包想要去的目的网段存在于路由器的路由表中，这个数据包才可以被发送到目的地去。

路由器知道数据包 a 将要被送往的网段的位置。如果在路由表里没有找到相关的路由，路由器会丢弃这个数据包，并向它的源设备发送“destination network unavailable”的 ICMP 消息，通知该设备目的网络不可达。

在路由表里标明了到达网段 192.168.2.0 要通过路由器的 f0/1 接口，路由器根据路由表里的信息，对数据包 a 重新进行帧的封装。由于这次是把数据包 a 从路由器 A 的 f0/1 接口发出去，所以源 MAC 地址是该接口的 MAC 地址 0000.0C33.3333，目的 MAC 地址则是主机 B 的 MAC 地址 0000.0C44.4444，这个地址是路由器 A 由 ARP 解析得来存在缓存里的。如果 ARP 缓存里没有主机 B 的 MAC 地址，路由器就会发出 ARP 解析广播来得到它。

路由器 A 又重新建立了数据帧 a，图 4-54 所示为它的地址信息，请注意与原来的数据帧 a（见图 4-53）的区别。路由器 A 将数据帧 a 从 f0/1 接口发送给主机 B。

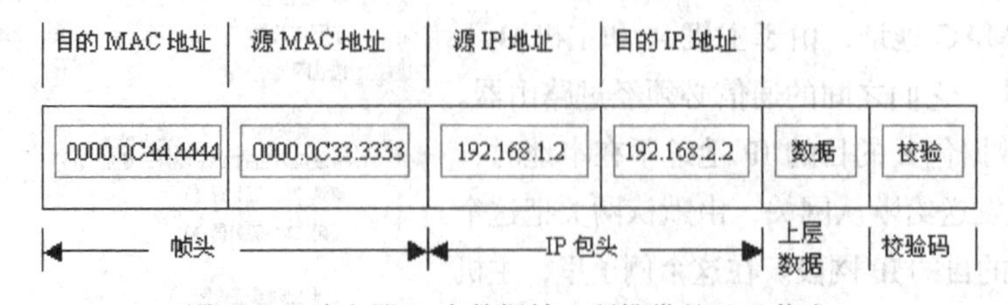

图 4-54 路由器 A 中数据帧 a 所携带的地址信息

第三步：主机 B 的拆封过程

数据帧 a 到达主机 B 后，主机 B 首先核对帧封装的目的 MAC 地址与自己的 MAC 地址是否一致，如不一致主机 B 就会把该帧丢弃。核对无误之后，主机 B 会检查帧尾的校验，看数据帧是否损坏。证明数据的完整之后，主机 B 会拆掉帧的封装，把里面的数据包 a 拿出来，向上送给网络层处理。

网络层核对目的 IP 地址无误后会拆掉 IP 包头，将数据段向上送给传输层处理，至此，数据包 a 的路由过程结束。主机 B 会在传输层按顺序将数据包重组成数据流。

从主机 B 向主机 A 发送数据包的路由过程和以上过程类似，只不过源地址和目的地址与上一过程正好相反。

由此可以看出，数据在从一台主机传向另一台主机时，数据包本身没有变化，源 IP 地址和目的 IP 地址也没有变化，路由器就是依靠识别数据包中的 IP 地址来确定数据包的路由的。而 MAC 地址却在每经过一台路由器时都发生变化。在大型的网络里，主机之间的通信可能要经过好多台路由器，那么数据帧从哪台路由器的哪个接口发出，源 MAC 地址就是那台路由器的那个接口的 MAC 地址，而目的 MAC 地址就是路径中下一台路由器的与之相连的接口的 MAC 地址，直到到达目的地网段。所以说数据的传递归根结底靠的是 MAC 地址。

4.3.2 路由选择协议的基本概念

由上面介绍可知，在路由器中维持一个能正确反映网络拓扑与状态信息的路由表对于路由器完成路由功能是至关重要的。那么路由表中的路由信息是从何而来的呢？通常有两种方式可用于路由表信息的生成和维护，即静态路由和动态路由。

静态路由是指网络管理员以手工配置方式创建的路由表表项。这种方式要求网络管理员对网络的拓扑结构和网络状态有着非常清晰的了解，而且当网络连通状态发生变化时，更新要通过手工方式完成。所以，静态路由也叫作非自适应路由。

动态路由是指路由协议通过自主学习而获得的路由信息，通过在路由器上运行路由协议并进行相应的路由协议配置即可保证路由器自动生成并维护正确的路由信息。所以动态路由也叫作自适应路由。使用路由协议动态构建的路由表不仅能更好地适应网络状态的变化，如网络拓扑和网络流量的变化，同时也减少了人工生成与维护路由表的工作量。但为此付出的代价则是用于运行路由协议的路由器之间为了交换和处理路由更新信息而带来的资源耗费，包括网络带宽和路由器资源的占用。所以，动态路由适用于较复杂的大网络。

在网络层用于动态生成路由表信息的协议被称为路由协议，路由协议使得网络中的路由设备能够相互交换网络状态信息，从而在内部生成关于网络连通性的映像（map）并由此计算出到达不同目标网络的最佳路径或确定相应的转发端口。

1. 路由算法

路由选择协议的核心就是路由算法，即需要何种算法获得路由表中的各项目。大多数路由选择算法可分成 3 个基本算法：距离矢量（distance vector）路由算法，链路状态（link state）路由算法和混合路由（hybrid routing）算法。

① 距离矢量路由算法。在所有的动态路由协议中，最简单的就是距离矢量路由协议。其算法模型如图 4-55 所示。

设任意两点 x 和 y 之间的开销记为 $M(x, y)$，图 4-55 中路由器 F 到 A 的开销为 $M(F, A)=$

$\min(M(F,C)+M(C,A), M(F,E)+M(E,A), M(F,G)+M(G,A))$。

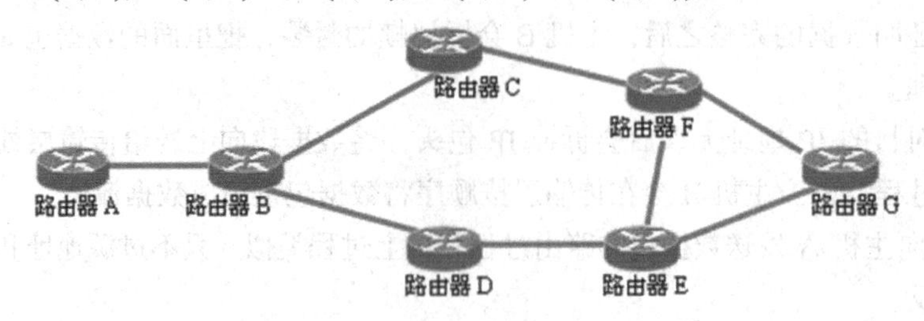

图 4-55　距离矢量路由协议算法模型

注意：其中的 C、E、G 都是 F 相邻的路由器。计算任何一个路由器到某特定目的网络的路由，都是取其到相邻路由器的开销与相邻路由器到特定目的网络开销和的最优值。

距离矢量算法通过上述方法累加网络距离，并维护网络拓扑信息数据库。每个路由器都不了解整个网络的拓扑，它们只知道与自己直接相连的网络情况，并根据从邻居那里得到的路由信息更新自己的路由表。路由信息协议（RIP）就是使用了距离矢量路由算法，具体的应用过程我们将在 4.3.3 节中阐述。

② 链路状态路由算法。要求每个参与该算法的结点都有完全的网络拓扑信息，它们执行以下两项任务。第一，主动测试所有邻结点的状态。两个共享一条链接的结点是邻结点，它们连接到同一条链路，或者连接到同一广播型物理网络。第二，定期地将链路状态传播给所有其他的结点（或称路由结点）。

在一个链路状态路由选择中，一个结点检查所有直接链路的状态，并将所得的状态信息发送给网上所有的其他的结点，而不仅仅是发给那些直接相连的结点。每个结点都用这种方式，所有其他的结点从网上接收包含直接链路状态的路由信息。每当链路状态报文到达时，路由结点便使用这些状态信息去更新自己的网路拓扑和状态"视野图"，一旦链路状态发生改变，结点对跟新的网络图利用 Dijkstra 最短路径算法重新计算路由，从单一的报源发出计算到达所有的结点的最短路径。

典型的链路状态路由算法的应用是最短路径优先协议（OSPF）。

表 4-12 所示为距离矢量路由算法和链路状态路由算法的比较。

表 4-12　　距离矢量路由算法和链路状态路由算法的比较

距离矢量路由选择	链路状态路由选择
从网络邻居的角度观察网络拓扑结构	得到整个网络的拓扑结构图
路由器转换时增加距离矢量	计算出通往其他路由器的最短路径
频繁、周期地更新；慢速收敛	由事件触发来更新；快速收敛
把整个路由表发送到相邻路由器	只把链路状态路由选择的更新传送到其他路由器上

下面例举一个形象的例子来帮助我们理解距离矢量路由协议和链路状态路由协议在路由算法上的差异。

假定有一位同学从温州出发去乌鲁木齐，显然存在多种出行方案供他选择，一是直接乘坐温州至乌鲁木齐的长途汽车，二是直接乘坐温州至乌鲁木齐的航班，三是先由温州坐火车去上海，然后从上海再度坐火车抵达乌鲁木齐，四是先坐汽车由温州抵杭州，再坐火车从杭州到北京，最后坐飞机由北京抵达乌鲁木齐。那么这么多方案哪一个是最佳方案呢？按照典型的距离矢量路由协议（RIP）的看法，第一种和第二种方案均为最佳方案，因为 RIP 认为经过的中间结点（即跳数）最少的路径就是最佳路径，而这两种方案因为都是直接可达而具有相同的优先级。但以典型的链路状态路由协议（OSPF）看来，情况就不是那么简单了。首先，OSPF 要确定一个这位同学对方案的哪些方面感兴趣，诸如交通工具的速度（是否快捷）、舒适度（是否很拥挤）、安全度（是否可靠）和费用（是否便宜）等，并根据这位同学对这些指标的关注程度确定不同的重要性即定出权重，然后利用所得到的综合评价标准对所有的可选方案进行评估，最后选择一个综合代价最小的方案作为最佳方案。显然，当这位同学对指标的关注程度发生变化时，所选出的最佳方案也就随之发生变化。

③ 混合路由协议是综合了距离矢量路由协议和链路状态路由协议的优点而设计出来的路由协议，如 IS-IS(intermediate system-intermediate system)和增强型内部网关路由协议(Enhanced Interior Gateway Routing Protocol，EIGRP）就属于此类路由协议。

2. 分层次的路由选择协议

Internet 采用的路由选择协议主要是动态的、分布式路由选择协议。由于以下两个原因，Internet 采用分层次的路由选择协议。

① Internet 的规模非常大，现在就已经有几百万个路由器互连在一起。如果让所有的路由器知道所有的网络应怎样到达，则这种路由表将非常大，处理起来也太费时间。而所有这些路由器之间交换路由信息所需的带宽就会使 Internet 的通信链路饱和。

② 许多单位不愿意外界了解自己单位网络的布局细节和本部门所采用的路由选择协议(这属于本部门内部的事情)，但同时希望连接到 Internet 上。

为此，按照作用范围和目标的不同，Internet 将互联网划分为许多较小的自治系统，一般简称为 AS（Autonomous System）。一个自治系统是一组互连起来的 IP 前缀（一个或多个前缀），由一个或多个网络管理员负责其运行，但更重要的特点就是每一个自治系统有一个单一的和明确定义的路由选择策略。这样，Internet 就把路由选择协议划分为以下两大类。

① 内部网关协议（Interior Gateway Protocol，IGP），即在一个自治系统内部使用的路由选择协议，而这与在互联网中的其他自治系统选用什么路由选择协议无关。我们可以有多个内部网关协议，并且每个 AS 可以自由选择。在自治系统内部的路由选择也叫作域内路由选择。现在，两种常见域内路由选择协议就是 RIP 和 OSPF，我们将在下一节给大家介绍。

② 外部网关协议（Exterior Gateway Protocol，EGP），若源点和终点处在不同的自治系统中（这两个自治系统使用不同的内部网关协议），当数据报传到一个自治系统的边界时就需要使用一种协议，将路由选择信息传递到另一个自治系统中。这样的协议就是外部网关协议（EGP）。自治系统之间的路由选择也叫作域间路由选择。一种域间路由选择协议就是 BGP 我们将在后面介绍。

图 4-56 所示为 3 个自治系统互连在一起的示意图，在自治系统内各路由器之间的网络就省略了，而用一条链路表示路由器之间的网络。每个自治系统运行本自治系统的内部路由选择协议（IGP），但每个自治系统都有一个或多个路由器，除运行本系统的内部路由选择协议外，还运行自治系统间的路由选择协议（EGP）。在图 4-56 中，能运行自治系统间的路由选择协议的有 R_1、R_2 和 R_3 这 3 个路由器。假定图中自治系统 A 的主机 H_1 要向自治系统 B 的主机 H_2 发送数据报，那么在各自治系统内使用的是各自的 IGP（例如，分别使用 RIP 和 OSPF），而在路由器 R_1 和 R_2 之间则必须使用 EGP（例如，使用 BGP-4）。

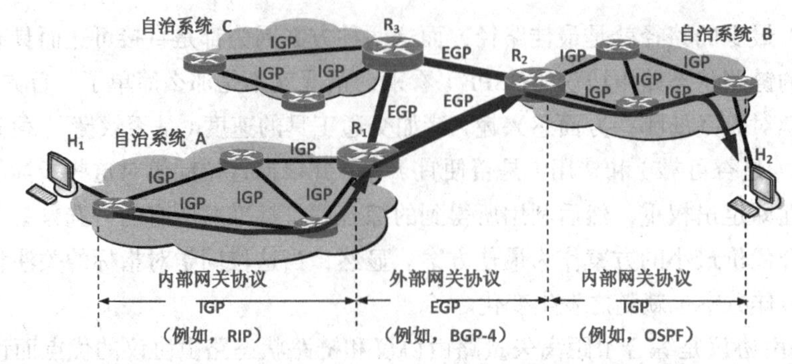

图 4-56　自治系统和内部网关协议、外部网关协议

从图 4-56 中可以得到这个重要概念：一个路由器可以同时使用两种不同的选路协议，一个用于到自治系统之外的通信，另一个用于自治系统内部的通信。

4.3.3 路由信息协议（RIP）

路由信息协议（Routing Information Protocol，RIP）是一个在自治系统内部使用的域内路由选择协议，它基于我们之前描述的距离矢量路由选择算法。RIP 要求网络中的每一个路由器都要维护从它自己到其他每一个目的网络的距离记录。首先我们来给出“距离”的定义。

从一个路由器到直接连接的网络的距离定义为 1。从一个路由器到非直接连接的网络的距离定义为所经过的路由器数加 1。RIP 中的“距离”也称为“跳数”（hopcount），因为每经过一个路由器，跳数就加 1。如图 4-57 所示的网络中，网络 N1、网络 N2、网络 N3 和网络 N4 相互之间由路由器相连，路由器 R_3 和网络 N4 是直连的，即距离为 1；路由器 R_2 到达网络 N4 的距离为经过的路由器个数（1 个即为 R_3）加 1，所以距离为 2；同理，路由器 R_1 到达网络 N4 的距离为 3。这里的“距离”实际上指的就是“最短距离”。RIP 认为一个好的路由就是它通过的路由器的数目少，即“距离短”。RIP 允许一条路径最多只能包含 15 个路由器，即“距离”的最大值为 16 时即为不可达。可见 RIP 只适用于小型互联网。

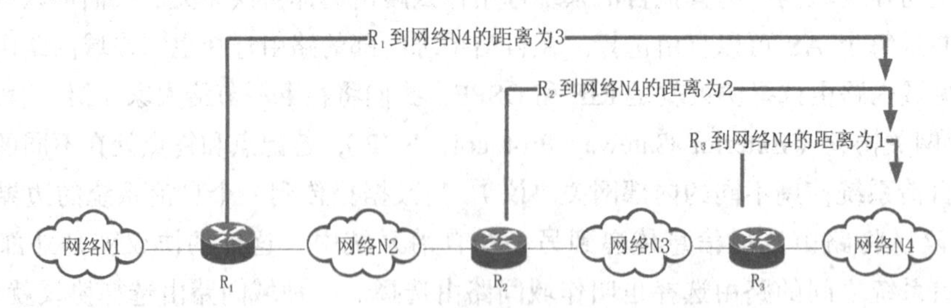

图 4-57　RIP 中的距离

RIP 不能在两个网络之间同时使用多条路由。RIP 选择一个具有最少路由器的路由（即最短路由），哪怕还存在另一条高速（低时延）但路由器较多的路由。

在学习路由协议时，需要弄清楚 3 点：即和哪些路由器交换信息？交换的是什么信息？在什么时间交换信息？根据需求，总结出 RIP 的 3 个要点。

① 仅和相邻路由器交换信息。

② 交换的信息是当前本路由器所知道的全部信息，即自己的路由表。

③ 按固定的时间间隔交换路由信息，如每隔 30s。

下面阐述路由表的建立和更新过程。

这里需要强调一点，路由器在刚刚开始工作时，只知道到直接连接的网络的距离（此距离定义为 1）。以后，每一个路由器也只和数目非常有限的相邻路由器交换并更新路由信息。经过若干次更新后，所有的路由器最终都会知道到达本自治系统中任何一个网络的最短距离和下一跳路由器的地址。RIP 的收敛（convergence）过程较快，即在自治系统中所有的结点都得到正确的路由选择信息的过程。

路由表中最主要的信息就是到某个网络的距离（即最短距离），以及应经过的下一跳地址。路由表更新的原则是找到到每个目的网络的最短距离。这种更新算法所用的就是距离矢量路由算法。下面介绍使用距离矢量路由算法更新路由表的过程。

某路由器 R_1 收到相邻路由器（其地址为 R_x）的一个 RIP 报文（路由表信息），更新过程如下。

① 先修改此 RIP 报文（路由表信息）中的所有项目：把“下一跳”字段中的地址都改为 R_x，并把所有的“距离”字段的值加 1。

② 对修改后的 RIP 报文中的每一个项目，重复以下步骤。

首先查看项目中的目的网络是否在路由器 R_1 的路由表中，若不在 R_1 路由表中，则把该项目加到 R_1 路由表中。若在 R_1 路由表中，则判断下一跳字段给出的路由器地址是否相同，若相同则把收到的项目替换原路由表中的项目。若不相同，比较收到的项目中的距离是否小于 R_1 路由表中的距离，若距离小于 R_1 路由表中的距离，则进行更新。若距离不小于 R_1 路由表中的距离则保持原来的项目不变。

③ 查看下一条项目重复以上的动作，具体如图 4-58 所示。

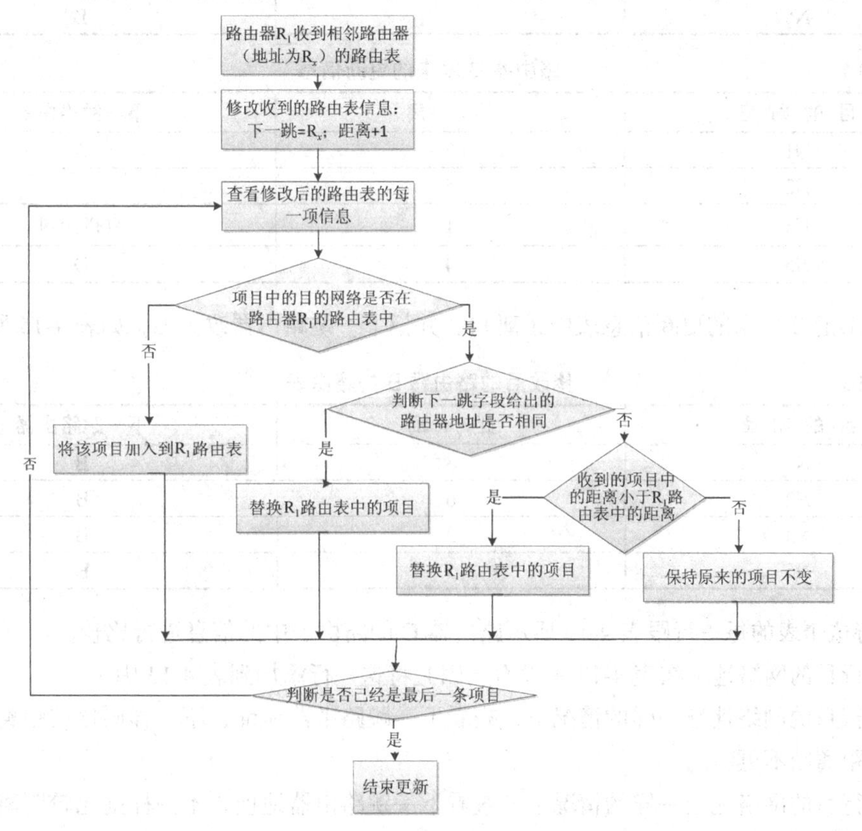

图 4-58　更新路由表流程图

如果路由器 3min 还没有收到相邻路由器的更新路由表，则把此相邻路由器记为不可达路由器，即将距离置为 16（距离为 16 表示不可达）。

下面我们来解释一下为什么要这样设计算法。例如，路由器 R_1 收到相邻的路由器 R_x 的 RIP 报文的某一个项目是“N2，2，R_y”，这个项目的意思可以理解为路由器 R_x 经过路由器 R_y 到达网络 N2 的距离为 2，那么路由器 R_1 就可以根据这个信息推断出本路由想要到达网络 N2 可以通过 R_x，距离为 2+1=3，即将信息改为“N2，3，R_x”。也就是为什么我们需要修改 RIP 报文（路由表信息）中的所有项目，让“下一跳”字段中的地址都改为 R_x，并把所有的“距离”字段的值加 1。逐条检查修改后的项目时，首先查看目的网络地址，如果没在 R_1 路由表中则表明是新的目的网络，应当加入路由表中。如果 R_1 路由表中有这个目的网络，那么就要判断下一跳地址是否一样，如果一样则更新，这是因为这是同一台路由器告诉你的消息，那么我们就要采用最新的消息。如果下一跳地址不一样，那么就需要比较距离了，只有距离小于原来的距离就需要更新替换（距离一样的情况也不更新，因为更新后得不到好处）。

【例 4-9】已知路由器 C 有如表 4-13 所示的路由表。现在收到相邻路由器 B 发来的路由更新信息，如表 4-14 所示。试更新路由器 C 的路由表。

表 4-13　　路由器 C 的路由表信息

目的网络	距　离	下一跳路由器
N2	3	D
N3	4	E
N4	5	A
N5	3	B

表 4-14　　路由器 B 发来的更新信息

目的网络	距　离	下一跳路由器
N1	2	A
N2	5	E
N3	1	直接交付
N5	4	D

解：①把 B 发来的更新信息表中距离+1，并把下一跳路由器改为 B，如表 4-15 所示。

表 4-15　　修改后的路由器 B 的路由表

目的网络	距　离	下一跳路由器
N1	3	B
N2	6	B
N3	2	B
N5	5	B

② 将这个表的每一行跟表 4-13 所示路由器 C 的路由表中的信息进行比较。

第一行目的网络地址在表 4-13 中没有，因此将这一行添加到表 4-13 中。

第二行目的网络地址一样的情况下，查看下一跳路由器地址，不一样则比较距离，距离大于原来的距离则不更新。

第三行目的网络地址一样的情况下，查看下一跳路由器地址，不一样则比较距离，距离小于原来的距离则将这条信息替换掉原来的项目信息。

第四行目的网络地址一样，查看下一跳路由器地址也一样，则更新。

其余保持原来的信息不变，这样得出更新后的路由器 C 的路由表如表 4-16 所示。

表 4-16　　路由器 C 更新后的路由表

目的网络	距　离	下一跳路由器
N1	3	B
N2	3	D
N3	2	B
N4	5	A
N5	5	B

RIP 让互联网中的所有路由器都和自己的相邻路由器不断交换路由信息，并不断更新其路由表，使得从每一个路由器到每一个目的网络的路由都是最短的（即跳数最少）。虽然所有的路由器最终都拥有了整个自治系统的全局路由信息，但由于每一个路由器的位置不同，它们的路由表也是不同的。

根据 RIP 的工作原来我们可以看到，RIP 存在的一个问题是当网络出现故障时，要经过比较长的时间才能将此信息传送到所有的路由器。如图 4-59 所示，我们来分析一下过程。

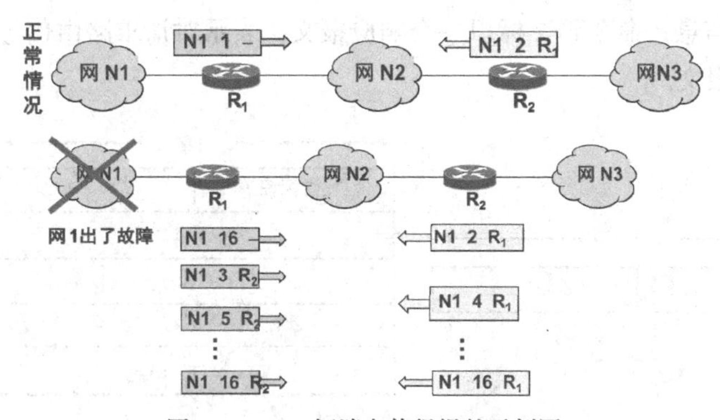

图 4-59　RIP 坏消息传得慢的示例图

正常情况下，R_1 说："我到网 N1 的距离是 1，是直接交付。" R_2 说："我到网 N1 的距离是 2，是经过 R_1。" 这个时候网络 N1 出现了故障，R_1 说："我到网 N1 的距离是 16（表示无法到达），是直接交付。" 但 R_2 在收到 R_1 的更新报文之前，还发送原来的报文，因为这时 R_2 并不知道 R_1 出了故障。R_1 收到 R_2 的更新报文后，误认为可经过 R_2 到达网 N1，于是更新自己的路由表，说："我到网 N1 的距离是 3，下一跳经过 R_2"。然后将此更新信息发送给 R_2。R_2 收到以后又更新自己的路由表为 "N1，4，R_1"，表明 "我到网 N1 距离是 4，下一跳经过 R_1"。这样不断更新下去，直到 R_1 和 R_2 到网 N1 的距离都增大到 16 时，R_1 和 R_2 才知道网 N1 是不可达的。这就是好消息传播得快，而坏消息传播得慢。网络出故障的传播时间往往需要较长的时间（例如数分钟）。这是 RIP 的一个主要缺点。

而 RIP 最大的优点就是实现简单，开销较小。RIP 限制了网络的规模，它能使用的最大距离为 15（16 表示不可达）。路由器之间交换的路由信息是路由器中的完整路由表，因而随着网络规模的扩大，开销也就增加。

对于 RIP 报文有两种版本的格式，即 RIP1 和 RIP2，如图 4-60 所示。两种报文稍有不同，RIP1 报文中不能携带子网掩码信息。因此，RIP1 不支持使用变长的子网掩码技术（VLSM）。

RIP2 报文中包含子网掩码，即支持验证、密钥管理、路由汇总、无类域间路由（CIDR）和可变长子网掩码（VLSM）。

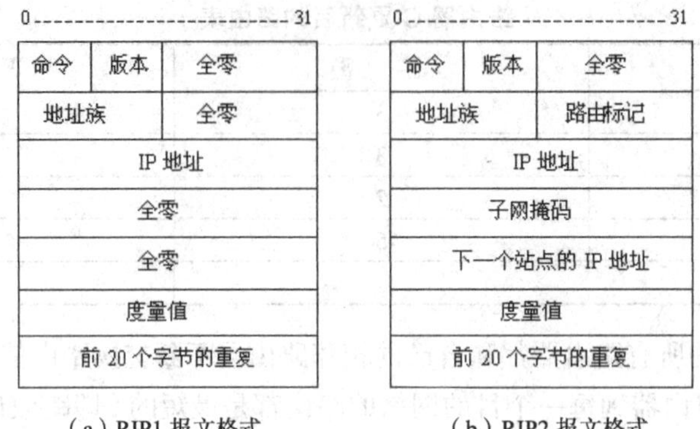

（a）RIP1 报文格式　　（b）RIP2 报文格式

图 4-60　RIP 报文的两种格式

图 4-61 所示为 RIP2 的报文格式,RIP 报文由首部和路由部分组成。RIP 的首部占 4 个字节，其中，命令字段的值的范围是从 1 到 5，但只有 1 和 2 是正式的值，命令码 1 标识一个请求报文，表示请求路由信息；命令码 2 标识一个响应报文，表示对请求路由信息的响应或未被请求而发出的路由更新报文。

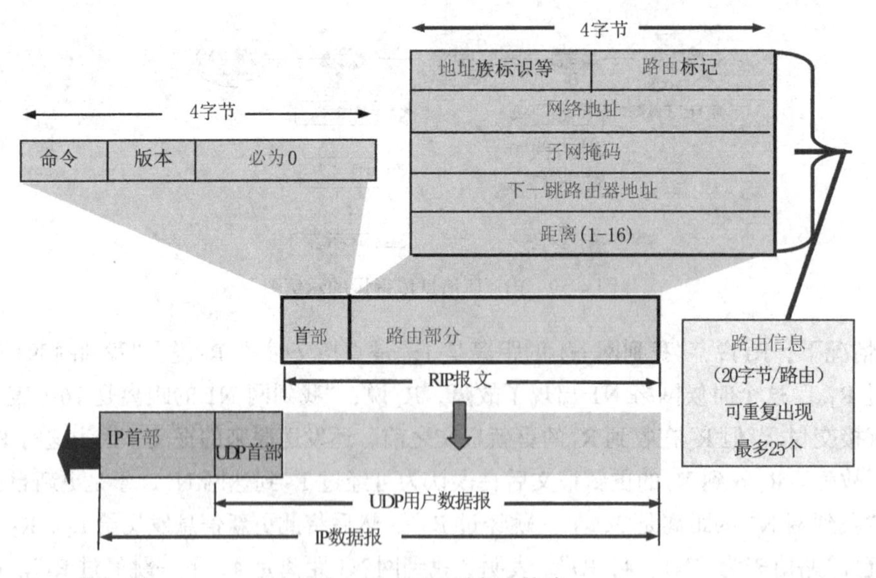

图 4-61　RIP2 的报文格式

RIP2 报文中的路由部分由若干个路由信息组成，每个路由信息需要 20 个字节。两个版本都包含一个地址族，对于 IP 地址就令该字段的值为 2。路由标记：若干 RIP 支持外部网关协议（EGP），该字段包含一个自治系统号。

后面指出了某个网络地址、该网络的子网掩码、下一跳路由器地址以及到此网络的距离。由于 RIP 是一个基于 UDP 的，所以受 UDP 报文的限制，一个 RIP 的数据包不能超过 512 字节。因而，一个 RIP 报文最多可包括 25 个路由，于是 RIP 报文的最大长度是 4+20×25=504 字节。如超过，必须再用一个 RIP 报文来传送。

从报文中我们可以看出，RIP1 不能运行于包含有子网的自治系统中，因为它没有包含运行所必须的子网信息——子网掩码。RIP2 有子网掩码，因而它可以运行于包含有子网的自治系统中，这也是 RIP2 对 RIP1 有意义的改进。

4.3.4 开放最短路径优先协议（OSPF）

开放最短路径优先协议（Open Shortest Path First，OSPF）是 IETF 组织开发的一个基于链路状态的内部网关协议（IGP）。从其名称可以看出，最后采用什么路由，决定于通过相应的路由算法计算得出的路由路径，到达同一目的主机或网络的路由中，路径最短的优先采用。同时，OSPF 又是开放的动态路由协议，所谓“开放”是指 OSPF 协议不是受某一家厂商控制，而是公开发表的，即可以支持不同的三层协议的网络。相对 RIP 来说，路由功能要强大许多（可以支持高达 255 跳数的大型网络），同时配置也要复杂许多。

OSPF 最主要的特征就是使用分布式的链路状态协议，而不是像 RIP 那样的距离矢量协议，它和 RIP 协议相比，有以下几点区别。

① 向本自治系统中所有路由器发送链路状态通告（Link-State Advertisement，LSA）。路由器通过所有输出端口向所有相邻的路由器发送 LSA。而每一个相邻路由器又再把这个 LSA 发往其所有的相邻路由器。这样，最终整个区域中所有的路由器都得到了这个 LSA 的一个拷贝。而 RIP 是仅仅向自己相邻的几个路由器发送信息。

② 发送的信息就是与本路由器相邻的所有路由器的 LSA，但这只是路由器所知道的部分信息。LSA 用于标识这条链路、链路状态、路由器接口到链路的代价度量值以及链路所连接的所有邻居。每个邻居在收到通告后将依次向它的邻居转发（洪泛）这些通告。而对于 RIP，发送的信息是“到所有网络的距离和下一跳地址”。

③ 只有当链路状态发生变化时，路由器才用洪泛法向所有路由器发送此 LSA。而 RIP 不管网络拓扑有无发生变化，路由器之间都要定期交换路由表的信息。而且 LSA 几乎是立即被转发的。因此，当网络拓扑发生变化时，链路状态协议的收敛速度要远远快于距离矢量协议。

④ RIP 网络是一个平面网络，对网络没有分层。OSPF 在网络中建立起层次概念，在自治域中可以划分更小的区域，使路由的广播限制在每一个区域而不是整个的自治域，这就减少了整个网络上的通信量，避免了不必要的资源浪费。图 4-62 所示为一个自治域划分为 4 个区域。每个区域都有一个 32 位的区域标示符（用点分十进制表示）。当然，一个区域也不能太大，在一个区域内的路由器最好不超过 200 个。

⑤ 如果到同一个目的网络有多条相同代价的路径，那么可以将通信量分配给这几条路径。这叫作多路径间的负载平衡（load balancing）。在代价相同的多条路径上分配通信量是通信量工程中的简单形式。RIP 只能找出到某个网络的一条路径。

⑥ OSPF 支持可变长度的子网划分和无分类的编址 CIDR。

⑦ 因为网络中的链路状态可能经常发生变化，所以，OSPF 让每一个链路状态都带上一个 32 位的序号，序号越大状态就越新。

⑧ OSPF 在路由广播时采用了授权机制，保证了网络安全。

上述两者的差异显示了 OSPF 协议后来居上的特点，其先进性和复杂性使它适应了今天日趋庞大的 Internet，并成为主要的互联网路由协议。

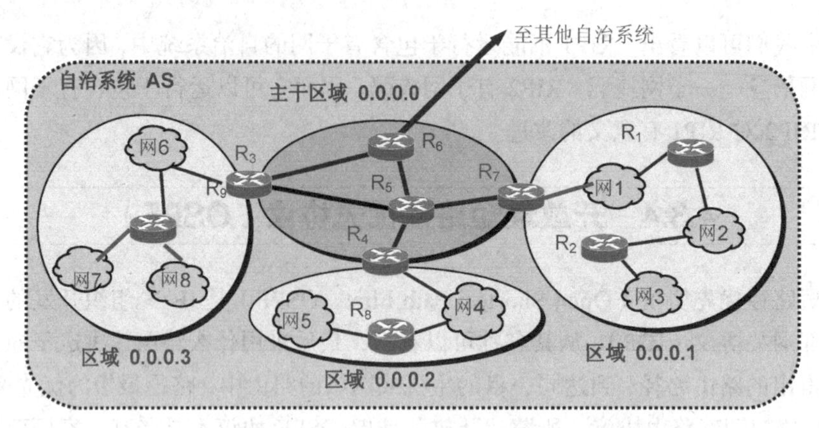

图 4-62 OSPF 划分为两种不同的区域

下面我们来简要介绍一下 OSPF 的分组格式。OSPF 不用 UDP 而是直接用 IP 数据报传送。OSPF 构成的数据报很短，这样做可减少路由信息的通信量。数据报很短的另一好处是可以不必将长的数据报分片传送。分片传送的数据报只要丢失一个，就无法组装成原来的数据报，而整个数据报就必须重传。

所有的 OSPF 分组均有 24 字节的固定长度首部，如图 4-63，分组的数据部分可以是 5 种类型分组中的一种，下面简单介绍 OSPF 首部各字段的含义。

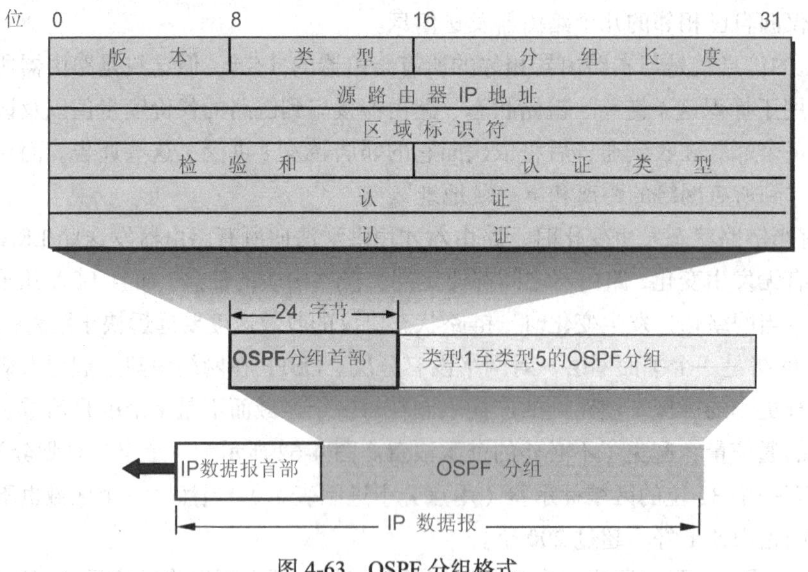

图 4-63 OSPF 分组格式

① 版本：标识使用的 OSPF 版本，目前的版本号是 2。

② 类型：标识 OSPF 分组类型，可以是 5 种类型分组中的一种。

③ 分组长度：指示包括 OSPF 首部在内的分组长度，以字节计。

④ 源路由器 IP 地址：标识发送该分组的路由器的接口的 IP 地址。

⑤ 区域标识符：标识该分组属于的区域的标识符。

⑥ 检验和：对整个分组的内容检查传输中是否发生差错。

⑦ 认证类型：所有的 OSPF 协议交换均被认证，认证类型可以在每区间的基础上配置，目前只有两种，即 0（不用）和 1（口令）。

⑧ 认证：认证的信息，认证类型为 0 时填入 0；认证类型为 1 则填入 8 个字符的口令。

OSPF 共有以下 5 种分组类型：

① 问候（Hello）分组：建立和维持邻居关系。

② 数据库描述（Database Description）分组：描述拓扑数据库内容，此类信息在初始化邻接关系时交换。

③ 链接状态请求（Link State Request）分组：从相邻路由器发来的拓扑数据库请求此类信息在路由器通过检查数据库描述分组发现其部分拓扑数据库过期后发送。

④ 链接状态更新（Link State Update）分组：对链接状态请求分组的响应，也用于通常的 LSA 散发单个链接状态更新分组中可以包含多个 LSA。

⑤ 链接状态确认（Link State Acknowledgment）分组：确认链接状态更新分组。

OSPF 规定，每两个相邻路由器每隔 10s 要交换一次问候分组，这样就能确信知道哪些邻站是可达的。OSPF 协议的工作过程也就是前面介绍的链路状态路由协议的工作过程。为了确保链路状态数据库与全网的状态保持一致，还规定每隔一段时间，如 30min，要刷新一次数据库中的链路状态。

由于一个路由器的链路状态只涉及与相邻路由器的连通状态，因而与整个互联网的规模并无直接关系。因此当互联网规模很大时，OSPF 协议要比距离向量协议 RIP 好得多。

通过各路由器之间的交换链路状态信息，每一个路由器都可得出该互联网的链路状态数据库。每个路由器中的路由表可从这个链路状态数据库导出。每个路由器可算出以自己为根的最短路径树，再根据最短路径树就很容易地得出路由表。

目前，大多数路由器厂商都支持 OSPF，并开始在一些网络中取代旧的 RIP。

4.3.5 边界网关协议（BGP）

边界网关协议第四版（Border Gateway Protocol Version 4，BGP4）是当今 Internet 中的域间路由选择协议。BGP4 基于我们之前描述的距离矢量路由算法。但是比起典型的 RIP 距离矢量协议，又有很多增强的性能。

① BGP 使用 TCP 作为传输协议，使用端口号 179，在通信时，要先建立 TCP 会话，这样数据传输的可靠性就由 TCP 来保证，而在 BGP 的协议中就不用再使用差错控制和重传的机制，从而简化了复杂的程度。

② 另外，BGP 使用增量的、触发性的路由更新，而不是一般的距离矢量协议的整个路由表的、周期性的更新，这样节省了更新所占用的带宽。

③ BGP 还使用"保留"信号（Keepalive）来监视 TCP 会话的连接。

④ BGP 还有多种衡量路由路径的度量标准（称为路由属性），可以更加准确地判断出最优的路径。

在配置 BGP 时，每一个自治系统的管理员要选择至少一个路由器作为该自治系统的"BGP 发言人"。一般说来，两个 BGP 发言人都是通过一个共享网络连接在一起的，而 BGP 发言人往往就是 BGP 边界路由器，但也可以不是 BGP 边界路由器。

一个 BGP 发言人与其他自治系统中的 BGP 发言人要交换路由信息，就要先建立 TCP 连接，然后在此连接上交换 BGP 报文以建立 BGP 会话，利用 BGP 会话交换路由信息，如增加了新的路由，或撤销过时的路由，以及报告出差错的情况等。使用TCP连接能提供可靠的服务，也简化了路由选择协议。使用TCP连接交换路由信息的两个BGP发言人，彼此成为对方的邻站或对等站。

图4-64所示为BGP发言人和自治系统AS的关系的示意图。在图中画出了3个自治系统中的5个BGP发言人。每一个BGP发言人除了必须运行BGP外，还必须运行该自治系统所使用的内部网关协议，如OSPF或RIP。

BGP所交换的网络可达性信息就是要到达某个网络（用网络前缀表示）所要经过的一系列的自治系统。当BGP发言人互相交换了网络可达性的信息后，各BGP发言人就根据所采用的策略从收到的路由信息中找出到达各自治系统的比较好的路由。图4-65所示为一个BGP发言人构造成的自治系统连通图，它是树形结构，不存在回路。

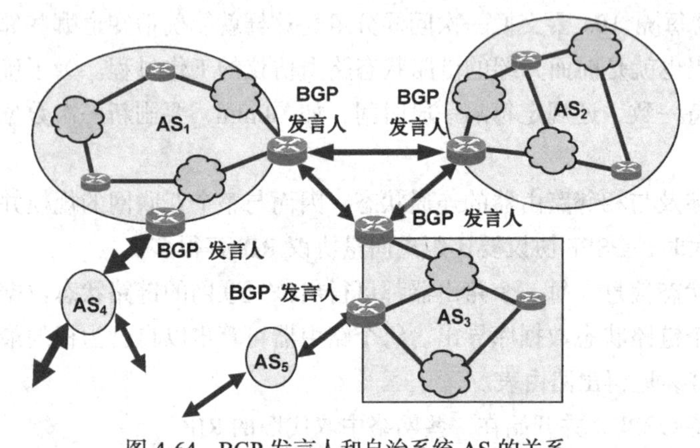

图4-64　BGP发言人和自治系统AS的关系

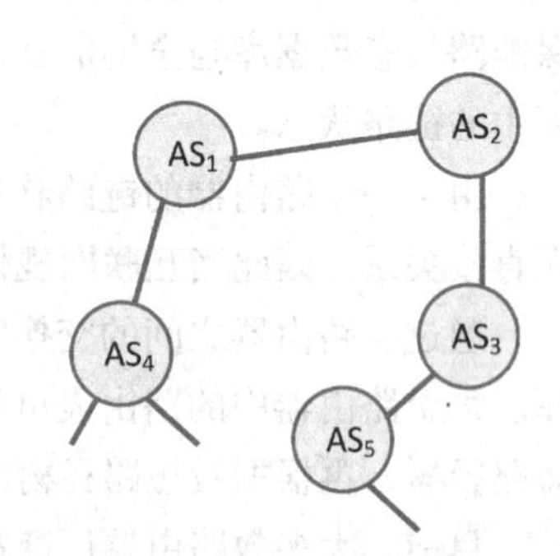

图4-65　自治系统的连通图

要在许多自治系统之间寻找一条较好的路径，就是要寻找正确的BGP发言人（或边界路由器），而在每一个AS中BGP发言人（或边界路由器）的数目是很少的。这样就使得自治系统之间的路由选择是特别的复杂。

BGP支持CIDR，因此BGP的路由表也就应当包括目的网络前缀、下一跳路由器，以及到达该目的网络所要经过的各个自治系统序列。由于使用了路径向量的信息，就可以很容易地避免产生兜圈子的路由。如果一个BGP发言人收到了其他BGP发言人发来的路径通知，它就要检查一下本自治系统是否在此通知的路径中。如果在这条路径中，就不能采用这条路径。

在BGP刚刚运行时，BGP的邻站要交换整个的BGP路由表，但以后只需要在发生变化时更新有变化的部分。这样做对节省网络带宽和减少路由器的处理开销方面都有好处。

BGP报文的首部由3个部分组成：标记、长度和类型。标记段16个字节，用于安全检测和同步检测；长度段占2个字节，标明整个BGP报文的长度；类型段占一个字节，标明BGP报文的类型。报头的后面可以不接数据部分。

BGP报文有4种类型：OPEN（打开）、UPDATE（更新）、NOTIFICATION（通知）和KEEPALIVE（保活），分别用于建立BGP连接，更新路由信息，发送检测到的差错和检测可到达性。

OPEN报文是在建立TCP连接后，向对方发出的第一条消息，它包括版本号、各自所在AS的号码（AS Number）、BGP标识符（BGP Identifier）、协议参数、会话保持时间（Hold timer）以及可选参数、可选参数长度。其中，BGP标识符用来标识本地路由器，在连接的所有路由器中应该是唯一的。而会话保持时间，是指在收到相继的 Keepalive 或者 Update 信号之间的最大间隔时间。如果超过这个时间路由器仍然没有收到信号，就会认为对应的连接中断了。如果把这个保持时间的值设为 0，那么表示认为连接永远存在。在连接建立期间，两个 BGP 发言人彼此要周期性的交换 Keepalive 报文（一般是每个 30s）。

UPDATE 报文是 BGP 路由的核心概念。BGP 发言人可以用 UPDATE 报文撤销它以前曾通知过的路由，可以宣布增加新的路由。撤销可以一次性撤销多条，而曾经路由时，每个更新报文只能增加一条。

BGP 的功能是在各 AS 之间完成路由选择。它主要用于 ISP（Internet Service Provider）之间的连接和数据交换。但是，并不是所有情况下 BGP 都适用。使用 BGP 会大大增加路由器的开销，并且大大增加规划和配置的复杂性。所以，使用 BGP 需要先做好需求分析。

一般来说，如果本地的 AS 与多个外界 AS 建立了连接，并且有数据流从外部 AS 通过本地 AS 到达第三方的 AS，那么可以考虑使用 BGP 来控制数据流。

如果本地 AS 与外界只有一个连接（通常说的 stub AS），而且并不需要对数据流进行严格控制，那就不必使用 BGP，而可以简单地使用静态路由（Static route）来完成与外部 AS 的数据交换。另外，硬件和线路的原因也会影响到 BGP 的选择。使用 BGP 会加大路由器的开销，并且 BGP 路由表也需要很大的存储空间，所以当路由器的 CPU 或者存储空间有限时，或者带宽太小时，不宜使用 BGP 路由协议。

4.3.6 路由器

作为网络层的网络互连设备，路由器在网络互连中起到了不可或缺的作用。与物理层或数据链路层的网络互连设备相比，其具有一些物理层或数据链路层的网络互连设备所没有的重要功能。

1. 路由器概述

路由器工作在 OSI 模型的网络层，如图 4-66 所示。路由器是一种具有多个输入端口和多个输出端口的专用计算机，其任务是转发分组。也就是说，将路由器某个输入端口收到的分组，按照分组要去的目的地（即目的网络），将该分组从某个合适的输出端口转发给下一跳路由器。下一跳路由器也按照这种方法处理分组，直到该分组到达目的地为止。路由器的转发工作是网络层的主要工作。

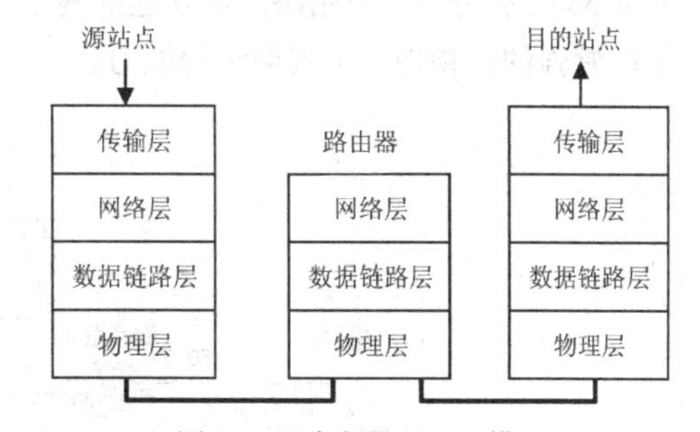

图 4-66　路由器和 OSI 模型

从图 4-67 中可以看出，整个路由器结构可划分为两大部分：路由选择部分和分组转发部分。

路由选择部分也称为控制部分，其核心部件是路由选择处理机。路由选择处理机根据所选定的路由选择协议构造出路由表，同时经常或定期地和相邻路由器交换路由信息而不断地更新和维护路由表。

分组转发部分由交换结构、一组输入端口和一组输出端口 3 部分组成。交换结构又称为交换组织，它的作用就是转发表对分组进行处理，将某个输入端口进入的分组从一个合适的输出端口转发出去。

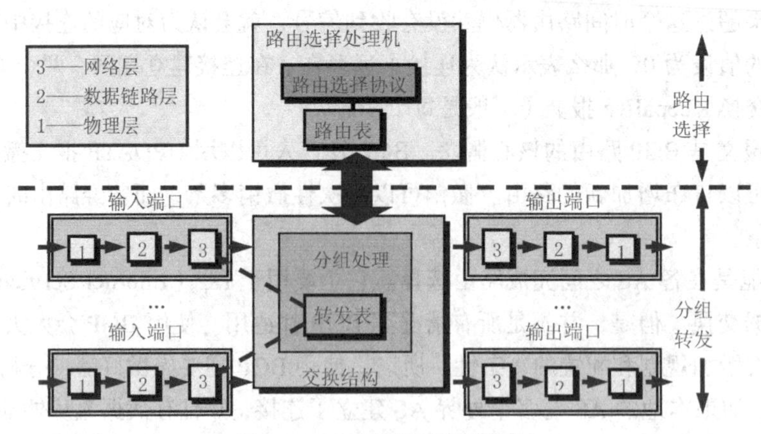

图 4-67　典型的路由器的结构

路由器既可以连接具有相同网络通信结构的网络，也可以连接不同结构的网络，因为它剥掉帧头和帧尾以获得里面的数据分组。如果路由器需要转发一个数据分组，它将用与新的连接使用的数据链路层协议一致的帧重新封装该数据分组。例如，路由器可能从局域网的路由端口上接收到一个以太网的帧，抽取出数据分组，然后构建一个帧中继的帧，再将新的帧从连接到帧中继网络的路由端口发送出去。每一次路由器拆散然后重建帧的过程中，帧中的数据分组保持不变。

2. 路由器在网络互连中的作用

（1）提供异构网络的互连

在物理上，路由器可以提供与多种网络的接口，如以太网口、令牌环网口、FDDI 口、ATM 口、串行连接口、SDH 连接口、ISDN 连接口等多种不同的接口。通过这些接口，路由器可以支持各种异构网络的互连，其典型的互连方式包括 LAN-LAN、LAN-WAN、WAN-WAN 等。

事实上，正是路由器强大的支持异构网络互连的能力才使其成为 Internet 中的核心设备。图 4-68 所示为一个采用路由器互连的网络实例。从网络互连设备的基本功能来看，路由器具备了非常强的在物理上扩展网络的能力。

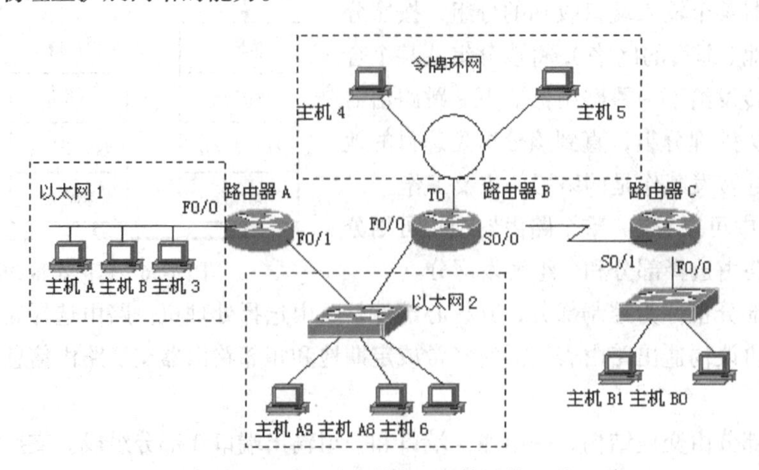

图 4-68　采用路由器实现异构网络互联

路由器之所以能支持异构网络的互连，关键还在于其在网络层能够实现基于 IP 的分组转发。只要所有互连的网络、主机及路由器能够支持 IP，则位于不同 LAN 和 WAN 中的主机之间都能以统一的 IP 数据报形式实现相互通信。以图 4-68 中的主机 A 和主机 5 为例，一个位于以太网 1 中，一个位于令牌环网中，中间还隔着以太网 2。假定主机 A 要给主机 5 发送数据，则主机 A 将以主机 5 的 IP 地址为目标 IP 地址，以其自己的 IP 地址为源 IP 地址启动 IP 分组的发送。由于目标主机和源主机不在同一网络中，为了发送该 IP 分组，主机 A 需要将该分组封装成以太网的帧发送给缺省网关即路由器 A 的 F0/0 端口；F0/0 端口收到该帧后进行帧的拆封并分离出 IP 分组，通过将 IP 分组中的目标网络号与自己的路由表进行匹配，决定将该分组由自己的 F0/1 口送出，但在送出之前，它必须首先将该 IP 分组重新按以太网帧的帧格式进行封装，这次要以自己的 F0/1 口的 MAC 地址为源 MAC 地址、路由器 B 的 F0/0 口 MAC 地址为目标 MAC 地址进行帧的封装，然后将帧发送出去；路由器 B 收到该以太网帧之后，通过帧的拆封，再度得到原来的 IP 分组，并通过查找自己的 IP 路由表，决定将该分组从自己的以太网口 T0 送出去，即以主机 5 的 MAC 地址为目标 MAC 地址，以自己的 T0 口的 MAC 地址为源 MAC 地址进行 802.5 令牌环网帧的封装，然后启动帧的发送；最后，该帧到达主机 5，主机 5 进行帧的拆封，得到主机 A 给自己的 IP 分组并送到自己的更高层即传输层。

（2）实现网络的逻辑划分

路由器在物理上扩展网络的同时，还提供了逻辑上划分网络的功能。如图 4-69 所示，当子网 1 中的主机 1 给主机 2 发送 IP 分组 1 的同时，子网 2 中的主机 4 可以给主机 5 发送 IP 分组 2，而子网 3 中的主机 13 则可以向主机 14 发送 IP 分组 3，它们互不矛盾，因为路由器是基于第三层 IP 地址来决定是否进行分组转发的，所以这 3 个分组由于源和目标 IP 地址在同一网络中而都不会被路由器转发。换言之，路由器所连的网络必定属于不同的冲突域，即从划分冲突域的能力来看，路由器具有和交换机相同的性能。

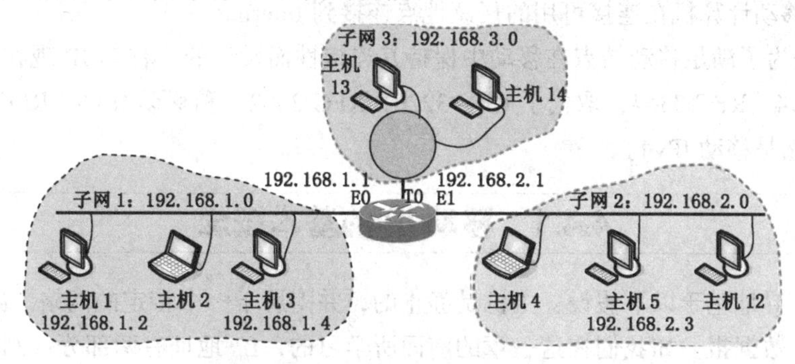

图 4-69　一个路由器互连的网络

不仅如此，路由器还可以隔离广播流量。假定主机 A 以目标地址“255.255.255.255”向本网中的所有主机发送一个广播分组，则路由器通过判断该目标 IP 地址就知道自己不必转发该 IP 分组，从而广播被局限于网段 1 中，而不会渗漏到网段 2 或网段 3 中；同样的道理，若主机 A 以广播地址 192.168.2.255 向网段 2 中的所有主机进行广播时，则该广播也不会被路由器转发到网络 3 中，因为通过查找路由表，该广播 IP 分组是要从路由器的 F0/1 接口出去的而不是 T0 接口。也就是说，由路由器相连的不同网段之间除了可以隔离网络冲突外，还可以相互隔离广播流量，即路由器不同接口所连的网段属于不同的广播域。广播域是对所有能分享广播流量的主机及其网络环境的总称。

（3）实现 VLAN 之间的通信

VLAN 限制了网络之间的不必要的通信，但在任何一个网络中，还必须为不同 VLAN 之间的必要通信提供手段，同时也要为 VLAN 访问网络中的其他共享资源提供途径，这些都要借助于 OSI 第三层或网络层的功能。第三层的网络设备可以基于第三层的协议或逻辑地址进行数据包的路由与转发，从而可提供在不同 VLAN 之间以及 VLAN 与传统 LAN 之间进行通信的功能，同时也为 VLAN 提供访问网络中的共享资源提供途径。VLAN 之间的通信可以由外部路由器来完成。在交换机设备之外，提供只具备第三层路由功能的独立路由器用以实现不同 VLAN 之间的通信。图 4-70 所示为一个由外部路由器实现不同 VLAN 之间通信的示例。

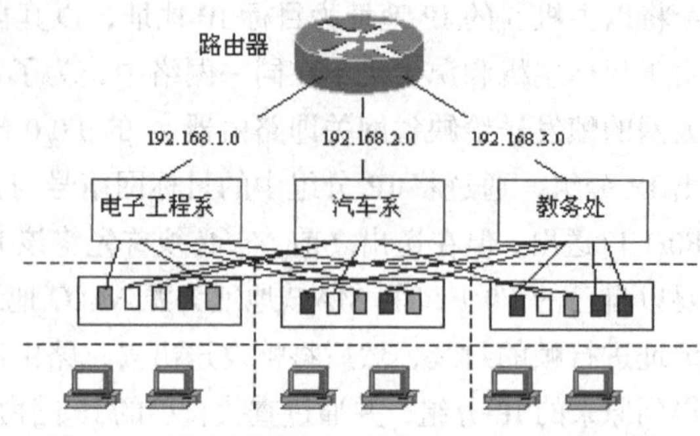

图 4-70　路由器用于实现不同 VLAN 之间的通信

事实上，路由器在计算机网络中除了上面所介绍的作用外，还可以实现其他一些重要的网络功能，如提供访问控制功能、优先级服务和负载平衡等。总之，路由器是一种功能非常强大的计算机网络互连设备。

4.4 移动 IP

随着像笔记本之类的移动个人电脑逐渐流行起来，我们需要考虑移动 IP，它是网际协议（IP）的扩展，允许移动计算机在连接可用的任意地点连接到 Internet。

移动 IP 是为了满足移动结点在移动中保持其连接性而设计的。移动 IP 现在有两个版本，分别为移动 IPv4（RFC 3344，取代了 RFC 3220，RFC 2002）和移动 IPv6（RFC 3775）。目前广泛使用的仍然是移动 IPv4。

4.4.1 移动 IP 的基本概念

最初的 IP 寻址基于以下假设：主机是静止的，并附属于一个特定的网络。路由器使用 IP 地址来路由 IP 数据报。如我们在这一章的前面所学习的，IP 地址有两部分：网络前缀和主机部分。前缀将一个主机和一个网络联系起来。例如，IP 地址为 204.56.12.3/24 的主机是属于网络 204.56.12.0/24 的。这个地址只有当主机附属于这个地址为 204.56.12.0/24 的网络时才是有效的。如果网络改变了，地址就不再有效。

随着笔记本电脑这样的移动设备逐渐流行起来，主机不再是以前那样静止的了。当主机从一个网络移动到另一个网络时，IP 地址结构需要修改。一些解决方案已经提出来了。一种简单的解决方案就是当移动主机去往一个新的网络时，让移动站点改变它的地址。主机能够使用 DHCP（见第 2 章）来获取一个新的地址将其和新的网络关联起来。这种办法有几个缺点。第一，配置文件需要更改。第二，每当计算机从一个网络移动到另一个时，必须重启。第三，DNS 表（见第 2 章）需要修改，这样 Internet 中的每一个其他主机知道这个变化。第四，也是最大的缺点，如果主机在传输过程中从一个网络漫游到另一个，数据交换将会被中断，这是因为客户端和服务器的端口和 IP 地址在整个连接周期中必须是不变的。

所以就提出了移动 IP 技术，简单地说，移动 IP 技术就是让计算机在互联网及局域网中不受任何限制的即时漫游，也称移动计算机技术。专业一点的解释，移动 IP 技术是移动结点（计算机/服务器/网段等）以固定的网络 IP 地址，实现跨越不同网段的漫游功能，并保证了基于网络 IP 的网络权限在漫游过程中不发生任何改变。

移动 IP 应用于所有基于 TCP/IP 网络环境中，它为人们提供了无限广阔的网络漫游服务。例如，在用户离开北京总公司，出差到上海分公司时，只要简单地将移动结点（例如：笔记本电脑、PDA 设备）连接至上海分公司网络上，那么用户就可以享受到跟在北京总公司里一样的所有操作。用户依旧能使用北京总公司的共享打印机，或者可以依旧访问北京总公司同事计算机里的共享文件及相关数据库资源。诸如此类的种种操作，让用户感觉不到自己身在外地，同事也感觉不到他已经出差到外地了。换句话说：移动 IP 的应用让用户网络随处可以安“家”，不再忍受移动结点因“出差”带来的所有不便之苦。

基于 IPv4 的移动 IP 定义了 3 种功能实体：移动结点（mobile node）、归属代理（home agent）和外地代理（foreign agent）。归属代理和外地代理又统称为移动代理。图 4-71 所示为移动 IP 技术的基本模型，结合该图我们对一些基本的概念进行介绍。

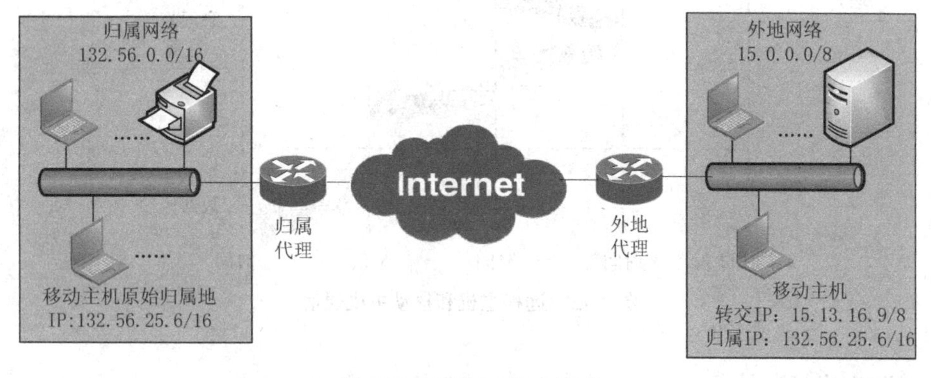

图 4-71　移动 IP 技术模型

移动结点即移动主机，主机有一个称为归属地址（home address）的原始地址和一个称为转交地址（care-of address）的临时地址。归属地址是永久不变的，它将主机与它的归属网络联系起来，该网络是主机永久不变的归属地。如图 4-71 中的移动主机到任何一个网络中，它的归属地址都为 132.56.25.6/16。转交地址是临时的。当主机从一个网络移动到另一个网络时，转交地址就会改变；它与外地网络相关联，该网络为主机移动到的网络。如图 4-71 中主机移动到外地网络后它的转交地址为 15.13.16.9/8，与外地网络 15.0.0.0/8 相关联。总之，移动 IP 中一个移动主机有两个地址：一个归属地址和一个转交地址。归属地址是永久的；转交地址随着移动主机从一个网络移动到另一个网络是改变的。

归属代理通常是附属于移动主机归属网络的路由器。当远程主机向移动主机发送分组时，归属代理代表移动主机。归属代理接收该分组，将其发送至外地代理。

外地代理通常是附属于外地网络的一个路由器。外地代理接收归属代理发送的分组，并向移动主机发送该分组。

4.4.2 移动 IPv4 的通信过程

为了和远程主机通信，移动主机需要通过 3 个阶段：代理发现、注册和数据传输，如图 4-72 所示。

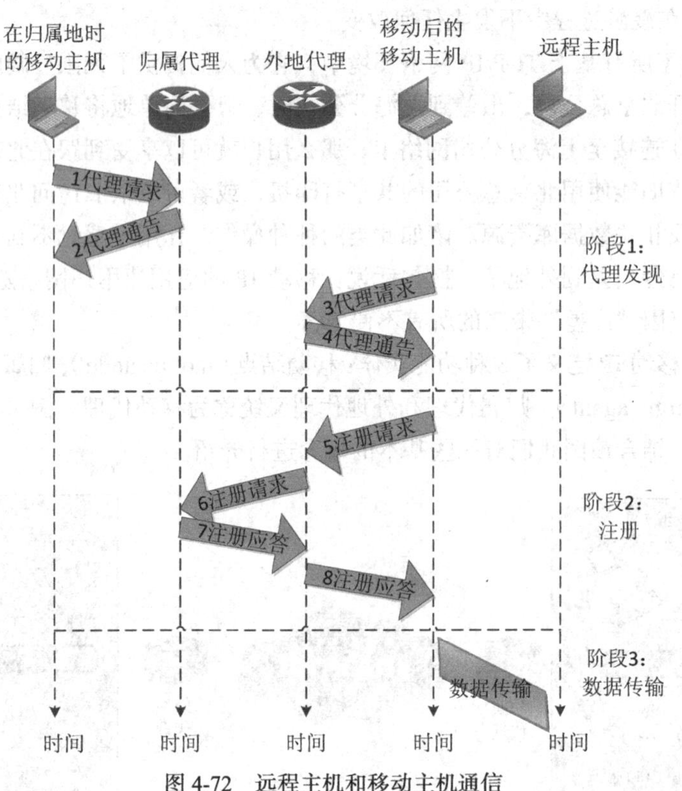

图 4-72 远程主机和移动主机通信

1. 代理发现

移动 IP 通过扩展现有的“ICMP 路由器发现”机制来实现代理发现。代理发现机制检测移动结点是否从一个网络移动到另一个网络，并检测它是否返回归属链路。当移动结点移动到一个新的外地链路时，代理发现机制也能帮助它发现合适的外地代理。

（1）代理通告（agent advertisement）

在所连接的网络上，归属代理和外地代理定期广播“代理通告”消息，以宣告自己的存在。代理通告消息是 ICMP 路由器布告消息的扩展，它包含路由器 IP 地址和代理通告扩展信息。移动结点时刻监听代理通告消息，以判断自己是否漫游出本地网络。若移动结点从自己的归属代理接收到一个代理通告消息，它就能推断已返回归属，并直接向归属代理注册，否则移动结点将选择是保留当前的注册，还是向新的外地代理进行注册。

（2）代理请求（agent solicitation）

归属或外地代理周期性地发送代理通告消息，若移动结点只需获得代理信息，它可发送一个 ICMP“代理请求”消息。任何代理收到代理请求消息后，应立即发送应答。

2. 注册

移动结点发现自己的网络接入点从一条链路切换到另一链路时，就要进行注册。另外，由于注册信息有一定的生存时间，所以移动结点在没有发生移动时也要注册。移动 IP 的注册功能是：移动结点可得到外地链路上外地代理的路由服务；可将其转交地址通知归属代理；可使要过期的注册重新生效。另外，移动结点在回到归属链路时，需要进行反注册。

注册的其他功能是：可同时注册多个转交地址，此时归属代理通过隧道，将发往移动结点归属地址的数据包发往移动结点的每个转交地址；可在注销一个转交地址的同时保留其他转交地址；在不知道归属代理的情况下，移动结点可通过注册，动态获得归属代理地址。

移动 IP 的注册过程一般在代理发现机制完成之后进行。当移动结点发现已返回归属链路时，就向归属代理注册，并开始像固定结点或路由器那样通信，当移动结点位于外地链路时，能得到一个转交地址，并通过外地代理向归属代理注册这个地址。

移动 IP 的注册操作使用 UDP 数据报文，包括注册请求和注册应答两种消息。移动结点通过这两种注册消息，向归属网络注册新的转发地址。

3. 数据传输

在代理发现和注册后，移动主机能够和一个远程主机通信了。图 4-73 所示为数据传输的过程。

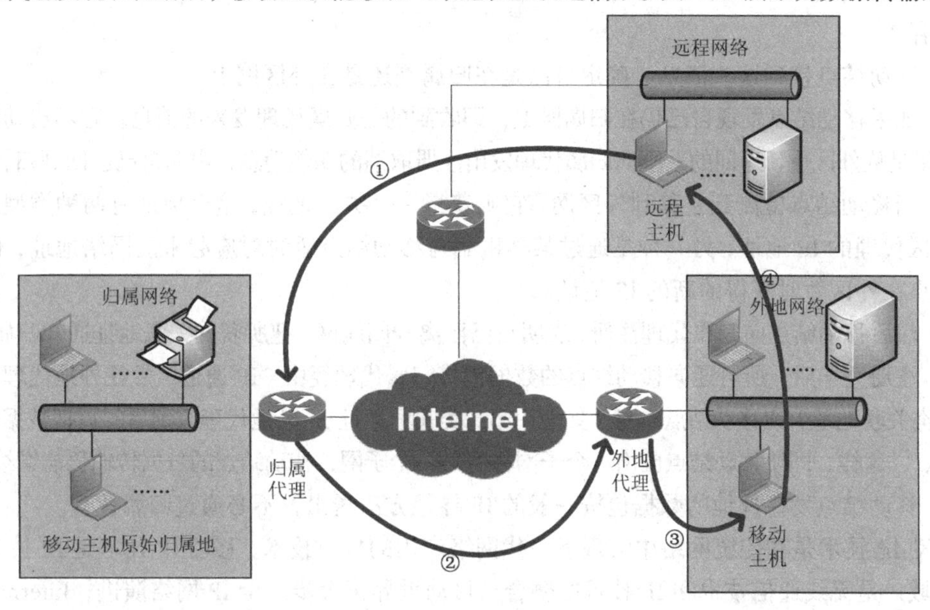

图 4-73　数据传输

（1）从远程主机到归属代理

当一个远程主机想要向移动主机发送分组时，它使用它的地址作为源地址，移动主机的归属地址作为目的地址。换言之，远程主机发送分组好像移动主机在它的归属网络一样。但是，分组被归属代理拦截，它假装就是移动主机。图 4-73 中的路径①显示了该步骤。

（2）从归属代理到外地代理

在接收到分组后，归属代理向外地代理发送分组，归属代理将整个 IP 分组封装在另一个 IP 分组中，使用它的地址作为源地址，外地代理的地址作为目的地址。这里所用的是隧道技术，即由 RFC2003 定义，用于将 IPv4 包放在另一个 IPv4 包的净荷部分。其过程非常简单，只需把一个 IP 包放在一个新的 IP 包的净荷中。采用 IP 的 IP 封装的隧道对穿过的数据包来说，犹如一条虚拟链路。移动 IP 要求归属代理和外地代理实现 IP 的 IP 封装，以实现从归属代理到转交地址的隧道。图 4-73 中的路径②显示了该步骤。

（3）从外地代理到移动主机

当外地代理接收到分组时，它移除原始分组。但是，由于目的地址是移动主机的归属地址，外地代理查阅一个注册表来查找移动主机的转交地址，然后分组被发送给转交地址。图 4-73 的路径③显示了该步骤。

（4）从移动主机到远程主机

当移动主机想要向远程主机发送分组时（例如，对它接收到的分组的响应），它如同正常发送一样。移动主机准备分组，用它的归属地址作为源地址，远程主机的地址作为目的地址。图 4-73 的路径④显示了该步骤。

在数据传输过程中，远程主机不知道移动主机的任何移动。远程主机使用移动主机的归属地址作为目的地址发送分组，它接收具有移动主机归属地址作为源地址的分组。移动完全是透明的。Internet 的剩余部分不知道移动主机的移动性。

根据以上阐述我们可以归纳移动 IP 的通信过程如下。

① 归属代理和外区代理不停地向网上发送代理通告（Agent Advertisement）消息，以声明自己的存在。

② 移动结点接到这些消息，确定自己是在归属网还是在外区网上。

③ 如果移动结点发现自己仍在归属网上，即收到的是归属代理发来的消息，则不启动移动功能。如果是从外区重新返回的，则向归属代理发出注册取消的功能消息，声明自己已回到归属网中。

④ 当移动结点检测到它移到外区网，它则获得一个关联地址，这个地址有两种类型：一种即是外区代理的 IP 地址；另一种是通过某种机制与移动结点暂时对应起来的网络地址，也即是移动结点在外区暂时获得的新的 IP 地址。

⑤ 然后移动结点向归属代理注册，表明自己已离开归属网，把所获的关联地址通知归属代理。

⑥ 注册完毕后，所有通向移动结点的数据包将归属代理经由“IP 通道”发往外地代理（如使用第一类关联地址）或移动结点本身（如使用第二类关联地址），外地代理收到后，再把数据包转给移动结点，这样，即使移动结点已由一个子网移到另一个子网，移动结点的数据传输仍能继续进行。

⑦ 移动结点发往外地的数据包按一般的 IP 寻径方法送出，不必通过归属代理。

移动 IP 技术是在传统网络中实现下一代网络应用的核心技术，移动 IP 技术是 IP 技术发展的新领域，是无线通信技术和 IP 技术的融合。移动世界正大步向全 IP 网络演进，Internet 将被装入每个人的口袋之中。

4.5 IPv6

IPv4 地址耗尽以及这个协议的其他缺点在 20 世纪 90 年代促生了 IP 的新版本。这个版本称为 Internet 协议第六版（Internet Protocol Version 6，IPv6），它在增加了 IPv4 地址空间的同时重新设计了 IP 分组的格式并修改了一些辅助协议，如 ICMP。有趣的是，IPv5 曾是一个提议，它基于 OSI 模型，但是没有成为现实。以下给出了 IPv6 协议的主要变化。

① 更大的地址空间。IPv6 地址是 128 位长，与 32 位长的 IPv4 地址相比，其地址空间增加了很多（2^{96}倍）。

② 更好的头部格式。IPv6 使用了新的头部格式，其选项与基本头部分开，如果需要，可将选项插入到基本头部与上层数据之间。这就简化和加速了路由选择过程，因为大多数选项不需要由路由器检查。

③ 新的选项。IPv6 有一些新的选项来实现附加的功能。

④ 允许扩展。如果新的技术或应用需要的话，IPv6 允许协议进行扩展。

⑤ 支持资源分配。在 IPv6 中，服务类型字段被取消了，但增加了一种机制（称为流标号）使得源端可以请求对分组进行特殊的处理。这种机制可用来支持像实时音频和视频的通信量。

⑥ 支持更多的安全性。在 IPv6 中的加密和鉴别选项提供了分组的保密性和完整性。

IPv6 的发展势头已经减缓。原因在于它的发展最初的动机是 IPv4 地址耗尽，地址耗尽问题已经被短期策略缓解了：无类寻址、为动态地址分配使用 DHCP 和 NAT。然而，Internet 快速发展和新的服务的出现，如移动 IP、IP 电话和 IP 移动电话最终要求用 IPv6 全部替代 IPv4，过去预期世界上的所有主机将在 2010 年使用 IPv6，但是这个事情没有发生。最近的预期结果是 2020 年。

4.5.1 IPv6 数据报格式

IPv6 数据报格式如图 4-74 所示。每一个分组由基本头部和紧跟其后的有效载荷组成。基本头部占 40 字节，有效载荷可以包含多达 65 535 字节的信息。字段描述如下。

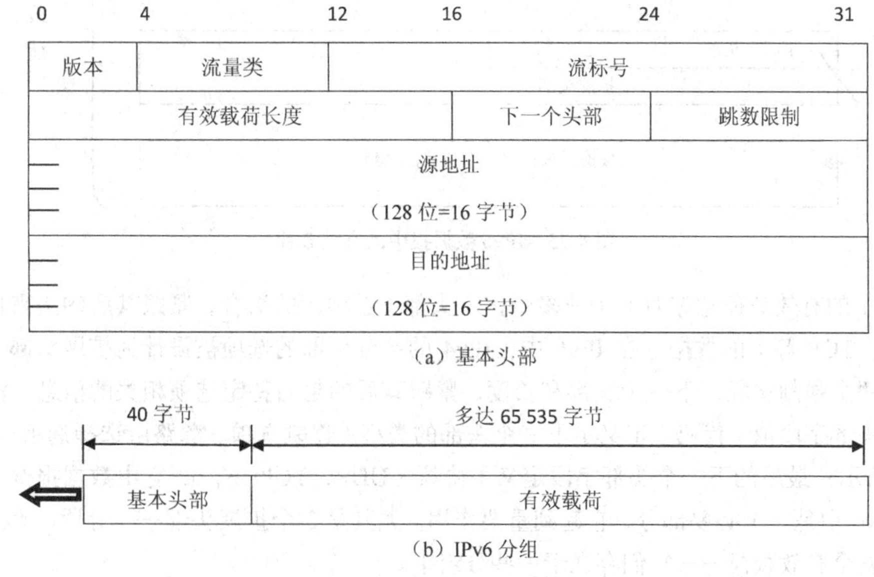

图 4-74 IPv6 数据报格式

① 版本（version）。4 位字段定义了 IP 版本号。对于 IPv6，其值为 6。

② 流量类（traffic class）。8 位流量类字段用来区分不同传递要求的不同有效载荷。它代替

了 IPv4 中的服务类型字段。

③ 流标号（flow label）。流标号是一个占 20 位的字段，它用来对特殊的数据流提供专门处理。

④ 有效载荷长度（payload length）。这个 2 字节的有效载荷长度字段定义了不包括基本头部的 IP 数据报的总长度。

⑤ 下一个头部（next header）。占 8 位，它定义了一个扩展头部的类型（如果存在）或者数据报中跟随在基本头部之后的头部。这个字段和 IPv4 中协议字段类似。

⑥ 跳数限制（hop limit）。占 8 位，与 IPv4 中的 TTL 字段所起的作用是一样的。

⑦ 源地址和目的地址（source and destination address）。源地址字段是 16 字节（128 位）的 Internet 地址，它用来识别数据报的原始端。目的地址是 13 字节（128 位）的 Internet 地址，用来识别数据报的目的端。

⑧ 有效载荷（payload）。与 IPv4 相比，IPv6 中的有效载荷字段有不同的格式和含义，如图 4-75 所示。

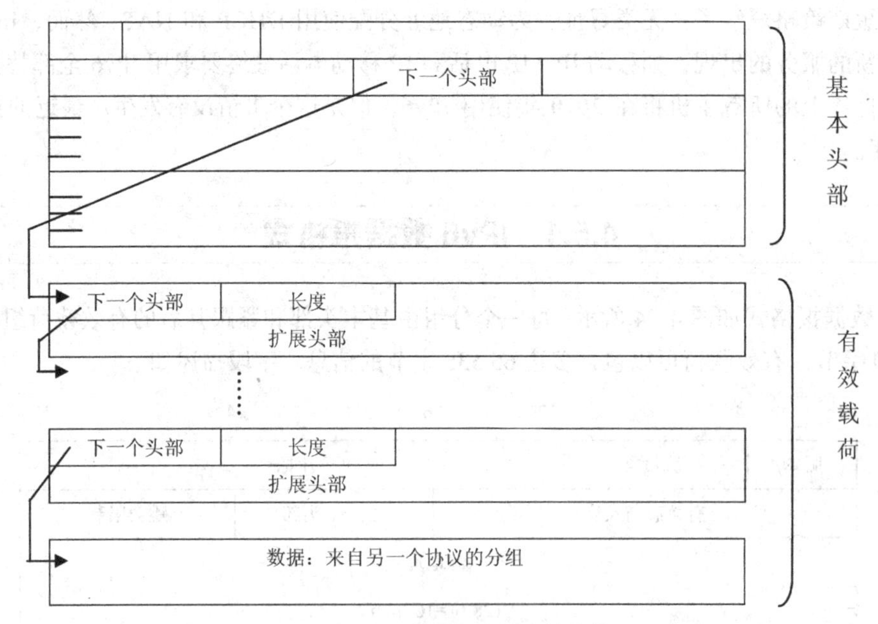

图 4-75　IPv6 数据报中的有效载荷

IPv6 中的有效载荷意味着 0 个或多个扩展头部（选项）的组合，紧跟其后的是来自其他协议（UDP、TCP 等）的数据。在 IPv6 中，IPv4 的部分头部的选项被设计为扩展头部。每个扩展头部有两个强制字段，下一个头部和长度，紧跟其后的是与特定选项相关的信息。注意，每个下一个头部字段值（代码）定义了下一个头部的类型（逐跳选项、源路由选择选项……），如表 4-17 所示；最后的下一个头部字段定义了协议（UDP、TCP……），它由数据报携带。扩展头部在 IPv6 中是一个必要部分，它起到重要作用。尤其是 3 个扩展头部——分段、鉴别以及扩展的加密安全有效载荷——它们存在于一些分组中。

IPv6 协议中仍然需要分段和重组，但是在这方面存在很大不同。IPv6 数据报仅仅在源端才分段，而不是在路由器；重组发生在目的端。不允许在路由器对分组进行分段，以此来提高路由器中分组的处理速度。分组需要被分段，与分段相关的所有字段需要被重新计算。在 IPv6

中，源可以检查分组大小，并决定分组是否被分段。当路由器接收分组时，它可以检查分组的大小，如果大于前方网络允许的 MTU 则丢弃它。之后，路由器发送分组过长的 ICMPv6 错误报文来通知源端。

表 4-17 一些下一个头部代码

头部下一个代码	代表的含义
00	逐跳选项
02	ICMPv6
06	TCP
17	UDP
43	源路由选择选项
44	分段选项
50	加密的安全有效载荷
51	鉴别头部
59	空（没有下一个头部）
60	目的端选项

4.5.2 IPv6 的地址空间

从 IPv4 迁移到 IPv6 的主要原因是 IPv4 地址空间小。IPv6 地址是 128 位（16 字节）长，是 IPv4 地址长度的 4 倍。

一台计算机通常按二进制存储地址，但是很明显，对于我们普通人来说 128 位的二进制数是很难处理的。所以 IPv6 地址通常用冒号十六进制表示，即将地址分为 8 组，每组为 4 个十六进制数的形式，每 4 个数字用一个冒号分隔开。如：

二进制：　　1111111010000000　　……　　1000100101000000

冒号十六进制：FE80:0000:0000:0000:A234:0007:0045:8940

即使使用十六进制格式，IPv6 地址也非常长，但是地址中有很多数字是 0。这种情况下我们可以将地址缩短。地址某部分中开始的一些 0 可以省略。使用这种缩短形式，0007 可以写成 7，0045 可以写成 45，而 0000 可以写成 0。注意，8940 不能省略最后的 0。进一步的缩短，通常称为 0 压缩。如果有连续的部分仅仅包含 0，则可以使用 0 压缩。我们可以将所有的 0 移除，而用两个冒号来代替 0。注意：这种缩短方法对一个地址只能使用一次。也就是说如果有多串 0 的部分，只能有其中的一部分进行缩短。这个限制的目的是为了能准确还原被压缩的 0。不然就无法确定每个::代表了多少个 0。

例如，FE80:0000:0000:0000:A234:0007:0045:8940 可以表示成 FE80:0:0:0:A234:7:45:8940 或者 FE80:: A234:7:45:8940。

有时我们可以看到 IPv6 地址的混合表示法：冒号十六进制与点分十进制表示法的结合。在过渡阶段这个方法是合适的。一个 IPv6 地址可以将一个 IPv4 地址内嵌进去，并且写成 IPv6 形式和平常习惯的 IPv4 形式的混合体。IPv6 有两种内嵌 IPv4 的方式：IPv4 映像地址和 IPv4 兼容地址。

① IPv4 映像地址有如下格式：::ffff:192.168.89.9

这个地址仍然是一个 IPv6 地址，只是 0000:0000:0000:0000:0000:ffff:c0a8:5909 的另一种写

法罢了。

② IPv4 兼容地址写法如下：::192.168.89.9

如同 IPv4 映像地址，这个地址只是 0000:0000:0000:0000:0000:0000:c0a8:5909 的另一种写法。需要注意的是 IPv4 兼容地址已经被舍弃了，所以今后的设备和程序中可能不会支持这种地址格式。

所以说 IPv4 位址可以很容易的转化为 IPv6 格式。例如，如果 IPv4 的一个地址为 135.75.43.52，用十六进制表示的话可以表示为 874B2B34，它可以被转化为 0000:0000:0000:0000:0000:ffff:874B:2B34 或者::ffff:874B:2B34。同时，还可以使用混合符号，则地址可以为::ffff:135.75.43.52。

地址中的前导位定义特定的 IPv6 地址类型，包含这些前导位的变长字段称作格式前缀。IPv6 单播地址被划分为两部分，第一部分包含地址前缀，第二部分包含接口标识符。表示 IPv6 地址/前缀组合的简明方式如下所示：IPv6 地址/前缀长度。如以下是具有 64 位前缀的地址的示例：

3FFE:FFFF:0:CD30:0:0:0:0/64

此示例中的前缀是 3FFE:FFFF:0:CD30。该地址还可以以压缩形式写入，如 3FFE:FFFF:0:CD30::/64。

在 IPv6 中，目的地址可以属于以下 3 种中的一种：单播、任播以及多播。单播地址标示一个网络接口，协议会把送往地址的数据包投送给其接口。任播地址也叫泛播，一组接口的标识符（通常属于不同的结点）。发送到此地址的数据包被传递给该地址标识的所有接口（根据路由走最近的路线）。任播地址类型代替 IPv4 广播地址。多播地址也称组播地址。多播地址也被指定到一群不同的接口，送到多播地址的数据包会被发送到所有的地址。

IANA 维护官方的 IPv6 地址空间列表。全域的单播地址的分配可在各个区域互联网注册管理机构或 GRH DFP pages 找到。IPv6 中有些地址是有特殊含义的。

未指定地址（::/128）：所有比特皆为零的地址称作未指定地址。这个地址不可指定给某个网络接口，并且只有在主机尚未知道其来源 IP 时，才会用于软件中。路由器不可转送包含未指定地址的数据包。

链路本地地址（::1/128）：是一种单播绕回地址。如果一个应用程序将数据包送到此地址，IPv6 堆栈会转送这些数据包绕回到同样的虚拟接口（相当于 IPv4 中的 127.0.0.0/8）。还有一种为 fe80::/10，这些链路本地地址指明，这些地址只在区域连接中是合法的，这有点类似于 IPv4 中的 169.254.0.0/16。

IPv4 转译地址：::ffff:x.x.x.x/96 用于 IPv4 映射地址。:: x.x.x.x/96 用于 IPv4 兼容地址。

4.5.3 从 IPv4 过渡到 IPv6

由于 Internet 的规模以及网络中数量庞大的 IPv4 用户和设备，IPv4 到 IPv6 的过渡不可能一次性实现。而且，许多企业和用户的日常工作越来越依赖于 Internet，它们无法容忍在协议过渡过程中出现的问题。所以 IPv4 到 IPv6 的过渡必须是一个循序渐进的过程，在体验 IPv6 带来的好处的同时仍能与网络中其余的 IPv4 用户通信。能否顺利地实现从 IPv4 到 IPv6 的过渡也是 IPv6 能否取得成功的一个重要因素。IETF 已经提出 3 种策略来帮助过渡：双协议栈、隧道以及头部转换。

1. 双协议栈

IETF 推荐所有的主机在完全过渡到第六版之前，使用一个双协议栈（dual stack）。换言之，一个站应同时运行 IPv4 和 IPv6，直到整个 Internet 使用 IPv6。图 4-76 所示为双协议栈的配置示意图。

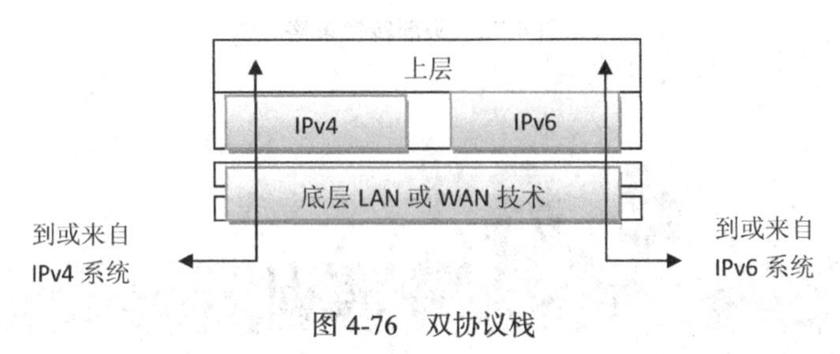

图 4-76　双协议栈

当把分组发送到目的端时，为了确定使用哪个版本的，主机要向 DNS 进行查询。如果 DNS 返回一个 IPv4 地址，那么源主机就发送一个 IPv4 分组；如果返回一个 IPv6 地址，就发送一个 IPv6 分组。

2. 隧道技术

当两台使用 IPv6 的计算机要进行通信，但是其分组要通过使用 IPv4 的区域时，就要使用隧道技术（tunneling）这种策略。因此，当进入这种区域时，IPv6 分组要封装成 IPv4 分组，而当分组离开该区域时，再去掉这个封装。这就好像 IPv6 分组进入隧道一端，而在另一端流出来。为了更清楚地说明利用 IPv4 分组携带 IPv6 分组，其协议的值设为 41。隧道技术如图 4-77 所示。

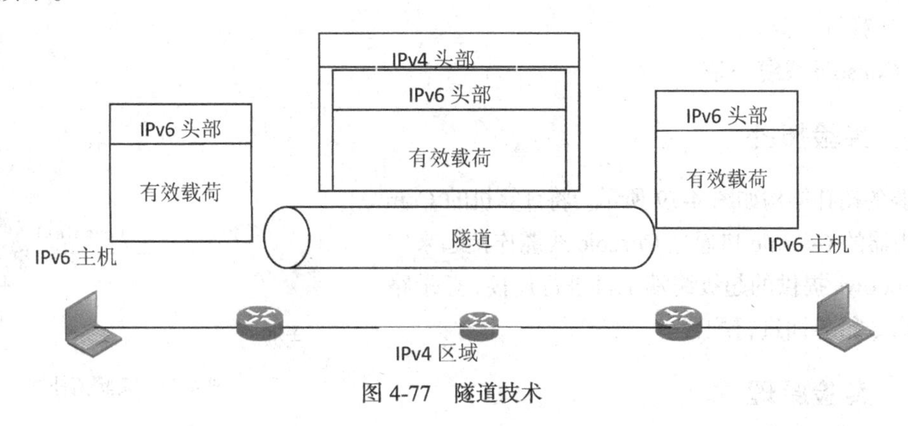

图 4-77　隧道技术

3. 头部转换

当 Internet 中绝大部分已经过渡到 IPv6，但一些系统仍然使用 IPv4 时，就需要使用头部转换（header translation）。发送方想使用 IPv6，但接收方不能识别 IPv6，这种情况下使用隧道技术无法工作，因为分组必须是 IPv4 格式才能被接收方识别。在此情况下，头部格式必须通过头部转换而彻底改变。IPv6 的头部就转换成 IPv4 的头部，如图 4-78 所示。

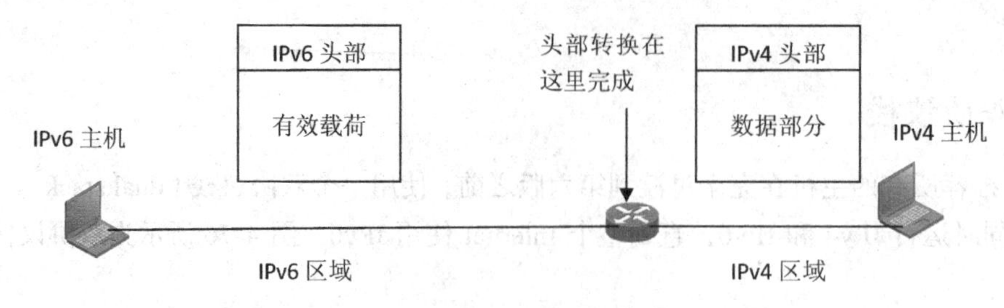

图 4-78　头部转换策略

4.6 实训

4.6.1 实训一　路由器的基本操作

一、实验目的

1. 理解路由器的工作原理。
2. 掌握路由器的基本操作。

二、实验设备

1. 路由器一台。
2. 计算机一台。
3. Console 线缆一条。

三、实验拓扑

实验的拓扑结构如图 4-79 所示。将计算机的 Com 口和路由器的 Console 口通过 Console 线缆连接起来，使用 Windows 提供的超级终端工具进行连接，登录路由器的命令行界面进行配置。

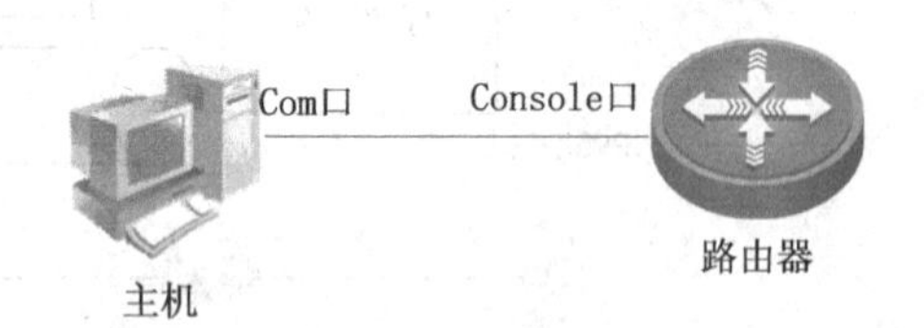

图 4-79　实验拓扑图

四、实验原理

路由器的管理方式基本分为两种：带内管理和带外管理。通过路由器的 Console 口管理路由器属于带外管理，不占用路由器的网络接口，但特点是线缆特殊，需要近距离配置。第一次配置路由器时必须利用 Console 进行配置，使其支持 telnet 远程管理。

路由器的命令行操作模式主要包括：用户模式、特权模式、全局配置模式、端口模式等几种。

（1）用户模式：进入路由器后得到的第一个操作模式，该模式下可以简单查看路由器的软、硬件版本信息，并进行简单的测试。用户模式提示符为 ROUTER>。

（2）特权模式：由用户模式进入的下一级模式，该模式下可以对路由器的配置文件进行管理，查看路由器的配置信息，进行网络的测试和调试等。特权模式提示符为 ROUTER#。

（3）全局配置模式：属于特权模式的下一级模式，该模式下可以配置路由器的全局性参数（如主机名、登录信息等）。在该模式下可以进入下一级的配置模式，对路由器具体的功能进行配置。全局模式提示符为 ROUTER （config）#。

（4）端口模式：属于全局模式的下一级模式，该模式下可以对路由器的端口进行参数配置。

路由器命令行支持获取帮助信息、命令的简写、命令的自动补齐、快捷键功能。下面是几个常用命令。

```
exit：退回到上一级操作模式。
end：直接退回到特权模式。
```

show version：查看路由器的版本信息，可以查看到路由器的硬件版本信息和软件版本信息，用于进行路由器操作系统升级时的依据。

```
show ip route：查看路由表信息。
show running-config：查看路由器当前生效的配置信息。
```

五、实验步骤

1．路由器命令行的基本功能。

（1）ROUTER>?

```
!使用?显示当前模式下所有可执行的命令
Exec commands:
<1-99>                      Session number to resume
disable                     Turn off privileged commands
disconnect                  Disconnect an existing network connection
enable                      Turn on privileged commands
exit                        Exit from the EXEC
help                        Description of the interactive help system
lock                        Lock the terminal
ping                        Send echo messages
ping6                       ping6
show                        Show running system information
start-terminal-service      Start terminal service
telnet                      Open a telnet connection
traceroute                  Trace route to destination
```

（2）ROUTER>e?

```
enable exit
!显示当前模式下所有以 e 开头的命令
```

（3）ROUTER>en <tab>

```
!按键盘的 Tab 键自动补齐命令，路由器支持命令的自动补齐
```

（4）ROUTER>enable

```
!使用 enable 命令从用户模式进入特权模式
```

（5）ROUTER#copy ？

```
!显示 copy 命令后可执行的参数
flash:                       Copy from flash: file system
running-config               Copy from current system configuration
startup-config               Copy from startup configuration
tftp:                        Copy from tftp: file system
xmodem:                      Copy from xmodem: file system
```

（6）ROUTER#copy

```
% Incomplete command.
!提示命令未完，必须附带可执行的参数
```

（7）ROUTER#conf t

```
!路由器支持命令的简写，该命令代表 configure terminal
!进入路由器的全局配置模式
Enter configuration commands, one per line. End with CNTL/Z.
```

（8）ROUTER（config）#interface fastEthernet 0/0

```
!进入路由器端口 Fa0/0 的接口配置模式
ROUTER (config-if) #
```

（9）ROUTER（config-if）#exit

```
!使用 exit 命令返回上一级的操作模式
```

（10）ROUTER（config）#interface fastEthernet 0/0

```
ROUTER (config-if) #end
!使用 end 命令直接返回特权模式
ROUTER#
```

2. 配置路由器的名称。

```
ROUTER>enable
ROUTER#configure terminal
Enter configuration commands, one per line. End with CNTL/Z.
ROUTER (config) #hostname RouterA
!将路由器的名称设置为 RouterA
RouterA (config) #
```

3. 配置路由器的接口并查看接口配置。

```
RouterA#configure terminal
Enter configuration commands, one per line. End with CNTL/Z.
RouterA(config)#interface fastEthernet 0/0
!进入端口 Fa0/0 的接口配置模式
RouterA (config-if) #ip address 192.168.1.1 255.255.255.0
!配置接口的 IP 地址
RouterA (config-if) #no shutdown
!开启该端口
RouterA (config-if) #end
RouterA#show interfaces fastEthernet 0/0
!查看端口 Fa0/0 的状态是否为 UP，地址配置和流量统计等信息
```

4. 查看路由器的配置信息。

（1）RouterA#show version

!查看路由器的版本信息

（2）RouterA#show ip route

!查看路由表信息

（3）RouterA#show running-config

!查看路由器当前生效的配置信息

六、注意事项

（1）命令行操作进行自动补齐或命令简写时，要求所简写的字母必须能够唯一区别该命令。例如，ROUTER#conf 可以代表 configure，但 ROUTER#co 无法代表 configure，因为 co 开头的命令有两个 copy 和 configure，设备无法区别。

（2）注意区别每个操作模式下可执行的命令种类。路由器不可以跨模式执行命令。

（3）配置设备名称的有效字符是 22 个字节。

（4）Show interface 和 show ip interface 之间的区别。

4.6.2 实训二 单臂路由

一、实验目的

利用路由器的单臂路由功能实现 VLAN 间路由。

二、实验设备

1. 路由器一台。
2. 交换机一台。
3. 计算机两台。
4. 若干条网线。

三、实验拓扑

实验的拓扑图如图 4-80 所示。为减小广播包对网络的影响，网络管理员在公司内部网络中进行了 VLAN 的划分。在实现 VLAN 间路由上，为节约成本充分并且利用现有设备，网络管理员计划利用路由器的单臂路由功能实现 VLAN 间路由。

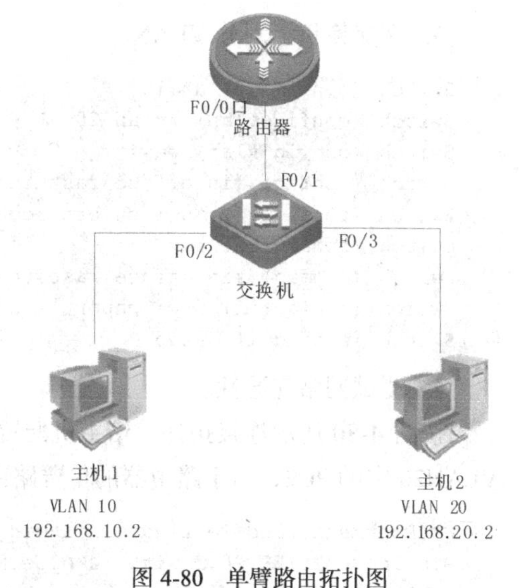

图 4-80 单臂路由拓扑图

四、实验原理

VLAN 间的主机通信为不同网段间的通信需要通过三层设备对数据进行路由转发才可以实现，在路由器上对物理接口划分子接口并封装

802.1q 协议，使每一个子接口都充当一个 VLAN 网段中主机的网关，利用路由器的三层路由功能可以实现不同 VLAN 间的通信。

五、实验步骤

1. 在路由器上配置子接口并封装 802.1q。

```
Router#configure terminal
Router (config)#interface fastEthernet 0/0
Router (config-if) #no shutdown
Router (config-if) #interface fastethernet 0/0.1
！创建并进入路由器子接口
Router (config-subif) #description vlan10
！对子接口进行描述
Router (config-subif) #encapsulation dot1q 10
！对子接口封装 801.2q 协议，并定义 VID 为 10
Router (config-subif) #ip address 192.168.10.1 255.255.255.0
！为子接口配置 IP 地址
Router (config-subif) #no shutdown
Router (config-subif) #exit
Router (config) #interface fastethernet 0/0.2
Router (config-subif) #description vlan20
Router (config-subif) #encapsulation dot1q 20
Router (config-subif) #ip address 192.168.20.1 255.255.255.0
Router (config-subif) #no shutdown
Router (config-subif) #end
```

2. 在交换机上定义 Trunk。

```
Switch#configure terminal
Switch (config) #interface fastEthernet 0/1
Switch (config-if) #switchport mode trunk
!将与路由器相连的端口配置为 Trunk 口。
Switch (config-if) #exit
```

3. 在交换机上划分 VLAN。

```
Switch (config) #vlan 10
Switch (config-vlan) #vlan 20
Switch (config-vlan) #exit
Switch (config) #interface fastEthernet 0/2
Switch (config-if) #switchport access vlan 10
Switch (config-if) #exit
Switch (config) #interface fastEthernet 0/3
Switch (config-if) #switchport access vlan 20
Switch (config-if) #end
```

4. 测试网络连通性。

按图 4-80 所示连接拓扑，给主机配置相应 VLAN 的 IP 地址。从 VLAN10 中的 PC1 ping VLAN20 中的 PC2，由于路由器的单臂路由功能实现了 VLAN 间路由，测试结果如下所示：

```
C:\Documents and Settings\shil>ping 192.168.20.2
Pinging 192.168.20.2 with 32 bytes of data:
Reply from 192.168.20.2: bytes=32 time<1ms TTL=63
Reply from 192.168.20.2: bytes=32 time<1ms TTL=63
```

```
Reply from 192.168.20.2: bytes=32 time<1ms TTL=63
Reply from 192.168.20.2: bytes=32 time<1ms TTL=63
Ping statistics for 192.168.20.2:
Packets: Sent = 4, Received = 4, Lost = 0 (0% loss),
Approximate round trip times in milli-seconds:
Minimum = 0ms, Maximum = 0ms, Average = 0ms
```

从上述测试结果可以看到，通过在路由器上配置单臂路由，实现了不同 VLAN 之间的主机通信。

六、注意事项

交换机上和路由器相连的端口需配置为 Trunk。

本章小结

在计算机网络体系结构中，网络层主要要解决的问题就是如何将数据报从源端发往目的端。在本章的开始，我们系统地介绍了网络层的功能。紧接着介绍了网络层中所用到的协议，包括 IP、ARP、RARP、ICMP 以及 IGMP 等。重点介绍了网际协议（IP）中的 IPv4 数据报的格式，IPv4 地址空间的描述。为了解决 IPv4 地址耗尽问题，提出了子网划分技术，构造超网（CIDR）技术以及网络地址转换技术（NAT）等。

然后介绍了路由选择、分组交付算法和路由选择相关的概念，如认识路由表、分组交付详细过程介绍等。从而引出路由选择算法——距离矢量路由算法和链路状态路由算法。重点介绍了基于距离矢量路由算法的路由信息协议（RIP）和基于链路状态路由算法的开放最短路径优先协议（OSPF），这两个协议都是作用于自治系统内部的内部网关协议。随后又介绍了作用于自治系统之间的边界网关协议（BGP）。

本章的第三部分介绍了移动 IP，通过这一部分的介绍，我们了解了什么是移动 IP，移动 IP 的特点以及我们利用移动 IPv4 的整个通信过程。

在本章的第四部分我们对下一代 IP 进行了讨论，介绍了 IPv6 的数据报格式，IPv6 的地址表示方式以及从 IPv4 过渡到 IPv6 的方法。

最后结合这一章的理论知识，我们给出了两个实训——路由器的基本操作和单臂路由。

习　题

一、选择题

1. IP 地址 10000111 00110100 00000000 10001111 的十进制写法是（　　）。

   A. 91.43.0.15　　B. 135.62.0.143

   C. 135.52.0.143　　D. 91.3.96.44

2. 下列三类地址格式中B 类地址格式是（　　）。

A. 0 网络地址（7 位）主机地址（24 位）

B. 01 网络地址（14 位）主机地址（16 位）

C. 10 网络地址（14 位）主机地址（16 位）

D. 110 网络地址（21 位）主机地址（8 位）

3. 在 TCP/IP 参考模型中，网络层的主要功能不包括（　　）。

A. 处理来自传输层的分组发送请求

B. 处理接收的数据报

C. 处理互连的路径、流控与拥塞问题

D. 处理数据格式变换、数据加密和解密、数据压缩与恢复等

4. 某个 IP 地址的子网掩码为 255. 255. 255. 224，该掩码又可以写为（　　）。

A. /22　　B. /27　　C. /26　　D. /28

5. 将 IP 地址转换为硬件地址的技术是（　　）。

A. RAPR　　B. NAT　　C. DHCP　　D. ARP

6. 若某公司分配给技术部的 IP 地址块为 212. 113. 16. 192/27，分配给销售部的 IP 地址块为 212.113.16.224/27，那么这两个地址块经过聚合后的地址为（　　）。

A. 212.113.16.192/26　　B. 212.113.16.192/27

C. 212.113.16.128/26　　D. 212.113.16.128/25

7. 在同一 AS 之间使用的路由协议是（　　）。

A. RAP　　B. OSPF　　C. BGP-4　　D. ISIS

8. 路径选择功能是在 OSI 模型的（　　）。

A. 物理层　　B. 数据链路层　　C. 网络层　　D. 运输层

9. 下列关于 OSPF 协议的描述中，错误的是（　　）。

A. OSPF 使用分布式链路状态协议

B. 链路状态协议“度量”主要是指费用、距离、延时、带宽等

C. 当链路状态发生变化时用洪泛法向所有路由器发送信息

D. 链路状态数据库中保存一个完整的路由表

10. 家庭需要通过无线局域网将分布在不同房间的 3 台计算机接入 Internet，并且 ISP 只给其分配一个 IP 地址。在这种情况下，应该选用的设备是（　　）。

A. AP　　B. 无线路由器　　C. 无线网桥　　D. 交换机

11. 某企业分配给产品部的 IP 地址块为 192.168.31.192/26，分配给市场部的 IP 地址块为 192.168.31.160/27，分配给财务部的 IP 地址块为 192.168.31.128/27，那么这 3 个地址块经过聚合后的地址为（　　）。

A. 192.168.31.0/25　　B. 192.168.31.0/26

C. 192.168.31.128/25　　D. 192.168.31.128/26

12. 下列对 IPv6 地址 FF60:0:0:0601:BC:0:0:05D7 的简化表示中，错误的是（　　）。

A. FF60::601:BC:0:0:05D7　　B. FF60::601:BC::05D7

C. FF60:0:0:601:BC::05D7　　D. FF60:0:0:0601:BC::05D7

13. 下列关于外部网关协议 BGP 的描述中，错误的是（　　）。

A. BGP是不同自治系统的路由器之间交换路由信息的协议

B. 一个BGP发言人使用UDP与其他自治系统中的BGP发言人交换路由信息

C. BGP交换路由信息的结点数是以自治系统数为单位的

D. BGP-4采用路由向量协议

14. R_1、R_2是一个自治系统中采用RIP路由协议的两个相邻路由器，R_1的路由表如下图（a）所示，当R_1收到R_2发送的如下图（b）所示的（V，D）报文后，R_1更新的3个路由表项中距离值从上到下依次为（　　）。

目的网络	距离	路由
10.0.0.0	0	直接
20.0.0.0	7	R_2
30.0.0.0	4	R_2

（a）

目的网络	距离
10.0.0.0	3
20.0.0.0	4
30.0.0.0	3

（b）

A. 0、4、3　　B. 0、4、4　　C. 0、5、3　　D. 0、5、4

15. 在配置路由器远程登录口令时，路由器必须进入的工作模式是（　　）。

A. 特权模式　　B. 用户模式

C. 接口配置模式　　D. 虚拟终端配置模式

16. 一下IP地址中，不属于专用IP地址的是（　　）。

A. 10.1.8.1　　B. 172.12.8.1　　C. 172.30.8.1　　D. 192.168.8.1

17. 某公司拥有IP地址块202.113.77.0/24。其中202.113.77.16/28和202.113.77.32/28已经分配给人事部和财务部，现在技术部需要100个IP地址，可分配的IP地址块是（　　）。

A. 202.113.77.0/25　　B. 202.113.77.48/25

C. 202.113.77.64/25　　D. 202.113.77.128/25

18. IPv6地址FE::45:A2:的::之间被压缩的二进制数字0的位数为（　　）。

A. 16　　B. 32　　C. 64　　D. 96

19. 使用链路状态数据库的路由器协议是（　　）。

A. RIP　　B. OSPF　　C. BGP　　D. IGRO

20. IP地址块202.113.79.0/27，202.113.79.32/27和202.113.79.64/26经过聚合后可分配的IP地址数为（　　）。

A. 62　　B. 64　　C. 126　　D. 128

二、填空题

1. 常用的IP地址有A、B、C三类，65.123.45.66是一个________类地址，其网络标识为________，主机标识为________。

2. IPv4地址的位数为________位。IPv6地址的位数为________位。MAC地址的位数是________位。

3. IP地址的主机部分如果全为1，则表示________地址，IP地址的主机部分若全为0，则表示________地址，127.0.0.1被称作________地址。

4. 路由协议有很多种类，也有很多区分的角度，根据使用的范围即在自治系统内部或者外部使用，路由协议可以分为________和________。

5. 主机名转换成 IP 地址，要使用________协议；IP 地址转换成 MAC 地址，要使用________协议。

三、名词解释

1. IP 地址 2. RARP 3. OSPF 4. ARP 5. NAT 6. ICMP 7. IGP 8. EGP

四、综合题

1. IP 地址为 192.72.20.111，子网掩码为 255.255.255.224，求该网段的广播地址。

2. 请你详细地解释一下网际协议（IP）的定义，它在哪个层上面？主要有什么作用？

3. 某校被分配了一个 192.168.10.0 的 C 类网络地址，但是现在需要 6 个子网分别给不同的部门使用，试分析：

（1）请给这个网络选择一个子网掩码；

（2）请问每个子网最多能接多少台主机；

（3）其中与 IP 地址 192.168.10.48 在同一子网的 IP 地址的范围。

4. 某公司申请了一个 C 类地址 199.5.45.0。为了便于管理，需要划分成 5 个子网，每个子网都有不超过 26 台的主机，子网之间用路由器相连。请说明如何对该子网进行规划，并写出子网掩码和每个子网的子网地址。

5. 计算并填写下表。

IP 地址	144.150.128.57
子网掩码	255.255.192.0
地址类别	（1）
网络地址	（2）
广播地址	（3）
子网内的第一个可用 IP 地址	（4）

6. 有如下的 4 个/24 地址块，试进行最大可能的聚合。214.78.132.0/24，214.78.133.0/24，214.78.134.0/24，214.78.135.0/24，计算出聚合地址。（请写出推算过程）

7. 解析 ARP 的工作原理。

8. 简述 ping 命令的工作原理及用途。

9. 一个 IP 分组报头中的首部长度字段值为 101（二进制），而总长度字段值为 101000（二进制），请问该分组携带了多少字节的数据？

10. 设目的地址为 201.230.34.56，子网掩码为 255.255.240.0，试求出子网地址。

11. 若某 CIDR 地址块中的某个地址是 128.34.57.26/22，那么该地址块中的第一个地址是什么？最后一个地址是什么？该地址块的网络地址是什么？该地址块共包含多少个地址？

12. 设某路由器建立了如下所示的转发表，此路由器可以直接从接口 0 和接口 1 转发分组，也可通过相邻的路由器 R_2、R_3 和 R_4 进行转发。现共收到 5 个分组，其目的站 IP 地址分别为（1）128.96.39.10；（2）128.96.40.12；（3）128.96.40.151；（4）192.4.153.17；（5）192.4.153.90。试分别计算其下一跳。

目的网络	子网掩码	下一跳
128.96.39.0	255.255.255.128	接口 0
128.96.39.128	255.255.255.128	接口 1
128.96.40.0	255.255.255.128	R2
192.4.153.0	255.255.255.192	R3
*（默认）		R4

13. 已知路由器 C 有以下路由表。现在收到相邻路由器 B 发来的路由更新信息，试用 RIP 更新路由器 C 的路由表。

C 路由表

目的网络	距离	下一跳路由器
N2	3	D
N3	4	E
N4	5	A
N5	8	B

B 发来的更新信息

目的网络	距离	下一跳路由器
N1	2	A
N2	5	E
N3	1	直接交付

第5章 数据链路层

数据链路层属于计算机网络的低层，数据链路层有两种截然不同的信道。第一种类型链路层信道是广播信道。这种信道使用一对多的广播通信方式，同一信道上连接的主机很多，需要使用专用的介质访问控制协议来协调传输和避免“碰撞”，如局域网中常用这种信道。第二种类型链路层信道是点对点信道。这种信道使用一对一的点对点通信方式，如两台路由器之间的通信链路或一个住宅的拨号调制解调器与一个ISP路由器之间的通信链路。协调点对点信道的访问是很容易的，但也存在一些重要问题，如组帧、可靠数据传输、差错检测和流量控制等。

在这一章中，我们首先介绍数据链路层的功能，然后再详细讨论这些功能，接着介绍局域网和广域网数据链路层理论，最后介绍数据链路层常用的设备。

如图5-1所示，在两台主机通过互联网通信时，从源主机H_1开始，经过一系列路由器（R_1、R_2、R_3），到目的主机H_2结束。所经过的网络可以是多种，如电话网、局域网和广域网。该通信路径由一系列通信链路组成。从协议的层次看，主机H_1和H_2有完整的协议层次，路由器的协议栈只有下面3层。数据进入路由器后先从物理层上到网络层，在网络层的转发表中找到下一条的地址后，再下到物理层转发数据。

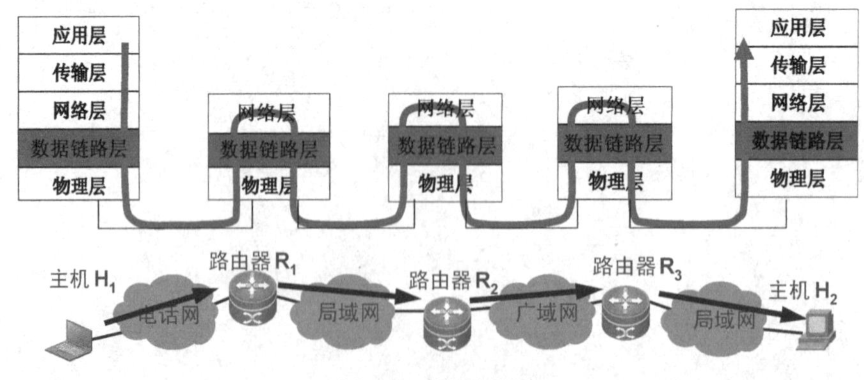

图5-1　数据链路层

当我们研究数据链路层的问题时，很多情况下我们可以从各结点协议栈的数据链路层水平方向来着眼。如图5-2所示，当主机H_1向H_2发送数据时，我们可以想象数据是在数据链路层从左向右水平传送，即通过这样的4段链路：H_1链路层→R_1链路层、R_1链路层→R_2链路层、R_2链路层→R_3链路层和R_3链路层→H_2链路层。

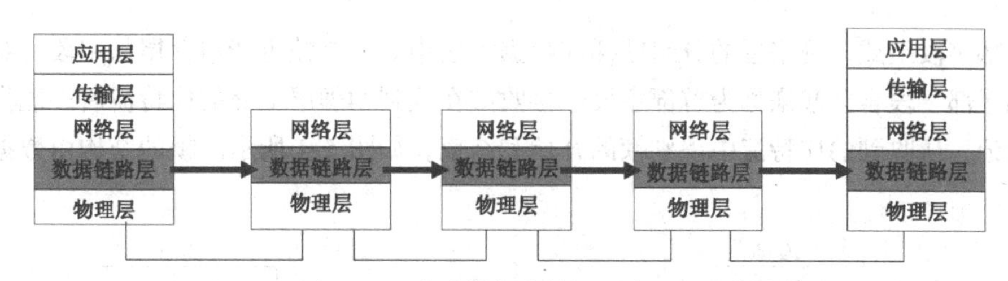

图 5-2　只考虑数据在数据链路层流动

我们想知道协议数据单元如何通过各段链路的。在单段链路上，网络层的协议数据单元“分组”如何被封装成数据链路层的“帧”的。数据链路层协议能够提供可靠的传输吗？在整个通信路径上不同的链路是采用的相同的链路层协议吗？诸如此类的重要问题我们就在这一章来回答。

5.1 数据链路层功能

我们先来学习一些术语。为方便讨论，我们把主机和路由器统称为结点，我们将不关心一个结点是主机还是路由器。我们把沿着通信路径连接相邻结点的通信信道称为链路，有人将其称为物理链路。链路的中间没有任何其他的交换结点。两个主机通信时，通信路径上要经过许多独立的链路。当在一条通信路径上传输数据时，除了要有物理链路外，还必须要有通信协议来控制这些数据的传输。把实现数据传输协议的硬件和软件加到链路上，就构成了数据链路，有人将其称为逻辑链路。网络适配器就是实现这些协议的硬件和软件。一般的适配器包含了数据链路层和物理层这两层的功能。链路层协议交换的数据单元称为帧。

所有的数据链路层的基本功能都是将数据帧通过单条链路从一个结点移动到相邻结点（见图 5-3），但具体细节依赖于该链路上应用的具体数据链路层协议。数据链路层协议包括以太网、802.11 无线局域网、令牌环和 PPP。数据链路层的一个重要特点是在通信路径的不同链路上可能由不同的链路层协议来处理。例如，在第一段链路上可能由 PPP 来处理，在最后一段链路上可能由以太网来处理，在中间的链路上由广域网链路层协议来处理。需要着重注意的是，不同的数据链路层协议的提供功能是不同的，如一个数据链路层协议可能提供可靠的交付，另一个数据链路层协议可能不提供可靠的交付。

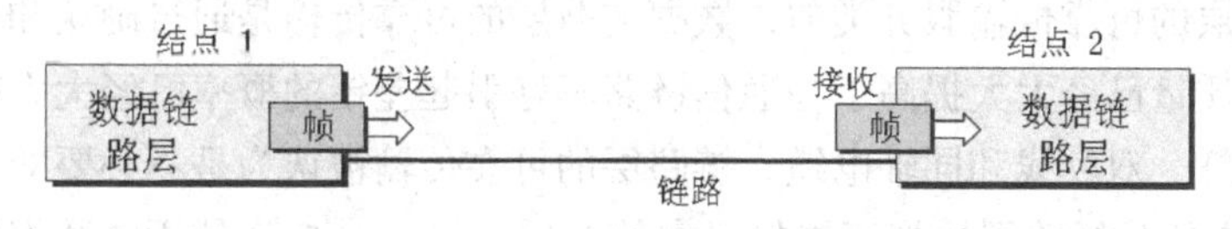

图 5-3 帧在数据链路层一条链路上移动

数据链路层可能提供的服务包括：组帧、差错控制、流量控制、可靠传输和介质访问控制。

1. 组帧

在网络层的分组在链路上传输前，链路层协议用数据链路层的帧将其封装。一个帧由数据字段和首部字段组成，网络层的分组就插在数据字段中。一个帧可能包含尾部字段，我们把首部字段和尾部字段合并起来称为首部字段。接收端在收到物理层上交的比特流后，能根据首部字段的标记，从收到的比特流中识别帧的开始和结束，如图 5-4 所示。帧的结构由数据链路层协议规定。

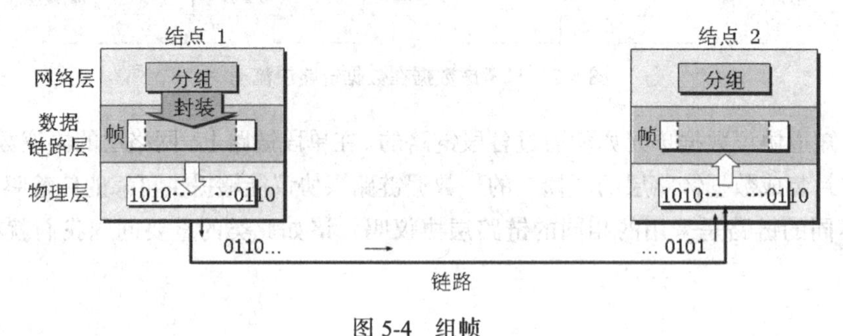

图 5-4　组帧

2. 差错控制

由于通信链路中存在信号的衰减和电池干扰，帧中的比特在传输过程中可能产生差错，1 接收方判断为 0，0 接收方判断为 1。转发有差错的数据是没有意义的，数据链路层的许多协议提供检测是否存在差错的机制。这是通过在帧中设置差错检测冗余位，让接收结点对收到的帧进行差错检测来完成的。链路层的差错检测通常很复杂，并且通过硬件来实现。

差错纠正不仅能检测是否帧中出现了差错，而且能够判决帧中的差错出现在哪里并纠正这些错误。一些协议如 ATM 只为分组的首部提供链路层差错纠正。

3. 流量控制

由于链路的每一结点具有有限的帧缓存，接收结点在某个时间段收到帧的速率比其处理的速度快，没有流量控制，接收方的缓存会溢出，帧会丢失。和传输层类似，数据链路层协议提供流量控制机制，当接收方来不及处理发送方发送的数据时，及时控制发送方发送数据的速率，旨在使收发方协调一致。

4. 可靠传输

当数据链路层提供可靠传输服务时，它保证将网络层的分组无差错地通过数据链路层。OSI 的观点是必须把数据链路层做成是可靠传输的。前面讲过，传输层的协议 TCP 也提供可靠的传输服务。和传输层的可靠传输服务类似，数据链路层的可靠传输是通过确认和重传来获得的。现在通信线路的质量已经大大提高了，通信链路不好引起差错的概率已经大大降低。低差错率的链路，包括光纤、双绞线和同轴电缆，链路层的可靠传输被认为是不必要的开销，为了提高通信效率，许多有线的链路层协议不提供可靠的交付，Internet 广泛使用的数据链路层不提供可靠的服务。数据链路层可靠地传输服务常用于容易产生高差错率的链路，如无线链路。

5. 介质访问控制

介质访问控制协议定义了帧在链路上传输的规则。对于在链路的一端有一个发送方、另一端有一个接收方的点对点链路，介质访问控制协议比较简单，甚至不存在。对于多个结点共享单个广播链路，就是被称为多址访问的问题，介质访问控制协议用来协调多个结点的帧传输。

数据链路层提供的许多服务和传输层提供的服务是非常相似的。例如，数据链路层和传输层都能提供可靠交付。尽管这两层用于提供可靠交付的机制相似，这两个可靠交付服务是不同的。传输层协议在端到端的基础上为两个进程之间提供可靠交付；而可靠的链路层协议在一条链路相连的两个结点之间提供可靠的交付服务。同样的，数据链路层和传输层都能提供流量控制和差错检测，传输层协议中的流量控制是在端到端的基础上提供的，而链路层协议是在结点对相邻结点基础上提供的。

5.2 组帧

前面讲过链路层协议交换的数据单元称为帧，每个链路层帧通常封装了一个网络层的数据报。为了使传输中发生差错后只将出错的帧进行重发，数据链路层将比特流组织成以帧为单位传送。帧的组织结构必须设计成使接收方能够明确地从物理层收到比特流中对其进行识别，也即能从比特流中区分出帧的起始与终止，这就是帧同步要解决的问题。由于网络传输中很难保证计时的正确和一致，所以不能采用依靠时间间隔关系来确定一帧的起始与终止的方法。下面介绍几种常用的帧同步方法。

1. 字节计数法

这种帧同步方法以一个特殊字符表征一帧的起始,并以一个专门字段来标明帧内的字节数。接收方可以通过对该特殊字符的识别从比特流中区分出帧的起始，并从专门字段中获知该帧中随后跟随的数据字节数，从而可确定出帧的终止位置。

面向字节计数的同步规程的典型实例是 DEC 公司的数字数据通信报协议（Digital Data Communications Message Protocol，DDCMP）。DDCMP 采用的帧格式如表 5-1 所示。

表 5-1　DDCMP 采用的帧格式

8	14	2	8	8	8	16	8-131064	16（位）
SOH	Count	Flag	Ack	Seg	Addr	CRC1	Data	CRC2

格式中控制字符 SOH 标志数据帧的起始。Count 字段共有 14 位，用以指示帧中数据段中数据的字节数，数据段最大长度为 $8\times(2^{14}-1)=131\ 064$ 位，长度必须为字节（即 8 位）的整倍数，DDCMP 协议就是靠这个字节计数来确定帧的终止位置的。CRC1、CRC2 分别对首部和数据部分进行双重校验，强调首部单独校验的原因是，一旦首部中的 Count 字段出错，即失去了帧边界划分的依据，将造成灾难性的后果。

由于采用字段计数方法来确定帧的终止边界不会引起数据及其他信息的混淆，因而不必采用任何措施便可实现数据的透明性，即任何数据均可不受限制地传输。

2. 字符填充的首尾定界符法

该方法用一些特定的字符来定界一帧的起始与终止。为了不使数据信息位中出现的与特定字符相同的字符被误判为帧的首尾定界符，可以在这种数据字符前填充一个转义控制字符以示区别，从而达到数据的透明性。

数据链路层的主要工作是添加一个帧头部和帧尾部，不同的数据链路层协议可能格式不同，但是基本的格式类似，如图 5-5 所示。

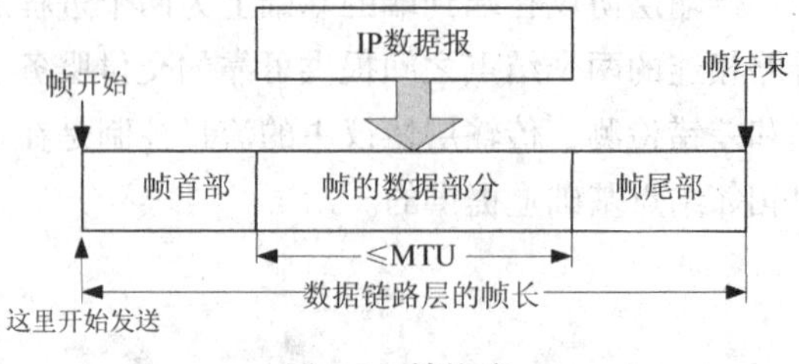

图 5-5　帧格式

这里的数据部分一般有一个最大程度，我们称为MTU，在MAC里一般是1 500个字节，后面会详细介绍。这里要说的是，当数据是由可打印的ASC2码组成的文件时，可以使用特殊的帧定字符来标明一个帧的开始和结束，如使用 SOH（Start Of Header）--0x01 和 EOT（End Of Transmission）--0x04 来表示，这样数据链路层就可以识别出帧的开始和结束。

如果我们提供任何数据输入，数据链路层都可以成功传递，那么我们称之为透明传输，即数据链路层的功能对于网络层和上层是透明的。比如文本字符数据输入，SOH 和 EOT 都可以很好的工作，因为二者没有交集。但是对于二进制数据输入来说，就有可能在数据中出现 0x01 和 0x04，导致帧意外地中断和丢弃。因此，需要一种机制来处理这种情况，最经典、最常用的就是字节填充或字符填充的方式，比如在 SOH 和 EOT 的前面分别插入一个转义字符 ESC-0x1B，在接收端的数据链路层在将数据送往网络层之前删除这个插入的转义字符，这就叫作字符填充。图 5-6 所示为字节填充法实现透明传输。

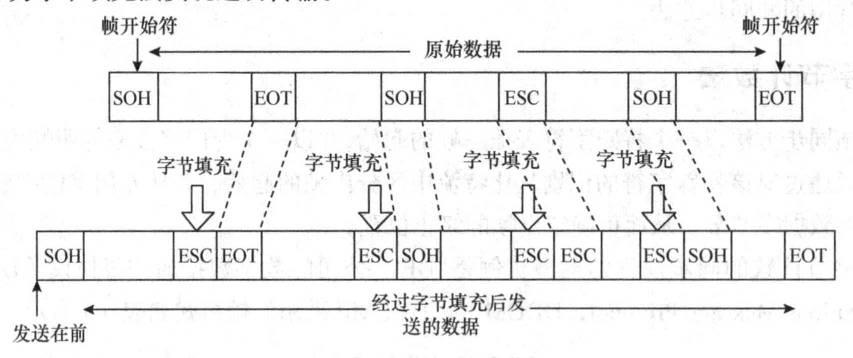

图 5-6　字节填充法实现透明传输

3. 比特填充的首尾定界符法

该方法以一组特定的比特模式（如 01111110）来标志一帧的起始与终止。7.3 节要详细介绍的 HDLC 和 PPP 协议就采用该法。为了不使信息位中出现的与该特定模式相似的比特串被误判为帧的首尾标志，可以采用比特填充的方法。例如，采用特定模式 01111110，则对信息位中的任何连续出现的 5 个“1”，发送方自动在其后插入一个“0”，而接收方则做该过程的逆操作，即每收到连续 5 个“1”，则自动删去其后所跟的“0”，以此恢复原始信息，实现数据传输的透明性。比特填充很容易由硬件来实现，其性能优于字符填充方法。

4. 违法编码法

该方法在物理层采用特定的比特编码方法时采用。例如，曼彻斯特编码方法，是将数据比特“1”编码成“高—低”电平对，将数据比特“0”编码成“低—高”电平对。而“高—高”

电平对和“低—低”电平对在数据比特中是违法的。可以借用这些违法编码序列来定界帧的起始与终止。局域网 IEEE 802 标准中就采用了这种方法。违法编码法不需要任何填充技术，便能实现数据的透明性，但它只适用采用冗余编码的特殊编码环境。

目前较普遍使用的帧同步法是比特填充法和违法编码法。

5.3 差错控制

差错控制在数据通信过程中能发现或纠正差错，把差错限制在尽可能小的允许范围内的技术和方法。

信号在物理信道中传输时，线路本身电器特性造成的随机噪声、信号幅度的衰减、频率和相位的畸变、电器信号在线路上产生反射造成的回音效应、相邻线路间的串扰以及各种外界因素（如大气中的闪电、开关的跳火、外界强电流磁场的变化、电源的波动等）都会造成信号的失真，在数据通信中，将会使接收端收到的二进制数位和发送端实际发送的二进制数位不一致，从而造成由“0”变成“1”或由“1”变成“0”的差错。

通信信道的噪声分为两类：热噪声和冲击噪声。其中，热噪声是信道固有的、持续存在的随机热噪声，它引起的差错是随机差错；冲击噪声是由外界特定的短暂原因所造成的冲击噪声，它引起的差错是突发差错，引起突发差错的位长称为突发长度。在通信过程中产生的传输差错，是由热噪声的随机差错与冲击噪声的突发差错共同构成的。数据通信的差错程度通常是以“误码率”来定义的，它是指二进制比特在数据传输系统中被传错的概率，它在数值上近似等于 $Pe = Ne/N$。其中，N 为传输的二进制比特总数，Ne 为被传错的比特数。

最常用的差错控制方法是差错控制编码。数据信息位（k 位）在向信道发送之前，先按照某种关系附加上一定的冗余位（n 位），构成一个码字后再发送，这个过程称为差错控制编码过程。编码效率就是 k 除以（$k+n$）的值。接收端收到该码字后，检查信息位和附加的冗余位之间的关系，以检查传输过程中是否有差错发生，这个过程称为检验过程。

差错控制编码可分为检错码和纠错码。检错码是能自动发现差错的编码；纠错码是不仅能发现差错而且能自动纠正差错的编码。

差错控制方法分两类，一类是自动请求重发（ARQ），另一类是前向纠错（FEC）。在 ARQ 方式中，当接收端发现差错时，就设法通知发送端重发，直到收到正确的码字为止。ARQ 方式只使用检错码。在 FEC 方式中，接收端不但能发现差错，而且能确定二进制码元发生错误的位置，从而加以纠正。FEC 方式必须使用纠错码。

5.3.1 奇偶校验

奇偶校验是一种结构最简单也是最常用的校验方法，并广泛应用于主存储器信息的校验及字节传输的出错校验。假设要发送的信息有 n 个比特，在偶校验方案中，发送方只需要包含一个附加的比特，选择它的值，使得这 n+1 个比特（初始的信息加上一个校验位）中 1 的总数是偶数。对于奇校验方案，校验位值得选择要求有奇数个 1。图 5-7 所示为一个偶校验方案，单个校验位被存放在一个单独的字段中。

采用单个校验位的接收方的操作也很简单。接收方只需要计算接收的 n+1 个比特中 1 的数目。如果在奇校验方案中发现了偶数个 1，接收方知道至少有一个比特发生差错。准确地说，是发生了奇数个比特差错。但如果同时有偶数个（例如 2、4、6）比特出现错误，是检查不出来的。

为了提高奇偶校验的检错能力，可采用二维奇偶校验，也可称为双向冗余校验、方块校验或垂直水平校验。将要发送的信息的 n 个比特划分成 i 行 j 列，对每行每列计算奇偶校验值。结果的 i+j+1 个奇偶比特构成了差错检测比特。

例如：二维奇偶校验如图 5-8 所示。

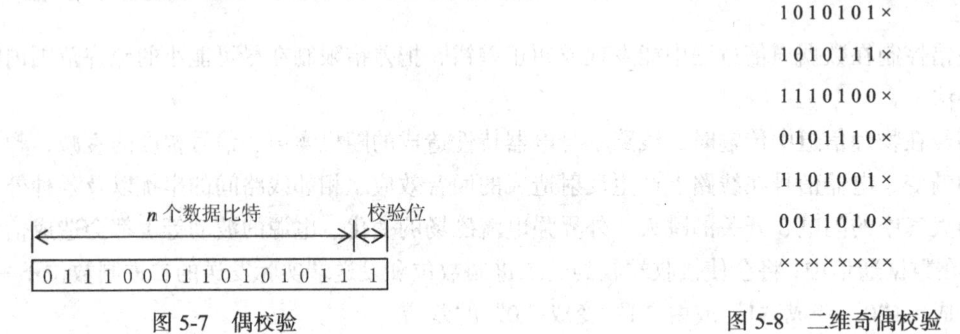

图 5-7　偶校验　　　　图 5-8　二维奇偶校验

其中“×”表示奇偶校验所采用的奇校验或偶校验的校验值。

二维奇偶校验码不仅可用来检错，还可用来纠正一些错码。例如，当码组中仅在一行中有奇数个错误时，则能够确定错码位置，从而纠正它。

奇偶校验能够检测出信息传输过程中的部分误码（1 位误码能检出，2 位及 2 位以上误码不能检出），奇偶校验可以用在要求比较低的应用下，同时，它不能纠错。在发现错误后，只能要求重发。但由于其实现简单，仍得到了广泛使用。

5.3.2　循环冗余检测

目前在数据链路层广泛使用了循环冗余检验（Cyclic Redundancy Check，CRC）的检错编码。循环冗余检验编码也称为多项式编码，因为能把比特串看作是系数是 0 和 1 的一个多项式，对比特串的操作被解释为多项式算术。

在发送端要发送的 k 比特的数据 M，发送结点要把数据 M 发送给接收结点。发送方和接收方首先要协商一个 n+1 比特生成码 P，称为生成多项式 $P(X)$。要求 $P(X)$ 的最高有效位的比特（最左边）是 1。

对于一个给定的数据 M，发送方要选择 n 位的附加比特 R 即冗余码（冗余码常称为帧检验序列 **FCS**），附加 M 后面，使得产生的 k+n 比特的数据一起发送到接收端。在所要发送的数据后面增加 n 位冗余码，虽然增大了数据传输的开销，但却可以进行差错检测，往往是很值得的。

这 n 位的冗余码 R 是如何得出的呢？是用模 2 运算（在加法中不进位，在减法中不借位。这意味着加法和减法是相同的，而且等价于操作数的按位异或（XOR）运算），相当于在 M 后面添加 n 个 0。得到（k+n）位的数除以发送方和接收方协商好的 n+1 位除数 P，得出的商是 Q 余数是 R（n 位，比 P 少一位）。

【例 5-1】 已知：信息码 M：110011　　信息多项式：$M(X)=X^5+X^4+X+1$

生成码 P：1101　　生成多项式：$P(X)=X^3+X^2+1(n=3)$

求：冗余码和码字。

解：① 被除数是信息码 M 后添加 $n=3$ 个 0，即 110011000。

② 除数是 P 即 1101。

③ 用模 2 运算（见图 5-9）。由计算结果知冗余码是 1001，码字就是 1100111001。

在接收端把收到的数据以帧为单位进行 CRC 检验。用 CRC 进行差错检验的过程很简单：接收方用 P 去除接收到的 $k+n$ 位比特。如果余数为 0，则认为正确而被收下得到信息码；如果余数为非 0，则接收方认为发生错误，就丢弃该帧，请求对方重发。

【例 5-2】 已知：接收码字：1100111001　　多项式：$T(X)=X^9+X^8+X^5+X^4+X^3+1$

生成码 P：11001　　生成多项式：$P(X)=X^4+X^3+1(n=4)$

求：码字的正确性。若正确，则指出冗余码和信息码。

解：① 用字码除以生成码，余数为 0，如图 5-10 所示，所以码字正确。

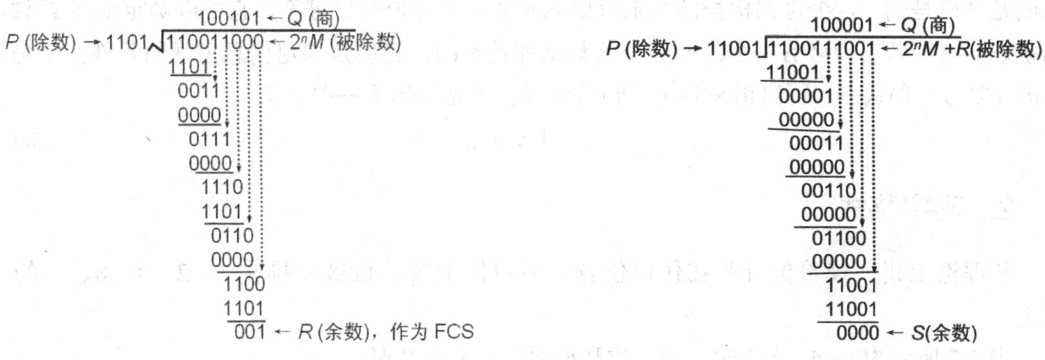

图 5-9　求冗余码的例子　　　图 5-10　求码字正确性的例子

② 因 $n=4$，所以冗余码是：1001，信息码是：110011

现在广泛使用的生成多项式 $P(X)$有如下几种：

CRC-16 = $x^{16}+x^{15}+x^2+1$

CRC16-CCITT =$x^{16}+x^{12}+x^5+1$

CRC-32 = $x^{32}+x^{26}+x^{23}+x^{22}+x^{16}+x^{12}+x^{11}+x^{10}+x^8+x^7+x^5+x^4+x^2+x+1$

CRC 码不能 100%地发现错误，余数为 0 时可能发生差错。一般产生多项式阶数越高，检错能力越强。凡是接收方数据链路层接收的帧，我们都能以非常接近于 1 的概率认为这些帧在传输过程中没有产生差错。通常都这样近似地认为：凡是接收方数据链路层接收的帧均无差错。

在数据链路层，发送端帧检验序列 FCS 的生成和接收端 CRC 检验都是用硬件完成的，处理很迅速，因此不会延误数据的传输。

CRC 码不可以自动纠错，要做到可靠传输，必须加上确认和重传机制。

5.3.3　海明码

采用纠错码进行差错控制时，接收端不仅能发现差错，而且知道出错码元的位置，从而自动进行纠正。这种方式称为前向纠错（FEC）。海明码就是一种纠错码。

发送方进行海明码编码，所需步骤如下。

① 确定最小的校验位数 k。

② 原有信息和 k 个校验位一起编成长为 $m+k$ 位的新码字——海明码。选择 k 校验位（0 或 1）以满足必要的奇偶条件。

接收方对收到的码字进行译码，所需步骤如下。

① 接收端对所接收的信息作所需的 k 个奇偶检查。

② 如果所有的奇偶检查结果均为正确的，则认为信息无错误。如果发现有一个或多个错了，则错误的位由这些检查的结果来唯一地确定。

1. 校验位的位数

推求海明码时的一项基本考虑是确定所需最少的校验位数 k。考虑长度为 m 位的信息，若附加了 k 个校验位，则所发送的总长度为 $m+k$。在接收器中要进行 k 个奇偶检查，每个检查结果或是真或是伪。这个奇偶检查的结果可以表示成一个 k 位的二进字，它可以确定最多 2^k 种不同状态。这些状态中必有一个其所有奇偶测试都是真的，它便是判定信息正确的条件。于是剩下的（2^k-1）种状态，可以用来判定误码的位置。于是导出下一关系：

$$2^k-1 \geqslant m+k \tag{5-1}$$

2. 码字格式

从理论上讲，校验位可放在任何位置，但习惯上校验位被安排在 1、2、4、8、…的位置上。

表 5-2 所示为 $m=4$，$k=3$ 时，信息位和校验位的分布情况。

表 5-2　　海明码中校验位和信息位的定位

码字位置	B_1	B_2	B_3	B_4	B_5	B_6	B_7
校验位	x	x		x			
信息位			x		x	x	x
复合码字	P_1	P_2	D_1	P_3	D_2	D_3	D_4

3. 各校验位的确定

k 个校验位是通过对 $m+k$ 位复合码字进行奇偶校验而确定的。

其中：P_1 位负责校验海明码的第 1、3、5、7、…（P_1、D_1、D_2、D_4、…）位（包括 P_1 自己，检验 1 位，跳过 1 位）。

P_2 负责校验海明码的第 2、3、6、7、…（P_2、D_1、D_3、D_4、…）位（包括 P_2 自己，检验 2 位，跳过 2 位）。

P_3 负责校验海明码的第 4、5、6、7、…（P_3、D_2、D_3、D_4、…）位（包括 P_3 自己，检验 4 位，跳过 4 位）。

对 $m=4$，$k=3$，偶校验的例子，只要进行 3 次偶性测试。这些测试（以 A、B、C 表示）在表 5-3 所示各位的位置上进行。

表 5-3 奇偶校验位置

奇偶条件	码字位置						
	1	2	3	4	5	6	7
A	×		×		×		×
B		×	×			×	×
C				×	×	×	×

因此可得到 3 个校验方程及确定校验位的公式：

$$A=B_1 \oplus B_3 \oplus B_5 \oplus B_7=0 \text{ 得 } P_1=D_1 \oplus D_2 \oplus D_4 \quad (5\text{-}2)$$

$$B=B_2 \oplus B_6 \oplus B_6 \oplus B_7=0 \text{ 得 } P_2=D_1 \oplus D_3 \oplus D_4 \quad (5\text{-}3)$$

$$C=B_4 \oplus B_5 \oplus B_6 \oplus B_7=0 \ P_3=D_2 \oplus D_3 \oplus D_4 \quad (5\text{-}4)$$

例如，4 位信息码为 1001，利用这 3 个公式可求得 3 个校验位 P_1、P_2、P_3 的值和海明码。

$P_1\ P_2\ 1\ P_3\ 0\ 0\ 1$

3 个校验位：$P_1=0$；$P_2=0$；$P_3=1$

海明码：0011001

上面是发送方的处理。

4. 接收方译码

在接收方，也可根据这 3 个校验方程对接收到的信息进行同样的奇偶测试：

$$A=B_1 \oplus B_3 \oplus B_5 \oplus B_7=0 \quad (5\text{-}5)$$

$$B=B_2 \oplus B_3 \oplus B_6 \oplus B_7=0 \quad (5\text{-}6)$$

$$C=B_4 \oplus B_5 \oplus B_6 \oplus B_7=0 \quad (5\text{-}7)$$

若 3 个校验方程都成立，即方程式右边都等于 0，则说明没有错。若不成立即方程式右边不等于 0，说明有错。从 3 个方程式右边的值，可以判断哪一位出错。例如，如果第 3 位数字反了，则 C=0（此方程没有 B_3），A=B=1（这两个方程有 B_3）。可构成二进数 CBA，以 A 为最低有效位，则错误位置就可简单地用二进数 CBA=011 指出。

同样，若 3 个方程式右边的值为 001，说明第 1 位出错。若 3 个方程式右边的值为 100，说明第 4 位出错。

例如：接收码字为 0110111 经测试 A=1；B=0；C=1。说明第 5 位有错，则只需将第 5 位变反，就可还原成正确的数码 0110011。

海明码能够检测出二位同时出错，或者能检测出一位出错并能自动给出错位的正确值。

5.4 介质访问控制

在本章的引言中，我们提到了两种类型的信道：点对点信道和广播信道。点对点信道的链路由链路一端的单个发送方和链路另一端的单个接收方组成。许多链路层协议是为点对点信道的链路设计的。后面的 PPP 协议和 HDLC 协议就是这种协议。第二种类型的信道是广播信道，它能够有多个发送和接收结点连接到相同的、单一的、共享的广播信道。广播的含义是当任何一个结点传输一帧时，该信道广播该帧，从而每个其他结点都可以收到一个拷贝。以太网是广播链路层的例子。

共享信道要着重考虑的一个问题就是如何协调多个发送和接收结点对一个共享广播信道的访问，即介质访问控制问题。在技术上有静态划分信道和动态介质访问控制两种方法。

5.4.1 静态划分介质访问控制

我们在下一章要介绍的频分复用（FDM）、时分复用（TDM）、波分复用和码分复用等就是静态划分介质访问控制。用户只要分配到了信道就不会和其他用户发生冲突。这种信道划分方法代价较高，不适合在局域网使用。

5.4.2 随机访问介质访问控制

所有的用户可随时地发送信息。但如果有两个以上的用户在同一时刻发送信息，那么在共享介质上就要产生碰撞（即冲突），使得这些用户的发送都失败。

在随机访问协议中，一个传输结点总是以信道的全部速率传输。当有碰撞发生时，发生碰撞的每个结点反复地重传它的帧，直到该帧无碰撞地通过。但要注意的是，当一个结点发生碰撞时它不是立刻重传该帧，而是等待一个随机时延。每个碰撞的结点选择独立的随机时延，这样有可能这些结点中某个结点选择的时延远远小于其他碰撞结点的时延，并因此能够无碰撞地将它的帧发送到信道中。

随机访问介质访问控制协议有很多，如 ALOHA 协议、CSMA 协议、CSMA/CD 协议、CSMA/CA 等。CSMA/CD 协议是一个很流行并在以太网中广泛使用的协议。

载波监听多路访问/冲突检测协议（Carrier Sense Multiple Access with Collision Detection，CSMA/CD）已广泛应用于局域网中，以此来决定对介质的访问权。

最早的 CSMA 方法起源于美国夏威夷大学的 ALOHA 广播分组网络。只是在 1980 年，美国 DEC、Intel 和 Xerox 公司联合宣布以太网采用 CSMA 技术，并增加了检测碰撞功能，才有后来的 CSMA/CD 技术。这种争用协议只适用于逻辑上属于总线拓扑结构的网络。在总线网络中，每个站点都能独立决定帧的发送，如果有两个或多个站同时发送帧，就会产生冲突，导致所有同时发送的帧都出错。因此，一个用户发送信息成功与否，在很大程度上取决于监测总线是否空闲的算法，以及当两个不同结点同时发送分组，发生冲突后所使用的中断传输的方法。

由 IEEE 802.3 标准确定的 CSMA/CD 检测冲突的方法如下。

① 当一个结点想要发送数据的时候，它检测网络查看是否有其他结点正在传输，即监听信道是否空闲。

② 如果信道忙，则等待，直到信道空闲；如果信道闲，结点就传输数据。

③ 在发送数据的同时，结点继续监听网络确信没有其他结点在同时传输数据。因为有可能两个或多个结点都同时检测到网络空闲然后几乎在同一时刻开始传输数据。如果两个或多个结点同时发送数据，就会产生冲突。

④ 当一个传输结点识别出一个冲突，它就发送一个拥塞信号，这个信号使得冲突的时间足够长，让其他的结点都能发现。

⑤ 其他结点收到拥塞信号后，都停止传输，等待一个随机产生的时间间隙（回退时间，Backoff Time）后重发。

如图 5-11 所示，现假定 A、B 两个结点位于总线两端，两结点之间的最大传播时延为τ。当结点 A 发送数据后，在经过接近于而没达到最大传播时延τ即$\tau-\delta$（δ趋近于 0）时，结点 B 检测到信道空闲，正好也发送数据，此时冲突便发生。发生冲突后，B 结点立即（即τ时）可检测到该冲突，而结点 A 需再经过一个最大传播时延τ（即$2\tau-\delta$时）后，才能检测出冲突。也即最坏情况下，对于基带 CSMA/CD 来说，检测出一个冲突的时间等于任意两个结点之间最大传播时延的两倍（2τ）。

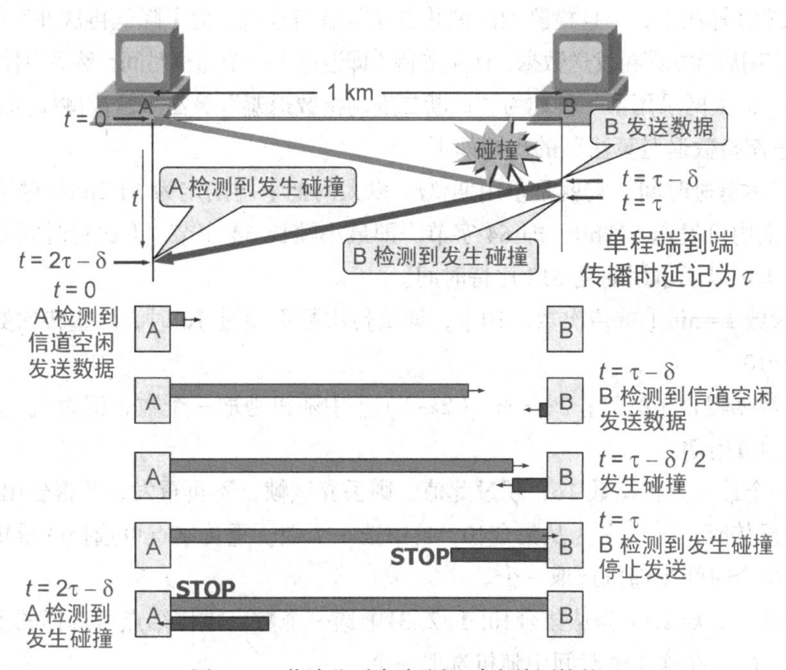

图 5-11　载波监听多路访问/冲突检测协议

发送数据帧的结点 A，在发送数据帧后至多经过 2τ 就可知道所发送的数据帧是否发生了碰撞。因此以太网的端到端的往返时间 2τ 称为争用期，又称为碰撞窗口、时间槽。它是一个重要的参数，因为一个站在发送完数据后，经过争用期的考验，也就是说经过争用期这段时间还没有检测到碰撞，就能肯定这次发送不会发生碰撞。

数据帧从一个站点开始发送，到该数据帧发送完毕所需的时间和为“数据传输时延”；同理，数据传输时延也表示一个接收结点开始接收数据帧，到该数据帧接收完毕所需的时间。数据传输时延（s）=数据帧长度（bit）/ 数据传输速率（bit/s）。若不考虑中继器引入的延迟，数据帧从一个结点开始发送，到该数据帧被另一个结点全部接收所需的总时间，等于数据传输时延与信号传播时延之和。

由上述分析可知，为了确保发送数据结点在传输时能检测到可能存在的冲突，数据帧的传输时延至少要两倍于传播时延。换句话说，要求分组的长度不短于某个值，否则在检测出冲突之前传输已经结束，但实际上分组已被冲突所破坏。若不考虑中继器引入的延迟，由此引出了

CSMA/CD 总线网络中最短帧长的计算关系式如式（5-8）所示。

$$\frac{\text{最短帧长 (bit)}}{\text{数据传输速率 (Mbit/s)}} = 2\times\frac{\text{任意两点间最大距离(m)}}{\text{信号传播速度(m/μs)}} \quad (5\text{-}8)$$

【例 5-3】考虑一个使用 CSMA/CD 介质访问控制技术的 100Mbit/s 局域网，若该网络跨距为 1km，信号在网络上传播速度为 200/μs，则能够使用此协议的最小帧长度为多少？

答：

$$\text{最短帧长 (bit)} = 2\times\frac{\text{任意两点间最大距离 (m)}}{\text{信号传播速度 (m/μs)}}\times\text{数据传输速率 (Mbit/s)}$$

$$= 2\times\frac{1\,000}{200}\times 100 = 1\,000\ (\text{bit})$$

在 CSMA/CD 算法中，一旦检测到碰撞并发完阻塞信号后，为了降低再次冲突的概率，不是等待信道变为空闲后就立即再发送数据，而是等待（即退避）一个随机时间，然后再使用 CSMA/CD 方法试图传输。以太网采用了一种称为“截断二进制指数退避”算法来解决碰撞问题。

“截断二进制指数退避算法”的规则如下。

① 确定基本退避时间，它就是争用期 2τ。以太网把争用期定为 51.2μs。对于 10Mbit/s 以太网，在争用期内可发送 512bit，即 64 字节，即最小帧长 64 字节。1 比特时间是发送 1 比特所需的时间，也可以说争用期是 512 比特时间。

② 设置参数 k=min［重传次数，10］，即重传次数不超过 10 时，k=重传次数；重传次数超过 10 时，k=10。

从离散的数据集合［0；1；2；…；（$2k$–1）］中随机地取一个数，记为 r。重传应推后的时间就是 r 倍的争用期。

③ 设置一个最大重传次数 16，超过此值，则丢弃该帧，不再重发，并报告出错。

如第一次重传时，k=1，r 为从集合{0, 1}中选一个数。重传结点可选择的重传推迟时间为 0 或 2τ，在这两个时间中随机选取一个。

第二次重传时，k=2，r 为从集合{0, 1, 2, 3}中选一个数。重传结点可选择的重传推迟时间为 0，2τ，4τ和 6τ，在这 4 个时间中随机选取一个。

若再次发送碰撞，则第三次重传 k =3，r 为从集合{0, 1, 2, 3, 4, 5, 6, 7}中选一个数，依此类推。

若连续多次发生冲突，就表明可能有较多的站参与争用信道。使用上面的算法可使重传需要推迟的平均时间随重传次数增加而增大，即少冲突的帧重发的机会大，冲突多的帧重发的机会小。

为了使刚收到数据帧的站的接收缓存来得及清理，做好接收下一帧的准备，以太网还规定了帧间最小间隔为 9.6μs。

CSMA/CD 控制方式的优点是：原理比较简单，技术上也容易实现，网络中各工作站处于平等地位，不需集中控制，不提供优先级控制。但在网络负载增大时，发送时间增长，发送效率急剧下降。它的代价是用于检测冲突所花费的时间。

5.4.3 轮询访问介质访问控制：令牌传递协议

令牌环技术是 1969 年由 IBM 提出来的。它适用于环形网络，并已成为流行的环访问技术。

这种介质访问技术的基础是令牌。令牌是一种特殊的帧，用于控制网络结点的发送权，只有持有令牌的结点才能发送数据。由于发送结点在获得发送权后就将令牌删除，在环路上不会再有令牌出现，其他结点也不可能再得到令牌，保证环路上某一时刻只有一个结点发送数据，因此令牌环技术不存在争用现象，它是一种典型的无争用型介质访问控制方式。

1. 令牌环网的基本原理

令牌环网是一种环形拓扑结构（见图 5-12），令牌环上的站点通过点到点的链路连接，形成闭合环路。其中的干线耦合器是中继器，用来控制环路的输入和输出。这种介质访问技术的基础是令牌。令牌是一种特殊的 MAC 控制帧，用于控制网络结点的发送权，只有持有令牌的结点才能发送数据。令牌环网属于共享介质局域网。为了避免冲突，一个令牌环中只允许有一个令牌。令牌有“忙”和“闲”两种状态。

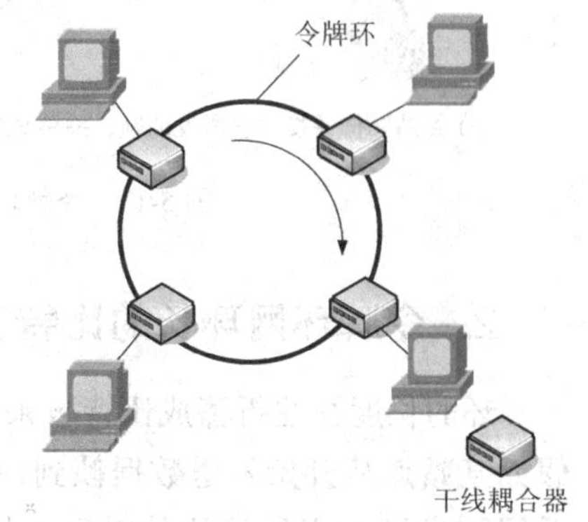

图 5-12　令牌环网结构

令牌平时总是沿着物理环路，单向逐结点在环上流动。当一个结点有数据要发送时，必须等到令牌出现在本站时截获它，并将“闲”令牌置为“忙”令牌（改变令牌的一个标志位），然后将所要发送的信息附在令牌后面发送出去。由于令牌环网采用单令牌方式，环路上只有一个令牌存在，只要有一个站发送信息，环路上就再没有空闲的令牌流动。采取这样的方法，可以保证任意时刻环路上只能有一个站发送数据。因此，不会出现以太网那样的争用介质的局面，它是一种典型的无争用型介质访问控制方式。令牌环网一个很大的优点是在网络负荷较大时，可以高效工作。

在环上传输的信息不断逐个站点向前传输，一直到达目的站。目的站复制（即收下）这个帧，而且将此信息帧转发到下一个结点（并在其后附上已接收标志）。这个转发的信息帧在环路上转了一圈后，最后又回到发送信息的源站点。源站对返回的信息不再转发，而是对返回的信息进行检查，查看本次发送是否成功。

当源站所发信息的最后一个比特绕环路一周返回到源站时，源站生成一个新的令牌，将令牌发送给下一个站，环路上又有令牌在流动，等待某个站去截获它来获取发送权。

图 5-13 所示为令牌环网上的 A 站向 C 站发送信息的过程。

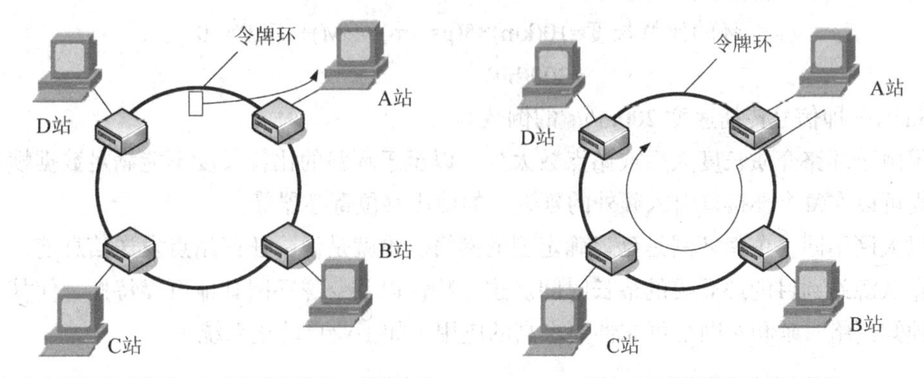

图 5-13　令牌环网上的 A 站向 C 站发送信息的过程

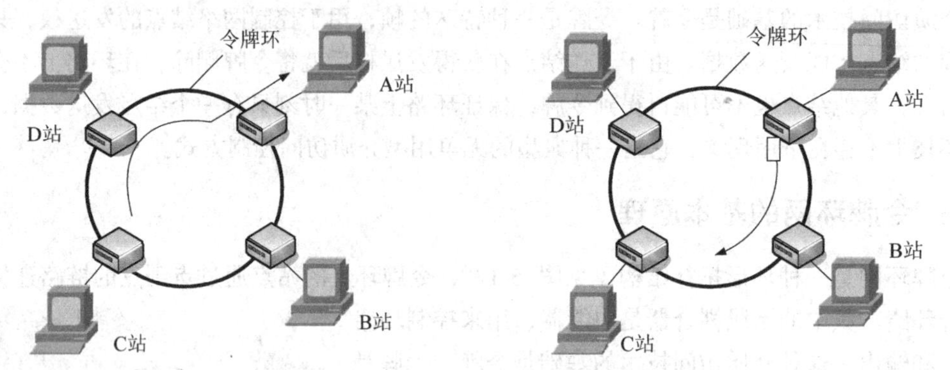

（c）A 站等待并接收它所发的帧，并将该帧从环上撤离　　（d）A 站收完最后一个比特后，重新产生令牌送到环上

图 5-13　令牌环网上的 A 站向 C 站发送信息的过程（续）

2. 令牌环网环长的比特度量

环的长度往往折算成比特数来度量，以比特度量的环长反映了环上能容纳的比特数量。假如某站点从开始发送数据帧到该帧发送完毕所经历的时间，等于该帧从开始发送经循环返回到发送站点所经历的时间，则数据帧的所有比特正好布满整个环路。换言之，当数据帧的传输时延等于信号在环路上传播时延时，该数据帧的比特数就是以比特度量的环路长度。

实际操作过程中，环路上的每个接口都会引入延迟。接口延迟时间的存在，相当于增加了环路上的信号传播时延，也即等效于增加了环路的比特长度。所以，接口引入的延迟同样也可以用比特来度量。一般，环路上每个接口相当于增加 1 位延迟。由此，可给出以比特度量的环长计算式：

（环的比特长度−接口延迟位数）/数据传输速率 = 环的介质的长度/传播时延

即：

环的比特长度=（环的介质的长度/传播时延）×数据传输速率+ 接口延迟位数　（5-9）

传播时延在同轴电缆和双绞线中为 200m/μs，在光纤中为 300m/μs。

例如，某令牌环介质长度为 10km，数据传输速率为 4Mbit/s；环路上共有 50 个站点，每个站点的接口引入 1 位延迟，则可计算得：

环的比特长度=10(km)×5(μs/km)×4(M)+1(bit)×50

=300(bit)

式中，5μs/km 即信号传播速度 200m/μs 的倒数。

如果由于环路介质长度太短或站点数太少，以至于环路的比特长度不能满足数据帧长度的要求，则可以在每个环接口引入额外的延迟，如使用移位寄存器等。

与以太网不同，令牌环网是延迟确定型的网络。也就是说，任何站点发送信息前，可以计算出信息从源站到目的站需要的最长时间。这一特性以及令牌环网其他可靠特性，使其特别适合需要预知网络时延和对网络可靠性要求高的应用（如工业自动化系统）。

5.5 网卡、网桥和交换机

5.5.1 网卡

网卡是计算机与局域网相互连接的唯一接口。网桥和以太网交换机是工作在数据链路层的设备。

1. 网卡的功能

计算机是通过网卡连接到局域网上的。网卡又称为网络接口卡，简称 NIC（Network Interface Card），也称网络适配器。网卡是计算机与局域网相互连接的唯一接口。无论是普通计算机还是高端服务器，只要连接到网络，都必须拥有至少一块网卡。一台计算机也可以同时安装两块或多块网卡。

在网卡上有处理器和存储器。网卡和局域网之间是通过双绞线或电缆连接的以串行传输方式进行通信。网卡和计算机之间是通过计算机主板上的 I/O 总线以并行传输方式进行通信。如图 5-14 所示，网卡的一个功能就是实现数据的串行传输和并行传输的转换。由于网络上和计算机总线的数据率不同，网卡中存储器用来进行缓存。网卡能够实现以太网协议。当计算机要发送 IP 数据报到网络中，由协议栈把 IP 数据报向下交给网卡，网卡将其封装为帧然后发送到局域网上去；当网卡收到有差错的帧时，就把这个帧丢弃而不必通知计算机。当网卡收到正确的帧时，它使用中断来通知计算机并交给协议栈中的网络层。当网卡接收和发送各种帧时使用自己的处理器，不使用计算机的 CPU，CPU 可以处理其他任务。在主板上插入网卡时，还要在计算机的操作系统中安装该网卡的设备驱动程序。以后设备驱动程序会告诉该网卡，应当从存储器的什么位置把多大的数据块发送到网络，或者应当在存储器的什么位置上把局域网传送过来的数据块存储下来。

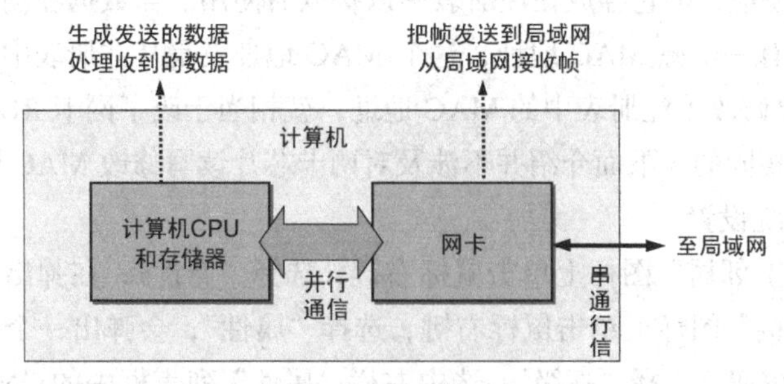

图 5-14 网卡的功能

网卡从网络上每收到一个 MAC 帧就首先用硬件检查 MAC 帧中的 MAC 地址。如果是发往本站的帧则收下，然后再进行其他的处理。否则就将此帧丢弃，不再进行其他的处理。“发往本站的帧”包括单播（unicast）帧（一对一）、广播（broadcast）帧（一对全体）和多播（multicast）帧（一对多）3 种帧。

网卡按其传输速率即带宽，可分为 10Mbit/s、100Mbit/s、1 000Mbit/s；还有一种是

10/100Mbit/s 自适应网卡。10Mbit/s 的速度太低已经不能满足当今发展趋势了，快速以太网 100Mbit/s 的适用于现在大多数单个用户，吉比特以太网 1Gbit/s 适用于骨干网，而 10/100Mbit/s 的是自适应网卡即可以同时有 10Mbit/s 和 100Mbit/s 的速率应用非常灵活，适用于网络不太稳定要求不是很高的网络。

2. 查看网卡的 MAC 地址

在命令提示符下，输入命令“ipconfig/all”，可查看本机网卡的 MAC 地址，如图 5-15 所示。

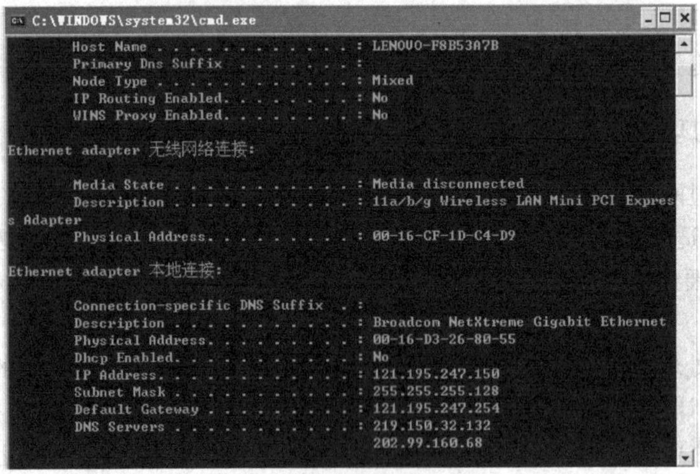

```
C:\WINDOWS\system32\cmd.exe
        Host Name . . . . . . . . . . . . : LENOVO-F8B53A7B
        Primary Dns Suffix  . . . . . . . :
        Node Type . . . . . . . . . . . . : Mixed
        IP Routing Enabled. . . . . . . . : No
        WINS Proxy Enabled. . . . . . . . : No

Ethernet adapter 无线网络连接:

        Media State . . . . . . . . . . . : Media disconnected
        Description . . . . . . . . . . . : 11a/b/g Wireless LAN Mini PCI Expres
s Adapter
        Physical Address. . . . . . . . . : 00-16-CF-1D-C4-D9

Ethernet adapter 本地连接:

        Connection-specific DNS Suffix  . :
        Description . . . . . . . . . . . : Broadcom NetXtreme Gigabit Ethernet
        Physical Address. . . . . . . . . : 00-16-D3-26-80-55
        Dhcp Enabled. . . . . . . . . . . : No
        IP Address. . . . . . . . . . . . : 121.195.247.150
        Subnet Mask . . . . . . . . . . . : 255.255.255.128
        Default Gateway . . . . . . . . . : 121.195.247.254
        DNS Servers . . . . . . . . . . . : 219.150.32.132
                                            202.99.160.68
```

图 5-15　查看网卡的 MAC 地址

3. 修改 MAC 地址

要修改 MAC 地址，可以通过硬件的方法实现，即利用网卡厂家提供的修改程序来烧录网卡的 ROM，这样做虽然可行，但是风险很大，操作也复杂，难免在操作中出现错误。

其实完全没必要用烧录方法修改网卡中的 MAC 地址。要知道 Windows 安装的时候，会自动从网卡中读入 MAC 地址，把它存放在注册表中以备以后使用。当数据在网络中传输时，从网卡发出的数据包中要求有一个源 MAC 地址，这个 MAC 地址就是从注册表中读取的（并非从网卡中读取的），因此只要修改了注册表中的 MAC 地址，就相当于改了网卡 ROM 中的 MAC 地址，两者实际效果是完全相同的。下面介绍并不涉及对网卡芯片读写修改 MAC 地址的两种方法。

（1）直接修改系统设置

在桌面上的“网上邻居”图标上单击鼠标右键，选择“属性”，在弹出的“网络连接”的对话框中，在“本地连接”图标上单击鼠标右键，选择“属性”，会弹出一个“本地连接属性”对话框，单击“配置”按钮，选择“高级”，选中左栏“属性”列表框中的“Network Address”（其实，并非所有的网卡对物理地址的描述都用“Network Address”，如 Intel 的网卡便用“Locally Administered Address”来描述，只要在右栏框中可以找到“值”这个选项就可以了），然后选中右栏框“值”中的上面一个单选钮，此时便可在右边的文本框中输入想改的网卡 MAC 地址，形式如“AABBCCDDEEFF”，如图 5-16 所示。单击“确定”按钮，修改就完成了。

在命令提示符下，输入命令“ipconfig/all”，查看网卡的 MAC 地址，这时可以发现网卡的 MAC 地址已经被修改，如图 5-17 所示。

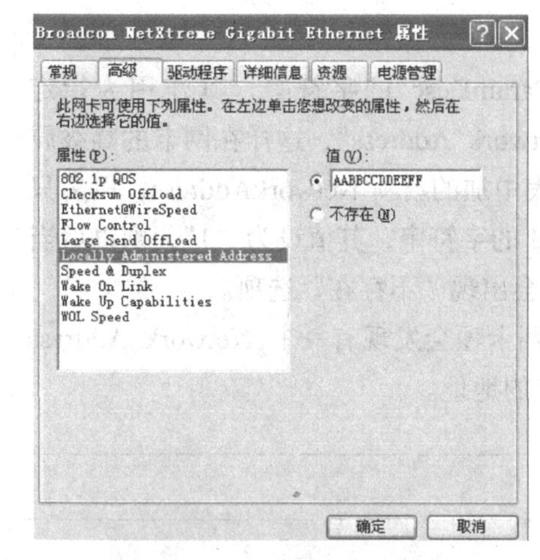

图 5-16　直接修改系统设置

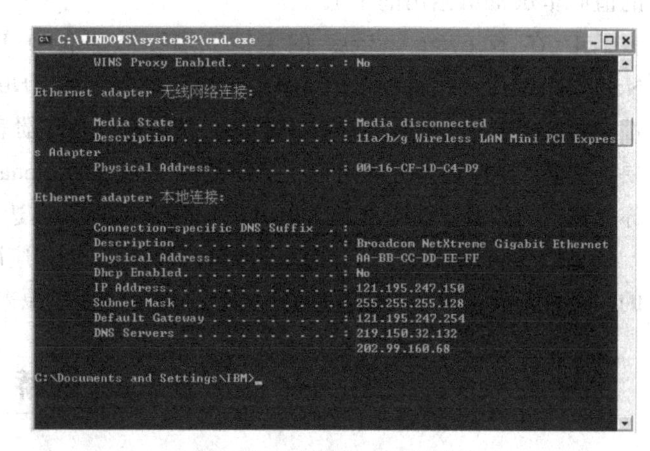

图 5-17　网卡的 MAC 地址

如果网卡不支持直接修改，就可以通过注册表来完成。

（2）改注册表

单击“开始/运行”，键入“regedit”，打开注册表编辑器。

① 在 HKEY_LOCAL_MACHINE\SYSTEM\CurrentControlSet\Control\Class\{4D36E972-E325-11CE-BFC1-08002BE10318}之后就会看到 0000、0001、0002 等主键下，查找 DriverDesc，内容为你要修改的网卡的描述，如“Broadcom NetXtreme Gigabit Ethernet”，如图 5-18 所示。

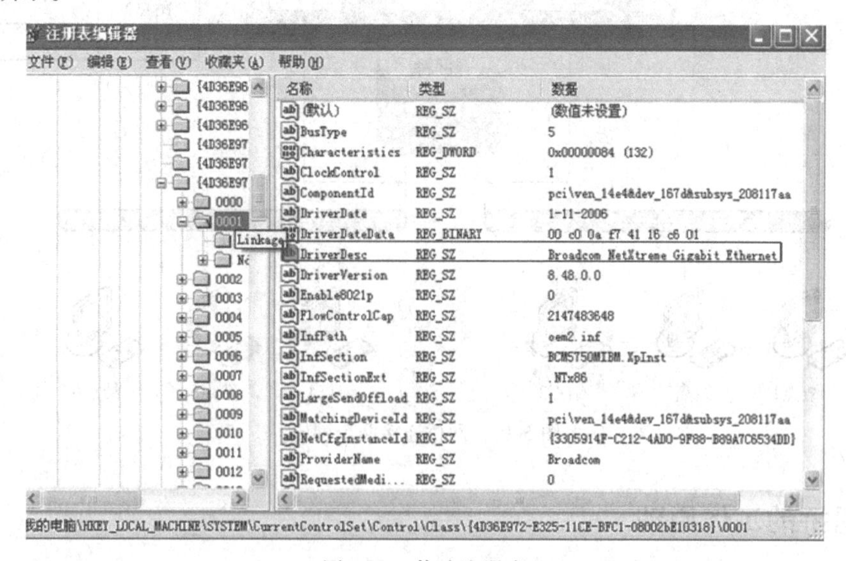

图 5-18　修改注册表

② 在其下添加一个字符串，命名为 NetworkAddress，其值设为你要的 MAC 地址（注意地址还是连续写），如 00E0DDE0E0E0。

③ 然后到其下 Ndi\params 中添加一项名为 NetworkAddress 的主键，在该主键下添加名为 default 的字符串，其值是你要设的 MAC 地址，要连续写，如 000000000000（实际上这只是设置在后面提到的高级属性中的“初始值”，实际使用的 MAC 地址还是取决于在第②步中提到的 NetworkAddress 参数，这个参数一旦设置后，以后高级属性中的值就是 NetworkAddress 给出

的值而非 default 给出的了）。

④ 在 NetworkAddress 的主键下继续添加名为 ParamDesc 的字符串，其作用为指定 NetworkAddress 主键的描述，其值可自己命名，如“Network Address”，这样在网卡的高级属性中就会出现 Network Address 选项，就是你刚在注册表中加的新项 NetworkAddress，以后只要在此修改 MAC 地址就可以了。继续添加名为 Optional 的字符串，其值设为“1”，则以后当你在网卡的高级属性中选择 Network Address 项时，右边会出现“不存在”选项。

重新启动计算机，打开网络邻居的属性，双击相应网卡项会发现有一个 Network Address 的高级设置项，可以用来直接修改 MAC 地址或恢复原来的地址。

5.5.2 网桥

网桥是 OSI 参考模型中数据链路层的网络互连设备，也称为数据链路层设备。最简单的网桥有两个端口。通过网桥连接两个以太网后，就成为覆盖范围更大的以太网。原来的每个以太网就称为一个网段。图 5-19 所示网桥的端口 1 和端口 2 连接了两个网段。

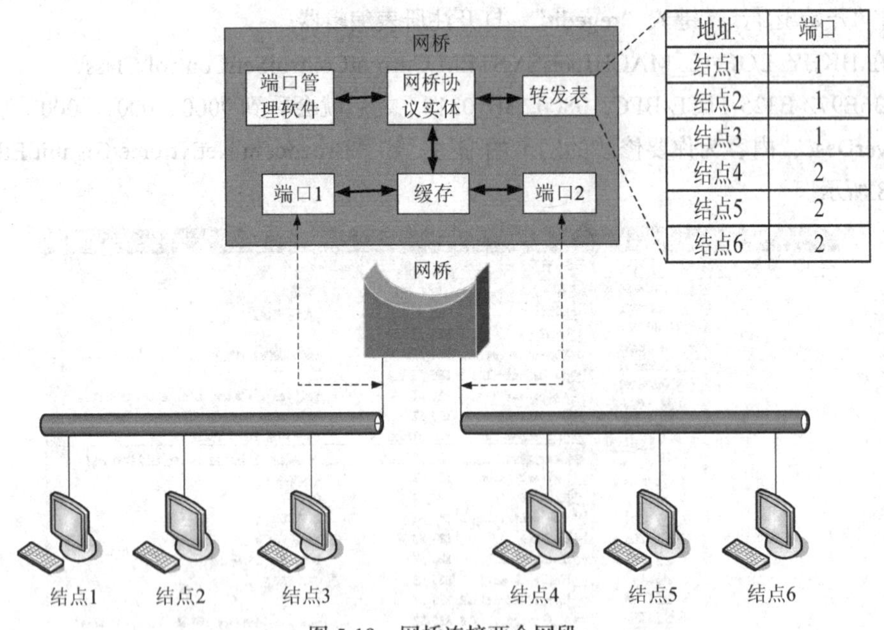

图 5-19 网桥连接两个网段

1. 网桥的工作原理

网桥是通过内部的端口管理软件和网桥协议实体来完成操作的，网桥内部维护一张转发表。转发表也叫作转发数据库或路由目录。网桥依靠转发表来转发帧。当收到一个帧时，就先将其暂存在其缓存中；若接收到的帧出现差错，丢弃此帧；若接收到的帧未出现差错，根据目标地址，查转发表，若为仅在同一网段中通信的帧，不会被网桥转发到另一个网段去，否则，向对应的端口转发此帧。若网桥从端口 1 收到结点 1 发给结点 2 的帧，则丢弃该帧，因为转发表指出转发给结点 2 的帧应当从端口 1 转发出去，而现在正是从端口 1 收到的这个帧。网桥从端口 1 收到结点 1 发给结点 5 的帧，则在查找转发表后，把该帧送到端口 2 转发到另一网段，使结点 5 能收到这个帧。

因此，网桥的功能是：①自学习——形成网桥转发表；②过滤帧——减轻局域网的负荷；③转发帧——使不同的局域网互连扩大网络的物理范围。

使用网桥具有如下的优点。

① 过滤通信量，增大吞吐量。

使用集线器将计算机连接在一起时，所有连接到集线器的结点共享同一个“碰撞域”（也称为冲突域），即在任一时刻，每个碰撞域中只能有一个站点发送数据，网络的最大吞吐量不会因连接的站点增加而改变。

网桥工作在数据链路层，可以使以太网各网段成为隔开的不同的碰撞域，如图 5-20 所示。不同碰撞域的各网段的通信不会互相干扰。例如，在 A 和 B 通信时，其他网段上的 C 和 D、E 和 F 可以同时通信。但是如果在 A 和 C 通信时，那么这两个网段上就不能有其他站点进行通信。当每个网段的数据率都是 10Mbit/s 时，3 个网段的最大吞吐量就是 30Mbit/s。如果把两个网桥换为工作在物理层的集线器或转发器，那么整个网络就是一个冲突域，在 A 和 B 通信时其他站点不能通信，整个网络的最大吞吐量仍然是 10Mbit/s。

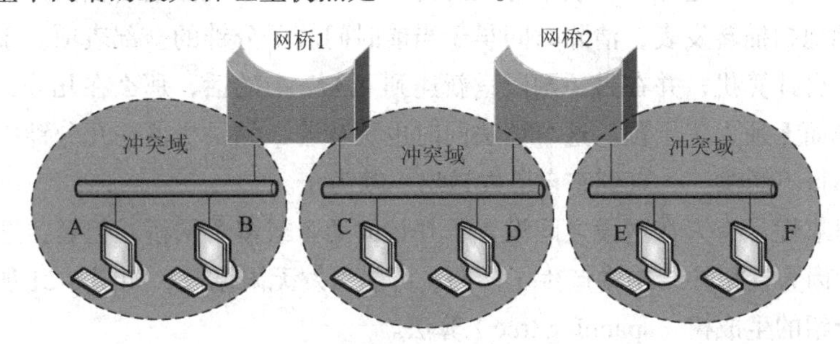

图 5-20　网桥隔开不同碰撞域

② 扩大物理范围，增加局域网上结点的数目。

③ 可使用不同的物理层、不同类型 MAC 子层和不同速率的以太网。

比如一个网段的物理层传输介质为同轴电缆，而另一个网段的物理层传输介质为非屏蔽双绞线。

④ 提高了可靠性，性能得到改善。当网络出现故障时，一般只影响个别的网段。被网桥连接的不同网段是同一个广播域，而每个网段又是一个独立的冲突域，网桥能允许不同冲突域内的通信同时进行。因此，在设计网络桥接时可以考虑将相互通信较为频繁的主机连在同一个网段上，以提高网络性能。

另外，网桥也有缺点，比如：因为网桥要存储、转发和分析数据帧，这就增加了整个网络的延时；网桥没有流量控制功能，网络负载很重时网桥中的缓存不够，会产生帧丢失的现象；网桥只适合于用户数不多和通信量不太大的局域网，否则有时会因为传播过多的广播信息而产生网络拥塞，即所谓的广播风暴。

2. 网桥的类型

网桥最重要的工作是构建和维护转发表。转发表中记录了不同结点的物理地址与网桥转发端口的关系。没有转发表，网桥没有办法确定是否需要转发，以及如何转发。网桥按照转发表的建立方法可以分为透明网桥和源路由网桥。

（1）透明网桥（Transparent Bridge）

目前使用得最多的网桥是透明网桥。透明网桥由网桥自己来决定路由选择，局域网上的各结点不负责路由选择，网桥对局域网上的各结点是“透明”的。透明网桥的最大优点是容易安装，是一种即插即用设备。

透明网桥以混杂方式工作，它接收与之连接的所有网段传送的每一帧。当一帧到达时，网桥必须决定将其丢弃还是转发。如果要转发，则必须决定发往哪个端口。这需要通过查询网桥中一张大型转发表里的目的地址而做出决定。透明网桥的转发表要记录 3 项信息：站地址、端口号与时间。在插入网桥之初，所有的转发表均为空。以后通过逆向自学习方法获取路由信息。当一个 MAC 帧到达网桥时，网桥根据其源 MAC 地址、到达的端口号和帧进入该网桥的时间，向路由表增加一条记录。然后，网桥将该帧向其他所有的端口转发，帧进入网桥的端口除外（这一过程称为泛洪）。网桥在这样的转发过程中逐渐建立其转发表。随着时间的推移，网桥将了解每个目的地的位置。一旦知道了目的地位置，发往该处的帧就只放到适当的网段上，而不再泛洪。

当计算机和网桥加电、断电或迁移时，网络的拓扑结构会随之改变。为了处理动态拓扑问题，每当增加转发表项时，均在该项中注明帧的到达时间。每当目的地已在表中的帧到达时，将以当前时间更新该项。这样，从表中每项的时间即可知道该机器最后帧到来的时间。网桥中有一个进程定期地扫描转发表，清除时间早于当前时间若干分钟的全部表项。于是，如果从一个网段上取下一台计算机，并在另一网段重新连到 LAN 上的话，那么在几分钟内，它即可重新开始正常工作而无须人工干预。这个算法同时也意味着，如果机器在几分钟内无动作，那么发给它的帧将不得不泛洪，一直到它自己发送出一帧为止。

为了提高可靠性，有人在网段之间设置了并行的两个或多个网桥，但是，这种配置引起了另外一些问题，因为在拓扑结构中产生了回路，可能引发无限循环，如图 5-21 所示。其解决方法就是下面要介绍的生成树（spanning tree）算法。

解决上面所说的无限循环问题的方法是让网桥相互通信，并用一棵到达每个结点的生成树覆盖实际的拓扑结构，如图 5-22 所示。使用生成树，可以确保任两个网段之间只有唯一一条路径。一旦网桥商定好生成树，各网段站点的所有传送都遵从此生成树。由于从每个源到每个目的地只有唯一的路径，故不可能再有循环。

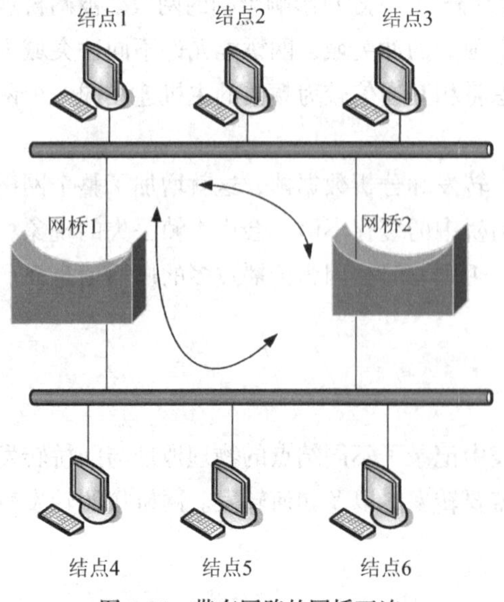

图 5-21　带有回路的网桥互连

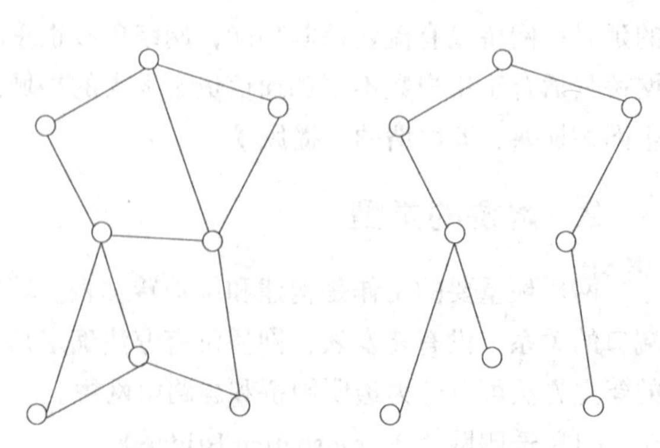
图 5-22　带环图和对应的生成树

为了建造生成树，首先必须选出一个网桥作为生成树的根。实现的方法是每个网桥广播其序列号（该序列号由厂家设置并保证全球唯一），选序列号最小的网桥作为根。接着，按根到每个网桥的最短路径来构造生成树。如果某个网桥或网段故障，则重新计算。

生成树不唯一，某些路径未被利用，不一定将每一个帧沿最佳的路由传送，故导致时延的产生，则会产生资源利用不高的可能性。因此，由发送帧的源站负责路由选择的网桥——源路由网桥就问世了。

（2）源路由网桥（Source route Bridge）

源路由网桥在每个帧的发送时，把详细的路由信息放在帧的首部中。那么源站怎么知道选择什么样的路由的呢?

获取路由算法的基本思想是：如果不知道目的地地址的位置，源站点就发送一个广播帧，询问它在哪里。每个网桥都转发该发现帧（discovery frame），这样该帧就将在整个扩展的局域网中沿着可能的路由传送。在传送过程中，每个发现帧都记录所经过的路由。当这些发现帧到达目的站时，就沿着各自的路由返回源站。于是，广播帧的发送者就可以得到确切的路由，并可从中选取最佳路由。发现帧还可以帮助源站确定整个网络可以通过的最大帧长。

使用源路由网桥可以找到最佳路由。若两个以太网之间使用并联的源路由网桥，则可使通信量平均地分配给每一个网桥。用透明网桥则只能使用生成树，而使用生成树，不能保证所使用的路由是最佳的，也不能在不同的链路中进行负载均衡。源路由网桥对主机不是透明的，主机必须知道网桥的标识以及连接到哪个网段上。

网桥带来的问题有以下几方面。

① 广播风暴。网桥要实现帧转发功能，必须要保存一张“端口—结点地址表”。随着网络规模的扩大与用户结点数的增加，实际的“端口—结点地指表”的存储能力有限，会不断出现“端口—结点地址表”中没有的结点地址信息。当带有这一类目的地址的数据帧出现时，网桥就将该数据帧从除输入端口之外的其他所有端口中广播出去。这种盲目发送数据帧的做法，造成“广播风暴”。

② 增加网络时延。网桥在互连不同的局域网时，需要对接收到的帧进行重新格式化，以适合另一个局域网 MAC 子层的要求，还要重新对新的帧进行差错校验计算，这就造成了时延的增加。

③ 帧丢失。当网络上的负荷很重时，网桥会因为缓存的存储空间不够而发生溢出，造成帧丢失。

5.5.3 交换机

1. 第二层交换机

1990 年问世的交换式集线器（switching hub），可明显的提高局域网的性能。交换式集线器也称为以太网交换机（switch）或第二层交换机。

网桥的端口数很少，一般只有 2～4 个，而交换机通常都有十几个端口。以太网交换机实质上就是一个多端口网桥。交换机能够同时连通许多对端口，每一对端口都能进行无碰撞的传输数据。总带宽 = 端口对数×每个端口到主机的带宽。一般都具有多种速率的端口。

典型的局域网交换机结构与工作过程如图 5-23 所示。

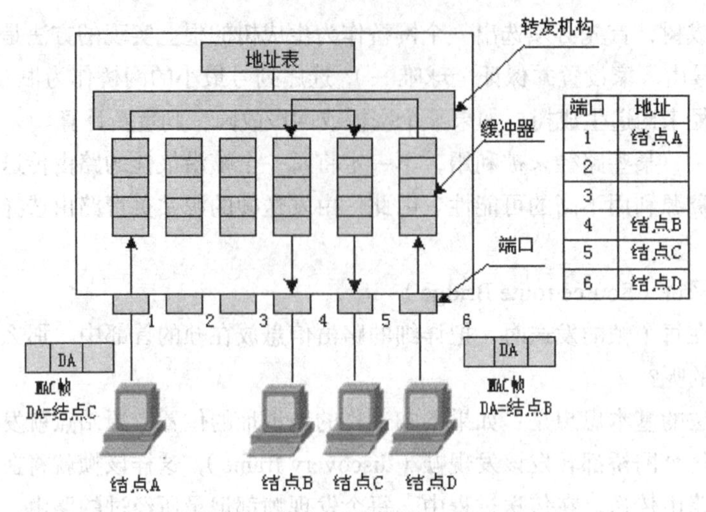

图 5-23 交换机的结构与工作过程

图中的交换机有 6 个端口，其中端口 1，4，5，6 分别连接了结点 A，结点 B，结点 C 与结点 D。那么交换机的“端口号/MAC 地址映射表”就可以根据以上端口号与结点 MAC 地址的对应关系建立起来。如果结点 A 与结点 D 同时要发送数据，那么它们可以分别在 Ethernet 帧的目的地址字段（DA）中添上该帧的目的地址。

例如，结点 A 要向结点 C 发送帧，那么该帧的目的地址 DA=结点 C；结点 D 要向结点 B 发送帧，那么该帧的目的地址 DA=结点 B。当结点 A、结点 D 同时通过交换机传送帧时，交换机的交换控制中心根据“端口号/MAC 地址映射表”的对应关系找出帧的目的地址的输出端口号，那么它就可以为结点 A 到结点 C 建立端口 1 到端口 5 的连接，同时为结点 D 到结点 B 建立端口 6 到端口 4 的连接。这种端口之间的连接可以根据需要同时建立多条，也就是说可以在多个端口之间建立多个并发连接。

以太网交换机的帧转发方式可以分为以下 3 类。

（1）直接交换方式

在直接交换（Cut Through）方式中，交换机只要接收并检测到目的地址字段，立即将该帧转发出去，而不管这一帧是否出错。帧出错检测任务由主机完成。这种交换方式的优点是交换延迟时间短，但它缺乏差错检测能力，不支持不同输入/输出速率的端口之间的帧转发。

（2）存储转发方式

在存储转发（Store and Forward）方式中，交换机首先完整的接收发送帧，并先进行差错检测。如果接收帧是正确的，则根据帧目的地址确定输出端口号，然后再转发出去。这种交换方式的优点是具有帧差错检测能力，并能支持不同输入/输出速率的端口之间的帧转发，缺点是交换延迟时间将会增长。

（3）改进直接交换方式

改进的直接交换方式则将直接交换方式和存储转发方式结合起来，它在接收到帧的前 64 字节后，判断帧的帧头字段是否正确，如果正确则转发出去。这种方法对于短的帧来说，其交换延迟时间与直接交换方式比较接近；对于长的帧来说，由于它只对帧的地址字段与控制字段进行差错检测，因此延迟时间将会减少。

交换机是交换式快速以太网上使用的中心控制设备。在交换式快速以太网中，可以通过交换机为所有结点建立并行的、独立的和专用带宽的连接。不管有多少个结点，各结点均可以得到专用的带宽，整个网络的带宽为各个结点专用带宽之和。例如，某交换式以太网络上，使用一个16口的10/100Mbit/s的交换机（有两个100Mbit/s口，其他为10Mbit/s口），当16个结点同时使用时，网络的传输速率应为（2×100）Mbit/s+（14×10）Mbit/s，网络的总流通量为340Mbit/s。一个交换式的16口100Mbit/s的交换机能提供16×100Mbit/s（即1.6Gbit/s）的组合数据流通量。

由于基于以太网的“交换式快速以太网”具有技术成熟、组网灵活方便、价格低廉、性能优良和标准化等特点，目前它不但受到广大用户的青睐，而且也受到业界、经销商的支持，因此它成为了局域网的主流技术。

2. 第三层交换机

传统的局域网交换机是一种第二层网络连接设备，它在操作过程中不断收集信息去建立起它本身的一个MAC地址表。这个表相当简单，基本上说明了某个MAC地址是在哪个端口上被发现的。这样当交换机收到一个数据包时，它便会查看一下该数据包的目的MAC地址，核对一下自己的地址表以确认该从哪个端口把数据包发出去。但当交换机收到一个不认识的数据包时，也就是说如果目的MAC地址不在MAC地址表中，交换机便会把该数据包“扩散”出去，即从所有端口发出去，就如同交换机收到一个广播包一样，这就暴露出传统局域网交换机的弱点：不能有效地解决广播风暴和异种网络互连以及安全性控制等问题。

第三层交换也称多层交换技术或IP交换技术，是相对于传统交换概念提出的。众所周知，传统的交换技术是在OSI网络标准模型中的第二层——数据链路层进行操作的，而第三层交换技术在网络模型中的第三层实现了分组的高速转发。简单地说，第三层交换技术就是“第二层交换技术+第三层转发”。第三层交换技术的出现，解决了局域网中网段划分之后网段中的子网必须依赖路由器进行管理的局面，解决了传统路由器低速、复杂所造成的网络瓶颈问题。

一个具有第三层交换功能的设备，是一个带有第三层路由功能的第二层交换机，但它是两者的有机结合，而不是简单地把路由器设备的硬件及软件叠加在局域网交换机上。

其工作原理如下：假设两个使用IP协议的站点A、B通过第三层交换机进行通信，发送站点A在开始发送时，把自己的IP地址与B站的IP地址比较，判断B站是否与自己在同一子网内。若目的站B与发送站A在同一子网内，则进行第二层的转发。若两个站点不在同一子网内，如发送站A要与目的站B通信，发送站A要向“缺省网关”发出ARP（地址解析）封包，而“缺省网关”的IP地址其实是第三层交换机的第三层交换模块。当发送站A对“缺省网关”的IP地址广播出一个ARP请求时，如果第三层交换模块在以前的通信过程中已经知道B站的MAC地址，则向发送站A回复B的MAC地址。否则第三层交换模块根据路由信息向B站广播一个ARP请求,B站得到此ARP请求后向第三层交换模块回复其MAC地址，第三层交换模块保存此地址并回复给发送站A，同时将B站的MAC地址发送到第二层交换引擎的MAC地址表中。从此以后，当A向B发送的数据包便全部交给第二层交换处理，信息得以高速交换。由于仅仅在路由过程中才需要第三层处理，绝大部分数据都通过第二层交换转发，因此第三层交换机的速度很快，接近第二层交换机的速度，同时比相同路由器的价格低很多。可以相信，随着网络技术的不断发展，第三层交换机有望在大规模网络中取代现有路由器的位置。

5.6 实训 以太网交换机的配置

一、实训目的

1. 掌握交换机的工作原理。
2. 了解交换机的启动过程。
3. 学会使用 Windows 操作系统上的超级终端程序，通过交换机的控制台端口配置交换机。
4. 熟悉和掌握交换机的基本配置，如 IP 地址、主机名、口令等。
5. 掌握静态 MAC 地址的配置方法和查看方法。
6. 熟悉和掌握对交换机的端口配置和查看端口信息。

二、实训环境

1. 以太网交换机 Cisco 3550 一台。
2. Windows 操作系统 PC 一台。
3. Console 电缆一条。

通过 Console 电缆把 PC 的 COM 端口和交换机的 Console 端口连接起来，如图 5-24 所示。

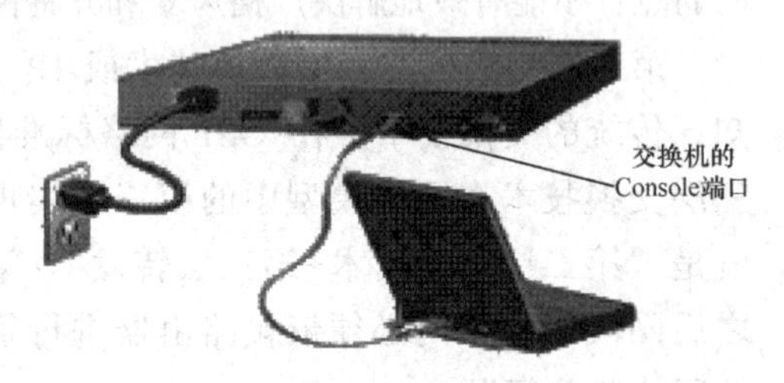

图 5-24 交换机和计算机的连接

三、实训步骤

1. 交换机的命令行工作模式

Cisco 交换机的配置命令是分级的，不同级别的管理员可以使用不同的命令集。在命令行状态下，Cisco 交换机主要有以下几种工作模式。

（1）用户模式（User EXEC）

用户模式用于查看交换机的基本信息。从 Console 接口或 Telnet 及 AUX 进入交换机时，首先要进入一般用户模式。在用户模式下，用户只能允许少数的命令，且不能对交换机进行配置。在没有进行任何配置的情况下，默认的交换机的提示符为：switch >。

（2）特权模式（Priviledged EXEC）

交换机未作任何配置时，在 router>提示符下键入 enable，交换机进入特权模式。如果配置了口令，则需要输入口令。默认的特权模式的提示符为：switch#。

特权模式用于查看交换机的各种状态，绝大多数命令用于测试网络、检查系统等，但不能对端口及网络协议进行配置。

如果配置了交换机的名字，则提示符为：交换机的名字#。

退出方法：用 exit 或 Disable 命令退到用户模式。

（3）全局配置模式

全局配置模式中可以配置一些全局性的参数。要进入全局配置模式，必须首先进入特权模式。在进入特权模式前，必须指定是通过终端、NVRAM 或是网络服务器进行配置。如果通过终端进行配置，在特权模式下输入 Configure Terminal 命令，进入全局配置模式。全局配置模式的提示符为：switch（config）#。

如果配置了交换机的名字，则提示符为：交换机的名字（config）# 。

退出方法：用 exit 或 End 或<Ctrl>+<Z>命令退到特权模式。

（4）全局配置模式下的配置子模式

在全局配置模式下可进入各种配置子模式（如端口配置子模式）。

要进入配置子模式，首先必须进入全局配置模式。

① 端口配置模式（interface configuration）。

进入方式：在全局模式下用 Interface 命令进入具体的端口。

```
switch (config)#interface interface-type interface-number。
```

提示符为：switch（config-if）#。

例如，配置端口 fastethernet0/0：

```
switch (config) #interface fastethernet0/0。
```

② 线路配置子模式（Line Configuration）。

进入方式：在全局配置模式下，用 line 命令指定具体的 line 端口。

```
    Switch (config) #line number 或 {vty| aux |con} number
```

提示符为：Switch（config-line）#。

2. 终端控制台的连接和配置

这是交换机第一次配置时必须使用的方法。对交换机设置管理 IP 地址后，就可采用 Telnet 登录方式来配置交换机。

对于可管理的交换机一般都提供有一个名为 Console 的控制台端口（或称配置口），该端口采用 RJ-45 接口，是一个符合 EIA/TIA-232 异步串行规范的配置口，通过该控制端口，可实现对交换机的本地配置。

交换机一般都随机配送了一根控制线，它的一端是 RJ-45 水晶头，用于连接交换机的控制台端口，另一端提供了 DB-9（针）和 DB-25（针）串行接口插头，用于连接 PC 的 COM1 或 COM2 串行接口。华为交换机配送的是该类控制线。Cisco 的控制线两端均是 RJ-45 水晶头接口，但配送有 RJ-45 到 DB-9 和 RJ-45 到 DB-25 的转接头。通过该控制线将交换机与 PC 相连，并在 PC 上运行超级终端程序，即可实现将 PC 仿真成交换机的一个终端，从而实现对交换机的访问和配置。

① 如图 5-24 所示，将计算机的串口通过配置电缆与以太网交换机 Cisco 3550 的 Console 口连接，从而建立本地配置环境。

② 运行 PC 超级终端。

Windows 系统一般都默认安装了超级终端程序，对于 Windows 2000，该程序位于“开始→程序→附件→通信”群组下面有“超级终端”，若没有，可利用控制面板的“添加/删除程序”来安装。单击“通讯”群组下的“超级终端”即可启动超级终端。

首次启动超级终端时，会要求输入所在地区的电话区号，输入后将显示如图 5-25 所示连接创建对话框，在“名称”输入框中输入该连接的名称，并选择所使用的示意图标，然后单击“确定”按钮，此时将弹出对话框，要求选择连接使用的 COM 端口，根据实际连接使用的端口进行选择，如“COM1”，然后单击“确定”按钮，此时将弹出如图 5-26 所示的对话框，要求设置 COM 端口的属性。交换机控制台端口默认的通信波特率为 9 600bit/s、8 位数据位、1 位停止位、无校验和无流量控制。其设置方法如图 5-26 所示，另外也可直接单击“还原为默认值”按钮来进行自动设置。

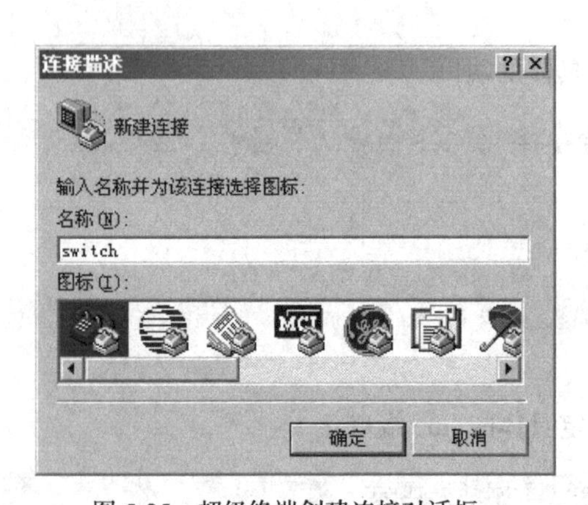

图 5-25　超级终端创建连接对话框

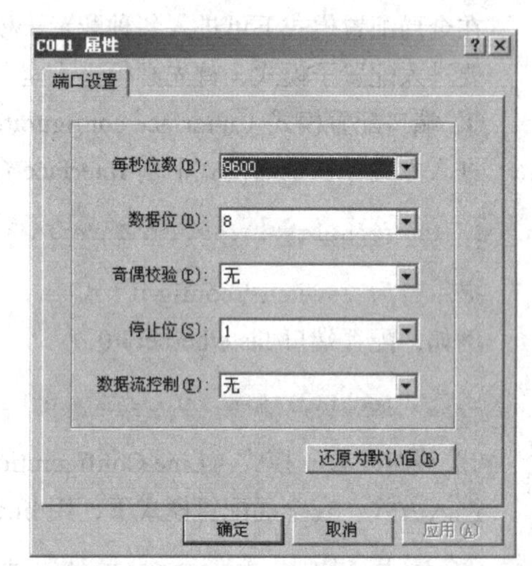

图 5-26　Com 端口通信参数设置

③ 此时如果交换机已经启动，按 Enter 键将进入交换机的用户视图并出现标识符：<switch>；否则启动交换机，超级终端会自动显示交换机的整个启动过程。

3. 交换机的基本配置

一旦超级终端与以太网交换机连通后，就可以查看和配置交换机了。在超级模式下查看。

（1）设置主机名

默认情况下，交换机的主机名为 switch。可以为交换机设置一个具体的主机名。设置交换机的主机名在全局配置模式下进行，配置命令为：

```
Switch (config) #hostname hostname
```

例如，若要将交换机的主机名设置为 wl345，则配置命令为：

```
Switch (config) #hostname wl345
    Wl345 (config) #
```

（2）配置管理 IP 地址

在第二层交换机中，IP 地址仅用于远程登录管理交换机，对于交换机的运行不是必需的。若没有配置管理 IP 地址，则交换机只能采用控制端口进行本地配置和管理。

默认情况下，交换机的所有端口均属于 VLAN 1，VLAN1 是交换机自动创建和管理的。每个 VLAN 只有一个活动的管理地址，因此对第二层交换机设置管理地址之前，首先应选择 VLAN1 接口，然后再利用 IP address 配置命令设置管理 IP 地址。

```
Switch (config) #Interface vlan vlan-id
Switch (config-if) #Ip address address netmask
```

其中：vlan-id 代表要选择配置的 VLAN 号；address 为要设置的管理 IP 地址；netmask 为子网掩码。

例如，若要设置或修改交换机的管理 IP 地址为 192.168.1.100，默认网关为 192.168.1.1，则配置命令为：

```
Switch (config) #Interface vlan 1
Switch (config-if) #Ip address 192.168.1.100 255.255.255.0
Switch (config-if) #exit
```

若要取消管理 IP 地址，可执行 no ip address 配置命令。

（3）查看交换机信息

对交换机信息的查看，使用 show 命令来实现。

① 查看 IOS 版本。

```
Switch#show version
```

② 查看配置信息。

```
Switch#show running-config  //显示当前正在运行的配置
Switch#show startup-config  //显示保存在 NVRAM 中的启动配置
```

③ 查看端口信息。

若要查看某一端口的工作状态和配置参数，可使用 show interface 命令来实现，其配置命令为：

```
Show int  type mod/port
```

其中：type 表示端口类型，通常有。这些端口通常有 Ethernet（以太网端口，通信速度为 10Mbit/s）、Fast Ethernet（快速以太网端口，通信速度为 100Mbit/s）、Gigabit Ethernet（吉比特以太网端口，通信速度为 1 000Mbit/s）和 Ten Gigabit Ethernet（10 吉比特以太网端口）。类型通常可简化为 e、fa、gi 和 tengi。

Mod/port 表示端口所在的模块和在该模块中的编号。

例如，若要查看 Cisco catalyst 2950 交换机 0 号模块的 12 号端口的信息，则查看命令为：

```
Switch#show interface  Fastethernet 0/12
```

在实际配置中，该命令通常可简化为：Switch#show int Fa 0/12。

④ 显示交换表信息。

A. 查看交换机的 MAC 地址表。

查看交换机的 MAC 地址表的查看命令为：

```
Switch#Show mac-address-table [dynamic|static] [vlan vlan-id]
```

该命令用于显示交换机的 MAC 地址表，若指定 dynamic，则显示动态学习到的 MAC 地址；若指定 Static，则显示静态指定的 MAC 地址表；若未指定，则显示全部。vlan vlan-id 用于查看指定 VLAN 学习到的 MAC 地址。

例如，若要显示交换机从各个端口学习到的 MAC 地址，则查看命令为：

```
Switch#Show mac-address-table dynamic
```

B. 查看从某个端口学到的 MAC 地址。

若要查看交换机的某个端口学习到的 MAC 地址表，则查看命令为：

```
Switch#Show mac-address-table dynamic|static interface type mod/port
```

例如，若要显示 Cisco 2950 交换机 0 号模块的 12 号端口动态学习到的 MAC 地址，则查看命令为：

```
Switch#Show mac-address-table dynamic int fa 0/12
Switch#show mac-address-table  dynamic interface fastEthernet 0/1
```

C. 显示和某个 MAC 地址相关联的端口和 VLAN 信息。

显示和某个 MAC 地址相关联的端口和 VLAN 信息的查看命令为：

```
Switch#Show mac-address-table address mac-address
```

例如，若要显示 000f.e226.c3ac MAC 地址对应的端口及所属 VLAN 的相关信息，则查看命令为：

```
Switch#show mac-address-table  address 00e0.fc31.7406
```

D. 查看交换表老化时间。

查看命令为：

```
Switch#Show mac-address-table aging-time [vlan vlan-id]
```

其中：vlan vlan-id 用于查看指定 VLAN 的交换机表老化时间。

E. 查看交换表中的地址数量和交换表的大小。

查看命令为：

```
Switch#Show mac-address-table ccount [vlan vlan-id]
```

例如，查看 Cisco 3550 交换机的 VLAN 1 的交换表的老化时间的查看命令为：

```
Switch#show mac-address-table count vlan 1
```

（4）配置第二层交换机端口

① 端口选择。

A. 选择一个端口。

在对端口进行配置之前，应先选择所要配置的端口，端口选择命令为：

```
Switch (config) #interface type mod/port
Switch (config-if) #
```

例如，若要 Cisco 3550 第 12 号端口，则配置命令为：

```
Switch (config) #interface fa 0/12
Switch (config-if) #
```

B. 选择多个端口。

对于交换机来说，大都支持使用 range 关键字，来指定一个端口范围，从而实现选择多个端口，并对这些端口进行统一的配置。

同时选择多个交换机端口的配置命令为：

```
Switch (config) #interface range type mod/startport-endport
Switch (config-if-range)#
```

其中：startport 代表要选择的起始端口号：endport 代表结尾的端口号，用于代表起始端口范围的连字符“-”的两端，应注意留一个空格，否则命令将无法识别。

② 配置以太网端口。

对端口的配置命令，均在接口配置模式下进行。

A. 为端口指定一个描述性文字。

在实际配置中，可对端口指定一个描述性的说明文字，对端口的功能和用途等进行说明，以起备忘作用，其配置命令为：

```
Switch (config-if) #description port-description
```

如果描述文字中包含有空格，则要用引号将描述文字引起来。

若 Cisco 3550 交换机的快速以太网端口 2 连接家属区，需要给该端口添加一个备注说明文字，则配置命令为：

```
Switch (config) #int fa 0/2
Switch (config-if) #description  "link to jiashuqu"
```

B. 设置端口通信速度。

配置命令为：

```
Switch (config) #speed [10|100|1000|auto]
```

默认情况下，交换机的端口速度设置为 auto（自动协商），此时链路的两个端点将交流有关各自能力的信息，从而选择一个双方都支持的最大速度和单工或双工通信模式。若链路一端的端口禁用了自动协商功能，则另一端就只能通过电气信号来探测链路的速度，此时无法确定单工或双工通信模式，此时将使用默认的通信模式。

若交换机设置为 auto 以外的具体速度，此时应注意保证通信双方也要有相同的设置值。若交换机连接到服务器、路由器或防火墙等设备上，通常应设置具体的通信速度和半双工工作模式，一般不设置为自动协商，以防止因自动协商而降低通信速度。

例如，若 Cisco 3550 交换机的快速以太网端口 2 的通信速度设置为 100Mbit/s，则配置命令为：

```
Switch (config) #int fa 0/2
Switch (config-if) #speed 100
```

C. 设置端口的单双工模式。

配置命令为：

```
Switch (config) #duplex  [half|full|auto]
```

在配置交换机时，要注意交换机端口的单双工模式的匹配，如果链路一端设置的是全双工，则另一端是半双工，则会造成响应差和高出错率，丢包现象会很严重。通常可设置为自动协商或设置为相同的但双工模式。

例如，若 Cisco 3550 交换机的快速以太网端口 2 设置为全双工通信模式，则配置命令为：

```
Switch (config) #int fa 0/2
Switch (config-if) #duplex full
```

D. 启用或禁用端口。

对于没有连接的端口，其状态始终是处于 shutdown。对于正在工作的端口，可根据管理的需要，进行启用或禁用。

禁用端口的配置命令为：

```
Switch (config-if) #shutdown
```

启用端口的配置命令为：

```
Switch (config-if) #no shutdown
```

（5）配置口令

可以通过口令限制访问，以增强系统的安全性。口令可以是针对单个连接的，也可以是针对特许 EXEC 模式的。

① line console 0 命令建立终端控制台访问时的密码。

```
switch (config) #line console 0
switch (config-line) #login
```

switch（config-line）#exec-timeout 0 0:设置交换机的 EXEC 不发生超时的时间。

```
switch (config-line) #password cisco
```

② line vty 0 4 建立 Telnet 会话访问时使用的密码保护。

```
switch (config)#line vty 0 4
switch (config-line) #login
switch (config-line) #password cisco
```

③ enable password 命令用来限制对特权 EXEC 模式的访问。

```
switch (config) #enable password chujl! @#
```

对于 enable secret 口令，系统采用了 Cisco 专用的加密过程来改变口令字符串。

```
switch (config) #enable secret chujl! @#
```

对于其他的口令，为了避免直接显示，可以使用 Service password-encryption 命令。所使用的加密算法不符合数据加密标准（DES）。

```
switch (config) #service  password-encryption
(set password here)
switch (config) #no service  password-encryption
```

（6）通过 Telnet 配置步骤

Telnet 协议是一种远程访问协议，可以用它登录到远程计算机、网络设备或专用 TCP/IP 网络。Windows 系统、UNIX/Linux 等系统中都内置有 Telnet 客户端程序，就可以用它来实现与远程交换机的通信。

在使用 Telnet 连接至交换机前，应当确认已经做好以下准备工作。

在用于管理的计算机中安装有 TCP/IP 协议，并配置好了 IP 地址信息。

在被管理的交换机上已经配置好 IP 地址信息。如果尚未配置 IP 地址信息，则必须通过 Console 端口进行设置。

在被管理的交换机上建立了具有管理权限的用户账户。如果没有建立新的账户，则 Cisco 交换机默认的管理员账户为“Admin”。

Telnet 命令的一般格式如下：

```
telnet [Hostname/port]
```

这里要注意的是 Hostname 包括了交换机的名称，但更多的是指交换机的 IP 地址。格式后面的“Port”一般是不需要输入的，它是用来设定 Telnet 通信所用的端口的，一般来说 Telnet 通信端口，在 TCP/IP 协议中规定为 23 号端口。

本章小结

数据链路层可能提供的服务包括组帧、差错控制、流量控制、可靠传输和介质访问控制。

在网络层分组在链路上传输前，链路层协议用数据链路层的帧将其封装。一个帧由数据字段和首部字段组成，网络层的分组就插在数据字段中。数据链路层的许多协议提供检测是否存在差错的机制。这是通过在帧中设置差错检测冗余位，让接收结点对收到的帧进行差错检测来完成的。链路层协议提供流量控制机制，当接收方来不及处理发送方发送的数据时，及时控制发送方发送数据的速率，旨在使收发方协调一致。当数据链路层提供可靠传输服务时，它保证将网络层的分组无差错地通过数据链路层。介质访问控制协议定义了帧在链路上传输的规则。对于多个结点共享单个广播链路，就是被称为多址访问的问题，介质访问控制协议用来协调多个结点的帧传输。

网卡是计算机与局域网相互连接的唯一接口。网桥和以太网交换机是工作在数据链路层的设备。

习　题

一、选择题

1. 下面不是数据链路层功能的是（　　）。

   A. 帧同步　　B. 差错控制　　C. 流量控制　　D. 拥塞控制

2. 数据链路层中的数据块常被称为（　　）。

   A. 信息　　B. 分组　　C. 帧　　D. 比特流

3. 下列最好地描述了循环冗余检验的特征的是（　　）。

   A. 逐个地检查每一个字符　　B. 查出 99%以上的差错

   C. 查不出有偶数个数出错的差错　　D. 不如纵向冗余检查可靠

4. 在数据通信中，当发送数据出现差错时，发送端无须进行重发的差错控制方法为（　　）。

   A. ARQ　　B. FEC　　C. 奇偶校验码　　D. CRC

5. 为了进行差错控制，必须对传输的数据帧进行校验。在局域网中广泛使用的校验方法是循环冗余校验。CRC 16 标准规定的生成多项式为 $G(x)=x^{16}+x^{15}+x^2+1$，它产生的校验码是（1）位，接收端发现错误后采取的措施是（2）。如果 CRC 的生成多项式为 $G(x)=x^4+x+1$，信息码字为 10110，则计算出的 CRC 校验码是（3）。

（1）A. 2　　B. 4　　C. 16　　D. 32

（2）A. 自动纠错　B. 报告上层协议　C. 自动请求重发　D. 重新生成原始数据

（3）A. 0100　　B. 1010　　C. 0111　　D. 1111

6. 已知循环冗余码生成多项式 $G(x)=x^5+x^4+x+1$，若信息位 10101100，则冗余码是（　）。

A. 01101　　B. 01100　　C. 1101　　D. 1100

7. 采用海明码纠正一位差错，若信息位为 7 位，则冗余位至少应为（　）。

A. 5 位　　B. 3 位　　C. 4 位　　D. 2 位

8. 在局域网中广泛使用的差错控制方法是（　），接收端发现错误后采取的措施是（　）。

A. 奇偶，自动纠错　　B. 海明，自动请求重发

C. 循环冗余，自动请求重发　　D. 8B/10B，自动纠错

9. 对于基带 CSMA/CD 而言，为了确保发送站点在传输时能检测到可能存在的冲突，数据帧的传输时延至少要等于信号传播时延的（　）。

A. 1 倍　　B. 2 倍　　C. 4 倍　　D. 2.5 倍

10. 实现通信协议的软件一般固化在（　）的 ROM 中。

A. 微机主板　　B. IDE 卡　　C. 网卡　　D. MODEM 卡

11. 在第二层交换局域网中，交换机通过识别（　）地址进行交换。

A. IP　　B. MAC　　C. PIX　　D. Switch

12. 网桥是一种常用的网络互连设备，它工作在 OSI 的（1）上。在 LAN 中用于桥接少量以太网网段时，常用的网桥是（2）。从网桥的基本原理可知网桥（3），因此使用网桥有两个显著优点，其一是（4），其二是利用公共通信链路实现两个远程 LAN 的互连。

（1）A. 物理层　　B. 数据链路层　　C. 网络层　　D. 传输层

（2）A. 封装网桥　　B. 源路径途择桥　　C. 转换桥　　D. 透明桥

（3）A. 无选择地转发数据帧　　B. 有选择地转发数据帧

C. 可将其互连的网络分成多个逻辑子网

D. 以地址转换方式实现互连的网络之间的通信

（4）A. 能再生和放大信号，以便扩展 LAN 的长度

B. 具有差错检测和流量控制功能

C. 适用于复杂的局域网互连

D. 可把一个大的 LAN 分段，以提高网络性能

13. 在以太网中，当数据传输率提高时，帧的发送时间要按比例缩短，这样有可能会影响冲突的检测。为了能有效地检测冲突，可以（1）或者（2）。快速以太网仍然遵循 CSMA/CD，它采取（3）而将最大电缆长度减少到 100m 的方式，使以太网的数据传输率达到 100Mbit/s。

（1）A. 减小电缆介质的长度　　B. 增加电缆介质的长度

C. 降低电缆介质损耗　　D. 提高电缆介质的导电率

（2）A. 减小最短帧长　B. 增大最短帧长　C. 减小最大帧长　D. 增大最大帧长

（3）A. 改变最短帧长　　　　　　B. 改变最大帧长
C. 保持最短帧长不变　　　　　D. 保持最大帧长不变

14. 透明网桥的基本功能有学习、帧过滤和帧转发及生成树算法等功能，因此它可以决定网络中的路由，而网络中的各个站点均不负责路由选择。网桥从其某一端口收到正确的数据帧后，在其地址转发表中查找该帧要到达的目的站，若查找不到，则会（1）；若要到达的目的站仍然在该端口上，则会（2）。

两个局域网 LAN1 和 LAN2 通过网桥 1 和网桥 2 互连后形成的网络结构。设站 A 发送一个帧，但其目的地址均不在这两个网桥的地址转发表中，这样结果会使该帧（3）。为了有效地解决该类问题，可以在每个网桥中引入生成树算法。

（1）A. 向除该端口以外的网桥的所有端口转发此帧
B. 向网桥的所有端口转发此帧
C. 仅向该端口转发此帧
D. 不转发此帧，而由网桥保存起来

（2）A. 向该端口转发此帧　　　　B. 丢弃此帧
C. 将此帧作为地址探测帧　　　D. 利用此帧建立该端口的地址转换表

（3）A. 经网桥 1（或网桥 2）后被站
B. 被网桥 1（或网桥 2）丢弃
C. 在整个网络中无限次地循环下去
D. 经网桥 1（或网桥 2）到达 LAN2，再经网桥 2（或桥 1）返回 LAN1 后被站 A 吸收

15. 下列属于随机访问介质访问控制的是（　　）。
A. 频分多路复用　B. 码分多路复用　C. CSMA 协议　D. 令牌传递

16. TDM 与 CSMA/CD 相比，错误的是（　　）。
A. CSMA/CD 是一种动态的媒体随机接入共享信道方式
B. TDM 是一种静态的划分信道方式
C. 突发性数据适合使用 TDM 方式
D. 使用 TDM 方式，信道不会发生冲突

17. 一个 CSMA/CD 网，电缆长度为 1km，电缆中的信号速度是 200 000km/s。帧长 104bit，为保证 CSMA/CD 协议的正确实施，网络最大传输速率为（　　）。
A. 1Mbit/s　B. 2Mbit/s　C. 5Mbit/s　D. 1Mbit/s

18. 网桥与中继器相比，说法错误的是（　　）。
A. 中继器转发比特信号，网桥转发数据帧并执行 CSMA/CD 算法
B. 中继器实现物理层的互连，网桥实现数据链路层的互连
C. 网桥和中继器将网段隔离为不同的冲突域
D. 网桥能互连不同物理层甚至不同 MAC 子层的网段

19. 关于冲突域和广播域说法正确的是（　　）。
A. 集线器和中继器连接不同的冲突域
B. 网桥和二层交换机可以划分冲突域，也可以划分广播域
C. 路由器和三层交换机可以划分冲突域，也可以划分广播域
D. 通常来说一个局域网就是一个冲突域

20. 以太网的工作原理可以描述成（ ）。

A. 先听后写　　B. 边听边写

C. 先听后写 边听边写　　D. 边听边写 先听后写

二、综合题

1. 数据链路（即逻辑链路）与链路（物理链路）有何区别？

2. 说明 CSMA/CD 方法的基本工作原理。

3. 是什么原因使以太网有一个最小帧长和最大帧长？

4. 在以太网中发生了碰撞是否说明这时出现了某种故障？

5. 当局域网刚刚问世时，总线形的以太网被认为可靠性比星形结构的网络好。但现在以太网又回到了星形结构，使用集线器作为交换结点，那么以前的看法是否有些不正确？

6. $x^9+x^7+x^5+1$ 被发生器多项式 x^3+1 所除，所得的余数是多少？发送的位串是什么？

7. 设收到的信息码字为 110111，CRC 校验和为 1001，生成多项式为 $G(x)=x^4+x^3+1$，请问收到的信息有错吗，为什么？

8. 信息有效数据 m 是每个字符用 7 位字节编码的 ASCII 码串"well"，即 m 长 28bit，其中，w=1110111，e=1100101，l=1101100，取多项式 CRC12=$X^{12}+X^{11}+X^3+X^2+X+1$ 做循环冗余检验编码，求该码串的冗余部分 r（要求写出主要计算步骤）。

9. 长 2km、数据传输率为 10Mbit/s 的基带总线 LAN，信号传播速度为 200m/μs，试计算：

（1）1 000bit 的帧从发送开始到接收结束的最大时间是多少？

（2）若两相距最远的站点在同一时刻发送数据，则经过多长时间两站发现冲突？

10. 若 10Mbit/s 的 CSMA/CD 局域网的节点最大距离为 2.5km，信号在媒体中的传播速度为 2×10^8m/s，求该网的最短帧长。

11. 假定 1km 长的 CSMA/CD 网络的数据率为 1Gbit/s，设信号在网上的传播速率为 200 000km/s，求能够使用此协议的最短帧长。

12. 有 10 个站连接到以太网上，试计算以下 3 种情况下每一个站的带宽。

（1）10 个站都连接到一个 10Mbit/s 以太网集线器；

（2）10 个站都连接到一个 100Mbit/s 以太网集线器；

（3）10 个站都连接到一个 10Mbit/s 以太网交换机。

13. 在 10Mbit/s 以太网中，某一工作站在发送时由于冲突前两次都发送失败，那么它最多等待多长时间就可以开始下一次重传过程？

14. 以太网上只有两个站，它们同时发送数据，产生了碰撞。按截断二进制指数退避算法进行重传。k 为重传次数，$k=0, 1, 2, \cdots$。试计算第一次重传失败的概率、第二次重传失败的概率、第三次重传失败的概率，以及一个站成功发送数据之前的平均重传次数 I。

15. 设有 16 个信息位，如采用海明码校验，至少需要设置多少个校验位？应放置在哪个位置上？

16. 环的介质长度为 1km，共有 20 个站点，环上每个站点引入一位时延，数据传输速率为 1Mbit/s，则环长（位数）为多少？

17. 一个令牌环网的介质长度为 1km，传输速率为 16Mbit/s，网中共有 20 台工作站。若要求每个工作站在发送数据前的等待时间不能超过 10ms，问此令牌环网能否满足要求？

第6章 物理层

物理层作为网络体系结构的最低层，它具体完成什么任务呢？本章首先讨论物理层的基本概述，然后介绍数据通信的基础知识，接着介绍各种传输介质，但传输介质本身不属于物理层的范围，最后介绍工作在物理层的中继器和集线器两种设备以及双绞线 RJ-45 头的制作步骤。

6.1 物理层的基本概述

物理层实现在计算机网络中的各种硬件设备和传输介质上传输数据比特流，将一个一个比特从一个结点移动到下一个结点，而不是指具体的网络设备和传输介质。大家知道，计算机网络中的硬件设备和传输介质的种类非常繁多，而通信手段也有不同的方式。物理层的作用是尽可能地屏蔽掉这些差异，使上层的数据链路层感觉不到这些差异。这样使得数据链路层只需考虑本层的协议和服务如何完成，而不必考虑网络的硬件设备和传输介质是什么。

物理层的主要任务可以看成是确定与传输介质的接口有关的一些特性。物理层的协议即物理层接口标准，也称为物理层规程。在“协议”这个名词出现前人们就先使用了“规程”这一名词。

在物理层中的协议是与物理连接方式、实际硬件设备和传输介质相关的。具体的物理层协议较多，这是因为物理连接的方式很多（如可以采用点对点连接、多点连接或广播连接），传输介质种类也很多。在学习物理层时，应将重点放在基本概念的掌握上。物理层协议实际上是规定与传输介质接口的机械特性、电气特性、功能特性和规程特性。

① 机械特性：指明接口所用接线器的形状和尺寸、引脚数目和排列方式、接口机械固定方式等。机械特性决定了网络设备与通信线路在形状上的可连接性。

② 电气特性：指明接口引脚中的电压范围，即用多大电压表示“1”或“0”。电气特性决定了数据传输速率和信号传输距离。

③ 功能特性：指明某条线上出现某一电平表示何种意义，即接口信号引脚的功能分配和确切定义。

④ 过程特性：指明利用信号线进行比特流传输的操作过程，包括各信号线的工作规则和时序。

物理层还要完成数据传输方式的转换。因为计算机中数据多采用并行传输方式，但在通信线路上的传输方式一般都是串行传输，逐个比特按照时间的顺序传输。

6.2 数据通信基础

数据通信是计算机网络的基础，没有数据通信技术的发展，就没有计算机网络的今天。本节首先简单介绍数据通信的基本概念和基本原理，然后介绍数据编码技术、数据交换技术和信道多路复用技术。

6.2.1 基本概念

1. 数据通信系统模型

如图 6-1 所示，两个 PC 经过普通电话机的连线，再经过公用电话网进行通信。这个简单的例子说明一个数据通信系统可划分为三大部分，即源系统（或发送端、发送方）、传输系统（或传输网络）和目的系统（或接收端、接收方）。

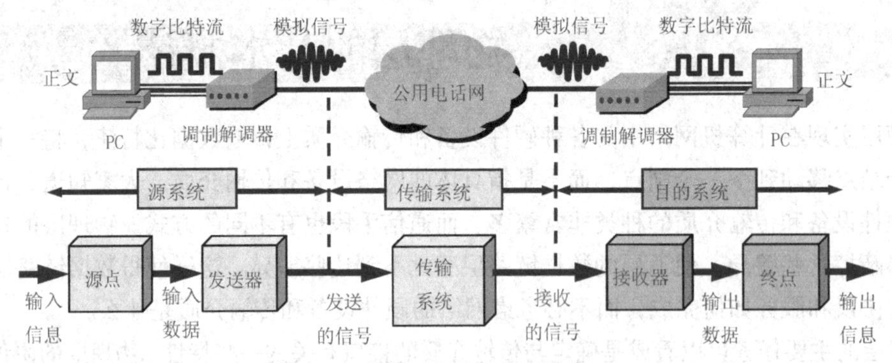

图 6-1 数据通信系统的模型

（1）源系统

源系统就是发送信号的一端，它一般包括以下两个部分。

源点：也称信源，产生要传输的数据的计算机或服务器等设备。

发送器：对要传送的数据进行编码的设备，如调制解调器等。常见的网卡中也包括发送器组件的功能。

（2）传输系统

这是网络通信的信号通道，如双绞线通道、同轴电缆通道、光纤通道或者无线电波通道等，当然还包括线路上的交换机和路由器等设备。

（3）目的系统

目的系统就是接收发送端所发送的信号的一端，它一般也包括以下两个部分。

接收器：接收从发送端发来的信息，并把它们转换为能被目的站设备识别和处理的信息。它也可以是调制解调器之类的设备，不过此时它的功能不再是调制，而是解调。常见的网卡中也包括接收器组件的功能。

终点：从接收器获取从发送端发送的信息的计算机或服务器等。

图 6-1 所示的数据通信系统，说它是计算机网络也可以。为了从通信的角度介绍数据通信系统的一些要素，这些在计算机网络中我们就不再讨论了。

通信的目的是传送信息，如语音、文字、图像等都是信息。数据是运送信息的实体。信号则是数据的电磁表示。

根据信号中代表信息的参数的取值方式不同，信号可分为模拟信号和数字信号两大类。模拟信号也叫连续信号，代表信息的参数的取值是连续的；数字信号也叫离散信号，代表信息的参数的取值是离散的。在使用时间域的波形表示数字信号时，代表不同离散数值的基本波形成为码元。在使用二进制编码时，只有两种不同的码元，一种代表 0 状态，另一种代表 1 状态。

2. 通信的几个基本概念

在计算机内部各部件之间、计算机与各种外部设备之间及计算机与计算机之间都是以通信的方式传递交换数据信息的。通信有两种基本方式，即串行方式和并行方式。通常情况下，并行方式用于近距离通信，串行方式用于距离较远的通信。在计算机网络中，串行通信方式更具有普遍意义。

在并行数据传输中有多个数据位，例如 8 个数据位同时在两个设备之间传输，如图 6-2 所示。发送设备将 8 个数据位通过 8 条数据线传送给接收设备，还可附加一位数据校验位。接收设备可同时接收到这些数据，不需做任何变换就可直接使用。在计算机内部的数据通信通常以并行方式进行。并行的数据传送线也叫总线，如并行传送 8 位数据就叫 8 位总线，并行传送 16 位数据就叫 16 位总线。并行数据总线的物理形式有好几种，但功能都是一样的，例如，计算机内部直接用印制电路板实现的数据总线、连接软/硬盘驱动器的扁平带状电缆、连接计算机外部设备的圆形多芯屏蔽电缆等。

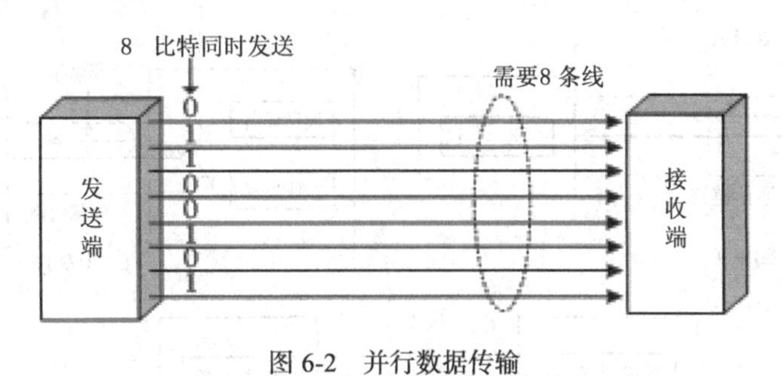

图 6-2 并行数据传输

并行传输时，需要一根至少有 8 条数据线（因一个字节是 8 位）的电缆将两个通信设备连接起来。当进行近距离传输时，这种方法的优点是传输速度快，处理简单；但进行远距离数据传输时，这种方法的线路费用就难以容忍了。这种情况下，使用现成的电话线来进行数据传输就经济得多了。用电话线进行通信，就必须使用串行数据传输技术。串行数据传输时，数据是一位一位地在通信线上传输的，如图 6-3 所示，与同时可传输好几位数据的并行传输相比，串行数据传输的速度要比并行传输慢得多。以串行传输方式通信，对于计算机网络来说具有更大的现实意义。

串行数据传输时，先由具有 8 位总线的计算机内的发送设备，将 8 位并行数据经并—串转换硬件转换成串行方式，再逐位经传输线到达接收站的设备中，并在接收端将数据从串行方式重新转换成并行方式，以供接收方使用。

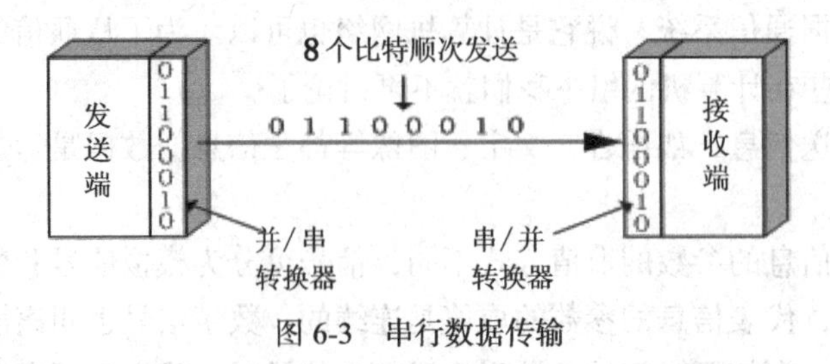

图 6-3　串行数据传输

信道是用来表示向某一个方向传送信息的媒体。通信线路可由一个或多个信道组成，根据信道在某一时间信息传输的方向，可以是单工、半双工和全双工 3 种通信方式。

（1）单工通信

所谓单工（simplex）指的是两个数据站之间始终是一个方向的通信，发送端仅能把数据发往接收端，接收端也只能接受发送来的数据，如图 6-4（a）所示。例如，听广播和看电视就是单工通信的例子，信息只能从广播电台和电视台发射并传输到各家庭接收，而不能从用户传输到电台或电视台。

（2）半双工通信

所谓半双工（half duplex）通信是指信息流可以在两个方向传输，但同一时刻只限于一个方向传输，如图 6-4（b）所示。通信的双方都具备发送和接收装置，即每一端可以是发送端也可以是接收端，信息流是轮流使用发送和接收装置的。例如，对讲机的通信就是半双工通信。

（3）全双工通信

所谓全双工（full duplex）通信是指同时可以作双向的通信，即通信的一方在发送信息的同时也能接收信息，如图 6-4（c）所示。

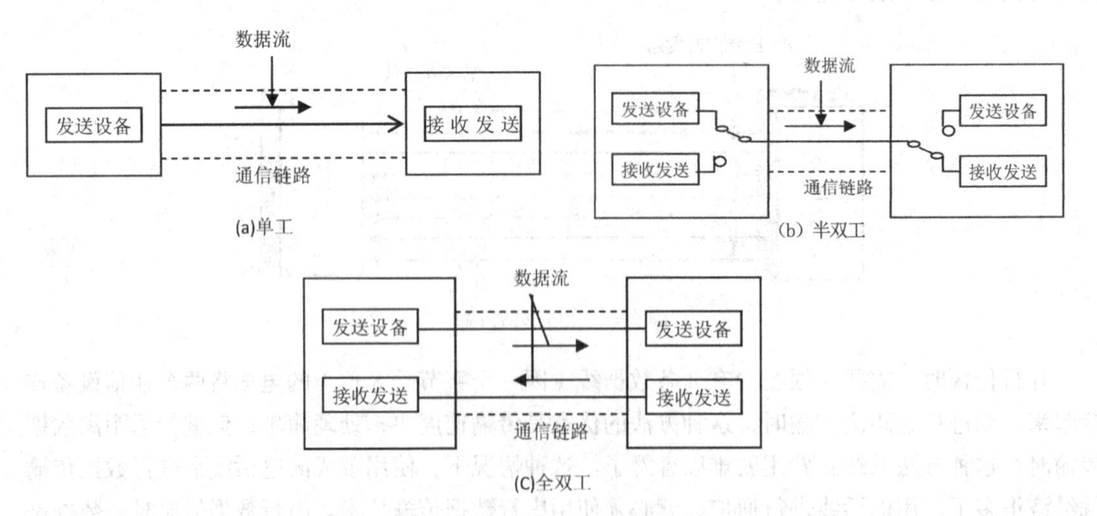

图 6-4　单工、半双工和全双工通信

来自信源的信号通常称为基带信号（基本频带信号），如计算机输出的代表各种文字或图像文件的数据信号。基带信号一般包含较多的低频成分，甚至有直流成分，而许多信道并不能传输这样的低频分量或直流分量。为了解决这一问题，就必须将基带信号进行调制。有关信号调制的内容将在数据编码技术部分进一步介绍。

在数据通信中，通信双方收发数据序列必须在时间上取得一致，这样才能保证接收的数据与发送的数据一致，这就是数据通信中的同步。一般串行通信广泛采用的同步方式有同步通信和异步通信两种；而并行通信则一般都是同步通信。如果不采用数据传输的同步技术则有可能产生数据传输的误差。在计算机网络中，实现数据传输的同步技术有以下两种方法：同步通信和异步通信方法。

异步传输（Asynchronous Transmission）又称起止式传输，即指发送者和接收者之间不需要合作。也就是说，发送者可以在任何时候发送数据，只要被发送的数据已经是可以发送的状态。接收者则只要数据到达，就可以接收数据。它在每一个被传输的字符的前、后各增加一位起始位、一位停止位，用起始位和停止位来指示被传输字符的开始和结束。通常，起始位为一个码元，极性为 0；终止位为 1 ~ 2 个码元，极性为 1。

在接收端，去除起、止位，中间就是被传输的字符。接收端根据“终止位”到“起始位”的跳变（“1”→“0”）识别一个新的字符，从而区分一个个字符。这种传输技术由于增加了很多附加的起、止信号，因此传输效率不高。异步通信传输方式如图 6-5 所示。

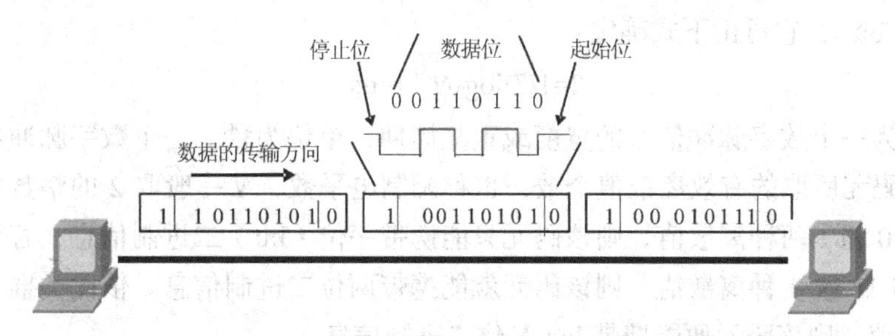

图 6-5　异步传输

异步传输的优点是：字符同步实现简单，收发双方的时钟信号不需要精确的同步。缺点是：每个字符增加了 2 ~ 3bit，降低了传输效率，适合 1.2kbit/s 以下的数据传输。

同步传输（Synchronous）就是使接收端接收的每一位数据块或一组字符都要和发送端准确地保持同步，在时间轴上，每个数据码字占据等长的固定时间间隔，码字之间一般不得留有空隙，前后码字接连传送，中间没有间断时间。收发双方不仅保持着码元（位）同步关系，而且保持着码字（群）同步关系。如果在某一期间确实无数据可发，则需用某一种无意义码字或位同步序列进行填充，以便始终保持不变的数据串格式和同步关系。否则，在下一串数据发送之前，必须发送同步序列（一般是在开始使用同步字符 SYN“01101000”表示或一个同步字节“01111110”表示，并且在结束时使用同步字符或同步字节），以完成数据的同步传输过程，如图 6-6 所示。

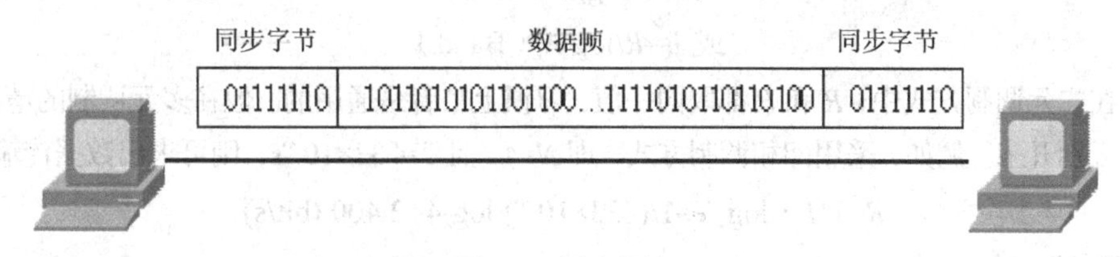

图 6-6　同步传输

与异步传输相比，同步传输在技术实现上复杂，但不需要对每一个字符单独加起、止码元作为识别字符的标志，只是在一串字符的前后加上标志序列。因此，传输效率高，适合较高速率的数据通信系统（2.4kbit/s 以上）。

同步传输与异步传输的区别如下。

① 异步传输是面向字符的传输，而同步传输是面向比特的传输。

② 异步传输的单位是字符而同步传输的单位是帧。

③ 异步传输通过字符起止的开始和停止码抓住再同步的机会，而同步传输则是以数据中抽取同步信息。

④ 异步传输对时序的要求较低，同步传输往往通过特定的时钟线路协调时序。

⑤ 异步传输相对于同步传输效率较低。

3. 数据通信中的主要技术指标

数据通信的任务是传输数据信息，希望达到传输速度快、出错率低、信息量大、可靠性高，并且既经济又便于使用维护。这些要求可以用下列技术指标加以描述。

（1）比特率和波特率

所谓数据传输速率，也称比特率，是指每秒能传输的二进制信息位数，单位为位/秒（bits per second），记作 bit/s，它可由下式确定：

$$R=1/T\cdot\log_2 N\ (\text{bit/s}) \tag{6-1}$$

式中，T 为一个数字脉冲信号的宽度或重复周期，单位为秒。一个数字脉冲也称为一个码元，N 为一个码元所取的有效离散值个数，也称调制电平数，N 一般取 2 的整数次方值。若一个码元仅可取 0 和 1 两种离散值，则该码元只能携带一位（bit）二进制信息；若一个码元可取 00、01、10 和 11 这 4 种离散值，则该码元就能携带两位二进制信息。依此类推，若一个码元可取 N 种离散值，则该码元便能携带 $\log_2 N$ 位二进制信息。

当一个码元仅取两种离散值时，$R=(1/T)$，表示数据传输速率等于码元脉冲的重复频率。由此，可以引出另一个技术指标——信号传输速率，也称码元速率、调制速率或波特率，单位为波特（Baud）。信号传输速率表示单位时间内通过信道传输的码元个数，也就是信号经调制后的传输速率。若信号码元的宽度为 T 秒，则码元速率定义：

$$B=1/T\ (\text{Baud}) \tag{6-2}$$

在有些调幅和调频方式的调制解调器中，一个码元对应于一位二进制信息，即一个码元有两种有效离散值，此时调制速率和数据传输速率相等。但在调相的四相信号方式中，一个码元对应于两位二进制信息，即一个码元有 4 种有效离散值，此时调制速率只是数据传输速率的一半。由以上两式合并可得到调制速率和数据传输速率的对应关系式：

$$R=B\cdot\log_2 N\ (\text{bit/s}) \tag{6-3}$$

$$\text{或 } B=R/\log_2 N\ (\text{Baud}) \tag{6-4}$$

一般在二元调制方式中，R 和 B 都取同一值，习惯上二者是通用的。但在多元调制的情况下，必须将它们区别开来。例如，采用四相调制方式，即 N=4，且 $T=833\times10^{-6}$s，则可求出数据传输速率为：

$$R=1/T\cdot\log_2 N=1/(833\times10^{-6})\cdot\log_2 4=2\,400\ (\text{bit/s})$$

而调制速率为：

$$B=1/T=1/(833\times10^{-6})=1\,200\ (\text{Baud})$$

通过上例可见，虽然数据传输速率和调制速率都是描述通信速度的指标，但它们是完全不同的两个概念。打个比喻来说，假如调制速率是公路上单位时间经过的卡车数，那么数据传输速率便是单位时间里经过的卡车所装运的货物箱数。如果一车装一箱货物，则单位时间经过的卡车数与单位时间里卡车所装运的货物箱数相等，如果一车装多箱货物，则单位时间经过的卡车数便小于单位时间里卡车所装运的货物箱数。

（2）信道容量

信道容量表征一个信道传输数据的能力，单位也用位/秒（bit/s）。信道容量与数据传输速率的区别在于，前者表示信道的最大数据传输速率，是信道传输数据能力的极限，而后者则表示实际的数据传输速率。这就像公路上的最大限速值与汽车实际速度之间的关系一样，信道容量和传输速率之间应满足以下关系：信道容量 > 传输速率，否则高的传输速率在低信道上传输，其传输速率受信道容量所限制，肯定难以达到原有的指标。

（3）误码率

误码率是衡量数据通信系统在正常工作情况下的传输可靠性的指标，它定义为二进制数据位传输时出错的概率。设传输的二进制数据总数为 N 位，其中出错的位数为 Ne，则误码率表示为：

$$Pe=Ne/N \tag{6-5}$$

计算机网络中，一般要求误码率低于 10^{-9}，即平均每传输 10^9 位数据仅允许错一位。可若误码率达不到这个指标，可以通过差错控制方法进行检错和纠错。

6.2.2 奈奎斯特定理与香农定理

奈奎斯特（Nyquist）首先给出了无噪声情况下码元速率的极限值 B 与信道带宽 H 的关系：

$$B=2 \cdot H\ (\text{Baud}) \tag{6-6}$$

其中，H 是信道的带宽，也称频率范围，即信道能传输的上、下限频率的差值，单位为 Hz。由此可推出表征信道数据传输能力的奈奎斯特公式：

$$C=2 \cdot H \cdot \log_2 N\ (\text{bit/s}) \tag{6-7}$$

此处，N 仍然表示携带数据的码元可能取的离散值的个数，C 即是该信道最大的数据传输速率。

由以上两式可见，对于特定的信道，其码元速率不可能超过信道带宽的两倍，但若能提高每个码元可能取的离散值的个数，则数据传输速率便可成倍提高。例如，普通电话线路的带宽约为 3kHz，则其码元速率的极限值为 6kBaud。若每个码元可能取的离散值的个数为 16（即 N=16），则最大数据传输速率可达 $C=2\times3\text{k}\times\log_2 16=24\text{kbit/s}$。

实际的信道总要受到各种噪声的干扰，如图 6-7 所示，香农（Shannon）则进一步研究了受随机噪声干扰的信道的情况，给出了计算信道容量的香农公式：

$$C=H \cdot \log_2(1+S/N)\ (\text{bit/s}) \tag{6-8}$$

公式中的 H 是信道带宽（赫），S 是信号功率（瓦），N 是噪声功率（瓦）。

式（6-8）表明，信道带宽限制了比特率的增加，信道容量还取决于系统信噪比以及编码技术的种类，通常把信噪比表示成 $10\lg(S/N)$，以分贝（dB）为单位来计量。它表明了当信号与作用在信道上的随机噪声的平均功率给定时，具有一定频带宽度 H 的信道上，理论上单位时间内可能传输的是信息量的极限数值。

例如，信噪比为 30dB，带宽为 3kHz 的信道的最大数据传输速率为：

$$C=3\text{k}\times\log_2(1+10^{30/10})=3\text{k}\times\log_2(1+1\,000)=30\text{kbit/s}$$

由此可见，只要提高信道的信噪比，便可提高信道的最大数据传输速率。

注意上面公式所计算的只是数据速率的上界，在实际应用中是不可能达到的，上例中能达到 19 200bit/s 就是很好的了。图 6-7 所示为数字信号通过实际的信道示意图。

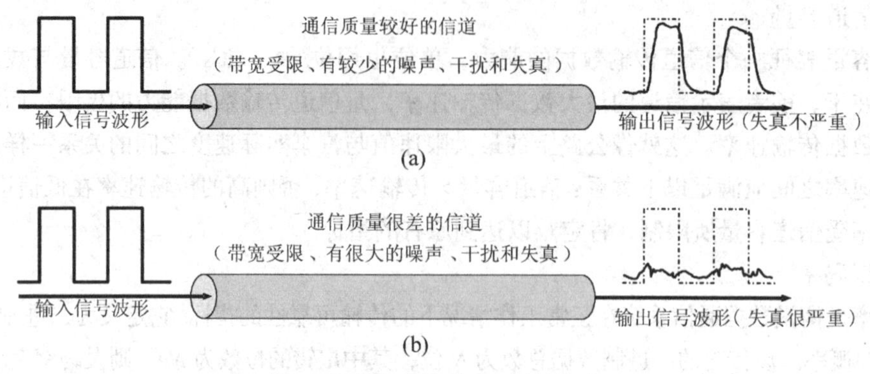

图 6-7　数字信号通过实际的信道

6.2.3　数据编码技术

在计算机中数据是以二进制 0、1 比特序列方式表示的，而计算机数据在传输中采用什么样的编码取决于它所采用的通信信道所支持的数据类型。计算机网络中常用的通信信道分为两类：模拟信道和数字信道。所谓的模拟信道指其上只能传送模拟信号，也就是电流或电压随时间连续变化的信号。而数字信道指传输数字信号的信道，数字信号指电流或电压不连续变化的信号，或叫离散信号。计算机发出的二进制数据信号就是典型的数字信号。

既然通信信道分为模拟信道和数字信道，相应的用于数据通信的数据编码也分为模拟数据编码和数字数据编码。

为了实现计算机网络之间的远程通信，必须首先根据不同类型的信道将不同类型的信号进行变换（数据编码）才能够在公共网上传输。这就要利用信号的调制与解调技术，这些信号调制技术主要用于调制解调器（Modem）中。

1. 调制与解调

调制与解调在计算机网络中有着十分重要的作用。调制与解调是通过称为 Modem（MODulater DEModulater）的调制解调器将数字信息转换成能沿着电话线传递的模拟形式，在接收端由 Modem 将它转换回数字信息。其中将数字信息转换成模拟形式称调制，将模拟形式转换回数字信息称为解调。信息经调制解调器后上了“信息高速公路”，世界各地的人们可以用计算机相互传递信息，达到了远程通信的目的。在远程系统中的调制解调器如图 6-8 所示。

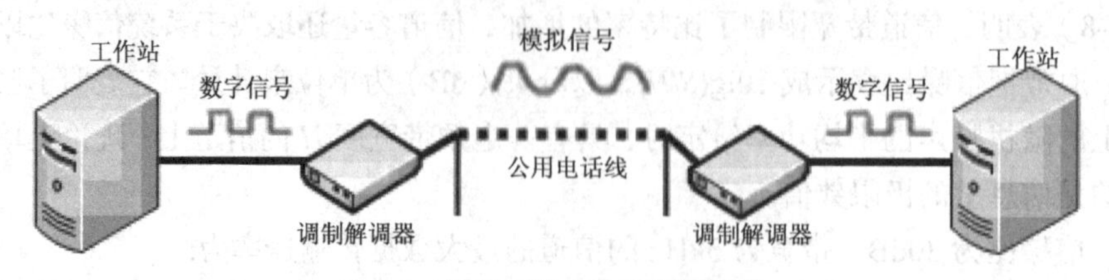

图 6-8　远程系统中的调制解调器

调制解调器

调制解调器包括调制器和解调器两部分。

① 调制器：把要发送的数字信号转换为频率范围在 300 ~ 3 400Hz 的模拟信号，以便在电话线上传送。一般来说，信号源的信息（也称为信源）含有直流分量和频率较低的频率分量，称为基带信号。基带信号往往不能作为传输信号，因此必须把基带信号转变为一个相对基带频率而言的频率非常高的信号以适合于信道传输。这个信号叫作已调信号，而基带信号叫作调制信号。调制是通过改变高频载波即消息的载体信号的幅度、相位或者频率，使其随着基带信号幅度的变化而变化来实现的。调制可分为幅度调制（调幅）、频移键控（调频）和相移键控（调相）3 种，如图 6-9 所示。

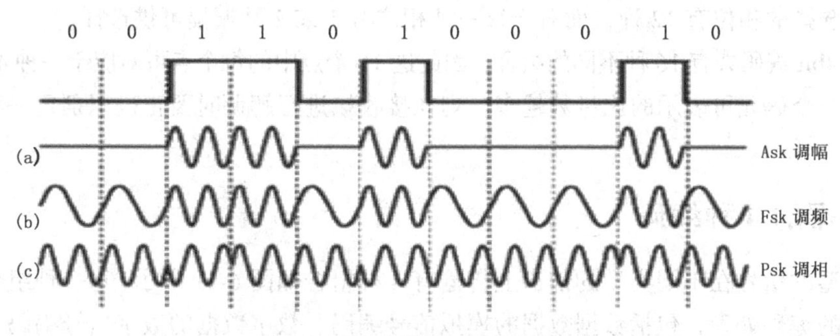

图 6-9　数字调制的 3 种基本形式

② 解调器：把电话用户线上传送来的模拟信号转换为数字信号。调制方式不同，解调方法也不一样。与调制的分类相对应，解调可分为正弦波解调（有时也称为连续波解调）和脉冲波解调。正弦波解调还可再分为幅度解调、频率解调和相位解调，此外还有一些变种如单边带信号解调、残留边带信号解调等。同样，脉冲波解调也可分为脉冲幅度解调、脉冲相位解调、脉冲宽度解调和脉冲编码解调等。对于多重调制需要配以多重解调。

调制器的作用就是个波形变换器，它把基带数字信号的波形变换成适合于模拟信道传输的波形。解调器的作用就是个波形识别器，它将经过调制器变换过的模拟信号恢复成原来的数字信号。

2. 正交调制

为了满足现代通信系统对传输速率和带宽提出的新要求，人们不断地推出一些新的数字调制解调技术。正交幅度调制（Quadrature Amplitude Modulation，QAM）就是一种高效的数字调制方式。与其他调制技术相比，这种调制解调技术能充分利用带宽，且具有抗噪声能力强等优点，因而在中大容量数字微波通信系统、有线电视网络高速数据传输、卫星通信等领域得到广泛应用。

正交幅度调制是一种在两个正交载波上进行幅度调制的调制方式（采取幅度与相位相结合的方式）。这两个载波通常是相位差为 90°（$\pi/2$）的正弦波，因此被称作正交载波。

模拟信号的相位调制和数字信号的相位调制可以被认为是幅度不变、仅有相位变化的特殊的正交幅度调制。由此，模拟信号频率调制和数字信号频率调制也可以被认为是 QAM 的特例。

QAM 发射信号集可以用星座图方便地表示。星座图上每一个星座点对应发射信号集中的一个信号。设正交幅度调制的发射信号集大小为 N，称之为 N-QAM。星座点经常采用水平和垂直方向等间距的正方网格配置，当然也有其他的配置方式。数字通信中数据常采用二进制表示，这种情况下星座点的个数一般是 2 的幂。常见的 QAM 形式有 16-QAM、64-QAM、256-QAM

等。星座点数越多，每个符号能传输的信息量就越大。但是，如果在星座图的平均能量保持不变的情况下增加星座点，会使星座点之间的距离变小，进而导致误码率上升。因此，高阶星座图的可靠性比低阶要差。

当对数据传输速率的要求高过 8-PSK 能提供的上限时，一般采用 QAM 的调制方式。因为 QAM 的星座点比 PSK 的星座点更分散，星座点之间的距离因之更大，所以能提供更好的传输性能。但是 QAM 星座点的幅度不是完全相同的，所以它的解调器需要能同时正确检测相位和幅度，不像 PSK 解调只需要检测相位，这增加了 QAM 解调器的复杂性。

同其他调制方式类似，QAM 通过载波某些参数的变化传输信息。在 QAM 中，数据信号由相互正交的两个载波的幅度变化表示，如图 6-10 所示。

- 可供选择的相位有 12 种，而对于每一种相位有 1 或 2 种振幅可供选择。
- 由于 4bit 编码共有 16 种不同的组合，因此这 16 个点中的每个点可对应于一种 4bit 的编码。
- 若每一个码元可表示的比特数越多，则在接收端进行解调时要正确识别每一种状态就越困难。

3. 数据的 4 种编码

不同类型的信号在不同类型的信道上传输有 4 种组合如图 6-11 所示，每一种组合相应地需要进行不同的编码处理，包括数据数据的模拟信号编码、数字数据的数字信号编码、模拟数据的数字信号编码、模拟数据的模拟信号编码。

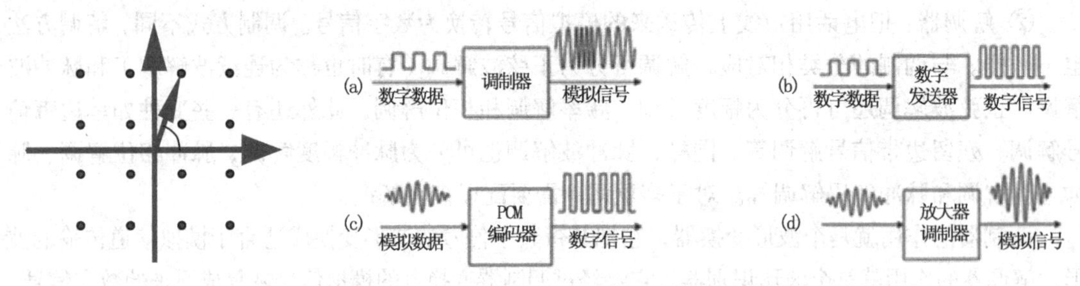

图 6-10　正交调制 QAM　　图 6-11　信号在信道上传输的 4 种形式

（1）数字数据的模拟信号编码

要在模拟信道上传输数字数据，首先数字信号要对相应的模拟信号进行调制，即用模拟信号作为载波运载要传送的数字数据。

载波信号可以表示为正弦波形式：$f(t)=A\sin(\omega t+\varphi)$，其中幅度 A、频率 ω 和相位 φ 的变化均影响信号波形。因此，通过改变这 3 个参数可实现对模拟信号的编码。相应的调制方式分别称为幅度调制（ASK）、频率调制（FSK）和相位调制（PSK）。结合 ASK、FSK 和 PSK 可以实现高速调制，常见的组合是 PSK 和 ASK 的结合。

ASK（Amplitude Shift Keying）是使用载波频率的两个不同振幅来表示两个二进制值，在一般情况下，用振幅恒定载波的存在与否来表示两个二进制字。ASK 方式的编码效率较低，容易受噪声变化的影响，抗干扰性较差。在音频电话线路上，一般只能达到 1 200bit/s 的传输速率。

FSK（Frequency Shift Keying）是使用载波频率附近的两个不同频率来表示两个二进制值，FSK 比 ASK 的编码效率高，不易受干扰的影响，抗干扰性较强。在音频电话线路上的传输速率可以大于 1 200bit/s。

PSK（Phase Shift Keying）是使用载波信号的相位移动来表示二进制数据，在 PSK 方式中，信号相位与前面信号序列同相位的信号表示 0，信号相位与前面信号序列反相位的信号表示 1。PSK 方式也可以用于多相的调制，如在四相调制中可把每个信号序列编码为两位。PSK 方式具有很强的抗干扰能力，其编码效率比 FSK 还要高。在音频线路上传输速率可达 9 600bit/s。

在实际的 Modem 中，一般将这些基本的调制技术组合起来使用，以增强抗干扰能力和编码效率。常见的组合是 PSK 和 FSK 方式的组合或者 PSK 和 ASK 方式的组合。

由 PSK 和 ASK 结合的相位幅度调制 PAM，是解决相移数已达到上限但还能提高传输速率的有效方法。

（2）数字数据的数字信号编码

数字数据的数字信号编码，就是要解决数字数据的数字信号表示问题，即通过对数字信号进行编码来表示数据。数字数据为二进制数（0 或 1），数字信号为高电平或低电平进行传输，所以需要将二进制数转换为高电平或低电平。数字信号编码的工作由网络上的硬件完成，常用的编码方法不归零码、归零码和曼彻斯特编码 3 种。

不归零码 NRZ（non-return to zero）又可分为单极性不归零码和双极性不归零码。图 6-12（a）所示为单极性不归零码：在每一码元时间内，没有电压表示数字“0”，有恒定的正电压表示数字“1”。每个码元的中心是取样时间，即判决门限为 0.5：0.5 以下为“0”，0.5 以上为“1”。图 6-12（b）所示为双极性不归零码：在每一码元时间内，以恒定的负电压表示数字“0”，以恒定的正电压表示数字“1”。判决门限为零电平：0 以下为“0”，0 以上为“1”。

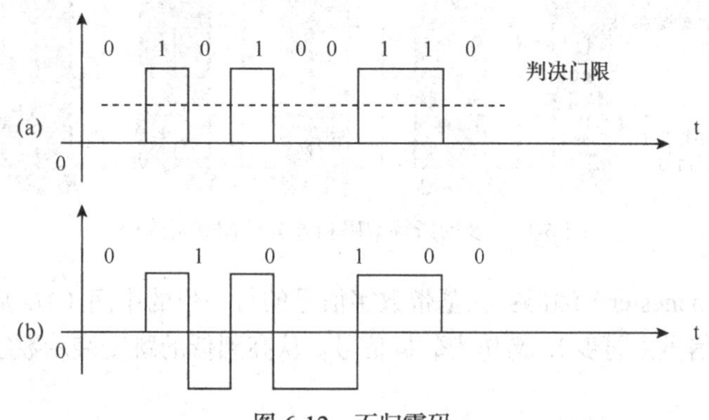

图 6-12　不归零码

不归零码是指编码在发送“0”或“1”时，在一码元的时间内不会返回初始状态（零）。当连续发送“1”或者“0”时，上一码元与下一码元之间没有间隙，使接收方和发送方无法保持同步。为了保证收、发双方同步，往往在发送不归零码的同时，还要用另一个信道同时发送同步时钟信号。计算机串口与调制解调器之间采用的是不归零码。常用−5V 表示 1，+5V 表示 0。

缺点：存在直流分量，传输中不能使用变压器；不具备自同步机制，必须使用外同步。

归零码是指编码在发送“0”或“1”时，在一码元的时间内会返回初始状态（零），如图 6-13 所示。归零码可分为单极性归零码和双极性归零码。

图 6-13（a）所示为单极性归零码：以无电压表示数字“0”，以恒定的正电压表示数字“1”。与单极性不归零码的区别是：“1”码发送的是窄脉冲，发完后归到零电平。图 6-13（b）所示为双极性归零码：以恒定的负电压表示数字“0”，以恒定的正电压表示数字“1”。与双极性不

归零码的区别是：两种信号波形发送的都是窄脉冲，发完后归到零电平。

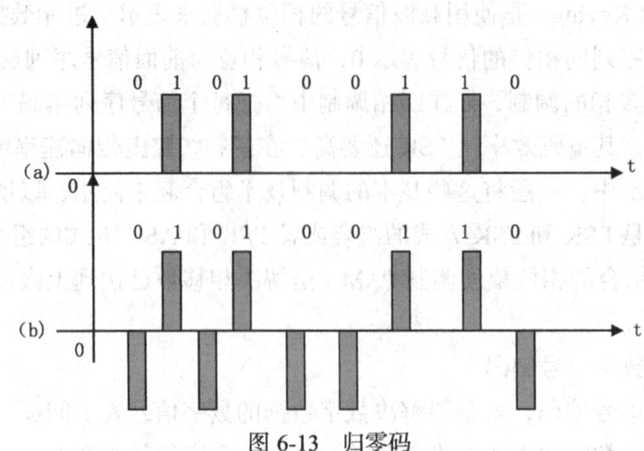

图 6-13 归零码

曼彻斯特编码也称为自同步码（Self-Synchronizing Code）。它具有自同步机制，无需外同步信号。自同步码是指编码在传输信息的同时，将时钟同步信号一起传输过去。这样，在数据传输的同时就不必通过其他信道发送同步信号。局域网中的数据通信常使用自同步码，典型代表是曼彻斯特编码和差分曼彻斯特编码，如图 6-14 所示。

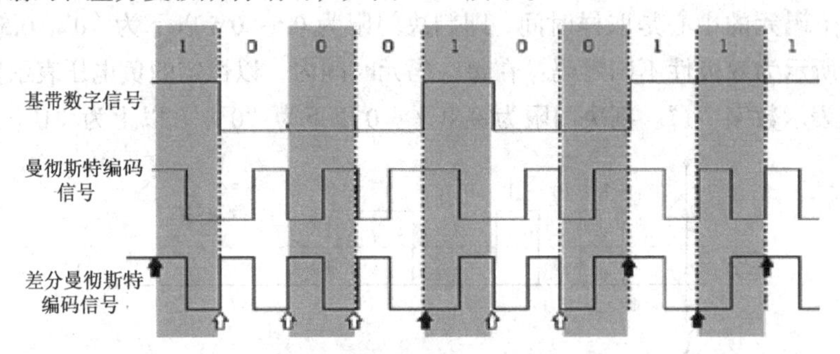

图 6-14 曼彻斯特编码和差分曼彻斯特编码

曼彻斯特（Manchester）编码：在基带数字信号的每一位的中间（1/2 周期处）有一跳变，该跳变既作为时钟信号（同步），又作为数据信号。从高到低的跳变表示数字“1”，从低到高的跳变表示数字“0”。

差分曼彻斯特（Different Manchester）编码：每一位的中间（1/2 周期处）有一跳变，但是，该跳变只作为时钟信号（同步）。数据信号根据每位开始时有无跳变进行取值：有跳变表示数字“0”，无跳变表示数字“1”。

缺点是：需要双倍的传输带宽（即信号速率是数据速率的 2 倍）。

（3）模拟数据的数字信号编码

模拟数据的数字信号编码最常用的方法是脉冲编码调制（Pulse Code Modulation，PCM），它是波形编码中最重要的一种方式，在光纤通信、数字微波通信、卫星通信中均获得了极为广泛的应用，现在的数字传输系统大多采用 PCM 体制。PCM 最初并不是用来传送计算机数据的，采用它是为了解决电话局之间中继线不够，使一条中继线不只传送一路而是可以传送几十路电话。PCM 过程主要由采样、量化与编码 3 个步骤组成。

若对连续变化的模拟信号进行周期性采样，只要采样频率大于等于有效信号最高频率或其带宽的两倍，则采样值便可包含原始信号的全部信息，利用低通滤波器可以从这些采样中重新构造出原始信号。这就是脉冲编码调制的理论基础（也称香农采样定理）。

采样：根据采样频率，隔一定的时间间隔采集模拟信号的值，得到一系列模拟值，如图 6-15（a）所示。

量化：将采样得到的模拟值按一定的量化级（本例采用 8 级）进行“取整”，得到一系列离散值，如图 6-15（b）所示。

编码：将量化后的离散值数字化，得到一系列二进制值；然后将二进制值进行编码，得到数字信号，如图 6-15（c）所示。

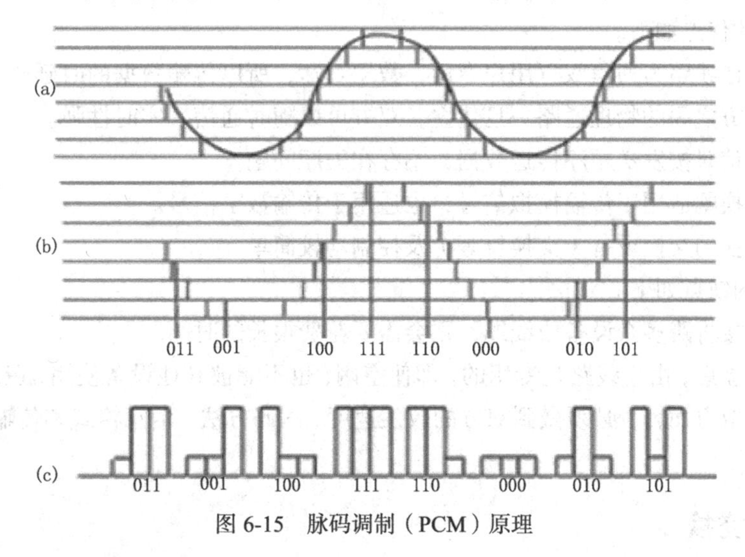

图 6-15　脉码调制（PCM）原理

（4）模拟数据的模拟信号编码

模拟数据经由模拟信号传输时常用两种调制技术是幅度调制和频率调制。

幅度调制可简称为调幅也称为幅移键控（ASK），通过改变输出信号的幅度，来实现传送信息的目的。一般在调制端输出的高频信号的幅度变化与原始信号成一定的函数关系，在解调端进行解调并输出原始信号。

频率调制可简称为调频也称为频移键控（FSK），是一种以载波的瞬时频率变化来表示信息的调制方式。（与此相对应的调幅方式是透过载波幅度的变化来表示信息，而其频率却保持不变。）在模拟应用中，载波的频率跟随输入信号的幅度直接成等比例变化。在数字应用领域，载波的频率则根据数据序列的值作离散跳变，即所谓的频率键控。

6.2.4　数据交换

最初的数据通信是在物理上两端直接相连的设备间进行的，随着通信的设备的增多、设备间距离的扩大，这种每个设备都直连的方式是不现实的。两个设备间的通信需要一些中间结点来过渡，我们称这些中间结点为交换设备。这些交换设备并不需要处理经过它的数据的内容，只是简单地把数据从一个交换设备传到下一个交换设备，直到数据到达目的地。这些交换设备以某种方式互相连接成一个通信网络，从某个交换设备进入通信网络的数据通过从交换设备到交换设备的转接、交换被送达目的地，如图 6-16 所示。通常使用 3 种交换技术：电路交换、报文交换和分组交换。

1. 电路交换

电路交换（circuit switching）技术即在通信两端设备之间，通过一个一个交换设备的线路连接，实际建立了一条专用的物理线路，在该连接被拆除前，这两端的设备单独占用该线路进行数据传输。

电话系统采用了线路交换技术。通过一个一个交换机中的输入线与输出线的物理连接，在呼叫电话和接收电话间建立了一条物理线路。通话双方可以一直占有这条线路通话。通话结束后，这些交换机中的输入线与输出线路断开，物理线路被切断，如图 6-17 所示。

电路交换的优点如下。

① 由于通信线路为通信双方用户专用，数据直达，所以传输数据的时延非常小。

② 通信双方之间的物理通路一旦建立，双方可以随时通信，实时性强。

③ 双方通信时按发送顺序传送数据，不存在失序问题。

④ 电路交换既适用于传输模拟信号，也适用于传输数字信号。

⑤ 电路交换的交换设备（交换机等）及控制均较简单。

电路交换的缺点如下。

① 建立连接将跨多个设备或线缆，则会需要花费很长的时间。

② 连接建立后，由于线路是专用的，即使空闲，也不能被其他设备使用，造成一定的浪费。

③ 对通信双方而言，必须做到双方的收发速度、编码方法、信息格式和传输控制等一致才能完成通信。

2. 报文交换

报文交换（messages witching）技术是一种存储转发技术，它不在通信两端设备间建立一条物理线路。发送设备将发送的信息作为一个整体（又被称为报文），并附加上目的地地址，交给交换设备。交换设备接收该报文，暂时存储该报文，等到有合适的输出线路时把该报文转发给下一个交换设备。当路由器接收到报文以后会对报文进行处理，查看其目的地址路由器会用路由算法进行计算算出到达目的地的最佳路径后将报文送往下一跳路由器，经过若干个交换设备的存储、转发后，该报文到达目的地如图 6-17 所示。报文交换技术适用于非实时的通信系统，如公共电报收发系统。

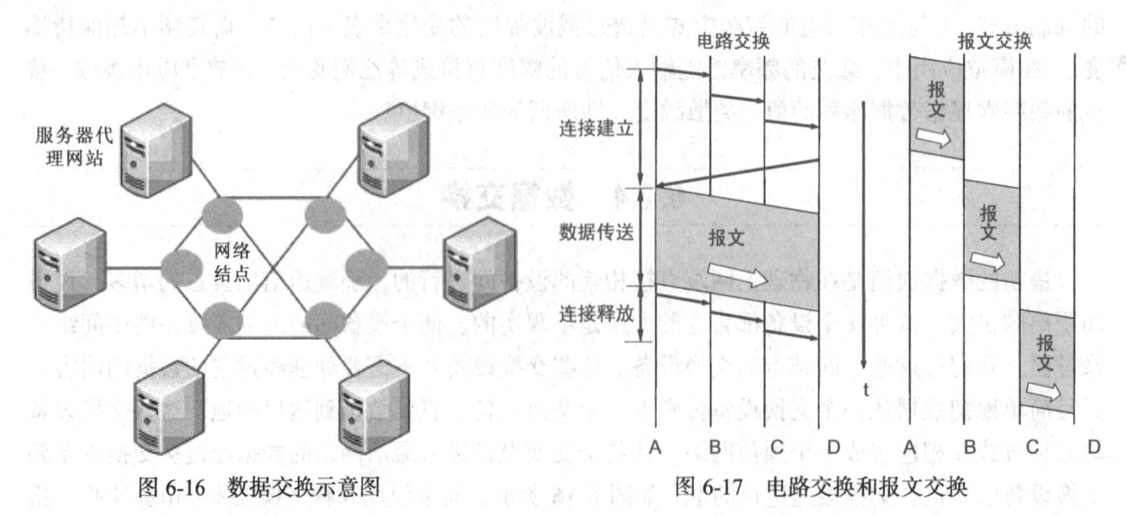

图 6-16　数据交换示意图

图 6-17　电路交换和报文交换

报文交换的优点如下。

① 线路的利用率较高。许多报文可以分时共享交换设备间的线路。

② 当接收端设备不可用时，可暂时由交换设备保存报文，报文在传输时对报文的大小没有限制。

③ 在线路交换网中，当通信量变得很大时，某些连接会被阻塞，即网络在其负荷降下来之前，不再接收更多的请求。而在报文交换网络中，却仍然可以接收报文，只是传送延迟会增加。

④ 能够建立报文优先级。可以把暂存在交换设备里的许多报文重新安排先后顺序，优先级高的报文先转发，减少高优先级报文的延迟。

⑤ 交换设备能够复制报文副本，并把每一个拷贝送到多个所需的目的地。

⑥ 报文交换网可以进行速率和码型的转换。利用交换设备的缓冲作用，可以解决不同数据传输率的设备的连接。交换设备也可以很容易地转换各种编码格式，如从ASCII码转换为EBCDIC码。

报文交换的缺点如下。

① 由于数据进入交换结点后要经历存储、转发这一过程，从而引起转发时延（包括接收报文、检验正确性、排队、发送时间等），而且网络的通信量越大，造成的时延就越大，因此报文交换的实时性差，不适合传送实时或交互式业务的数据。

② 报文交换只适用于数字信号。

③ 由于报文长度没有限制，而每个中间结点都要完整地接收传来的整个报文，当输出线路不空闲时，还可能要存储几个完整报文等待转发，要求网络中每个结点有较大的缓冲区。为了降低成本，减少结点的缓冲存储器的容量，有时要把等待转发的报文存在磁盘上，进一步增加了传送时延。

3. 分组交换

分组交换（Packet Switching）又称报文分组交换或包交换，分组交换是报文交换的一种改进，它将报文分成若干个分组，每个分组的长度有一个上限，有限长度的分组使得每个结点所需的存储能力降低了，分组可以存储到内存中，提高了交换速度。它适用于交互式通信，如终端与主机通信。分组交换有数据报（datagram）分组交换和虚电路（virtual circuit）分组交换，如图6-18所示。它是计算机网络中使用最广泛的一种交换技术。

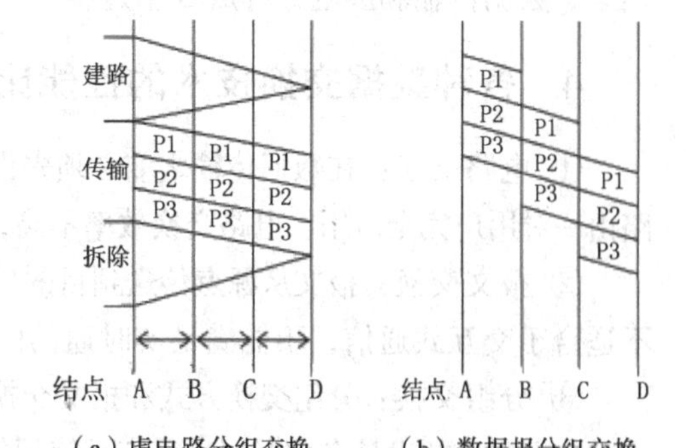

图6-18 分组交换

（1）虚电路分组交换原理与特点

在虚电路分组交换中，为了进行数据传输，网络的源结点和目的结点之间要先建一条逻辑通路。每个分组除了包含数据之外还包含一个虚电路标识符。在预先建好的路径上的每个结点都知道把这些分组引导到哪里去，不再需要路由选择判定。最后，由某一个站用清除请求分组来结束这次连接。它之所以是“虚”的，是因为这条电路不是专用的。

虚电路分组交换的主要特点是：在数据传送之前必须通过虚呼叫设置一条虚电路。但并不像电路交换那样有一条专用通路，分组在每个结点上仍然需要缓冲，并在线路上进行排队等待输出。

（2）数据报分组交换原理与特点

在数据报分组交换中，每个分组的传送是被单独处理的。每个分组称为一个数据报，每个数据报自身携带足够的地址信息。一个结点收到一个数据报后，根据数据报中的地址信息和结点所储存的路由信息，找出一个合适的出路，把数据报原样地发送到下一结点。由于各数据报所走的路径不一定相同，因此不能保证各个数据报按顺序到达目的地，有的数据报甚至会中途丢失。整个过程中，没有虚电路建立，但要为每个数据报做路由选择。

分组交换的优点如下。

① 分组交换加速了数据在网络中的传输。因为分组是逐个传输，可以使后一个分组的存储操作与前一个分组的转发操作并行，这种流水线式传输方式减少了报文的传输时间。此外，传输一个分组所需的缓冲区比传输一份报文所需的缓冲区小得多，这样因缓冲区不足而等待发送的几率及等待的时间也必然少得多。

② 简化了存储管理。因为分组的长度固定，相应的缓冲区的大小也固定，在交换结点中存储器的管理通常被简化为对缓冲区的管理，相对比较容易。

③ 减少了出错几率和重发数据量。因为分组较短，其出错几率必然减少，每次重发的数据量也就大大减少，这样不仅提高了可靠性，也减少了传输时延。

④ 由于分组短小，更适用于采用优先级策略，便于及时传送一些紧急数据，因此对于计算机之间的突发式的数据通信，分组交换显然更为合适些。

分组交换的缺点如下。

① 尽管分组交换比报文交换的传输时延少，但仍存在存储转发时延，而且其结点交换机必须具有更强的处理能力。

② 分组交换与报文交换一样，每个分组都要加上源、目的地址和分组编号等信息，使传送的信息量增大 5%～10%，一定程度上降低了通信效率，增加了处理的时间，使控制复杂，时延增加。

③ 当分组交换采用数据报服务时，可能出现失序、丢失或重复分组，分组到达目的结点时，要对分组按编号进行排序等工作，增加了麻烦。若采用虚电路服务，虽无失序问题，但有呼叫建立、数据传输和虚电路释放 3 个过程。

4. 各种数据交换技术的性能比较

① 电路交换：在数据传输之前必须先设置一条完全的通路。在线路拆除（释放）之前，该通路由一对用户完全占用。电路交换效率不高，适合于较轻和间接式负载使用租用的线路进行通信。

② 报文交换：报文从源点传送到目的地采用存储转发的方式，报文需要排队。因此报文交换不适合于交互式通信，不能满足实时通信的要求。

③ 分组交换：分组交换方式和报文交换方式类似，但报文被分成分组传送，并规定了最大长度。分组交换技术是在数据网中最广泛使用的一种交换技术，适用于交换中等或大量数据的情况。

总之，若是传送的数据量很大，且其传送时间远大于呼叫时间，则采用电路交换较为合适；当端到端的通路有很多段的链路组成时，采用分组交换传送数据较为合适。从提高整个网络的信道利用率上看，报文交换和分组交换优于电路交换，其中分组交换比报文交换的时延小，尤其适合于计算机之间的突发式的数据通信。

6.2.5 多路复用技术

多路复用是指在一条物理信道上同时传输多路信息。信道复用的目的是让不同的计算机连接到相同的信道上，以共享信道资源，如图 6-19 所示。当建设一个通信网络时，在长距离、大规模的线路铺设是很昂贵的，而现有的传输介质可能又没有得到充分的利用。如一对电话线的通信频带一般在 100kHz 以上，而一路电话信号的频带一般在 4kHz 以下。因此，为了节约经费，我们可以用共享技术，在一条传输介质上传输多个信号，这样就可以提高线路的利用率，降低网络的成本。这种共享技术就是多路复用技术。采用信道多路复用技术一方面传输多个信号仅需一条传输线路，可节省成本、安装与维护费用，另一方面使得传输线路的容量得到充分的利用。

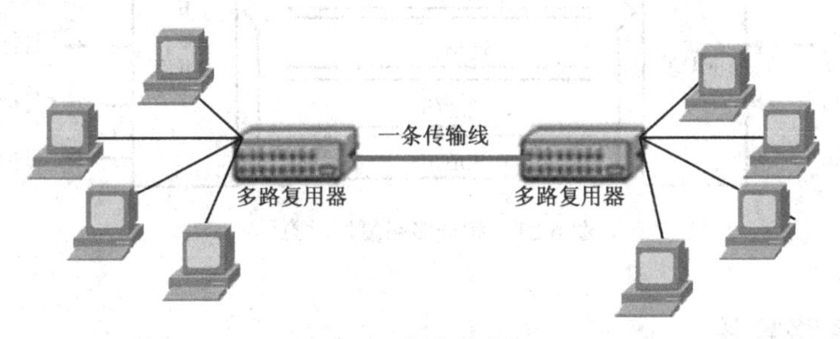

图 6-19　信道多路复用

信道多路复用一般采用频分多路复用（FDM）、时分多路复用（TDM）、波分多路复用（WDM）和码分多址访问 4 种技术。

1. 频分多路复用

频分多路复用（Frequency Division Multiplexing，FDM）是指当传输介质的带宽大于单个信号的要求时，为了有效地利用传输系统将多个信号同时在一条传输信道上传输的技术叫多路复用。即几个信号输入一个多路复用器中，由这个多路复用器将每一个信号调制到不同的频率，并且分配给每一个信号以它的载波频率为中心的一定带宽，称为通道。为了避免干扰，用频谱中未使用的部分作为保护带来隔开每一个通道。在接收端，由相应的设备来恢复成原来的信号，如图 6-20 所示。例如，有线电视台使用频分多路复用技术，将很多频道的信号通过一条线路传输，用户可以选择收看其中的任何一个频道。

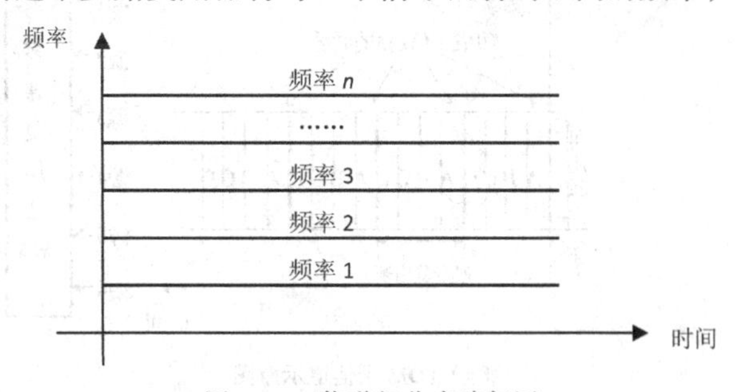

图 6-20　信道频分多路复用

采用频分多路复用技术时，输入到多路复用器的信号既可以是数字信号，也可以是模拟信号。

频分多路复用举例：

如图 6-21 所示，共有 6 路信号源输入到多路复用器中，该多路复用器以不同的频率调制每一个信号。每一路信号需要一个以它的载波颜率为中心的一定带宽，通道（1）~ 通道（6）是对应 6 路信号各自要求的带宽，即 6 路信道。为了防止各路信道之间的干扰，相邻的信道之间用保护带隔离开。假设传输介质的可用带宽为 80MHz，每路信号带宽为 12MHz。如果采用采用频分多路复用技术同时传输这 6 路信号，则各路信号带宽的分配情况如下所示：

源 1=0 ~ 12MHz，源 2=13 ~ 25MHz，源 3=26 ~ 38MHz

源 4=39 ~ 51MHz，源 5=52 ~ 64MHz，源 6=65 ~ 77MHz

其中各路信道之间的保护带宽为1 MHz。当携带多路信号的载波通过传输介质传送到另一端的多路复用器后，再还原成各个单路信号，输出到各自对应的输出线上。

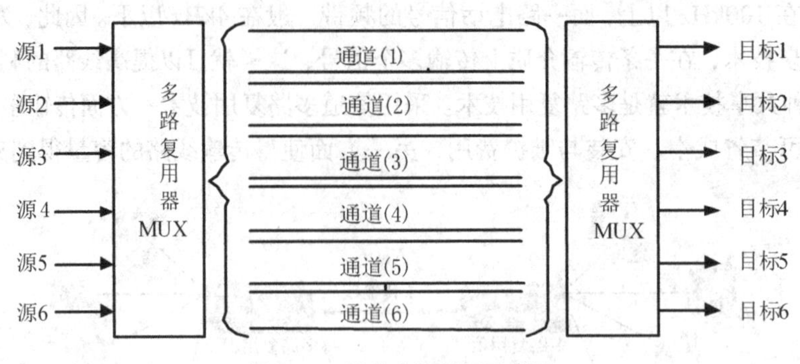

图6-21　频分多路复用示意图

2. 时分多路复用

时分多路复用（Time Division Multiplexing，TDM）是指当传输介质的位传输率大于单个信号的要求时，为有效地利用传输系统，将一条物理信道按时间分成若干个时间片轮流地分配给多个信号使用。每一时间片由复用的一个信号占用，这样，利用每个信号在时间上的交叉，就可以在一条物理信道上传输多个数字化数据、语音和视频信号等的技术，如图6-22所示。其中，可以确定每个信道何时使用线路的时分复用方式称之为“同步时分多路通信”（STDM）；反之则称为“异步时分多路通信”（ATDM）。时分多路复用常用于基带网络中。

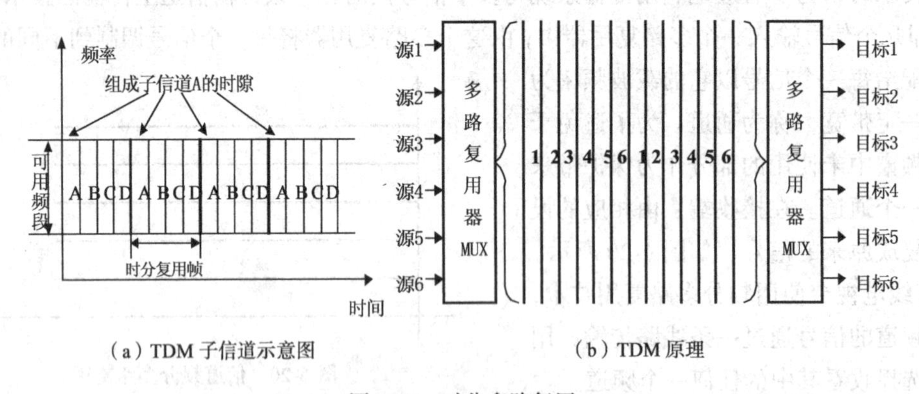

（a）TDM子信道示意图　　（b）TDM原理

图6-22　时分多路复用

时分多路复用（TDM）不仅局限于传输数字信号，也可同时交叉传输模拟信号。

时分多路复用又分为同步时分（Synchronous Time division Multiplexing，STDM）和异步时分（Asysnchronous Time Division Multiplexing，ATDM）。

同步TDM 特点：时间片固定分配，适合固定速率传输。

异步TDM 特点：时间片按需分配，适合可变速率传输。

（1）同步时分复用

在同步时分多路复用中，时间片是预先分配好的，而且是固定不变的，即每个时间片与一个信号源对应，而不管此时是否有信息发送。在接收端，根据时间片序号可判断出是哪一路信号。同步时分多路复用原理如图6-23所示。

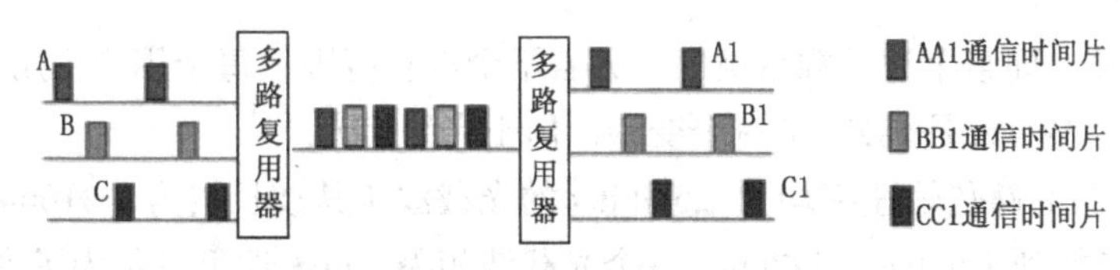

图 6-23　同步时分多路复用原理

（2）异步时分复用

异步时分与同步时分有所不同，异步时分复用技术又被称为统计时分复用技术，它能动态地按需分配时隙，以避免每个时隙段中出现空闲时隙。异步时分在分配时隙时是不固定的，而是只给想发送数据的发送端分配其时隙段，当用户暂停发送数据时，则不给它分配时隙，如图 6-24 所示。

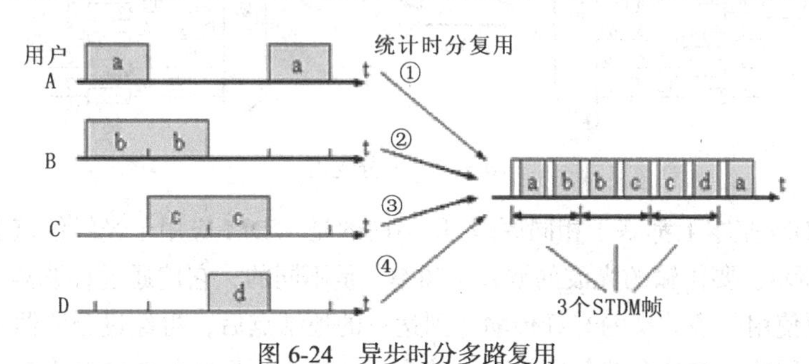

图 6-24　异步时分多路复用

（3）时分复用的应用

当使用频分复用时占有不同频带的多路信号合在一起在同一信道中传输，各路频带间要有防护频带；而时分复用则使占有不同时隙的多路信号合在一起在同一信道中传输，各路时隙间要有防护时隙。时分复用的典型例子：PCM（Pulse Code Modulation，脉码调制）信号的传输，把多个话路的 PCM 话音数据用 TDM 的方法装成帧（帧中还包括帧同步信息和信令信息），每帧在一个时间片内发送，每个时隙承载一路 PCM 信号。

时分复用器是一种利用 TDM 技术的设备，主要用于将多个低速率数据流结合为单个高速率数据流。来自多个不同源的数据被分解为各个部分（位或位组），并且这些部分以规定的次序进行传输。这样每个输入数据流即成为输出数据流中的一个“时间片段”。必须维持好传输顺序，从而输入数据流才可以在目的端进行重组。特别值得注意的是，相同设备通过相同 TDM 技术原理却可以执行相反过程，即将高速率数据流分解为多个低速率数据流，该过程称为解除复用技术。

电信中基本采用的信道带宽为 DS0，其信道宽为 64kbit/s。电话网络（PSTN）基于 TDM 技术，通常又称为 TDM 访问网络。电话交换通过一些格式支持 TDM：DS0、T1/E1（为两种接入线路类型）TDM 及 BRI TDM。E1 TDM 支持 2.048Mbit/s 通信链路，将它划分为 32 个时隙，每间隔为 64Kbit/s。T1 TDM 支持 1.544Mbit/s 通信链路，将它划分为 24 个时隙，每间隔为 64Kbit/s，其中 8Kbit/s 信道用于同步操作和维护过程。E1/T1 TDM 最初应用于电话公司的数字化语音传输，与后来出现的其他类型数据没有什么不同。E1/T1 TDM 目前也应用于广域网链路。BRI TDM 通过交换机基本速率接口（BRI，支持基本速率 ISDN，并可用做一个或多个静态 PPP 链路的数据信道）提供。基本速率接口具有 2 个 64kbit/s 时隙。时分复用也应用于移动无线通信的信元网络。

3. 波分多路复用

所谓波分多路复用（Wave Division Multiplexing，WDM），是指在一根光纤上同时传输多个波长不同的光载波，即整个波长频带被划分为若干个波长范围，每个用户占用一个波长范围来进行传输。实际上 WDM 是 FDM 的一个变种，用于光纤信道。

图 6-25 所示为 8 路传输速率均为 2.5Gbit/s 的光载波（其波长均为 1 310nm），经光的调制后，分别将波长变换到 1 550 ~ 1 557nm，每个光载波相隔 1nm（这里只是为了说明问题的方便，实际上光载波的间隔一般是 0.8 或 1.6nm）。

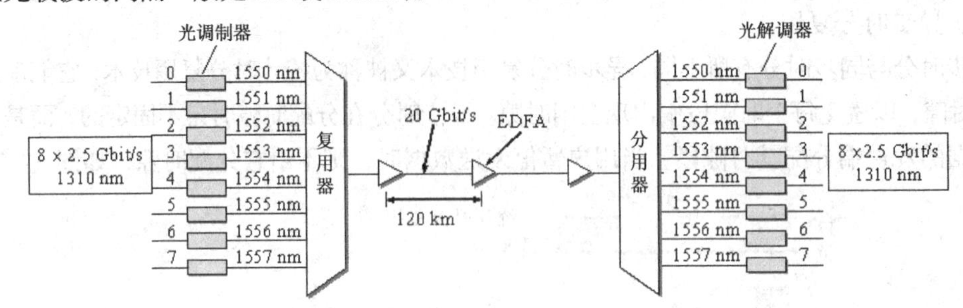

图 6-25　波分复用

WDM 和 FDM 基本上都基于相同原理,所不同的是 WDM 应用于光纤信道上的光波传输过程，如图 6-26 所示。要传输的光波的波长（频率）是不同的，它们通过合波器（通常是棱镜或光栅）后，就可使用一条共享的光纤传输，到达目的地结点后，再经过分波器（棱镜或光栅）分成多束光波。因此，波分多路复用并不是什么新的概念，只要每个信道由各自固有的频率范围而且信道间频率范围不相重叠，它们就能以多路复用的方式通过共享光纤进行远距离传输。

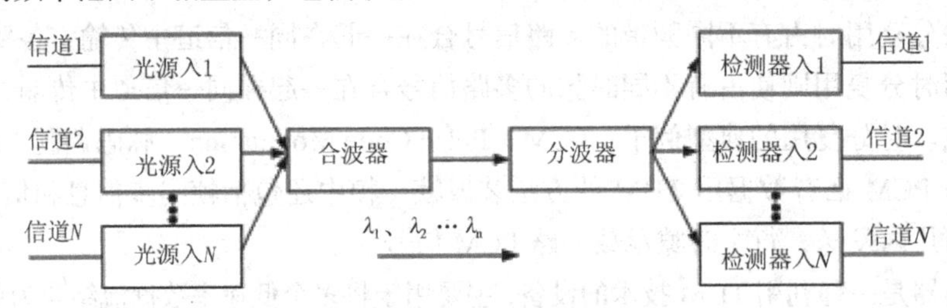

图 6-26　波分多路复用工作原理

波分复用的技术特点如下。

（1）可灵活增加光纤传输容量

波分复用技术可充分利用光纤的低损耗波段，增加光纤的传输容量，使一根光纤传送信息的物理限度增加一倍至数倍。对已建光纤系统，尤其早期铺设的芯数不多的光缆，只要原系统有功率余量，可进一步增容，实现多个单向信号或双向信号的传送而不用对原系统作大改动，具有较强的灵活性。

（2）同时传输多路信号

波分复用技术使得在同一根光纤中传送 2 个或多个非同步信号成为可能，有利于数字信号和模拟信号的兼容。而且与数据速率和调制方式无关，在线路中间可以灵活取出或加入信道。

（3）成本低、维护方便

由于大量减少了光纤的使用量，大大降低建设成本。由于光纤数量少，当出现故障时，恢复起来也迅速方便。

（4）可靠性高，应用广泛

由于系统中有源设备大幅减少，这样就提高了系统的可靠性。目前由于多路载波的波分复用对光发射机、光接收机等设备要求较高，技术实施有一定难度。但是随着有线电视综合业务的开展，对网络带宽需求的日益增长，各类选择性服务的实施、网络升级改造经济费用的考虑等，光波复用的特点和优势在 CATV 传输系统中逐渐显现出来，表现出广阔的应用前景，甚至将影响 CATV 网络的发展格局。

4. 码分多路复用

码分多路复用（Code Division Multiple Access，CDMA）又称码分多址，是指基于码型分割信道，即每个用户分配一个地址码，且这些码型互不重复。其特点是频率与时间均可共享。

在 CDMA 通信系统中，不同用户传输信息所用的信号不是靠频率不同或时隙不同来区分，而是用各自不同的编码序列来区分。在 CDMA 中，每个比特时间又再分成 *m* 个码片，每个站分配一个唯一的 *m* 比特码序列，当某个站欲发送“1”时，它在信道中发送它的码片序列，当欲发送“0”时，它就发送它的码片序列的反码。如图 6-27 所示。

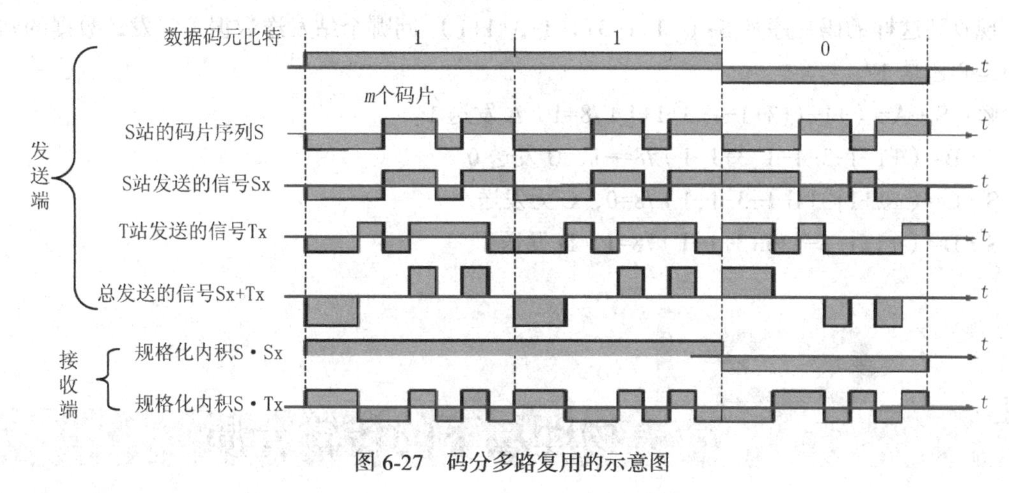

图 6-27 码分多路复用的示意图

例如，S 站的 8bit 码片序列是 00011011。

发送比特 1 时，就发送序列 00011011；

发送比特 0 时，就发送序列 11100100。

S 站的码片序列：（−1 −1 −1 +1 +1 −1 +1 +1）。

码片序列的正交关系：

令向量 S 表示站 S 的码片向量，令 T 表示其他任何站的码片向量。

两个不同站的码片序列正交，就是向量 S 和 T 的规格化内积（inner product）都是 0：

$$\mathbf{S} \cdot \mathbf{T} = \frac{1}{m}\sum_{i=1}^{m} S_i T_i \tag{6-9}$$

令向量 S 为（−1 −1 −1 +1 +1 −1 +1 +1），向量 T 为（−1 −1 +1 −1 +1 +1 +1 −1）。

把向量 S 和 T 的各分量值代入式（6-9）就可看出这两个码片序列是正交的。

正交关系的重要特性：

- 任何一个码片向量和该码片向量自己的规格化内积都是 1。

$$\mathbf{S} \cdot \mathbf{S} = \frac{1}{m}\sum_{i=1}^{m} S_i S_i = \frac{1}{m}\sum_{i=1}^{m} S_i^2 = \frac{1}{m}\sum_{i=1}^{m} (\pm 1)^2 = 1 \tag{6-10}$$

- 一个码片向量和该码片反码的向量的规格化内积值是–1。

CDMA 的工作原理：

各站发送数据时，先将要发送的数据的各个码元扩展为自己的 *m* 个码片，形成扩频信号（比如 S'站的扩频信号为 S'x，T 站的扩频信号为 Tx），然后再发送。显然各站发送的扩频信号只包含互为反码的两种码片序列。由于所有的站都使用相同的频率，所以每一个站都能收到所有的站发送的扩频信号，即所有的站收到的都是叠加的信号，S'x+Tx+…。当接收站打算接收 S'站发送的信号时，就用 S'站的码片序列与收到的信号求规格化内积，这就相当于分别计算 S'·S'x、S'·Tx 等，然后求它们的和。显然，S·Tx 等均为零，S'·S'x 就是 S 站发送的数据比特。

【例 6-1】 共有 4 个站进行码分多址通信。4 个站的码片序列为

A：（−1−1−1+1+1−1+1+1）　B：（−1−1+1−1+1+1+1−1）

C：（−1+1−1+1+1+1−1−1）　D：（−1+1−1−1−1−1+1−1）

现收到这样的码片序列 S：（−1+1−3+1−1−3+1+1）。问哪个站发送数据了？发送数据的站发送的是 0 还是 1?

解：S · A=（+1−1+3+1−1+3+1+1）/8=1，A 发送 1

S · B=（+1−1−3−1−1−3+1−1）/8=−1，B 发送 0

S · C=（+1+1+3+1−1−3−1−1）/8=0，C 无发送

S · D=（+1+1+3−1+1+3+1−1）/8=1，D 发送 1

6.3 物理层下的传输介质

传输介质也称为传输媒体或传输媒介，它是数据传输系统中在发送器和接收器之间的物理通路。传输介质是传输信息的载体。

传输介质的种类很多，但基本可以分为两类。一类是有线传输介质，包括双绞线、同轴电缆、光纤等。对于有线传输介质，电磁波沿着固体传输介质被导引。另一类是无线传输介质，无线传输介质就是指自由空间。在无线传输介质中，电磁波在空气或外层空间中传播。

图 6-28 所示为电信领域使用的电磁波频谱。

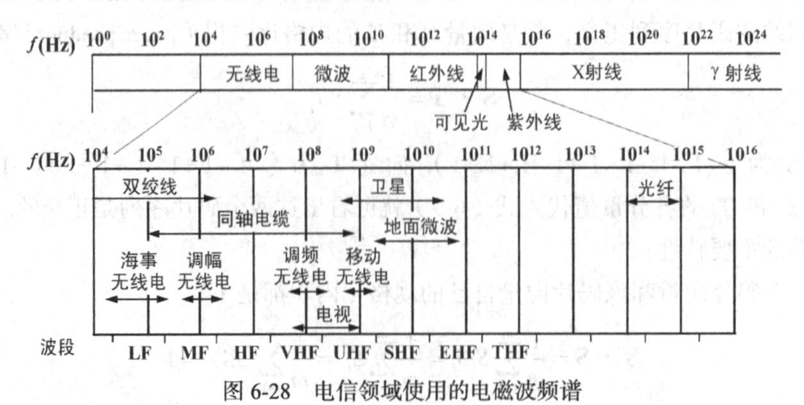

图 6-28　电信领域使用的电磁波频谱

6.3.1 有线传输介质

1. 双绞线

双绞线是最便宜并且最为普遍的导引型传输介质。把两根互相绝缘的铜导线并排放在一起，然后规则地绞合（twist）起来就构成了双绞线。通常是由 4 对按螺旋结构排列的铜导线构成双绞线电缆。把各个线对扭在一起可使导线之间的电磁干扰最小，这样可减少串扰及信号放射影响的程度，每根导线在导电传输中放出的电波会被另一根线上发出的电波所抵消。

双绞线一般分为非屏蔽双绞线（Unshielded Twisted Pair，UTP）和屏蔽双绞线（Shielded Twisted Pair，STP）两种。

非屏蔽双绞线电缆由多对双绞线和一个塑料外皮构成，如图 6-29 所示。

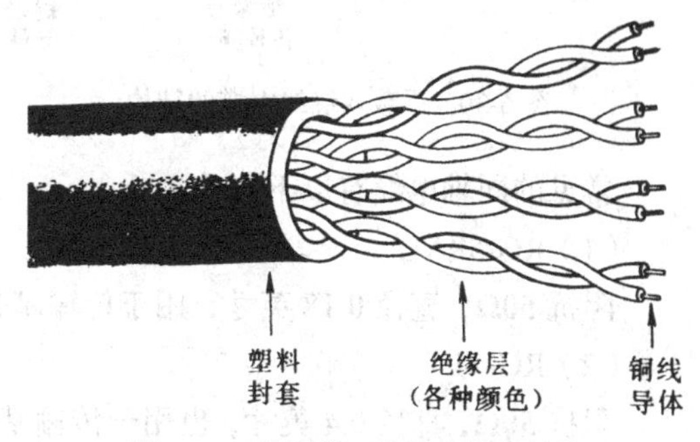

图 6-29　非屏蔽双绞线电缆的结构

1991 年，美国电子工业协会（Electronic Industries Association，EIA）和电信行业协会（Telecommunications Industries Association，TIA）联合发布了一个标准 EIA/TIA-568，即“商用建筑物电信布线标准”。这个标准规定了用于室内传送数据的无屏蔽双绞线和屏蔽双绞线的标准。随着局域网上数据传送速率的不断提高，高性能双绞线标准也不断推出。表 6-1 所示为常用的双绞线的类别、带宽和典型应用。

表 6-1　常用的双绞线

类　别	带宽（MHz）	典 型 应 用
3	16	模拟电话；低速网络
4	20	短距离的 10BASE-T 以太网
5	100	10BASE-T 以太网，100BASE-T 快速以太网
超 5 类	100	100BASE-T 快速以太网；1000BASE-T 吉比特以太网
6	250	1000BASE-T 吉比特以太网； ATM 网络
7	600	今后的 10 吉比特以太网

实际上，无论哪种类别的双绞线，衰减都随频率的升高而增大。线对内两根导线的胶合度和线对之间的绞合度都必须经过精心的设计，使干扰在一定程度上得以抵消。使用更粗的线可以降低衰减，但却增加了价格和重量。由于 5 类线比 3 类线通过增加缠绕密度、高质量绝缘材料，极大地改善了传输介质的性质，所以可用于高速网络。

屏蔽双绞线电缆的内部与非屏蔽双绞线电缆的内部一样是双绞铜线，在双绞铜线的外面加上用金属丝编织的屏蔽层，这样可以提高双绞线的抗电磁干扰性能，如图 6-30 所示。

屏蔽双绞线相对来讲具有较高的传输速率，要贵一些，它的安装要比非屏蔽双绞线电缆难一些，类似于同轴电缆。它必须配有支持屏蔽功能的特殊连接器和相应的安装技术。

2. 同轴电缆

同轴电缆由铜质内芯、绝缘层、网状编织金属屏蔽层以及保护塑料外皮组成，同轴电缆的结构形式如图 6-31 所示。这种结构中的金属屏蔽网可防止中心导体向外辐射电磁波，也可用来防止外界电磁场干扰中心导体的信号，具有较好的抗干扰特性。

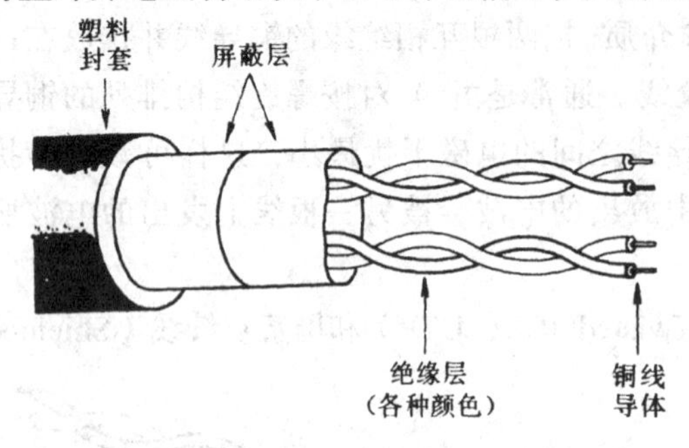

图 6-30　屏蔽双绞线电缆的结构

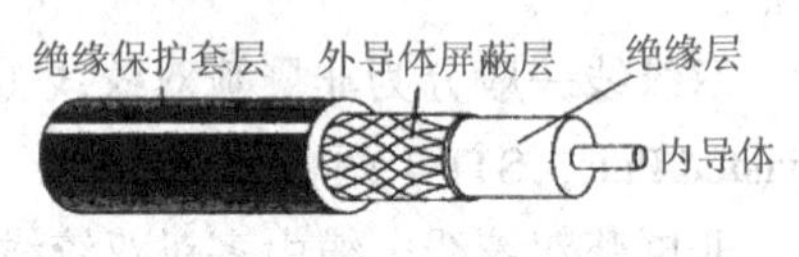

图 6-31　同轴电缆的结构

常见的同轴电缆有以下几种。

（1）RG-58A/u

阻抗 50Ω，直径 0.18 英寸，用于传输基带数据信号，又称为“细同轴电缆”，简称“细缆”。

（2）RG-11

阻抗 50Ω，直径 0.4 英寸，也用于传输基带数据信号，又称为“粗同轴电缆”，简称“粗缆”，粗缆相对于细缆抗干扰能力更强，传输距离也更长，但相应地连接复杂，价格略高。

（3）RG-59u

阻抗 75Ω，直径 0.25 英寸，常用于有线电视电缆线，也可作为宽带数据传输线。

（4）RG-62u

阻抗 95Ω，直径 0.25 英寸，是专用同轴电缆。用于 IBM 终端、ARCnet 等。

与双绞线相比，同轴电缆由于有金属屏蔽网，因而受到的电磁干扰较小，传输距离较长；但布线不够方便，且成本相对较高。

在局域网发展的初期曾广泛地使用同轴电缆作为传输介质。但随着技术的进步，在局域网领域基本上都是采用双绞线作为传输介质。目前同轴电缆主要用于有线电视网的居民小区中。

3. 光纤

光纤通信作为一门新兴技术，其近年来发展速度之快、应用面之广是通信史上罕见的，也是世界新技术革命的重要标志和未来信息社会中各种信息的主要传输介质。

光纤是光纤通信的传输介质。光纤传播的是光脉冲信号，当有光脉冲信号则相当于“1”，而没有光脉冲信号则相当于“0”。在发送端可以采用发光二极管或半导体激光器作为光源，它们在电脉冲的作用下产生光脉冲。在接收端利用光电二极管做成光检测器，在检测到光脉冲信号时可还原出电脉冲。

光纤通常采用非常透明的石英玻璃拉成细丝，主要由纤芯和包层构成的双层通信圆柱体，二者由两种光学性能不同的介质构成。实用的光缆外部还须有一个保护层，如图 6-32 所示。其中，纤芯很细，其直径只有 8～100μm，光波通过它进行传导；包层有较低的折射率，当光线从高折射率的纤芯射向低折射率的包层时，其折射角大于入射角。当入射角足够大，就会发生全反射，即光线碰到包层时就会折射回纤芯，如图 6-33 所示。光线不断发生全反射，光就沿着光纤传输下去。

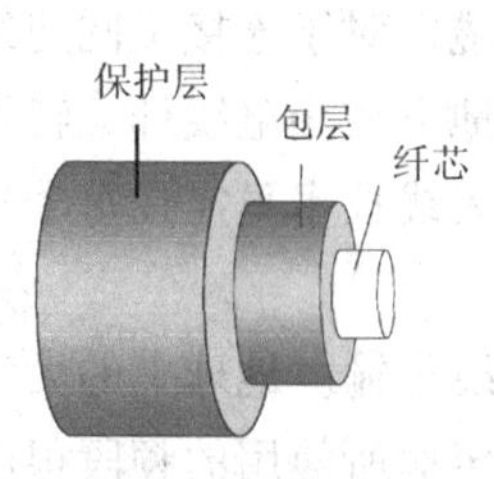

图 6-32 光缆的结构

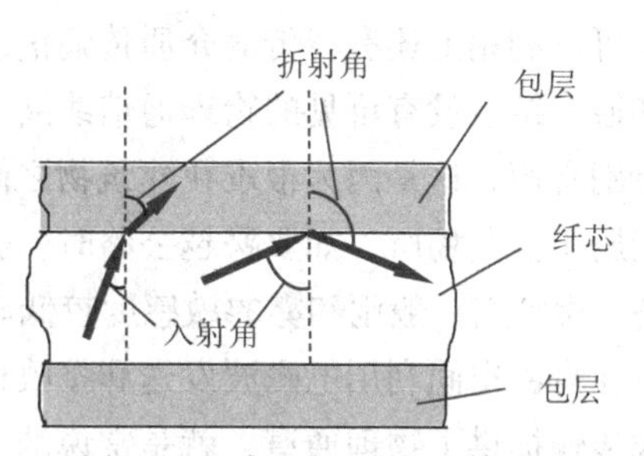

图 6-33 光线在光纤中折射

光纤有多模和单模之分。只要从纤芯中射到纤芯表面的光线的入射角大于某一临界角度，就可产生全反射。若光纤的纤芯较粗（10～75μm），光波以不同入射角度在一条光纤中以不同路径（非轴路径）进行传输，这种光纤就称为多模光纤，如图 6-34 所示。光脉冲在多模光纤中传输时会逐渐展宽，造成失真，因此多模光纤只适合于近距离传输。

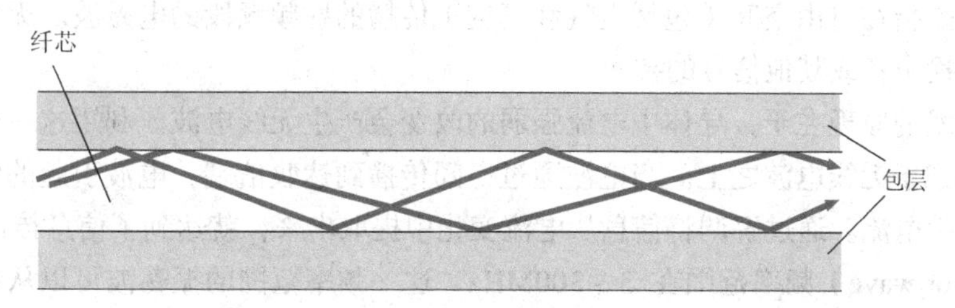

图 6-34 多模光纤

当光纤的纤芯直径减小到与光波波长大致相同，则光信号基本沿轴线以一条途径向前传输，而不会产生多次反射，如图 6-35 所示。这样的光纤称为单模光纤，其直径只有几个微米，制造成本较高。而且单模光纤的光源要使用昂贵的半导体激光器，而不能使用便宜的发光二极管。但单模光纤的衰减较小，在 2.5Gbit/s 的高速率下可传输数十千米而不必使用中继器。

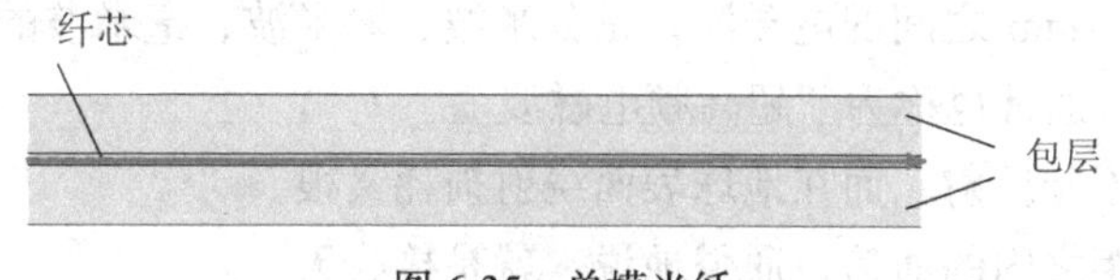

图 6-35 单模光纤

由于光纤很细，连包层一起的直径也不到 0.2mm，因此需要做成很结实的光缆。一根光缆可以包括一根至数百根光纤，再加上加强芯和填充物，必要时光缆内还有电源线，最后再加上包带层和外护套。

光纤低衰减，中继距离长，通信容量非常大，对远距离传输特别经济；电磁隔离、抗干扰性能好，无串音干扰，保密性好，数据也不易被窃听和截取；体积小，重量轻，耐腐蚀；将两根光纤精确地进行连接需要专用设备。

6.3.2 无线传输介质

除了可以利用上述有线传输介质传输信息外，还可以利用自由空间以电磁波的形式传播数据，即各通信结点没有可见的物理通信线路。由于不需要铺设电缆，对于连接不同建筑物内的局域网特别有用，这是因为很难在建筑物之间架设电缆，不论在地下或用电线杆，特别是要穿越的空间属于公共场所，如要跨越公路时，会更加困难。而使用无线技术只需在每个建筑物上安装设备。微波对一般雨和雾的敏感度较低。

可以在自由空间利用电磁波发送和接收信号进行通信就是无线传输。地球上的大气层为大部分无线传输提供了物理通道，就是常说的无线传输介质。无线传输所使用的频段很广，人们现在已经利用了好几个波段进行通信，紫外线和更高的波段目前还不能用于通信。在自由空间传输的电磁波根据频谱可将其分为无线电波、微波、红外线、激光等，信息被加载在电磁波上进行传输。

1. 无线电波

无线电波是指在自由空间（包括空气和真空）传播的射频频段的电磁波。无线电技术是通过无线电波传播声音或其他信号的技术。

无线电技术的原理在于，导体中电流强弱的改变会产生无线电波。利用这一现象，通过调制可将信息加载于无线电波之上。当电波通过空间传播到达收信端，电波引起的电磁场变化又会在导体中产生电流。通过解调将信息从电流变化中提取出来，就达到了信息传递的目的。

短波（Shortwave）频率范围在 3～300MHz，这一频率范围的振荡波可以从地球上空的电离层反射回来，因而传输的较远，但由于该电离层是处于地球上空的一层带电离子区域，受太阳辐射就会游离，一年四季，白天黑夜都在变化着，从而导致电磁波反射回来的强度不同；另外反射途径也不止一条，所以反射回来的电磁波会互相干扰，由此造成通信质量较差。然而它具有灵活、机动、经济的特点，适用于移动式的通信。

2. 微波

微波是指频率为 300MHz～300GHz 的电磁波，是无线电波中一个有限频带的简称，即波长在 1m（不含 1m）到 1mm 之间的电磁波，是分米波、厘米波、毫米波的统称。微波频率比一般的无线电波频率高，通常也称为“超高频电磁波”。

微波在电离层已不能反射，而在地球表面绕射损耗又很大，所以只能用于视距之内的通信，通俗地说，就是接收天线与发送天线要互相可见，在长距离通信的情况下，就要通过“接力”方式来实现，即每隔一定距离（如 50km）便设一个中继站，从而构成一个微波中继系统。

卫星通信系统也是微波通信的一种，只不过其中继站设在卫星上。卫星通信利用在 36 000km 高空轨道运行地球同步卫星作中继来转发微波信号，如图 6-36 所示。卫星通信可以克服地面微波通信距离的限制。一个同步卫星可以覆盖地

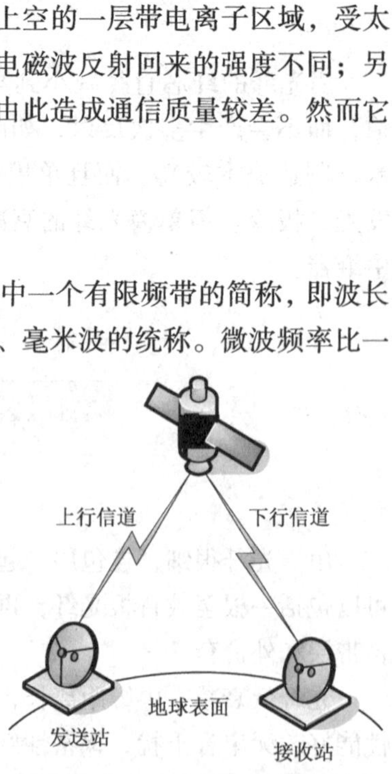

图 6-36 卫星通信系统的结构

球的三分之一以上表面，3 个这样的卫星就可以覆盖地球上全部通信区域，这样地球上的各个地面站之间都可以互相通信了。由于卫星信道频带宽，也可采用频分多路复用技术分为若干子信道，有些用于由地面站向卫星发送（称为上行信道），有些用于由卫星向地面转发（称为下行信道）。

卫星通信的优点是容量大、距离远。此外，采用无线通信方式进行数据传输的一个最大优点就是具有广播能力，多站可以同时接收一组信息。缺点是传播延迟时间长，从发送站通过卫星转发到接收站的传播延迟时间为 270ms，且这个传播延迟时间是和两站点间的距离无关的。这相对于地面电缆传播延迟时间来说，特别对于近距离的站点要相差几个数量级。

随着低成本的卫星通信地面站甚小口径终端（Very Small Aperture Terminal，VSAT）的出现，加速了卫星通信的发展。VSAT 系统中只要地面发送方或接收方中任一方有大的天线和大功率的放大器，另一方就可以只用 1m 天线的微型终端 VSAT。两个 VSAT 终端之间的通信是通过大天线和大功率的放大器来进行转接的。

3. 红外线

红外线是太阳光线中众多不可见光线中的一种，由德国科学家赫歇尔于 1800 年发现，又称为红外热辐射，他将太阳光用三棱镜分解开，在各种不同颜色的色带位置上放置了温度计，试图测量各种颜色的光的加热效应。结果发现，位于红光外侧的那支温度计升温最快。因此得到结论：太阳光谱中，红光的外侧必定存在看不见的光线，这就是红外线。太阳光谱上红外线的波长大于可见光线，波长为 0.75 ~ 1 000μm。红外线可分为 3 部分，即近红外线，波长为 0.75 ~ 1.50μm；中红外线，波长为 1.50 ~ 6.0μm；远红外线，波长为 6.0 ~ 1 000μm。

红外线通信具有两个最突出的优点。

① 不易被人发现和截获，保密性强。

② 几乎不会受到电气、天电、人为干扰，抗干扰性强。此外，红外线通信机体积小，重量轻，结构简单，价格低廉。但是它必须在直视距离内通信，且传播受天气的影响。

4. 激光传输

通过装在楼顶的激光装置来连接两栋建筑物里的 LAN。由于激光信号是单向传输，因此每栋楼都得有自己的激光以及测光的装置。激光传输的缺点之一是不能穿透雨和浓雾，但是在晴天里可以工作得很好。

6.4 物理层设备

不可避免的信号衰减限制了信号的远距离传输从而使每种传输介质都存在传输距离的限制。但是在实际组建网络的过程中，经常会碰到网络覆盖范围超越介质最大传输距离限制的情形。为了解决信号远距离传输所产生的衰减和变形问题，需要一种能在信号传输过程中对信号进行放大和整形的设备以拓展信号的传输距离、增加网络的覆盖范围。将这种具备物理上拓展网络覆盖范围功能的设备称为网络互连设备。

在物理层主要有两种类型的网络互连设备，即中继器（repeater）和集线器（hub）。

6.4.1 中继器

中继器又称重发器。中继器具有对物理信号进行放大和再生的功能，将其从输入接口接收的物理信号通过放大和整形再从输出接口输出。中继器具有典型的单进单出结构，所以当网络规模增加时，可能会需要许许多多的单进单出结构的中继器作为信号放大之用。中继器连接两个网段如图 6-37 所示。

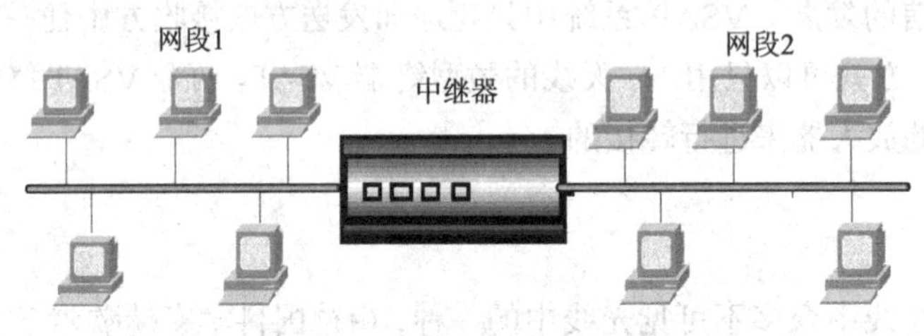

图 6-37 中继器连接两个网段

1. 中继器的功能

中继器主要负责在两个结点之间双向转发工作，对接收信号进行再生和发送，从而扩展网络连接距离。中继器是最简单的网络连接设备，主要完成物理层的功能，负责在两个结点的物理层上按位传递信息，完成信号的复制、调整和放大功能，以此来延长网络的长度。

2. 中继器的使用原则

使用中继器应遵守以下两条原则：一是用中继器连接的网段不能形成环形网；二是用中继器将电缆连接起来的段数是有限的。对于以太网，最多只能使用 4 个中继器，意味着只能连接 5 个网段即遵守以太网的 5-4-3-2-1 规则。其中，5 是局域网最多有 5 个网段；4 是全信道上最多可连 4 个中继器；3 是其中 3 个网段可连工作站；2 是有两个网段只能用来扩长而不连任何站，其目的是减少竞发网站的个数，而减少发生冲突的几率；1 是由此组成一个共享局域网。

6.4.2 集线器

集线器如图 6-38 所示，它是一种多端口中继器。其区别仅在于中继器只是连接两个网段，而集线器能够提供更多的端口服务。

1. 集线器的功能

图 6-38 集线器

集线器处于物理层，其实质是一个中继器，主要功能是对接收到的信号进行再生放大，以扩大网络的传输距离。

集线器只是一个多端口的信号放大设备。当一个端口接收到数据信号时，信号在传输过程中已有了衰减，集线器将该信号进行整形放大，使被衰减的信号再生到发送时的状态，紧接着转发到其他所有处于工作状态的端口上（广播），它并不具备交换功能。

2. 集线器的特点

很多小型局域网使用带有 RJ-45 接头的双绞线组成星形局域网。在表面上看，使用集线器的局域网物理上是星形网，如图 6-39 所示，在逻辑上仍然是总线网，如图 6-40 所示。

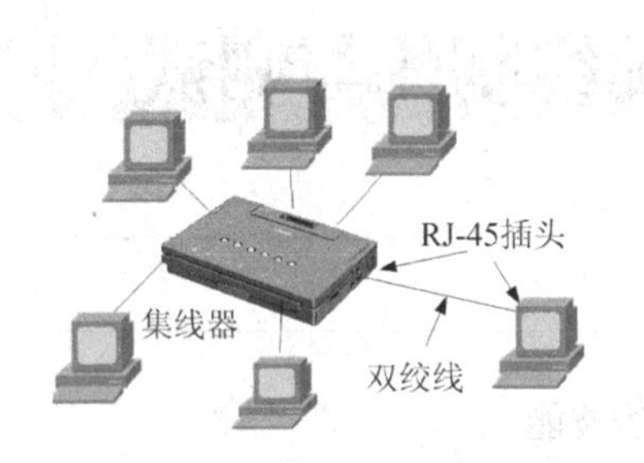

图 6-39 使用集线器的星形网

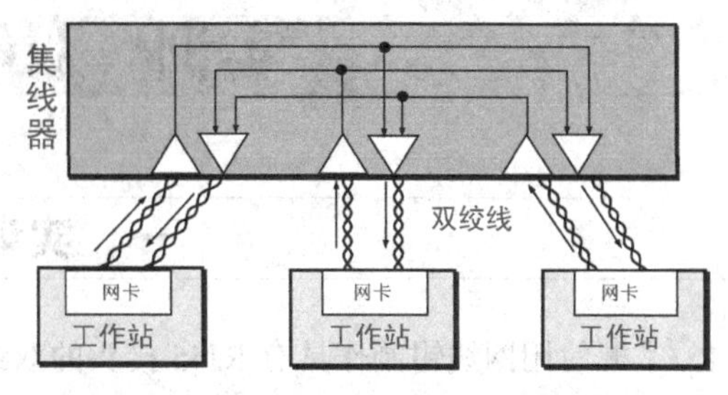

图 6-40 3 个端口的集线器内部逻辑连接

一个集线器有很多端口，如 8 口、12 口、16 口、24 口、48 口等，每个端口通过 RJ-45 接头用两对双绞线与其他设备相连。RJ-45 端口既可以直接连接计算机、网络打印机等终端设备，也可以与其他交换机、集线器或路由器等设备进行连接。需要注意的是，当连接至不同的设备时，所使用的双绞线电缆的跳线方法有所不同。

像中继器一样，集线器工作在物理层，它的每个端口只简单地转发比特——收到 1 就转发 1，收到 0 就转发 0。

以太网的同一时刻只允许有一个站点占用公用通信信道而发送数据，所有端口共享带宽。

一般地，集线器有一个“UP Link 端口”，用于与其他设备（如上层集线器、交换机、路由器或服务器等）的级联。集线器只与它的上联设备进行通信，同层的各端口之间不直接进行通信，而是通过上联设备再通过集线器将信息广播到所有端口上。

集线器通过对工作站进行集中管理，网络中某个工作站出现问题，并不会影响整个网络的正常运行。

很多小型局域网使用带有 RJ-45 插头的双绞线连接集线器，集线器在家庭网、企业网、校园网等局域网中有广泛的应用。

3. 交换机与集线器的区别

交换机的作用是对封装的数据包进行转发，并减少冲突域，隔离广播风暴。从组网的形式看，交换机与集线器非常类似，但实际工作原理有很大的不同。

从 OSI 体系结构看，集线器工作在 OSI/RM 的第一层，是一种物理层的连接设备，因而它只对数据的传输进行同步、放大和整形处理，不能对数据传输的短帧、碎片等进行有效的处理，不进行差错处理，不能保证数据的完整性和正确性。传统交换机工作在 OSI 的第二层，属于数据链路层的连接设备，不但可以对数据的传输进行同步、放大和整形处理，还提供数据的完整性和正确性的保证。

从工作方式和带宽来看，集线器是一种广播模式，一个端口发送信息，所有的端口都可以接收到，容易发生广播风暴。同时，集线器共享带宽，当两个端口间通信时，其他端口只能等待。交换机是一种交换方式，一个端口发送信息，只有目的端口可以接收到，能够有效地隔离冲突域，抑制广播风暴。同时，每个端口都有自己的独立带宽，两个端口间的通信不影响其他端口间的通信。

6.5 实训 双绞线跳线制作与测试

一、实训目的

1. 掌握使用网线钳制作具有 RJ45 接头的双绞线跳线的技能。
2. 能够使用网线测试仪测试双绞线跳线的正确性。
3. 培养初步的协同工作能力。

二、实训设备

1. RJ45 压线钳一把。
2. 超 5 类双绞线若干。
3. 测线仪一个。
4. 水晶头两个。

三、实训任务

任务 1：制作一条超 5 类双绞线的直通线。
任务 2：制作一条超 5 类双绞线的交叉线。

四、实训步骤

（一）制作标准与跳线类型

每条双绞线中都有 8 根导线，导线的排列顺序必须遵循一定的规律，否则就会导致链路的连通性故障，或影响网络传输速率。

1. EIA/TIA-568A 与 EIA/TIA-568B 标准

目前，最常用的布线标准有两个，分别是 EIA/TIA-568A 和 EIA/TIA-568B 两种。在一个综合布线工程中，可采用任何一种标准，但所有的布线设备及布线施工必须采用同一标准。通常情况下，在布线工程中采用 EIA/TIA-568B 标准。

① 按照 EIA/TIA-568B 标准布线水晶头的 8 针（也称插针）与线对的分配如图 6-41 所示。线序从左到右依次为：1-白橙、2-橙、3-白绿、4-蓝、5-白蓝、6-绿、7-白棕、8-棕。4 对双绞线电缆的线对 2 插入水晶头的 1、2 针，线对 3 插入水晶头的 3、6 针。

② 按照 EIA/TIA-568A 标准布线水晶头的 8 针与线对的分配如图 6-42 所示。线序从左到右依次为：1-白绿、2-绿、3-白橙、4-蓝、5-白蓝、6-橙、7-白棕、8-棕。4 对双绞线对称电缆的线对 2 接信息插座的 3、6 针，线对 3 接信息插座的 1、2 针。

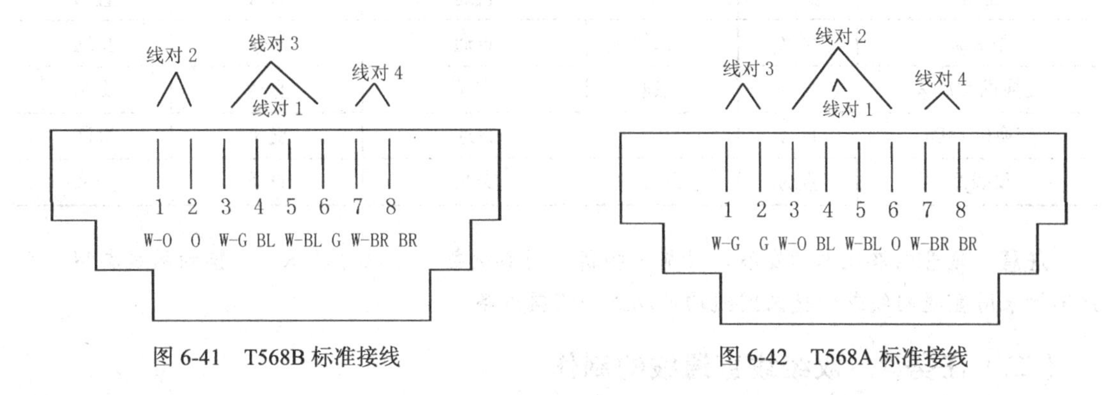

图 6-41 T568B 标准接线

图 6-42 T568A 标准接线

2. 判断跳线线序

只有搞清楚如何确定水晶头针脚的顺序，才能正确判断跳线的线序。将水晶头有塑料弹簧片的一面朝下，有针脚的一方向上，使有针脚的一端指向远离自己的方向，有方型孔的一端对着自己，此时，最左边的是第 1 脚，最右边的是第 8 脚，其余依次顺序排列。

3. 跳线的类型

按照双绞线两端线序的不同，通常划分两类双绞线。

（1）直通线

根据 EIA/TIA-568B 标准，两端线序排列一致，一一对应，即不改变线的排列，称为直通线。直通线线序如表 6-2 所示，当然也可以按照 EIA/TIA-568A 标准制作直通线，此时跳线的两端的线序依次为：1-白绿、2-绿、3-白橙、4-蓝、5-白蓝、6-橙、7-白棕、8-棕。

表 6-2 直通线线序

端 1	白橙	橙	白绿	蓝	白蓝	绿	白棕	棕
端 2	白橙	橙	白绿	蓝	白蓝	绿	白棕	棕

（2）交叉线

根据 EIA/TIA-568B 标准，改变线的排列顺序，采用“1-3，2-6”的交叉原则排列，称为交叉网线。交叉线线序如表 6-3 所示。

表 6-3 交叉线线图

端 1	白橙	橙	白绿	蓝	白蓝	绿	白棕	棕
端 2	白绿	绿	白橙	蓝	白蓝	橙	白棕	棕

在进行设备连接时，需要正确地选择线缆。通常将设备的 RJ-45 接口分为 MDI 和 MDIX 两类。当同种类型的接口通过双绞线互连时（两个接口都是 MDI 或都是 MDIX），使用交叉线；当不同类型的接口（一个接口是 MDI，一个接口是 MDIX）通过双绞线互连时，使用直通线。通常主机和路由器的接口属于 MDI，交换机和集线器的接口属于 MDIX。例如，交换机与主机相连采用直通线，路由器和主机相连则采用交叉线。表 6-4 所示为设备间连线，其中 N/A 表示不可连接。

表 6-4 设备间连线

	主机	路由器	交换机 MDIX	交换机 MDI	集线器
主机	交叉	交叉	直通	N/A	直通
路由器	交叉	交叉	直通	N/A	直通
交换机 MDIX	直通	直通	交叉	直通	交叉
交换机 MDI	N/A	N/A	直通	交叉	直通
集线器	直通	直通	交叉	直通	交叉

注意：随着网络技术的发展，目前一些新的网络设备，可以自动识别连接的网线类型，用户不管采用直通网线或者交叉网线均可以正确连接设备。

（二）任务 1. 双绞线直通线的制作

在动手制作双绞线跳线时，还应该准备好以下材料。

1. 双绞线

在将双绞线剪断前一定要计算好所需的长度。如果剪断的比实际长度还短，将不能再接长。

2. RJ-45 接头

RJ-45 即水晶头。每条网线的两端各需要一个水晶头。水晶头质量的优劣不仅是网线能够制作成功的关键之一，也在很大程度上影响着网络的传输速率，推荐选择正品的 AMP 水晶头。否则水晶头的铜片容易生锈，对网络传输速率影响特别大。

制作过程可分为 4 步，简单归纳为“剥”“理”“查”“压”4 个字，具体操作如下。

① 准备好 5 类双绞线、RJ-45 插头和一把专用的压线钳，如图 6-43 所示。

② 用压线钳的剥线刀口将 5 类双绞线的外保护套管划开（小心不要将里面的双绞线的绝缘层划破），刀口距 5 类双绞线的端头至少 2cm，如图 6-44 所示。

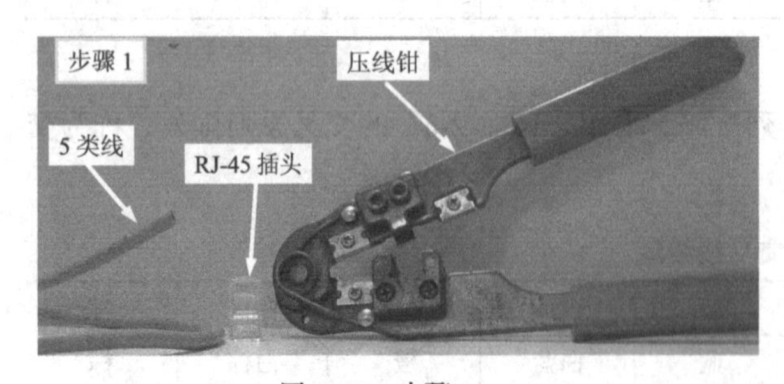

图 6-43 步骤 1

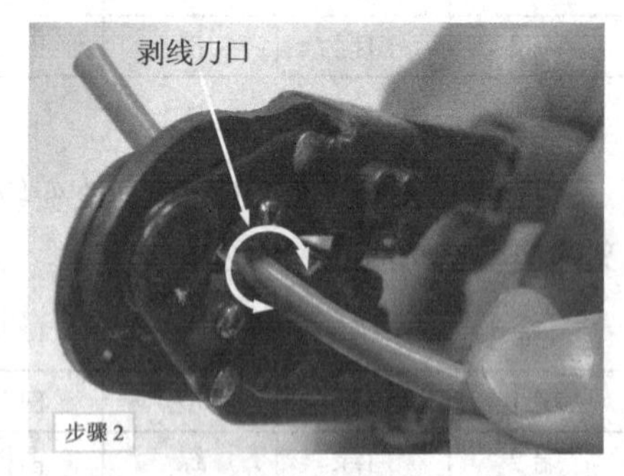

图 6-44 步骤 2

③ 将划开的外保护套管剥去（旋转、向外抽），如图 6-45 所示。

④ 露出 5 类线电缆中的 4 对双绞线，如图 6-46 所示。

⑤ 按照 EIA/TIA-568B 标准（橙白、白、绿白、蓝、蓝白、绿、棕白、棕）和导线颜色将导线按规定的序号排好，如图 6-47 所示。

⑥ 将 8 根导线平坦整齐地平行排列，导线间不留空隙，如图 6-48 所示。

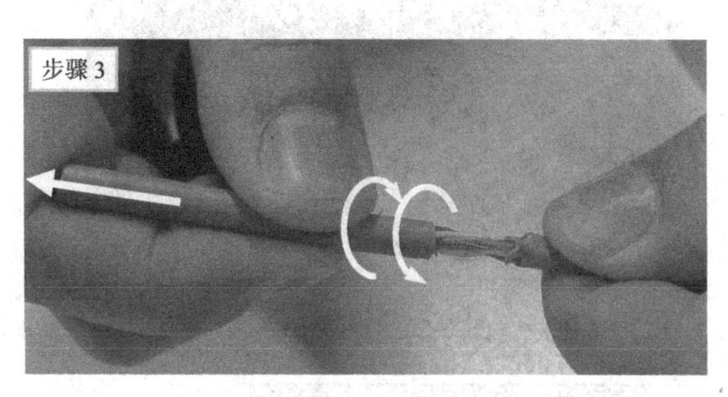

图 6-45　步骤 3

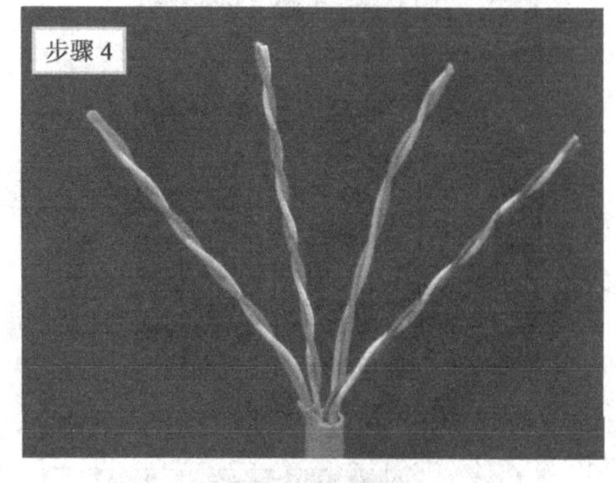

图 6-46　步骤 4

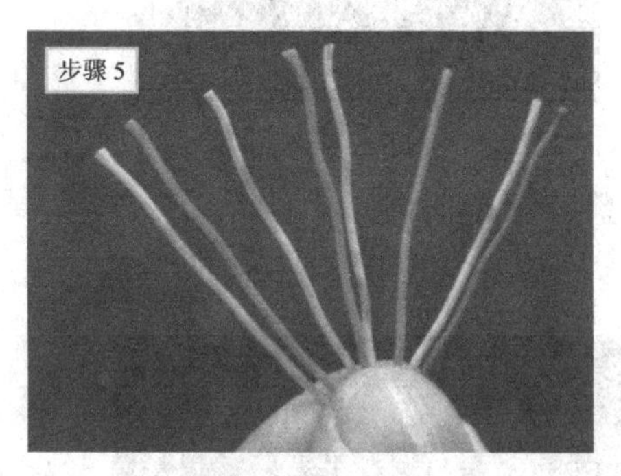

图 6-47　步骤 5

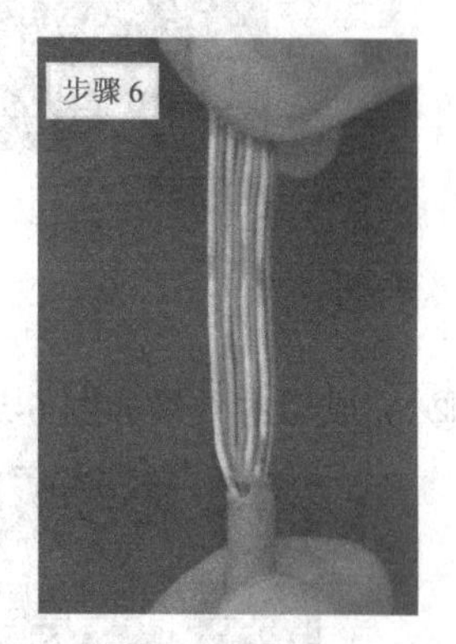

图 6-48　步骤 6

⑦ 准备用压线钳的剪线刀口将 8 根导线剪断，如图 6-49 所示。

⑧ 剪断电缆线。请注意，一定要剪得很整齐。剥开的导线长度不可太短。可以先留长一些。不要剥开每根导线的绝缘外层，如图 6-50 所示。

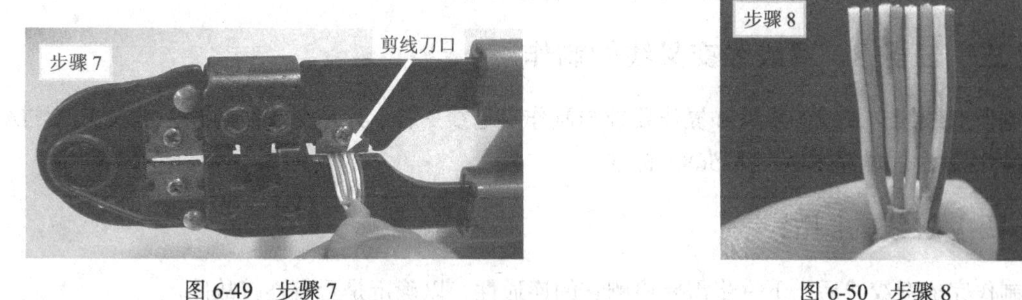

图 6-49　步骤 7

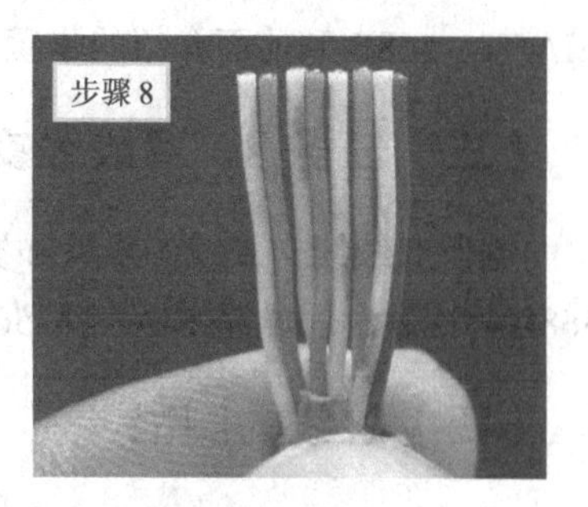

图 6-50　步骤 8

⑨ 将剪断的电缆线放入 RJ-45 插头试试长短（要插到底），电缆线的外保护层最后应能够在 RJ-45 插头内的凹陷处被压实。反复进行调整，如图 6-51 所示。

⑩ 在确认一切都正确后（特别要注意不要将导线的顺序排列反了），将 RJ-45 插头放入压线钳的压头槽内，准备最后的压实，如图 6-52 所示。

⑪ 双手紧握压线钳的手柄，用力压紧，如图 6-53（a）和（b）所示。请注意，在这一步骤完成后，插头的 8 个针脚接触点就穿过导线的绝缘外层，分别和 8 根导线紧紧地压接在一起。

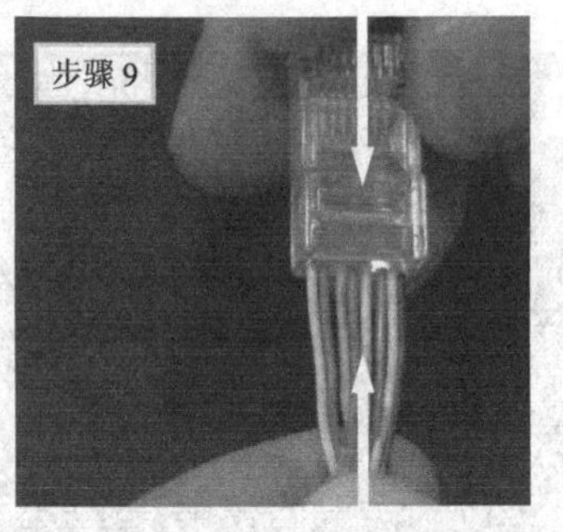

图 6-51　步骤 9

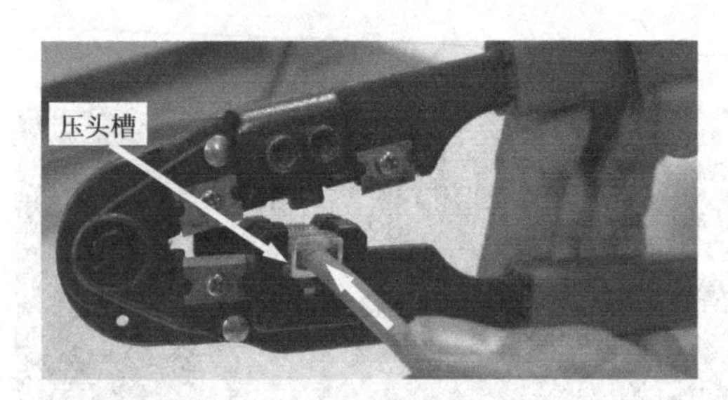

图 6-52　步骤 10

（a）

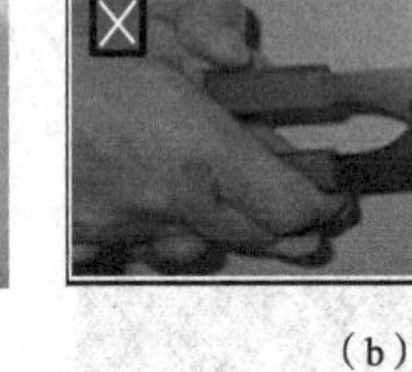

（b）

图 6-53　步骤 11

⑫ 完成后的效果如图 6-54 所示。

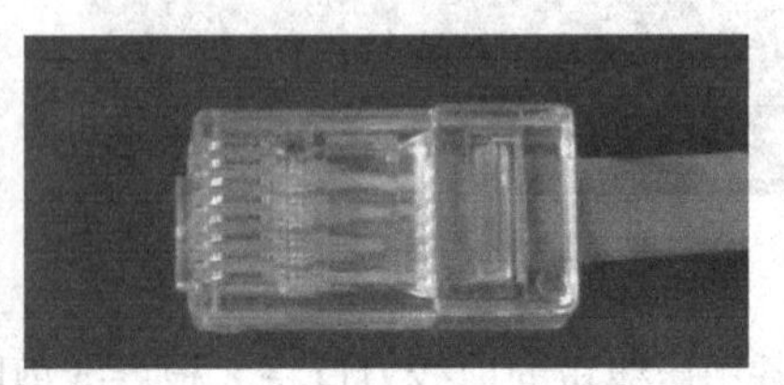

图 6-54　步骤 12

现在已经完成了线缆一端的水晶头的制作，下面需要制作双绞线的另一端的水晶头，按照 EIA/TIA-568B 和前面介绍的步骤来制作另一端的水晶头。

（三）任务 2. 双绞线交叉线的制作

制作双绞线交叉线的步骤和操作要领与制作直通线一样，只是交叉线两端一端按 EIA/TIA-568B 标准，另一端是 EIA/TIA-568A 标准。

（四）跳线的测试

制作完成双绞线后，下一步需要检测它的连通性，以确定是否有连接故障。

通常使用电缆测试仪进行检测。建议使用专门的测试工具（如 Fluke DSP4000 等）进行测试，也可以购买廉价的网线测试仪，如常用的上海三北的“能手”网络电缆测试仪，如图 6-55 所示。

测试时将双绞线两端的水晶头分别插入主测试仪和远程测试端的 RJ-45 端口，将开关开至“ON”（S 为慢速挡），主机指示灯从 1 至 8 逐个顺序闪亮，如图 6-56 所示。

若连接不正常，按下述情况显示。

① 当有一根导线断路，则主测试仪和远程测试端对应线号的灯都不亮。

② 当有几条导线断路，则相对应的几条线都不亮，当导线少于 2 根线联通时，灯都不亮。

③ 当两头网线乱序，则与主测试仪端连通的远程测试端的线号亮。

④ 当导线有 2 根短路时，则主测试器显示不变，而远程测试端显示短路的 2 根线灯都亮。若有 3 根以上（含 3 根）线短路时，则所有短路的几条线对应的灯都不亮。

图 6-55 “能手”网络电缆测试仪

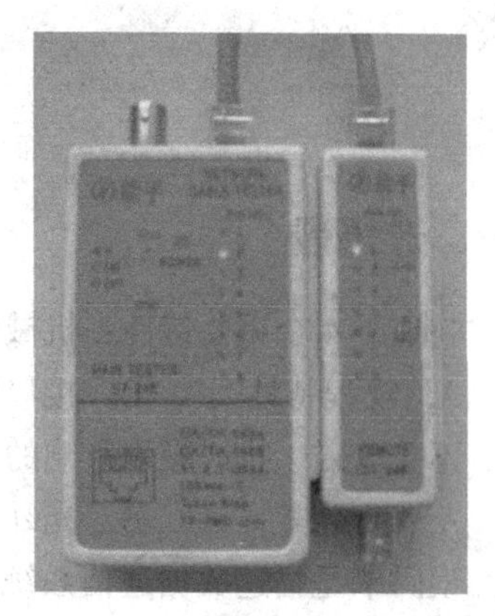

图 6-56 网络跳线测量

⑤ 如果出现红灯或黄灯，就说明存在接触不良等现象，此时最好先用压线钳压制两端水晶头一次，再测，如果故障依旧存在，就得检查一下芯线的排列顺序是否正确。如果芯线顺序错误，那么就应重新进行制作。

提示：如果测试的线缆为直通线缆的话，测试仪上的 8 个指示灯应该依次闪烁。如果测试的线缆为交叉线缆的话，其中一侧同样是依次闪烁，而另一侧则会按 3、6、1、4、5、2、7、8 这样的顺序闪烁。如果芯线顺序一样，但测试仪仍显示红色灯或黄色灯，则表明其中肯定存在对应芯线接触不好的情况，此时就需要重做水晶头了。

本章小结

物理层实现在计算机网络中的各种硬件设备和传输介质上传输数据比特流，将一个一个比特从一个结点移动到下一个结点。物理层的主要任务可以看成是确定与传输介质的接口有关的一些特性。物理层的协议即物理层接口标准，也称为物理层规程。物理层协议实际上是规定与传输介质接口的机械特性、电气特性、功能特性和规程特性。

数据通信基础知识简单介绍了数据通信的基本概念和基本原理，然后介绍了数据编码技术、数据交换技术、信道多路复用技术。

传输介质基本可以分为两类。一类是导引型传输介质，包括双绞线、同轴电缆、光纤等。对于导引型传输介质，电磁波沿着固体传输介质被导引；另一类是非导引型传输介质，非导引型传输介质就是指自由空间。

在物理层主要有中继器（repeater）和集线器（hub）两种类型的网络互连设备。

双绞线 8 根铜线起作用的 4 根是 1-2 脚和 3-6 脚。双绞线连接标准有 EIA/TIA-568A（简称 T568A）和 EIA/TIA-568B（简称 T568B）两种。如果双绞线的两端均采用同一标准（如 T568-B），则称这根双绞线为直通线。如果双绞线的两端采用不同的连接标准（如一端用 T568A，另一端用 T568B），则称这根双绞线为跳接（交叉）线。

习 题

一、选择题

1. 物理层4个重要特性：机械特性、功能特性、电气特性和（　　）。

A. 规程特性　　B. 接口特性　　C. 协议特性　　D. 物理特性

2. 不受电磁干扰或噪声影响的介质是（　　）。

A. 双绞线　　B. 光纤　　C. 同轴电缆　　D. 微波

3. 误码率是描述数据通信系统质量的重要参数之一，在下面这些有关误码码率的说法中，（　　）是正确的。

A. 误码率是衡量数据通信系统在正常工作状态下传输可靠性的重要参数

B. 误码率是衡量数据通信系统不正常工作状态下传输可靠性的重要参数

C. 当一个数据传输系统采用CRC校验技术后，这个数据传输系统的误码码率为0

D. 如果用户传输1M字节时没发现传输错误，那么该数据传输系统的误码率为0

4. 与多模光纤相比，单模光纤的主要特点是（　　）。

A. 高速度、短距离、高成本、粗芯线

B. 高速度、长距离、低成本、粗芯线

C. 高速度、短距离、低成本、细芯线

D. 高速度、长距离、高成本、细芯线

5. 关于微波通信，以下说法正确的是（　　）。

A. 微波波段频率低，频段范围窄

B. 障碍物妨碍微波通信

C. 微波通信有时受气候影响不大

D. 与电缆通信相比较，微波通信的隐蔽性和保密性较好

6. 在中继系统中，中继器处于（　　）。

A. 物理层　　B. 数据链路层　　C. 网络层　　D. 高层

7.（　　）信号的电平是连续变化的。

A. 数字　　B. 模拟　　C. 脉冲　　D. 二进制

8.（　　）是指将数字信号转变成可以在电话线上传输的模拟信号的过程。

A. 解调　　B. 采样　　C. 调制　　D. 压缩

9.（　　）是指在一条通信线路中可以同时双向传输数据的方法。

A. 单工通信　　B. 半双工通信　　C. 同步通信　　D. 全双工通信

10. 数据传输速率是指每秒钟传输构成数据二进制代码的（　　）数。

A. 帧　　B. 信元　　C. 伏特　　D. 位

11. 利用模拟通信信道传输数据信号的方法称为（　　）。

A. 频带传输　　B. 基带传输　　C. 异步传输　　D. 同步传输

12. 基带传输是指在数字通信信道上（　　）传输数字数据信号的方法。

A. 调制　　B. 脉冲编码　　C. 直接　　D. 间接

13. 在网络中，计算机输出的信号是（　　）。

A. 模拟信号　　B. 数字信号　　C. 广播信号　　D. 脉冲编码信号

14. Internet 上的数据交换采用的是（　　）。

A. 分组交换　　B. 电路交换　　C. 报文交换　　D. 光交换

15. FDM 是指（　　）。

A. 频分多路复用　　B. 时分多路复用

C. 波分多路复用　　D. 码分多路利用

16. 在数据通信系统中，传输介质的功能是（　　）。

A. 在信源与信宿之间传输信息　　B. 纠正传输过程中的错误

C. 根据环境状况自动调整信号形式　　D. 将信号从一端传至另一端

17. 可用于将数字数据编码为数字信号的方法是（　　）。

A. FSK　　B. NRZ　　C. PCM　　D. QAM

18. 下列关于曼彻斯特编码的叙述中，（　　）是正确的。

A. 为确保收发同步，将每个信号起始边界作为时钟信号

B. 将时钟与数据取值都包含在信号中

C. 这种模拟信号的编码机制特别适合传输语音

D. 每位的中间不跳变时表示信号的取值为 1

19. “复用”是一种将若干个彼此独立的信号合并为一个可在同一信道上传输的（　　）。

A. 调制信号　　B. 已调信号　　C. 复用信号　　D. 单边带信号

20. 在光纤中采用的多路复用技术是（　　）。

A. 时分多路复用（TDM）　　B. 频分多路复用（FDM）

C. 波分多路复用（WDM）　　D. 码分多路复用（CDMA）

二、综合题

1. 物理层的主要功能是什么？
2. 物理层协议（或接口标准）有哪几个特性？各包含什么内容？
3. 简述数据通信系统模型的构成。
4. 请区分信息、数据和信号，并举实例说明。
5. 举例说明传输线路和信道、信号带宽和信道带宽之间的关系。
6. 举例说明单工通信、半双工通信和全双工通信。
7. 简述异步传输方式和同步传输方式的区别。
8. 数据传输速率和信号传输速率的关系是什么？
9. 数据传输速率和信道容量之间的关系是什么？
10. 常见的传输介质有哪些？各有何特点？
11. 简述多模光纤和单模光纤的区别。
12. 双绞线中的线缆为何要成对地绞在一起，其作用是什么？
13. 有 10 个信号，每个要求 4 000Hz，现在用 FDM 将它们复用在一条信道上，对于被复

用的信道，最小要求带宽为多少？假设每个信号之间的警戒带宽是400Hz。

14. 10个9.6kbit/s的信道按时分多路复用在一条线路上传输，如果忽略控制开销，在同步TDM情况下，复用线路的带宽应该是多少？在统计TDM情况下，假定每个子信道具有30%的时间忙，复用线路的控制开销为10%，那么复用线路的带宽应该是多少？

15. 假设某条电路的信号功率为500W、噪声功率为0.05W，那么该电路的信噪比为多少dB?

16. 假设某个信道的带宽为500Hz、信噪比为20dB，则该信道的容量是多少？（log10101≈2.004 32，log102≈0.301 029）。

17. 共有4个站进行码分多址CDMA通信。4个站的码片序列为：

A：（−1 −1 −1 +1 +1 −1 +1 +1） B：（−1 −1 +1 −1 +1 +1 +1 −1）

C：（−1 +1 −1 +1 +1 +1 −1 −1） D：（−1 +1 −1 −1 −1 −1 +1 −1）

现收到这样的码片序列：（+1 −1 +3 −1 +1 +3 −1 −1）。问哪个站发送数据了？发送数据的站发送的1还是0?

18. 在数字传输系统中，调制速率为1 200Baud，数据传输速率为3 600bit/s，则每个信号可有几种不同的状态？如要使调制速率和数据传输速率相等，则每个信号应有几种不同的状态？

19. 对于带宽为6MHz的信道，若每个信号可表示4种不同的状态，在不考虑噪声的情况下，该信道的最大数据传输速率是多少？

20. 信道带宽为3kHz，信噪比为30dB，则每秒能发送的比特数不会超过多少？

21. 要在带宽为4kHz的信道上用2s发送完5 000个汉字，按照香农公式，信道的信噪比最小应为多少分贝？（取整数值）

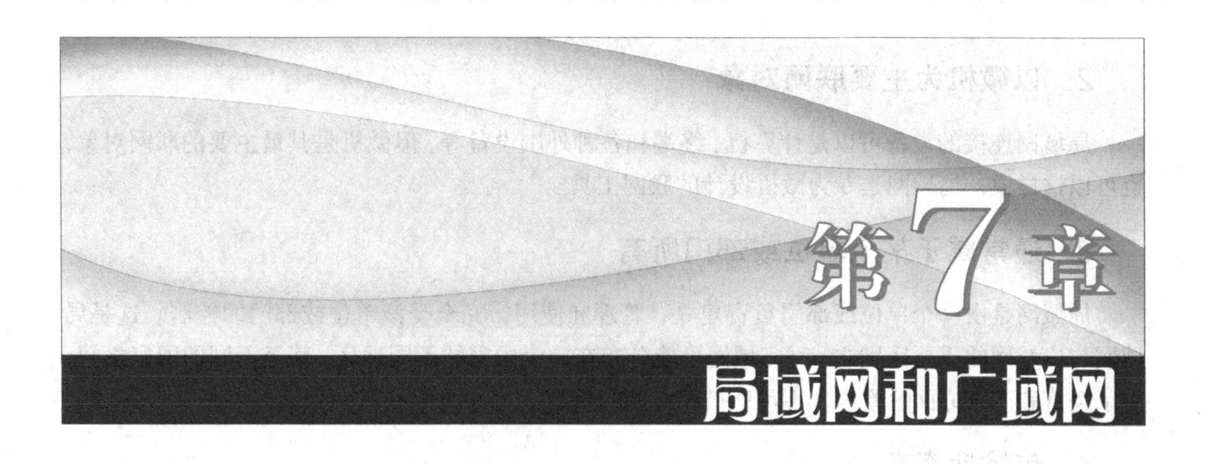

第7章 局域网和广域网

7.1 局域网的基本概念

目前，全球范围内局域网（LAN）的数量远远超过广域网（WAN）。局域网主要利用通信线路将办公室、企业、校园、小区等较小区域内的计算机、网络通信设备等连接在一起，配以接口和高层软件，以实现数据通信和资源共享的目的。简单的局域网如图 7-1 所示。

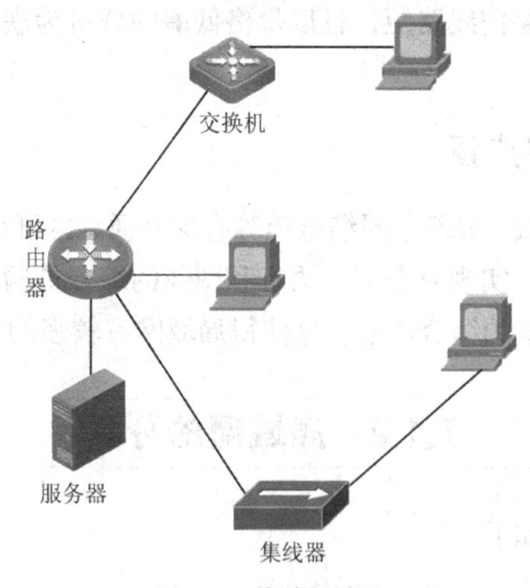

图 7-1　简单局域网

7.1.1 局域网的特点

局域网的主要特性是：高数据传输速率、短距离和低误码率。一般来说，它具有如下主要特点。

1. 覆盖的地理范围较小

如一幢大楼、一个工厂、一所学校或一个大到几十千米的区域，其范围一般不超过 25km。

2. 以微机为主要联网对象

局域网连接的设备可以是计算机、终端和各种外围设备等，但微机是其最主要的联网对象，也可以这样说，局域网是专为微机设计的联网工具。

3. 通常属于某个单位或部门所有

局域网是由一个单位或部门负责建立、管理和使用，完全受该单位或部门的控制。这是局域网与广域网的重要区别之一。广域网可能分布在一个国家的不同地区，甚至不同的国家之间，由于经济和产权方面的原因，不可能被某一组织所有。

4. 传输速率高

局域网由于通信线路短，数据传输快，目前通信速率通常在 100Mbit/s 以上。因此，局域网是计算机之间高速通信的有效工具。

5. 管理方便

由于局域网范围较小，且为单位或部门所有，因而网络的建立、维护、管理、扩充、更新等都十分方便。

6. 价格低廉

由于局域网区域有限，通信线路短，且以价格低廉的微机为联网对象，因而局域网的性能价格比相当理想。

7. 实用性强，使用广泛

局域网中既可采用双绞线、光纤、同缆电缆等有形介质，也可采用无线、微波等无形信道。此外，也可采用宽带局域网，实现对数据、语音和图像的综合传输。在基带上，采用一定的技术，也可实现语音和静态图像的综合传输。这使得局域网有较强的适应性和综合处理能力。

7.1.2 局域网的分类

局域网常用的分类方式如下。

1. 按拓扑结构分类

网络拓扑结构有总线结构、环形结构、星形结构、树形结构。依拓扑结构的不同，局域网可分为总线型网、环型网、星型网和树型网。但有实际应用中，以树型网居多。

2. 按传输的信号分类

按传输介质上所传输的信号方式不同，局域网可分为基带网和宽带网。基带网传送数字信号，信号占用整个频道，但传输范围较小。宽带网传输模拟信号，同一信道上可传输多路信号，它的传输范围较大。目前局域网中绝大多数采用基带传输方式。

3. 按网络使用的传输介质分类

局域网使用的传输介质有双绞线、光纤、同轴电缆、无线电波、微波等，因此对应的局域网有双绞线网、光纤网、同轴电缆网、无线局域网、微波网等。目前小型局域网大都是双绞线网，而较大型局域网则采用光纤和双绞线传输介质的混合型网络。近些年来，无线网络技术发展迅速，它将成为未来局域网的一个重要发展方向。

4. 按介质访问控制方式分类

局域网从介质访问控制方式的角度可以分为共享介质局域网（Shared LAN）与交换局域网（Switched LAN）。共享介质局域网又可以分为 Ethernet、Token Bus、Token Ring 与 FDDI，以及在此基础上发展起来的 Fast Ethernet、FDDI Ⅱ等。交换局域网可以分为 Switched Ethernet 与 ATM LAN，以及在此基础上发展起来的虚拟局域网，其中交换以太网应用最为广泛。交换局域网已经成为当前局域网技术的主流。局域网产品类型与相互之间的关系如图 7-4 所示。

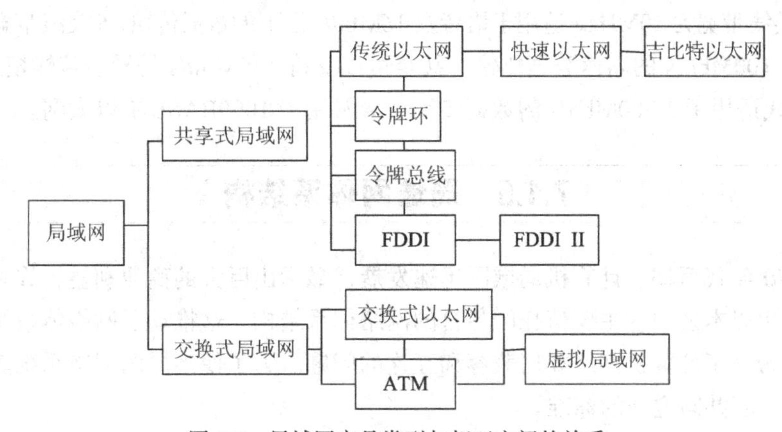

图 7-2　局域网产品类型与相互之间的关系

7.1.3　局域网的组成

局域网由网络硬件和网络软件两部分组成。网络硬件用于实现局域网的物理连接，为连接在局域网上的计算机之间的通信提供一条物理信道和实现局域网间的资源共享。网络软件则主要用于控制并具体实现信息的传送和网络资源的分配与共享。这两部分互相依赖、共同完成局域网的通信功能。

局域网硬件应包括网络服务器、网络工作站、网卡、网络设备、传输介质及介质连接部件，以及各种适配器。其中网络设备是指计算机接入网络和网络与网络之间互连时所必需的设备，如集线器（Hub）、中继器、交换机等。

网络软件是在网络环境下运行和使用，或者控制和管理网络运行和通信双方交流信息的一种计算机软件。它包括网络系统软件和网络应用软件。网络系统软件是控制和管理网络运行、提供网络通信和网络资源分配与共享功能的网络软件，为用户提供访问网络和操作网络的友好界面。网络系统软件主要包括网络操作系统、网络协议、网络通信软件等。网络应用是为某一应用目的而开发的网络软件，它为用户提供一些实际应用。

7.1.4 局域网传输介质类型与特点

局域网常用的传输介质有同轴电缆、双绞线、光纤与无线通信信道。早期应用最多的是同轴电缆。但随着技术的发展，双绞线与光纤的应用发展十分迅速。尤其是双绞线，目前应用于数据传输率为 100Mbit/s、1Gbit/s 的高速局域网中，因此引起了人们普遍的关注。在局部范围内的中、高速局域网中使用双绞线，在远距离传输中使用光纤，在有移动结点的局域网中采用无线通信信道的趋势已经越来越明朗化。

局域网产品中使用的双绞线可以分为两类：屏蔽双绞线（STP）与非屏蔽双绞线（UTP）。屏蔽双绞线由外部保护层、屏蔽层、与多对双绞线组成，非屏蔽双绞线由外部保护层与多对双绞线组成。屏蔽双绞线的抗干扰能力优于非屏蔽双绞线。常用的非屏蔽双绞线根据其通信质量分为 7 类，在局域网中一般使用第 3 类、第 4 类、第 5 类和第 6 类非屏蔽双绞线，常简称为 3 类线、4 类线、5 类线和 6 类线。其中，3 类线带宽为 16MHz，适用于语音及 10Mbit/s 以下的数据传输；4 类线带宽为 20MHz，适用于语音及 16Mbit/s 以下的数据传输；5 类线带宽为 100MHz，适用于语音及 100Mbit/s 的高速数据传输，甚至可以支持 155Mbit/s 的异步传输模式 ATM 的数据传输；6 类线适用于 1 000Mbit/s 的数据传输，通常用于 1000BASE-T 以太网。

7.1.5 局域网体系结构

20 世纪 70 年代后期，计算机局域网迅速发展，显示出巨大的商业利益，许多大的计算机公司相继开发出以本公司为主要依托的各自的网络体系结构，这推动了网络体系结构的进一步发展，同时也带来了计算机网络如何兼容和互连的问题。为了使不同的网络系统能相互交换数据，必须制定一套共同遵守的标准。

ISO/OSI RM 是具有一般性的网络模型结构，作为一种标准框架为构建网络提供了一个参照系。但局域网作为一种特殊的网络，有它自身的技术特点。另外，由于局域网实现方法的多样性，所以它并不完全套用 OSI 体系结构。国际上通用的局域网标准由 IEEE 802 委员会制定。IEEE 802 委员会根据局域网适用的传输媒体、网络拓扑结构、性能及实现难易等因素，为 LAN 制定了一系列标准，称为 IEEE 802 标准，已被 ISO 采纳为国际标准的，称为 ISO 标准。

1. 局域网参考模型

由于局域网大多采用共享信道，当通信局限于一个局域网内部时，任意两个结点之间都有唯一的链路，即网络层的功能可由链路层来完成，所以局域网中不单独设立网络层。IEEE 802 提出的局域网参考模型（LAN/RM）如图 7-3 所示。

和 ISO/RM 相比，LAN/RM 只相当于 OSI 的最低两层。物理层用来建立物理连接是必需的。数据链路层把数据转换成帧来传输，并实现帧的顺序控制、差错控制及流量控制等功能，使不可靠的链路变成可靠的链路，也是必要的。

LAN/RM 中各层功能如下。

（1）物理层

物理层提供在物理实体间发送和接收比特的能力，一对物理实体能确认出两个介质访问控制 MAC 子层实体间同等层比特单元的交换。物理层也要实现电气、机械、功能和规程 4 大特性的匹配。物理层提供的发送和接收信号的能力包括对宽带的频带分配和对基带的信号调制。

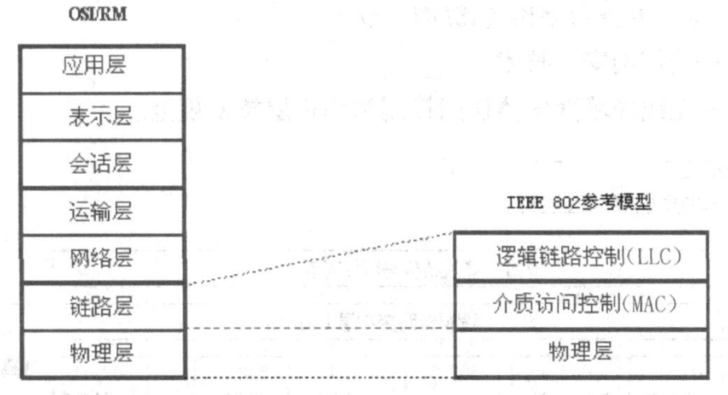

图 7-3 IEEE 802 参考模型与 OSI 参考模型的对应关系

（2）数据链路层

数据链路层分为 MAC 子层和 LLC 子层。

LLC 子层向高层提供一个或多个逻辑接口（具有帧发和帧收功能）。发送时把要发送的数据加上地址和 CRC 检验字段构成帧，介质访问时把帧拆开，执行地址识别和 CRC 校验功能，并具有帧顺序控制和流量控制等功能。LLC 子层还包括某些网络层功能，如数据报、虚拟控制、多路复用等。

MAC 子层支持数据链路功能，并为 LLC 子层提供服务。它将上层交下来的数据封装成帧进行发送（接收时进行相反过程，将帧拆卸），实现和维护 MAC 协议、比特差错检验和寻址等。

由于在 IEEE 802 成立之前，采用了不同的传输介质和拓扑结构的局域网的存在，这些局域网采用不同的介质访问控制方式，各有特点和适用场合。IEEE 802 无法用统一的方法取代它们，只能允许其存在。因而为每种介质访问方式制定一个标准，从而形成了多种介质控制（Media Access Control，MAC）协议。为使各种介质访问控制方式能与上层接口传输并保证传输可靠，所以在其上又制定了一个单独 LLC 子层。这样，仅 MAC 子层依赖于具体的物理介质和介质访问控制方法，而 LLC 子层与媒体无关，对上屏蔽了下层的具体实现细节，使数据帧的传输独立于所采用的物理介质和介质访问方式。同时，它允许继续完善和补充新的介质访问控制方式，适应已有的和未来发展的各种物理网络，具有可扩充性。

2. IEEE 802 局域网标准

LAN 的结构主要有 3 种类型：以太网（Ethernet）、令牌环（Token Ring）、令牌总线（Token Bus）以及作为这 3 种网的骨干网光纤分布数据接口（FDDI）。它们所遵循的标准都以 802 开头，如图 7-4 所示，与局域网有关的标准分别如下。

IEEE 802.1——局域网概述、体系结构、网络管理和网络互连。

IEEE 802.2——逻辑链路控制（LLC）。

IEEE 802.3——CSMA/CD 介质访问控制标准和物理层技术规范。

IEEE 802.4——令牌总线介质访问控制标准和物理层技术规范。

IEEE 802.5——令牌环网介质访问控制方法和物理层技术规范。

IEEE 802.6——城域网介质访问控制方法和物理层技术规范。

IEEE 802.7——宽带技术。

IEEE 802.8——光纤技术（光纤分布数据接口 FDDI）。

IEEE 802.9——综合业务数字网（ISDN）技术。

IEEE 802.10——局域网安全技术。

IEEE 802.11——无线局域网媒体访问控制和物理层技术规范。

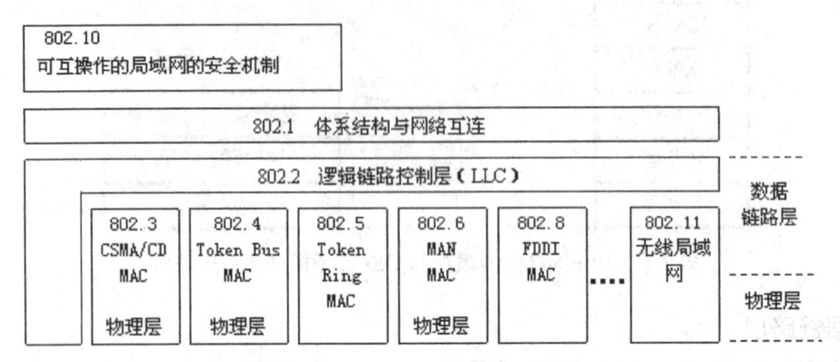

图 7-4 IEEE 802 局域网标准

7.2 典型局域网的组网技术

以太网最早由 Xerox（施乐）公司创建，于 1980 年 DEC、Intel 和 Xerox 三家公司联合开发成为一个标准 DIX Ethernet V2。在此基础上，IEEE 802 委员会的 802.3 工作组在 1983 年制定了第一个 IEEE 的以太网标准 IEEE 802.3。DIX Ethernet V2 标准与 IEEE 的 802.3 标准只有很小的差别，因此可以将 802.3 局域网简称为“以太网”。严格说来，“以太网”应当是指符合 DIX Ethernet V2 标准的局域网，最常用的 MAC 帧是以太网 V2 的格式。由于 TCP/IP 体系经常使用的局域网是 DIX Ethernet V2 而不是 802.3 标准中的几种局域网，因此现在 802 委员会制定的逻辑链路控制子层（LLC）（即 802.2 标准）的作用已经不大了。很多厂商生产的适配器上就仅装有 MAC 协议而没有 LLC 协议。以太网是应用最为广泛的局域网，包括标准的以太网（10Mbit/s）、快速以太网（100Mbit/s）和 10G（10Gbit/s）以太网。

为了通信的简便以太网采取了两种重要的措施。第一，采用较为灵活的无连接的工作方式，即不必先建立连接就可以直接发送数据。以太网对发送的数据帧不进行编号，也不要求对方发回确认。这样做的理由是局域网信道的质量很好，因信道质量产生差错的概率是很小的。所以说以太网提供的服务是不可靠的交付，即尽最大努力的交付。当目的站收到有差错的数据帧时就丢弃此帧，其他什么也不做。差错的纠正由高层来决定。如果高层发现丢失了一些数据而进行重传，以太网是当作一个新的数据帧来发送。第二，以太网发送的数据都使用曼彻斯特（Manchester）编码（见图 7-5）的信号。曼彻斯特编码信号自含同步信号。在每个码元的正中间出现一次电压的变换，而接收端很方便地把位同步信号提取出来。但它所占的频带宽度比原始的基带信号增加了一倍。

以太网 MAC 子层的核心协议是 CSMA/CD，它的帧结构如图 7-6 所示。

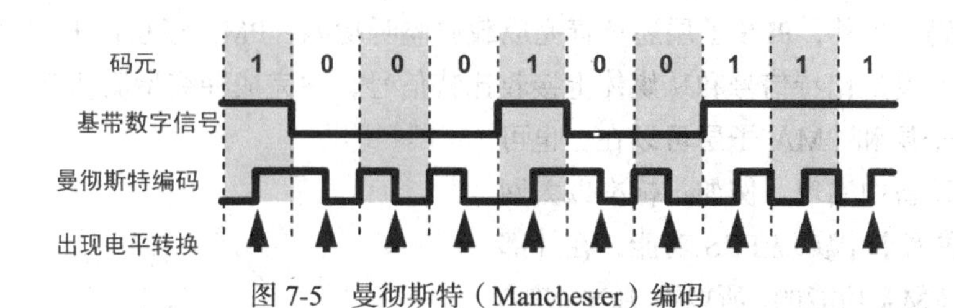

图 7-5　曼彻斯特（Manchester）编码

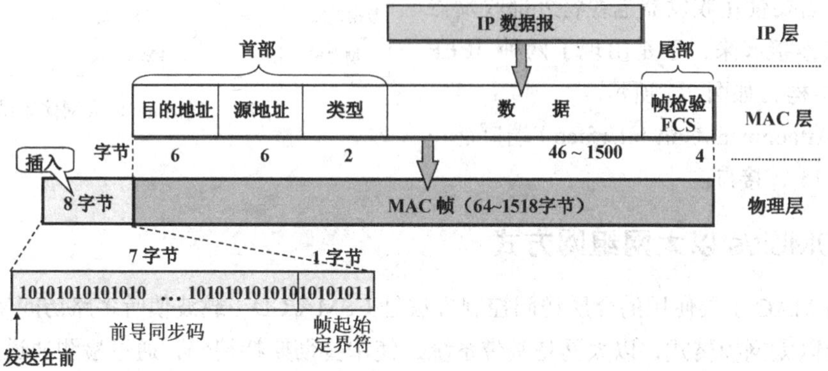

图 7-6　以太网帧结构

① 前导同步码：占 7 字节，用于接收方的接收时钟与发送方的发送时钟同步，以便数据的接收。

② 帧起始定界符（SFD）：占 1 字节，为 10101011，标志帧的开始。

③ 目的地址：占 6 字节，是此帧发往的目的结点地址。它可以是一个唯一的物理地址，也可以是多组或全组地址，用以进行点对点通信、组广播或全局广播。

④ 源地址：占 6 字节，是发送该帧的源结点地址。

⑤ 类型：占 2 字节，该字段在 IEEE 802.3 和以太网中的定义是不同的，在以太网中该字段为类型字段，规定了在以太网处理完成后接收数据的高层协议；在 IEEE 802.3 中该字段是长度指示符，用来指示紧随其后的 LLC 数据字段的长度，单位为字节数。

⑥ 数据：数据的长度可从 46 到 1 500 个字节，当数据字段的长度小于 46 字节时，应在数据字段的后面加入整数字节的填充字段，以保证以太网的 MAC 帧长不小于 64 字节。

⑦ 帧校验：占用 4 个字节，采用 CRC 码，用于校验帧传输中的差错。

7.2.1　10Mbit/s 以太网

1. 10Mbit/s 以太网的体系结构

IEEE 802.3 以太网体系结构包括 MAC 子层和物理层。物理层又分为物理信令（PLS）和物理媒体连接件（PMA）两个子层，并根据物理层的两个子层是否在同一个设备上实现。其体系结构示意图如 7-7 所示。

PLS 子层向 MAC 子层提供服务，它规定了 MAC 子层与物理层的界面，是与传输媒体无关的物理层规范。在发送比特流时，PLS 子层负责对比特流进行曼彻斯特编码。在接收时，负责对曼彻斯特解码。另外，PLS 子层还负责完成载波监听功能。PMA 子层向 PLS 子层提供服务，它负责向媒体上发送比特信号和从媒体上接收比特信号，并完成冲突检测功能。IEEE 802.3 标准规定，PLS 子层和 PMA 子层可以在，也可以不在同一个设备中实现。例如：标准以太网 10BASE-5 是在网卡中实现 PLS 功能，在外部接收器中实现 PMA 功能的。所以在 10BASE-5 以太网中，需要使用收发器电缆将外部收发器和网络站点连接起来，于是出现了两种 IEEE 802.3 体系结构，如图 7-7 所示。

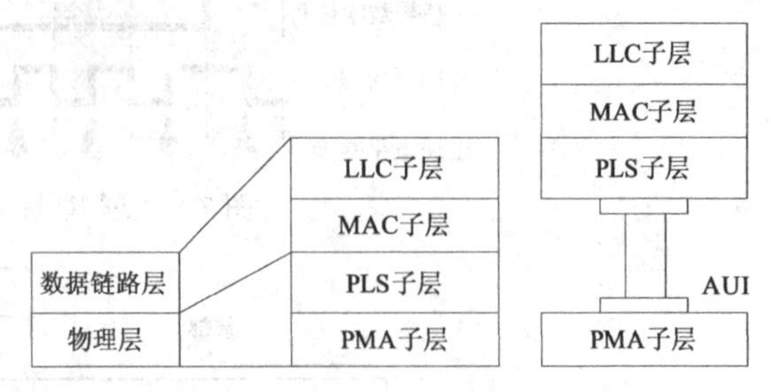

图 7-7　10Mbps 以太网体系结构

AUI（Attachment Unit Interface）端口是一种“D”型 15 针接口。

2. 10Mbit/s 以太网组网方式

以太网 MAC 子层使用的介质访问控制方法是 CSMA/CD（载波侦听多路访问/冲突检测），帧格式采用以太网帧格式，以太网是基带系统，使用曼彻斯特编码，通过检测通道上的信号存在与否来实现载波检测。

10Mbit/s 以太网在物理层可以使用粗同轴电缆、细同轴电缆、非屏蔽双绞线、屏蔽双绞线、光缆等多种传输介质，并且在 IEEE 802.3 标准中，为不同的传输介质制定了不同的物理层标准 10BASE-5、10BASE-2、100BASE-T、100BASE-F 等。

IEEE 802.3 支持的物理层介质和配置方式有多种，是由一组协议组成的。每一种实现方案都有一个名称代号，由以下 3 部分组成：

```
<数据传输率（Mbit/s）><信号方式><最大段长度（百米）或介质类型>
```

例如，10BASE-5、10BASE-2、100BASE-T 等。其中，最前面的数字指传输速率，如 10 为 10Mbit/s，100 为 100Mbit/s；中间的 BASE 指基带传输，Broad 指宽带传输；最后若是数字的话，表示最大传输距离，如 5 是指最大传输距离 500m，2 指最大传输距离 200m。若是字母则第一个表示介质类型，如 T 表示采用双绞线，F 表示采用光纤介质，第二个字母表示工作方式，如 X 表示全双工方式工作。

10BASE-5 通常称为粗缆以太网。目前由于高速交换以太网技术的广泛应用，在新建的局域网中，10BASE-5 很少被采用。

10BASE-2 通常称为细缆以太网。10BASE-2 使用 50Ω 细同轴电缆，它的建网费用比 10BASE-5 低。目前 10BASE-2 已很少被使用。

10BASE-T 是使用无屏蔽双绞线来连接的以太网，使用 2 对 3 类以上无屏蔽双绞线，一对用于发送信号，另一对用于接收信号。为了改善信号的传输特性和信道的抗干扰能力，每一对线必须绞在一起。双绞线以太网系统具有技术简单、价格低廉、可靠性高、易实现综合布线和易于管理、维护、升级等优点，因此比 10BASE-5 和 10BASE-2 技术有更大的优势，也是目前还在应用的 10Mbit/s 局域网技术。

10BASE-F 是 10Mbit/s 光纤以太网，它使用多模光纤作为传输介质，在介质上传输的是光信号而不是电信号。因此，10BASE-F 具有传输距离长、安全可靠、可避免电击等优点。由于光纤介质适宜相距较远的站点，所以 10BASE-F 常用于建筑物之间的连接，它能够构建园区主干网。目前 10BASE-F 较少被采用，代替它的是更高速率的光纤以太网。

典型的 10Mbit/s 以太网主要参数如表 7-1 所示。

表 7-1 典型的 10Mbit/s 以太网主要参数

特　性	10BASE-5	10BASE-2	10BASE-T	10BASE-F
速率（Mbit/s）	10	10	10	10
传输方法	基带	基带	基带	基带
最大网段长度（m）	500	185	100	2 000
站间最小距离（m）	2.5	0.5		
最大长度	2.5km	925m	500m	
传输介质	50Ω 粗同轴电缆	50Ω 细同轴电缆	UTP	多模光缆
网络拓扑	总线形	总线形	星形	点对点

7.2.2 100Mbit/s 以太网

1. 快速以太网的体系结构

快速以太网的传输速率比普通以太网快 10 倍，数据传输速率达到了 100Mbit/s。快速以太网保留了传统以太网的所有特性，包括相同的数据帧格式、介质访问控制方式和组网方法，只是将每个比特的发送时间由 100ns 降低到 10ns。1995 年 9 月，IEEE 802 委员会正式批准了快速以太网标准 IEEE 802.3u。IEEE802.3u 标准在 LLC 子层使用 IEEE 802.2 标准，在 MAC 子层使用 CSMA/CD 方法，只是在物理层做了一些必要的调整，定义了新的物理层标准（100BASE-T）。100BASE-T 标准定义了介质专用接口（Media Independent Interface，MII），它将 MAC 子层和物理层分开，使得物理层在实现 100Mbit/s 速率时所使用的传输介质和信号编码方式的变化不会影响 MAC 子层。100BASE-T 可以支持多种传输介质，目前制定了 3 种有关传输介质的标准：100BASE-TX、100BASE-T4、100BASE-FX。100Mbit/s 以太网的协议结构如图 7-8 所示。

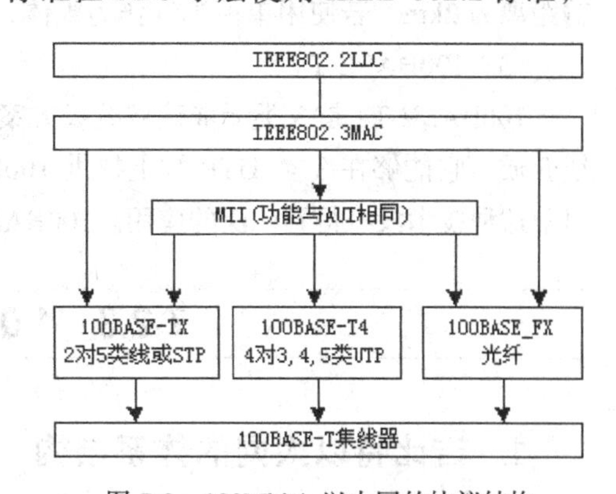

图 7-8 100Mbit/s 以太网的协议结构

2. 快速以太网的组网方式

（1）100BASE-TX

100BASE-TX 是 5 类无屏蔽双绞线方案，它是真正由 10BASE-T 派生出来的。100BASE-TX 类似于 10BASE-T，但它使用的是两对无屏蔽双绞线（UTP）或 150Ω 屏蔽双绞线（STP）。100BASE-TX 是目前使用最广泛的快速以太网介质标准。100BASE-TX 使用的 2 对双绞线中，一对用于发送数据，另一对用于接收数据。由于发送和接收都有独立的通道，所以 100BASE-TX

支持全双工操作。

100BASE-TX 的硬件系统由以下几部分组成：带内置收发器、支持 IEEE 802.3u 标准的网卡，5 类无屏蔽双绞线或 150Ω 屏蔽双绞线，8 针 RJ-45 连接器，100BASE-TX 集线器（Hub）。有两类 100BASE-TX 集线器，即Ⅰ类和Ⅱ类。Ⅰ类集线器在输入和输出端口上可以对线路信号重新编码，所以Ⅰ类集线器可以连接使用不同编码技术的介质系统，如 100BASE-TX 和 100BASE-T4。Ⅱ类集线器的端口没有这种功能，它只是简单地将输入信号转发给其他端口，所以Ⅱ类集线器只能连接使用相同编码方案的介质系统，如 100BASE-TX 和 100BASE-FX。

100BASE-TX 的组网规则如下。

① 各网络站点须通过 Hub（100m）连入网络中。

② 传输介质用 5 类无屏蔽双绞线或 150Ω 屏蔽双绞线。

③ 双绞线与网卡，或与 Hub 之间的连接，使用 8 针 RJ-45 标准连接器。

④ 网络站点与 Hub 之间的最大距离为 100m。

⑤ 在一个冲突域中只能连接一个Ⅰ类 Hub，网络的最大直径（站点—Hub—站点）为 200m。如果使用Ⅱ类 Hub，最多可以级联两个Ⅱ类 Hub，网络的最大直径（站点—Hub—Hub—站点）为 205m。

（2）100BASE-FX

100BASE-FX 是光纤介质快速以太网标准，它采用与 100BASE-TX 相同的数据链路层和物理层标准协议。它支持全双工通信方式，传输速率可达 200Mbit/s。

100BASE-FX 的硬件系统包括单模或多模光纤及其介质连接部件、集线器、网卡等部件。用多模光纤时，当站点与站点不经 Hub 而直接连接，且工作在半双工方式时，两点之间的最大传输距离仅有 412m；当站点与 Hub 连接，且工作在全双工方式时，站点与 Hub 之间的最大传输距离为 2km。若使用单模光纤作为媒体，在全双工的情况下，最大传输距离可达 10km。

（3）100BASE-T4

100BASE-T4 是 3 类无屏蔽双绞线方案，该方案使用 4 对 3 类（或 4 类、5 类）无屏蔽双绞线介质。它能够在 3 类 UTP 线上提供 100Mbit/s 的传输速率。双绞线段的最大长度为 100m。目前这种技术没有得到广泛的应用。100BASE-T4 的硬件系统与组网规则与 100BASE-TX 相同。

7.2.3 1 000Mbit/s 以太网

1. 吉比特以太网的体系结构

1998 年 2 月，IEEE 802 委员会正式批准了吉比特以太网标准 IEEE 802.3z。吉比特以太网的传输速率比快速以太网快 10 倍，数据传输率达到 1 000Mbit/s。吉比特以太网保留着传统的 10Mbit/s 速率以太网的所有特征（相同的数据帧格式、相同的介质访问控制方式、相同的组网方法），只是将传统以太网每个比特的发送时间由 100ns 降低到 1ns。吉比特以太网的协议结构如图 7-9 所示。

IEEE 802.3z 标准在 LLC 子层使用 IEEE 802.2 标准，在 MAC 子层使用 CSMA/ CD 方法。只是在物理层作了一些必要的调整，它定义了新的物理层标准（1000BASE-T）。1000BASE-T 标准定义了吉比特介质专用接口（Gigabit Media Independent Interface，GMII），它将 MAC 子层与物理层分开。这样，物理层在实现 1 000Mbit/s 速率时所使用的传输介质和信号编码方式的变化不会影响 MAC 子层。

2. 吉比特以太网的组网方式

IEEE 802.3z 吉比特以太网标准定义了 3 种介质系统，其中两种是光纤介质标准，包括 1000BASE-SX 和 1000BASE-LX；另一种是铜线介质标准，称为 1000BASE-CX。

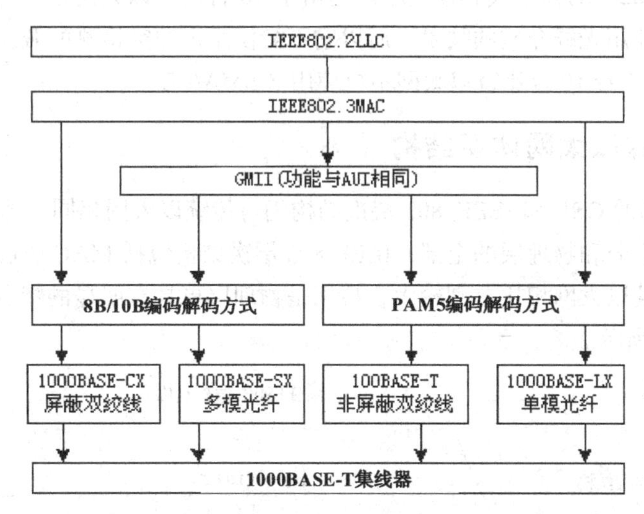

图 7-9　吉比特以太网的协议结构

1000BASE-SX 是一种在收发器上使用短波激光作为信号源的媒体技术。这种收发器上配置了激光波长为 770～860nm（一般为 800nm）的光纤激光传输器，不支持单模光纤，仅支持 62.5μm 和 50μm 两种多模光纤。对于 62.5μm 多模光纤，全双工模式下最大传输距离为 275m，对于 50μm 多模光纤，全双工模式下最大传输距离为 550m。1000BASE-SX 标准规定连接光缆所使用的连接器是 SC 标准光纤连接器。

1000BASE-LX 是一种在收发器上使用长波激光作为信号源的媒体技术。这种收发器上配置了激光波长为 1 270～1 355nm（一般为 1 300nm）的光纤激光传输器，它可以驱动多模光纤和单模光纤，使用的光纤规格为 62.5μm 和 50μm 的多模光纤，9μm 的单模光纤。对于多模光纤，在全双工模式下，最长的传输距离为 550m；对于单模光纤，在全双工模式下，最长的传输距离可达 5km。连接光缆所使用的是 SC 标准光纤连接器。

1000BASE-CX 是使用铜缆的两种吉比特以太网技术之一。1000BASE-CX 的媒体是一种短距离屏蔽铜缆，最长距离达 25m，这种屏蔽电缆是一种特殊规格高质量的 TW 型带屏蔽的铜缆。连接这种电缆的端口上配置 9 针的 D 型连接器。1000BASE-CX 的短距离铜缆适用于交换机间的短距离连接，特别适用于吉比特主干交换机与主服务器的短距离连接。

IEEE 802.3 委员会公布的第二个铜线标准 IEEE 802.3ab，即 1000BASE-T 物理层标准。1000BASE-T 是使用 5 类无屏蔽双绞线的吉比特以太网标准。1000BASE-T 标准使用 4 对 5 类无屏蔽双绞线，其最长传输距离为 100m，网络直径可达 200m。因此，1000BASE-T 能与 10BASE-T、100BASE-T 完全兼容，它们都使用 5 类 UTP 介质，从中心设备到站点的最大距离都是 100m，这使得吉比特以太网应用于桌面系统成为现实。

7.2.4 10 吉比特以太网

10 吉比特以太网是一种数据传输速率高达 10Gbit/s、通信距离可延伸 40km 的以太网。它是在以太网的基础上发展起来的，因此，10 吉比特以太网和吉比特以太网一样，在本质上仍是以太网，只是在速度和距离方面有了显著的提高。10 吉比特以太网继续使用 IEEE 802.3 以太网协议，以及 IEEE 802.3 的帧格式和帧大小。但由于 10 吉比特以太网是一种只适用于全双工通信方式，并且只能使用光纤介质的技术，所以它不需使用带冲突检测的载波监听多路访问协议 CSMA/CD。这就意味着 10 吉比特以太网不再使用 CSMA/CD。

1. 10 吉比特以太网体系结构

10Gbit/s 以太网的 OSI 和 IEEE 802 层次结构仍与传统以太网相同，即 OSI 层次结构包括了数据链路层的一部分和物理层的全部，IEEE 802 层次结构包括 MAC 子层和物理层，但各层所具有的功能与传统以太网相比差别较大，特别是物理层更具有明显的特点。10Gbit/s 以太网体系结构如图 7-10 所示。

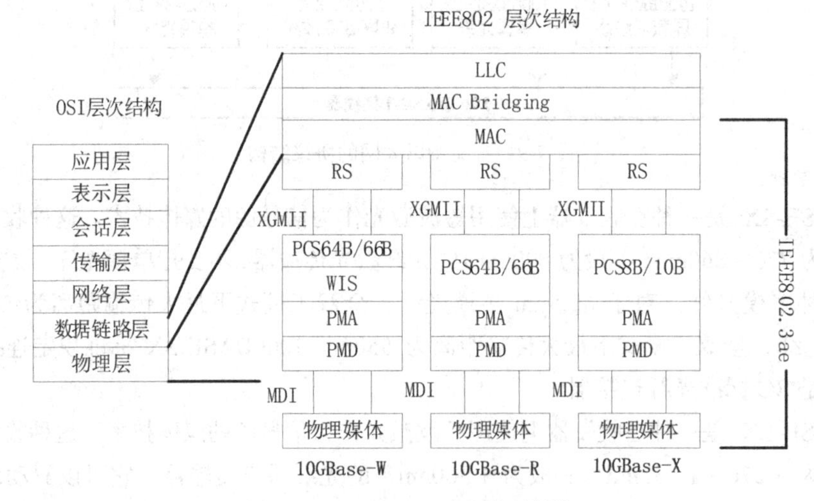

图 7-10　10Gbit/s 以太网体系结构

（1）3 类物理层结构

在体系结构中定义了 10GBASE-X、10GBASE-R 和 10GBASE-W 3 种类型的物理层结构。

① 10GBASE-X 是一种与使用光缆的 1000BASE-X 相对应的物理层结构，在 PCS 子层中使用 8B/10B 编码，为了保证获得 10Gbit/s 数据传输率，利用稀疏波分复用技术（CWDM）在 1 300nm 波长附近每隔约 25nm 间隔配置了 4 个激光发送器，形成 4 个发送器/接收器对。为了保证每个发送器/接收器对的数据流速度为 2.5Gbit/s，每个发送器/接收器对必须在 3.125Gbit/s 下工作。

② 10GBASE-R 是在 PCS 子层中使用 64B/66B 编码的物理层结构，为了获得 10Gbit/s 数据传输率，其时钟速率必须配置在 10.3Gbit/s。

③ 10GBASE-W 是一种工作在广域网方式下的物理层结构，在 PCS 子层中采用了 64B/ 66B 编码，定义的广域网方式为 SONET OC-192，因此其数据流的传输率必须与 OC-192 兼容，即

为 9.686Gbit/s，则其时钟速率为 9.953Gbit/s。

（2）物理层各个子层的功能

物理层各个子层及功能如下所述。

① 物理媒体。10Gbit/s 以太网的物理媒体包括多模光纤（MMF）和单模光纤（SMF）两类，MMF 又分 50μm 和 62.5μm 两种，由 PMD 子层通过媒体相关接口 MDI 连接光纤。

② 物理媒体相关（PMD）子层。其主要的功能之一是向（从）物理媒体上发送（接收）信号，在 PMD 子层中包括了多种激光波长的 PMD 发送源设备。PMD 子层另一个主要功能是把上层 PMA 所提供的代码位符号转换成适合光纤媒体上传输的信号或反之。

③ 物理媒体连接（PMA）子层。PMA 子层的主要功能是提供与上层之间的串行化服务接口以及接收来自下层 PMD 的代码位信号，并从代码位信号中分离出时钟同步信号；在发送时，PMA 把上层形成的相应的编码与同步时钟信号融合后，形成媒体上所传输的代码位符号送至下层 PMD。

④ 广域网接口（WIS）子层。WIS 子层是处在 PCS 和 PMA 之间的可选子层，它可以把以太网数据流适配 ANSI 所定义的 SONET STS-192c 或 ITU 所定义的 SDH VC-4-64c 传输格式的以太网数据流。该数据流所反映的广域网数据可以直接映射到传输层。

⑤ 物理编码（PCS）子层。PCS 子层处在上层 RS 和下层 PMA 之间，PCS 和上层的接口通过 10 吉比特媒体无关接口 XGMII 连接，与下层连接通过 PMA 服务接口。PCS 的主要功能是把正常定义的以太网 MAC 代码信号转换成相应的编码和物理层的代码信号。

⑥ 协调（RS）子层和 10 吉比特媒体无关接口（XGMII）。RS 和 XGMII 实现了 MAC 子层与 PHY 层之间的逻辑连接，即 MAC 子层可以连接到不同类型的 PHY 层（10GBASE-X、10GBASE-R 和 10GBASE-W）上。显然，对于 10GBASE-W 类型来说，RS 子层的功能要求是最复杂的。

2. 10 吉比特以太网的技术特点

10 吉比特以太网与传统的以太网比较具有以下几方面的特点。

① MAC 子层和物理层实现 10Gbit/s 传输速率。

② MAC 子层的帧格式不变，并保留 IEEE 802.3 标准最小和最大帧长度。

③ 不支持共享型，只支持全双工，即只可能实现全双工交换型 10 吉比特以太网，因此 10 吉比特以太网媒体的传输距离不会受到传统以太网 CSMA/CD 机理制约，而仅仅取决于媒体上信号传输的有效性。

④ 支持星形局域网拓扑结构，采用点到点连接和结构化布线技术。

⑤ 在物理层上分别定义了局域网和广域网两种系列,并定义了适应局域网和广域网的数据传输机制。

⑥ 不能使用双绞线，只支持多模和单模光纤，并提供连接距离的物理层技术规范。

3. 10 吉比特以太网在局域网中的应用案例

10 吉比特以太网用做局域网，通常是组成主干网。例如，利用 10 吉比特以太网实现交换机到交换机、交换机到服务器以及城域网和广域网的连接。

10 吉比特以太网在局域网中的应用如图 7-11 所示。图中主干线路使用 10 吉比特以太网，二层办公楼、三层办公楼、B 栋办公楼的接入层交换机、一层办公楼的前台计算机、防火墙设备和服务器群与位于二楼机房的三层核心交换机之间用 10 吉比特链路连接。

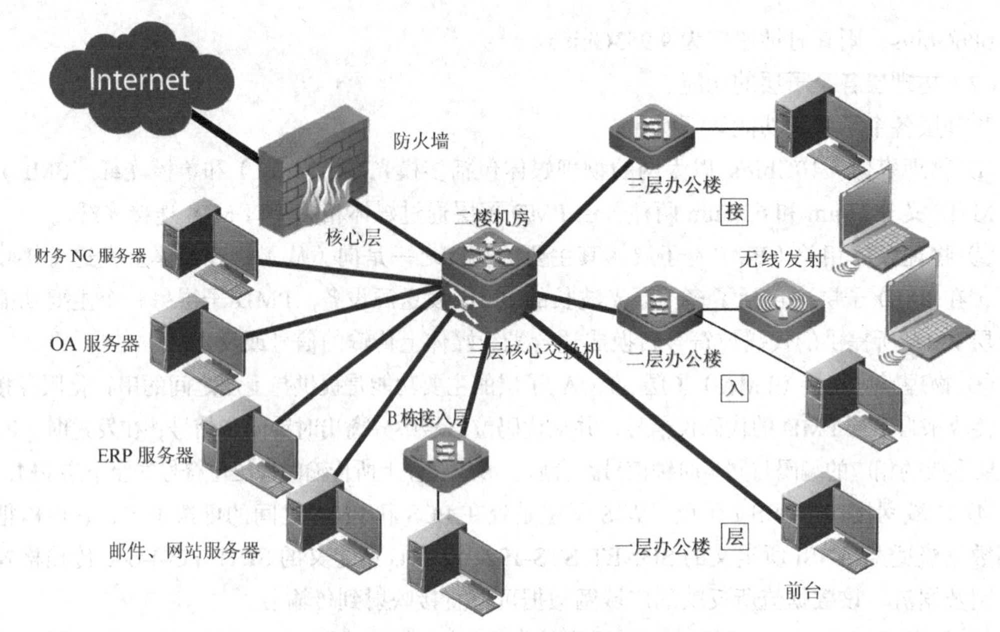

图 7-11　10 吉比特以太局域网应用案例

7.2.5　虚拟局域网

近年来，随着交换局域网技术的飞速发展，交换局域网结构逐渐取代了传统的共享介质局域网。交换技术的发展为虚拟局域网的实现奠定了技术基础。

虚拟局域网是以局域网交换机为基础，通过交换机软件实现根据功能、部门、应用等因素将设备或用户组成虚拟工作组或逻辑网段的技术，其最大的特点是在组成逻辑网时无须考虑用户或设备在网络中的物理位置。VLAN 可以在一个交换机或者跨交换机实现。

1. 虚拟网络的基本概念

虚拟网络（Virtual Network）是建立在交换技术基础上的。将网络上的结点按工作性质与需要划分成若干个"逻辑工作组"，一个逻辑工作组就是一个虚拟网络。

在传统的局域网中，通常一个工作组是在同一个网段上，每个网段可以是一个逻辑工作组或子网。多个逻辑工作组之间通过互连不同网段的网桥或路由器来交换数据。如果一个逻辑工作组的结点要转移到另一个逻辑工作组时，就需要将结点计算机从一个网段撤出，连接到另一个网段，甚至需要重新布线，因此逻辑工作组的组成要受到结点所在网段物理位置的限制。

虚拟网络是建立在局域网交换机或 ATM 交换机之上的，它以软件方式来实现逻辑工作组的划分和管理，逻辑工作组的结点组成不受物理位置的限制。同一逻辑工作组的成员不一定要连接在同一个物理网段上，它们可以连接在同一个局域网交换机上，也可以连接在不同的局域网交换机上，只要这些交换机是互连的。当一个结点从一个逻辑工作组转移到另一个逻辑工作组时，只要通过软件设定，而不需要改变它在网络中的物理位置。同一个逻辑工作组的结点可以分布在不同的物理网段上，但它们之间的通信就像在同一个物理网段上一样。

图 7-12 所示为一个关于 VLAN 划分的示例。图中使用了 4 个交换机的网络拓扑结构，有 9 个工作站分配在 3 个楼层中，构成了 3 个局域网，即 LAN_1:（A_1，B_1，C_1），LAN_2:（A_2，

B_2，C_2)，LAN_3:(A_3，B_3，C_3)。但这 9 个用户划分为 3 个工作组，也就是说划分为 3 个虚拟局域网（VLAN），即 $VLAN_1$:(A_1，A_2，A_3)，$VLAN_2$:(B_1，B_2，B_3)，$VLAN_3$:(C_1，C_2，C_3)。

在虚拟局域网上的每一个站都可以听到同一虚拟局域网上的其他成员所发出的广播。如工作站 B_1，B_2，B_3 同属于虚拟局域网 $VLAN_2$。当 B_1 向工作组内成员发送数据时，B_2 和 B_3 将会收到广播的信息（尽管它们没有连在同一交换机上），但 A_1 和 C_1 不会收到 B_1 发出的广播信息（尽管它们连在同一台交换机上）。

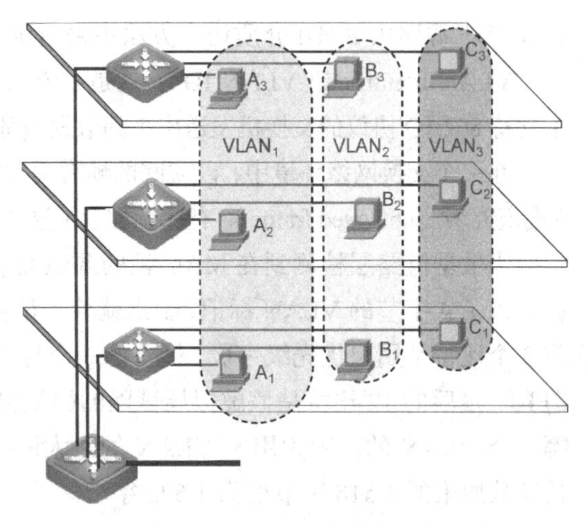

图 7-12　VLAN 划分的示例

2. IEEE 802.1q VLAN 标准

1996 年 3 月，IEEE 802 委员会发布了 IEEE 802.1q VLAN 标准。IEEE 802 委员会定义的 802.1Q 协议定义了同一 VLAN 跨交换机通信桥接的规则以及正确标识 VLAN 的帧格式。在如图 7-13 所示的 802.1Q 帧格式中，使用 4 字节的标识首部来定义标识（TAG)。TAG 中包括 2 字节的 VPID（Vlan Protocol Identifier Vlan，协议标识符）和 2 字节的 VCI（Vlan Control Information Vlan，控制信息）。其中，VPID 为 0x8100，它标识了该数据帧承载 IEEE802.1Q 的 tag 信息；VCI 包含 3 比特用户优先级、1 比特规范格式指示，默认值为 0（表示以太网）和 12 比特的 VLAN 标识符。基于 802.1Q TAG VLAN 用 VID 划分不同的 VLAN，当数据帧通过交换机的时候，交换机会根据数据帧中的 TAG 的 VID 信息，来标识它们所在的 VLAN，这使得所有属于该 VLAN 的数据帧，不管是单播帧、多播帧还是广播帧，都被限制在该逻辑 VLAN 内传输。

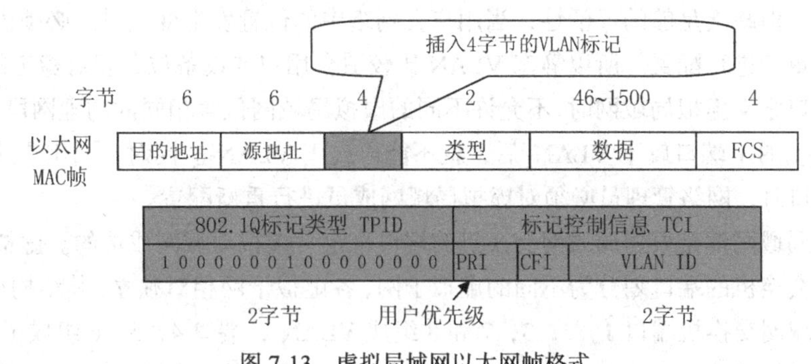

图 7-13　虚拟局域网以太网帧格式

这 4 个字节的 802.1Q 标签头包含了 2 个字节的标签协议标识（TPID）和 2 个字节的标签控制信息（TCI）。TPID（Tag Protocol Identifier）是 IEEE 定义的新的类型，表明这是一个加了 802.1Q 标签的帧。TPID 包含了一个固定的值 0x8100。

TCI 是包含的是帧的控制信息，它包含了下面的一些元素。

Priority（PRI）：这 3 位指明帧的优先级。一共有 8 种优先级，即 0 ~ 7。IEEE 802.1Q 标准使用这 3 位信息。

Canonical Format Indicator（CFI）：CFI 值为 0 说明是规范格式，1 为非规范格式。它被用

在令牌环/源路由 FDDI 介质访问方法中来指示封装帧中所带地址的比特次序信息。

VLAN Identified（VLAN ID）：这是一个 12 位的域，指明 VLAN 的 ID，一共有 4 096 个，每个支持 802.1Q 协议的交换机发送出来的数据包都会包含这个域，以指明自己属于哪一个 VLAN。

在一个交换网络环境中，以太网的帧有两种格式：有些帧是没有加上这 4 个字节标志的，称为未标记的帧（untagged frame），有些帧加上了这 4 个字节的标志，称为带有标记的帧（tagged frame）。

当数据链路层检测到在 MAC 帧的源地址字段后面的类型字段的值是 0x8100 时，就知道现在插入了 4 字节的 VLAN 标记，于是就检查该标记的后两个字节的内容。在后面的两个字节中，前 3 个比特是用户优先级字段，接着的一个比特是规范格式指示符（Canonical Format Indicator，CFI），最后的 12 比特是该虚拟局域网的标识符 VLAN ID，它唯一地标志这个以太网帧是属于哪一个 VLAN 的。因为用于 VLAN 的以太网帧的首部增加了 4 个字节，所以以太网帧的最大长度从原来的 1 518 字节变为 1 522 字节。

3. 虚拟局域网的实现技术

虚拟局域网在功能和操作上与传统局域网基本相同，它与传统局域网的主要区别在于"虚拟"二字上。虚拟局域网的组网方法和传统局域网不同。虚拟局域网的一组结点可以位于不同的物理网段上，但是并不受物理位置的束缚，相互间的通信就好像它们在同一个局域网中一样。虚拟局域网可以跟踪结点位置的变化，当结点物理位置改变时，无须人工重新配置。因此，虚拟局域网的组网方法十分灵活。

交换技术本身就涉及网络的多个层次，因此虚拟网络也可以在网络的不同层次上实现。不同虚拟局域网组网方法的区别，主要表现在对虚拟局域网成员的定义方法上。VLAN 的实现方式可以采用静态 VLAN 方式来实现。在静态 VLAN 中，由网络管理员根据交换机端口进行静态的 VALN 分配，当在交换机上将其某一个端口分配给一个 VLAN 时，将一直保持不变直到网络管理员改变这种配置，所以又被称为基于端口的 VLAN。基于端口的 VLAN 配置简单，网络的可监控性强。但缺乏足够的灵活性，当用户在网络中的位置发生变化时，必须由网络管理员将交换机端口重新进行配置。所以静态 VLAN 比较适合用户或设备位置相对稳定的网络环境。但是纯粹用端口定义虚拟局域网时，不允许不同的虚拟局域网包含相同的物理网段或交换端口。例如，交换机 1 的 1 端口属于 $VLAN_1$ 后，就不能再属于 $VLAN_2$。同时，当用户从一个端口移动到另一个端口时，网络管理员必须对虚拟局域网成员进行重新配置。

许多虚拟局域网都是根据局域网交换机的端口来定义虚拟局域网成员的。虚拟局域网从逻辑上把局域网交换机的端口划分为不同的虚拟子网，各虚拟子网相对独立，其结构如图 7-14（a）所示。图中局域网交换机端口 1，2，3，7 和 8 组成 $VLAN_1$，端口 4，5，6 组成了 $VLAN_2$。虚拟局域网也可以跨越多个交换机。如图 7-14（b）所示，局域网交换机 1 的 1、2 端口和局域网交换机 2 的 4、5、6、7 端口组成 $VLAN_1$，局域网交换机 1 的 4、5、6、7 和 8 端口和局域网交换机 2 的 1、2、3 和 8 端口组成 $VLAN_2$。

4. 虚拟网络的优点

（1）广播控制

交换机可以隔离碰撞，把连接到交换机上的主机的流量转发到对应的端口，VLAN 进一步提供在不同的 VLAN 间完全隔离，广播和多址流量只能在 VLAN 内部传递。

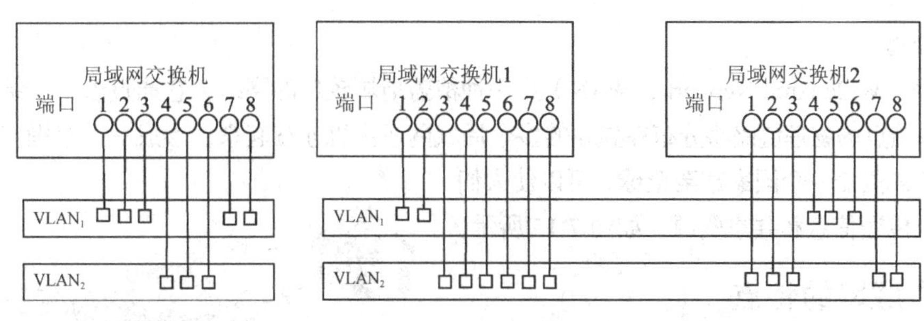

（a）单个交换机划分虚拟子网　　（b）多个交换机划分虚拟子网

图 7-14　用局域网交换机端口号定义虚拟局域网

（2）安全性

VLAN 提供的安全性有两个方面：对于保密要求高的用户，可以分在一个 VLAN 中，尽管其他人在同一个物理网段内，也不能透过虚拟局域网的保护访问保密信息。因为 VLAN 是一个逻辑分组，与物理位置无关，所以 VLAN 间的通信需要经过路由器或网桥，当经过路由器通信时，可以利用传统路由器提供的保密、过滤等 OSI 三层的功能对通信进行控制管理。当经过网桥通信时，利用传统网桥提供的 OSI 二层过滤功能进行包过滤。

（3）性能

VLAN 可以提高网络中各个逻辑组中用户的传输流量，比如在一个组中的用户使用流量很大的 CAD/CAM 工作站，或使用广播信息很大的应用软件，它只影响到本 VLAN 内的用户，对于其他逻辑工作组中的用户则不会受它的影响，仍然可以以很高的速率传输，所以提高了使用性能。

（4）网络管理

因为 VLAN 是一个逻辑工作组，与地理位置无关，所以易于网络管理，如果一个用户移动到另一个新的地点，不必像以前重新布线，只要在网管上把它拖到另一个虚拟网络中即可。这样既节省了时间，又十分便于网络结构的增改、扩展，非常灵活。

7.3 广域网

一个网络是广域网（WAN）而不是局域网（LAN）取决于什么呢？距离是首先想到的，但是近期，无线 LAN 可以覆盖某些地理区域；那么是带宽吗？只要资金充足，在很多地方可以部署高带宽电缆，所以也不是带宽的问题。

可能区别 WAN 和 LAN 最好的方法是你一般拥有 LAN 设备，但一般从服务提供商那里租用 WAN 设备。我们已经讨论了通常属于你的数据链路（以太网），但现在我们将要看一看一般不属于你的数据链路，而是从服务提供商那里租用的数据链路。

7.3.1　广域网的基本概念

理解 WAN 技术的关键是熟悉各种 WAN 术语，和服务提供商通常使用的将网络连接在一起的连接类型。

广域网（Wide Area Network，WAN）是一种覆盖地域较广的网络，它通过若干个结点交换机和连接这些结点的物理链路将分布在异地的多个局域网或主机连接起来，形成一个范围广泛的远程网络。它通常覆盖一个国家甚至全球，可以使人们最大范围地传送信息和共享资源，如图 7-15 所示。

图 7-15　广域网

1. 广域网的特点

与覆盖范围较小的局域网相比，广域网具有以下特点。

① 覆盖范围广，可达数千千米甚至全球。

② 广域网没有固定的拓扑结构。

③ 广域网通常使用高速光纤作为传输介质。

④ 局域网可以作为广域网的终端用户与广域网连接。

⑤ 广域网主干带宽大，但提供给单个终端用户的带宽小。

⑥ 数据传输距离远，往往要经过多个广域网设备转发，延时较长。

⑦ 广域网管理、维护困难。

2. 广域网术语

用户驻地设备（Customer Premises Equipment，CPE）：用户驻地设备是用户方拥有的设备，位于用户驻地一侧。

分界点（Demarcation Point）：分界点是服务提供商最后负责点，也是 CPE 的开始。通常是最靠近电信的设备，并且由电信公司（telco）拥有和安装。客户负责从此盒子到 CPE 的布线（扩展分界），通常是连接到 CSU/DSU 或 ISDN 接口。

本地回路（Local loop）：本地回路连接分界到称为中心局的最近交换局。

中心局（Central Office，CO）：这个点将用户的网络连接到提供商的交换网络。中心局有时被称为呈现点（Point of Presence，POP）。

长途网络（Toll Network）：这些是 WAN 提供商网络中的中继线路。长途网络是属于 ISP 的交换机和设备的集合。

熟悉这些术语非常重要，因为这是理解 WAN 技术的关键。

3. 广域网的带宽

有一些基本的带宽术语，用于描述广域网连接。

DS0（Digital Signal 0）：这是基本的数字信令速率，相当于一个信道。这是容量最小的数字电路，1DS0 相当于一条语音或数据线路。

T1：也叫 DS1，它将 24 条 DS0 电路捆绑在一起，总带宽为 1.544Mbit/s。

E1：相当于欧洲的 T1，包含 30 条捆绑在一起的 DS0 电路，总带宽为 2.048Mbit/s。

T3：也叫 DS3，它将 28 条 DS1（或 672 条 DS0）电路捆绑在一起，总带宽为 44.736Mbit/s。

OC-3：光载波 3，使用光纤，由 3 条捆绑在一起 DS3 组成，包含 2 016 条 DS0，总带宽为 155.52Mbit/s。

OC-12：光载波 12，由 4 条捆绑在一起 OC-3 组成，包含 8 064 条 DS0，总带宽为 622.08Mbit/s。

OC-48：光载波 48，由 4 条捆绑在一起 OC-12 组成，包含 32 256 条 DS0，总带宽为 2 488.32Mbit/s。

4. 广域网的种类

广域网可以分为公共传输网络和专用传输网络，如图 7-16 所示。

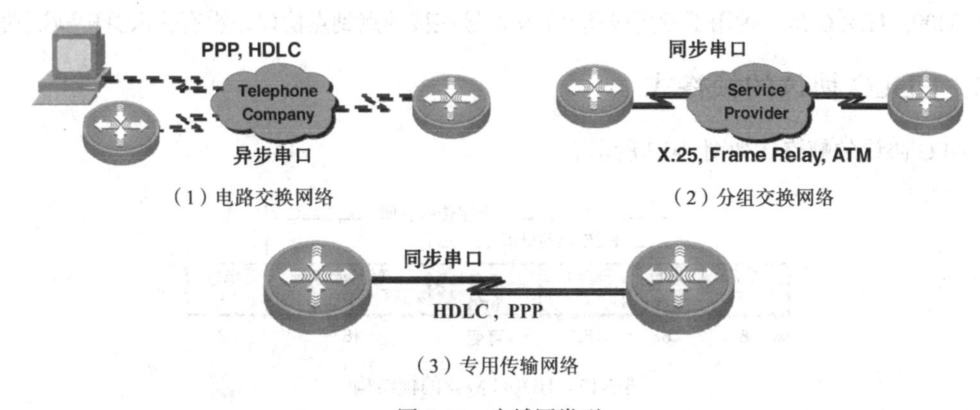

图 7-16　广域网类型

（1）公共传输网络

公共传输网络一般是由政府电信部门组建、管理和控制，网络内的传输和交换装置可以提供（或租用）给任何部门和单位使用。

公共传输网络大体可以分为电路交换网络和分组交换网络两类。

电路交换网络：当你听到电路交换这个术语时，就想一想电话呼叫。它最大的优势是成本低——只需为真正占用的时间付费。在建立端到端连接之前，不能传输数据。电路交换使用拨号调制解调器或 ISDN，用于低带宽数据传输。在一些广域网的新技术上同样可以使用电路交换，主要包括公共交换电话网（PSTN）和综合业务数字网（ISDN）。

分组交换网络：这是一种 WAN 交换方法，允许和其他公司共享带宽以节省资金。可以将包交换想象为一种看起来像租用线路，但费用更像电路交换的一种网络。不利因素是，如果需要经常传输数据，则不要考虑这种类型，应当使用专线线路。如果是偶然的突发性的数据传输，那么包交换可以满足需要。帧中继和 X.25 是包交换技术，速率从 56Kbit/s 到 T3（45Mbit/s）。

（2）专用传输网络

专用传输网络是由一个组织或团体自己建立、使用、控制和维护的私有通信网络。一个专用网络起码要拥有自己的通信和交换设备，它可以建立自己的线路服务，也可以向公用网络或其他专用网络进行租用。

租用线路典型地指点到点连接或专线连接，租用线路是从本地 CPE 经过 DCE 交换机到远程 CPE 的一条预先建立的 WAN 通信路径。允许 DTE 网络在任何时候不用设置就可以传输数据进行通信。当不考虑使用成本时，它是最好的选择类型。它使用同步串行线路，速率最高可达 45Mbit/s。租用线路通常使用 HDLC 和 PPP 封装类型。专用传输网络主要是数字数据网（DDN）。DDN 可以在两个端点之间建立一条永久的、专用的数字通道。它的特点是在租用该专用线路期间，用户独占该线路的带宽。

7.3.2 高级数据链路控制（HDLC）协议

1974年，IBM公司推出了面向比特的规程（Synchronous Data Link Control，SDLC）。后来ISO把SDLC修改后称为HDLC（High-level Data Link Control），译为高级数据链路控制，作为国际标准ISO 3309。HDLC是一种用于专用线和ISBN拨号连接的点到点协议，没有提供身份验证功能。

1. HDLC协议的帧格式

HDLC协议的帧格式如图7-17所示。

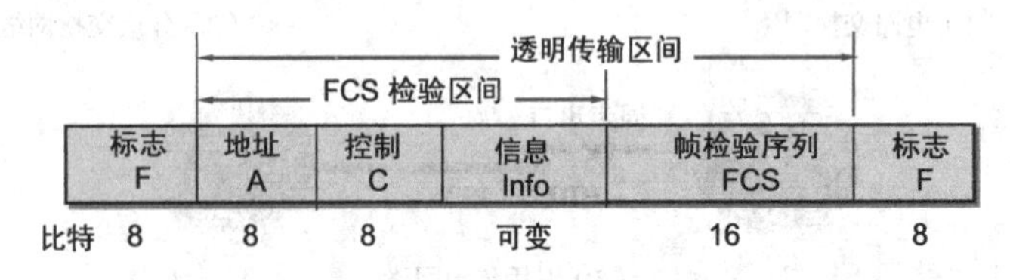

图7-17　HDLC协议的帧结构

标志字段F（Flag）为6个连续1加上两边各一个0共8bit。在接收端只要找到标志字段就可确定一个帧的位置。

零比特填充法如图7-18所示。HDLC采用零比特填充法使一帧中两个F字段之间不会出现6个连续1。在发送端，当一串比特流数据中有5个连续1时，就立即填入一个0。在接收帧时，先找到F字段以确定帧的边界，接着再对比特流进行扫描，每当发现5个连续1时，就将其后的一个0删除，以还原成原来的比特流。

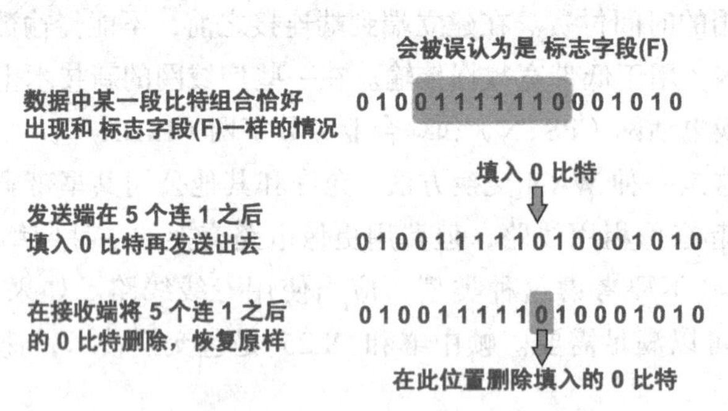

图7-18　零比特填充法

采用零比特填充法就可传送任意组合的比特流，或者说，就可实现数据链路层的透明传输。当连续传输两个帧时，前一个帧的结束标志字段F可以兼作后一帧的起始标志字段。当暂时没有信息传送时，可以连续发送标志字段，使收端可以一直和发端保持同步。

控制字段C共8bit，是最复杂的字段。控制字段用来表示帧类型、帧编号以及命令、响应等。由于C字段的构成不同，可以把HDLC帧分为3种类型：信息帧、监控帧、无编号帧，分别简称I帧（Information）、S帧（Supervisory）、U帧（Unnumbered）。在控制字段中，第1位是“0”为I帧，第1、2位是“10”为S帧，第1、2位是“11”为U帧，它们具体操作复杂。另外控制字段也允许扩展。

信息字段内包含了用户的数据信息和来自上层的各种控制信息。在I帧和某些U帧中具有该字段，它可以是任意长度的比特序列。在实际应用中，其长度由收发站的缓冲器的大小和线路的差错情况决定，但必须是 8bit 的整数倍。

地址字段 A 是 8bit。全“1”为广播地址，全“0”为无效地址。

帧检验序列 FCS 字段共 16bit。所检验的范围是从地址字段的第一个比特起，到信息字段的最末一个比特为止。

2. HDLC 协议的特点

与面向字符的基本型传输控制规程相比较，HDLC 具有以下特点。

① 透明传输。HDLC 对任意比特组合的数据均能透明传输。“透明”是一个很重要的术语，它表示：某一个实际存在的事物看起来好像不存在一样。“透明传输”表示经实际电路传送后的数据信息没有发生变化。因此对所传送数据信息来说，由于这个电路并没有对其产生什么影响，可以说数据信息“看不见”这个电路，或者说这个电路对该数据信息来说是透明的。这样任意组合的数据信息都可以在这个电路上传送。

② 可靠性高。在 HDLC 中，差错控制的范围是除了 F 标志的整个帧，而基本型传输控制规程中不包括前缀和部分控制字符。另外，HDLC 对 I 帧进行编号传输，有效地防止了帧的重收和漏收。

③ 传输效率高。在 HDLC 中，额外的开销比特少，允许高效的差错控制和流量控制。

④ 适应性强。HDLC 规程能适应各种比特类型的工作站和链路。

⑤ 结构灵活。在 HDLC 中，传输控制功能和处理功能分离，层次清楚，应用非常灵活。

每家设备厂商的 HDLC 封装方法都是专用的。假设一台思科路由器需要连接到一台非思科路由器，不能使默认的 HDLC 串行封装，需要使用如 PPP 等封装。

7.3.3 PPP 协议

广域网一般最多包括 OSI 参考模型的下三层，网络层提供的服务有虚电路和数据报服务，数据链路层协议有 PPP、HDLC 和帧中继等，PPP 协议占有绝对优势。

前面我们对数据链路层的大部分讨论是在广播信道协议上。现在我们讨论点对点链路的数据链路层协议 PPP（Point-to-Point Protocol），即点对点协议。用户使用拨号电话线接入 Internet 时，一般都是采用 PPP 协议（见图 7-19）。另外，在路由器—路由器之间的专用线上也广泛应用，在广域网中占有绝对的优势。

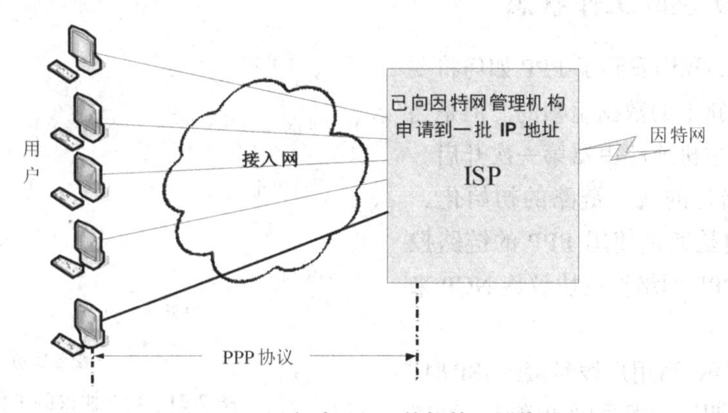

图 7-19　用户采用 PPP 协议接入因特网

1992 年制定的 PPP 协议，经过 1993 年和 1994 年的修订，现已成为 Internet 的正式标准[RFC 1661]。PPP 协议有三个组成部分：组帧即一个将 IP 数据报封装到串行链路的方法；一个用来建立、维护和拆除数据链路连接的链路控制协议（Link Control Protocol，LCP）；一套网络控制协议（Network Control Protocol，NCP）族，其中每个协议支持不同的网络层协议。

1. PPP 协议的帧格式

PPP 协议的帧格式如图 7-20 所示。标志字段 F 为 0x7E（符号“0x”表示后面的字符是用十六进制表示。十六进制的 7E 的二进制表示是 01111110），每个 PPP 帧都是以 01111110 的 1 字节标志字段来作为开始和结束。地址字段 A 只置为 0xFF。地址字段实际上并不起作用。控制字段 C 通常置为 0x03。PPP 是面向字节的，所有的 PPP 帧的长度都是整数字节。

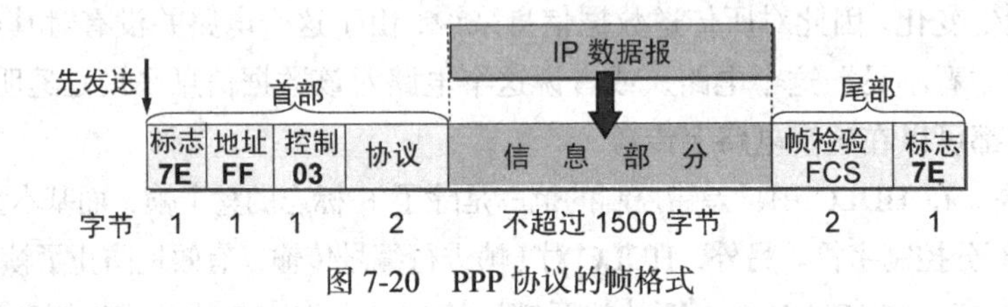

图 7-20 PPP 协议的帧格式

PPP 有一个 2 个字节的协议字段，当协议字段为 0x0021 时，PPP 帧的信息字段就是 IP 数据报；若为 0xC021，则信息字段是 PPP 链路控制数据；若为 0x8021，则表示这是网络控制数据。

当 PPP 用在同步传输链路时，协议规定采用硬件来完成比特填充（和 HDLC 的做法一样）。当 PPP 用在异步传输时，就使用一种特殊的字符填充法。

字符填充法是将信息字段中出现的每一个 0x7E 字节转变成为 2 字节序列（0x7D；0x5E）。若信息字段中出现一个 0x7D 的字节，则将其转变成为 2 字节序列（0x7D；0x5D）。若信息字段中出现 ASCII 码的控制字符（即数值小于 0x20 的字符），则在该字符前面要加入一个 0x7D 字节，同时将该字符的编码加以改变。

PPP 协议之所以不使用序号和确认机制是出于以下的考虑：在数据链路层出现差错的概率不大时，使用比较简单的 PPP 协议较为合理；在 Internet 环境下，PPP 的信息字段放入的数据是 IP 数据报。数据链路层的可靠传输并不能够保证网络层的传输也是可靠的；帧检验序列 FCS 字段可保证无差错接受。

2. PPP 协议的工作状态

到现在为止，我们看到了 PPP 如何将要发送到点对点链路上的数据组帧的。但是当 PPP 链路一端的主机或路由器第一次开启，链路是怎样初始化的呢？链路的初始化、差错报告和关闭是通过使用 PPP 的链路控制协议 LCP 和 PPP 网络控制协议族 NCP 来完成的。

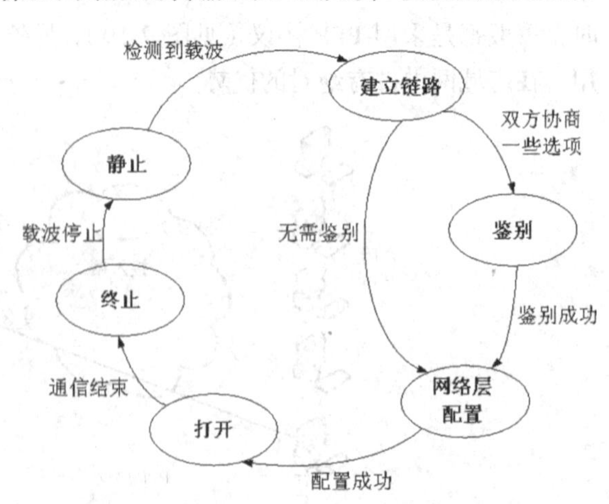

图 7-21 PPP 协议的工作状态

如图 7-21 所示，当用户拨号接入 ISP 时，路由器的调制解调器对拨号做出确认，并建立一条物理连接。PC 向路由器发送一系列的 LCP 分组（封装成多个 PPP 帧）。这些分组及其响应选择一些 PPP 参数和进行网络层配置，NCP 给新接入的 PC 分配一个临时的 IP 地址，使 PC 成为 Internet 上的一个主机。通信完毕时，NCP 释放网络层连接，收回原来分配出去的 IP 地址。接着，LCP 释放数据链路层连接，最后释放的是物理层的连接。

7.3.4 帧中继

帧中继已成为近几十年 WAN 服务最流行的技术之一。它有很多受欢迎的原因，主要是由于费用较低，帧中继比其他技术要节省费用，这是网络设计不可忽略的因素。

1. 帧中继技术简介

帧中继和点到点租用专线不一样，但它可以做到看起来像租用专线。帧中继在公司路由器和帧中继交换机之间只有一条连接，节省了大量费用。帧中继网如图 7-22 所示。

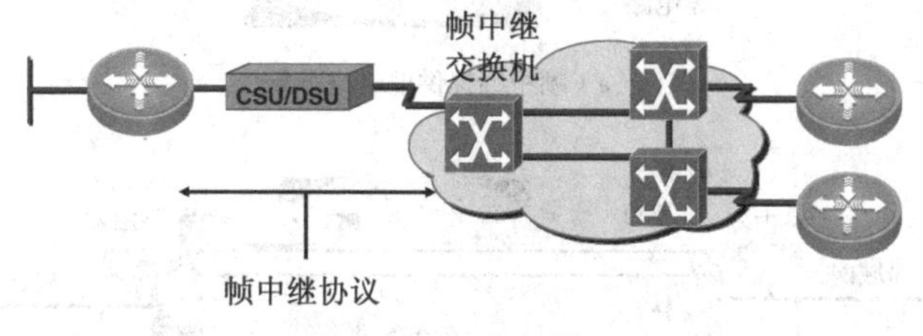

图 7-22　帧中继网

帧中继就是一种减少结点处理时间的技术。帧中继的原理很简单，当帧中继交换机收到一个帧的首部时，只要一查出帧的目的地址就立即开始转发该帧。因此在帧中继网络中，一个帧的处理时间比 X.25 网约减少一个数量级。这样，帧中继网络的吞吐量要比 X.25 网络的提高一个数量级以上。

那么若出现差错该如何处理呢？显然，只有当整个帧被收下后该结点才能够检测到比特差错。但是当结点检测出差错时，很可能该帧的大部分已经转发出去了。

解决这一问题的方法实际上非常简单。当检测到有误码时，结点要立即中止这次传输。当中止传输的指示到达下个结点后，下个结点也立即中止该帧的传输，并丢弃该帧。即使上述出错的帧已到达了目的结点，用这种丢弃出错帧的方法也不会引起不可弥补的损失。不管是上述的哪一种情况，源站将用高层协议请求重传该帧。帧中继网络纠正一个比特差错所用的时间当然要比 X.25 网分组交换网稍多一些。因此，仅当帧中继网络本身的误码率非常低时，帧中继技术才是可行的。

当正在接收一个帧时就转发此帧，通常被称为快速分组交换（fast packet switching）。快速分组交换在实现的技术上有两大类，它是根据网络中传送的帧长是可变的还是固定的来划分。在快速分组交换中，当帧长为可变时就是帧中继；当帧长为固定时（这时每一个帧叫作一个信元）就是信元中继（Cell Relay），如异步传递方式（ATM）就属于信元中继。

帧中继的逻辑连接的复用和交换都在第二层处理。帧中继网络向上提供面向连接的虚电路服务。帧中继使用虚电路工作方式，所谓“虚”是相对于租用线路使用的真正电路而言的。这些虚电路是由连接到提供商“网云”上的几千台设备构成的链路。帧中继为两台 DTE 设备之间建立的虚电路，使它们就像通过一条电路连接起来一样，实际上将帧放入一个很大的共享设施里。因为有了虚电路，你永远都不会看到网云内部所发生的复杂操作。

有两种虚电路——永久虚电路和交换虚电路。永久虚电路(Permanent Virtual Circuits，PVC)是目前最常用的类型。永久的意思是电信公司在内部创建映射，并且只要你付费，虚电路就一直有效。交换虚电路（Switched Virtual Circuits，SVC）更像电化呼叫。当数据需要传输时，建立虚电路；数据传输完成后，拆除虚电路。帧中继网络通常为相隔较远的一些局域网提供链路层的永久虚电路服务。永久虚电路的好处是在通信时可省去建立连接的过程。图 7-23（a）所示为一个例子。帧中继网络有 4 个帧中继交换机。帧中继网络与局域网相连的交换机相当于DCE，而与帧中继网络相连的路由器则相当于 DTE。当帧中继网络为其两个用户提供帧中继虚电路服务时，对两端的用户来说，帧中继网络所提供的虚电路就好像在这两个用户之间有一条直通的专用电路（见图 7-23（b））。用户看不见帧中继网络中的帧中继交换机。

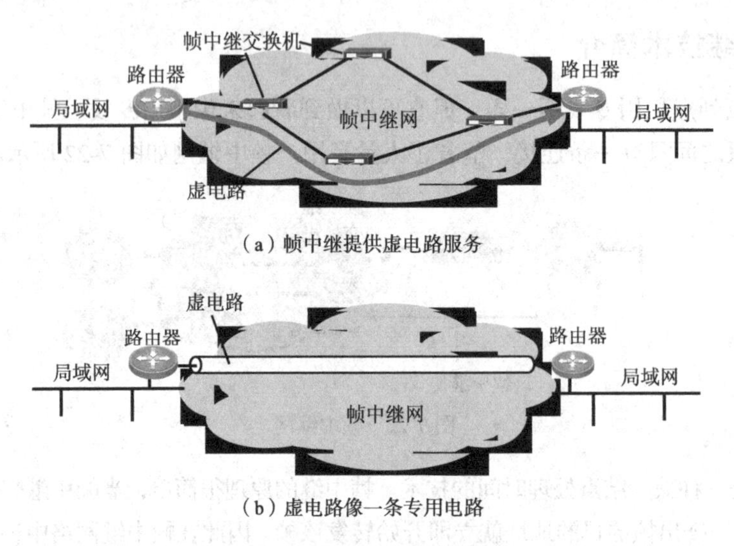

（a）帧中继提供虚电路服务

（b）虚电路像一条专用电路

图 7-23　帧中继网络提供的服务

下面是帧中继网络的工作过程。

当用户在局域网上传送的 MAC 帧传到与帧中继网络相连接的路由器时，该路由器就剥去MAC 帧的首部，将 IP 数据报交给路由器的网络层。网络层再将 IP 数据报传给帧中继接口卡。帧中继接口卡将 IP 数据报加以封装，加上帧中继帧的首部（其中包括帧中继的虚电路号），进行 CRC 检验和加上帧中继帧的尾部。然后帧中继接口卡将封装好的帧通过向电信公司租来的专线发送给帧中继网络中的帧中继交换机。帧中继交换机在收到一个帧时，就按虚电路号对帧进行转发（若检查出有差错则丢弃）。当这个帧被转发到虚电路的终点路由器时，该路由器剥去帧中继帧的首部和尾部，加上局域网的首部和尾部，交付给连接在此局域网上的目的主机。目的主机若发现有差错，则报告上层的 TCP 协议处理。

图 7-24 所示为帧中继服务的几个主要组成部分。用户通过帧中继用户接入电路（User Access Circuit）连接到帧中继网络，常用的用户接入电路的速率是 64kbit/s 和 2.048Mbit/s（或T1 速率 1.544Mbit/s）。理论上也可使用 T3 或 E3 的速率。帧中继用户接入电路又称为用户网络接口（User-to-Network Interface，UNI）。UNI 有两个端口，在用户的一侧叫作用户接入端口（User Access Port），而在帧中继网络一侧的叫作网络接入端口（Network Access Port）。用户接入端口就是在用户屋内设备（Customer Premises Equipment，CPE）中的一个物理端口（例如，一个路由器端口）。一个 UNI 中可以有一条或多条虚电路（永久的或交换的）。图中的 UNI 画有两条

永久虚电路：PVC1 和 PVC2。从用户的角度来看，一条永久虚电路 PVC 就是跨接在两个用户接入端口之间。每一条虚电路都是双向的，并且每一个方向都有一个指派的 CIR。CIR 就是承诺的信息速率（Committed Information Rate）。为了区分开不同的 PVC，每一条 PVC 的两个端点都各有一个数据链路连接标识符（Data Link Connection Identifier，DLCI）。

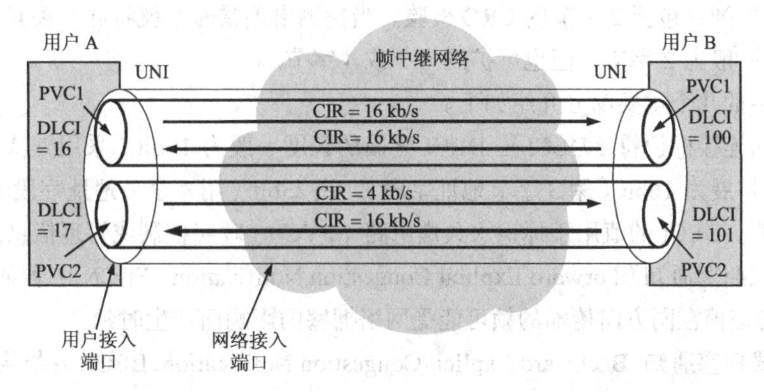

图 7-24 帧中继服务的几个主要组成部分

下面我们归纳一下帧中继的主要优点。

① 减少了网络互连的代价。当使用专用帧中继网络时，将不同的源站产生的通信量复用到专用的主干网上，可以减少在广域网中使用的电路数。多条逻辑连接复用到一条物理连接上可以减少接入代价。

② 网络的复杂性减少但性能却提高了。与 X.25 相比，由于网络结点的处理量减少，由于更加有效地利用高速数据传输线路，帧中继明显改善了网络的性能和响应时间。

③ 由于使用了国际标准，增加了互操作性。帧中继的简化的链路协议实现起来不难。接入设备通常只需要一些软件修改或简单的硬件改动就可支持接口标准。现有的分组交换设备和 T1/E1 复用器都可进行升级，以便在现有的主干网上支持帧中继。

④ 协议的独立性。帧中继可以很容易地配置成容纳多种不同的网络协议（如 IP，IPX 和 SNA 等）的通信量。可以用帧中继作为公共的主干网，这样可统一所使用的硬件，也更加便于进行网络管理。

根据帧中继的特点，可以知道帧中继适用于大文件（如高分辨率图像）的传送、多个低速率线路的复用，以及局域网的互连。

2. 帧中继的帧格式

图 7-25 所示为帧中继的帧格式。这种格式与 HDLC 帧格式类似，其最主要的区别是没有控制字段。这是因为帧中继的逻辑连接只能携带用户的数据，并且没有帧的序号，也不能进行流量控制和差错控制。

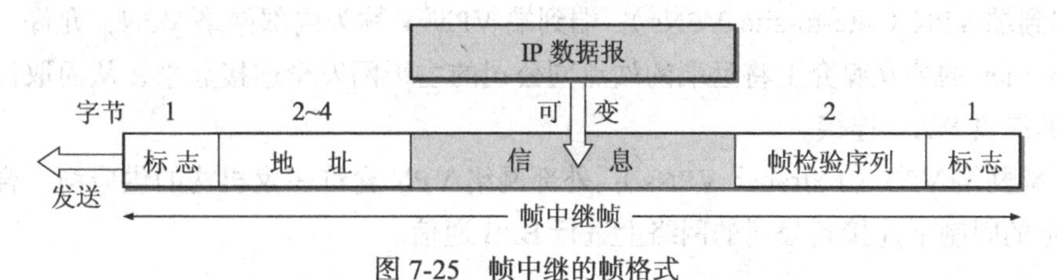

图 7-25 帧中继的帧格式

下面简单介绍其各字段的作用。

① 标志：是一个 01111110 的比特序列，用于指示一个帧的起始和结束。它的唯一性是通过比特填充法来确保的。

② 信息：是长度可变的用户数据。

③ 帧检验序列：包括 2 字节的 CRC 检验。当检测出差错时，就将此帧丢弃。

④ 地址：一般为 2 字节，但也可扩展为 3 或 4 字节。

地址字段中的几个重要部分介绍如下。

• 数据链路连接标识符（DLCI）：DLCI 字段的长度一般为 10bit（采用默认值 2 字节地址字段），但也可扩展为 16bit（用 3 字节地址字段），或 23bit（用 4 字节地址字段），这取决于扩展地址字段的值。DLCI 的值用于标识永久虚电路（PVC）、呼叫控制或管理信息。

• 前向显式拥塞通知（Forward Explicit Congestion Notification，FECN）：若某结点将 FECN 置为 1，表明与该帧在同方向传输的帧可能受网络拥塞的影响而产生时延。

• 反向显式拥塞通知（Backward Explicit Congestion Notification，BECN）：若某结点将 BECN 置为 1 即指示接受者，与该帧反方向传输的帧可能受网络拥塞的影响产生时延。

• 可丢弃指示（Discard Eligibility，DE）：在网络发生拥塞时，为了维持网络的服务水平就必须丢弃一些帧。显然，网络应当先丢弃一些相对比较不重要的帧。帧的重要性体现在 DE 比特。DE 比特为 1 的帧表明这是较为不重要的低优先级帧，在必要时可丢弃。而 DE = 0 的帧为高优先级帧，希望网络尽可能不要丢弃这类帧。用户采用 DE 比特就可以比通常允许的情况多发送一些帧，并将这些帧的 DE 比特置 1（表明这是较为次要的帧）。

应当注意：数据链路连接标识符 DLCI 只具有本地意义。在一个帧中继的连接中，在连接两端的用户网络接口 UNI 上所使用的两个 DLCI 是各自独立选取的。帧中继可同时将多条不同 DLCI 的逻辑信道复用在一条物理信道中。

7.3.5 VPN

虚拟专用网（VPN）就是在 Internet 上建立一个专用的网络，允许运行私有的、隧道的非 TCP/IP 协议。在一个例如 Internet 的公共媒介，VPN 常用于远程用户和杂乱的网络连接，从而取代那些昂贵的固定的方法。

1. VPN 分类

根据它们在业务上所扮演的不同的角色，VPN 分为以下 3 类。

① 远程接入 VPN（Remote access VPN）：远程接入 VPN 允许远程用户，尤其是电子通信族，随时随地安全登录到公司的网络。

② 端到端 VPN（site-to-site VPNs）：端到端 VPN 又称为内部网络 VPN，允许一个公司在类似于 Internet 的公众媒介上将远端的站点同公司的主干网安全连接起来，从而取代例如像帧中继一样的昂贵 WAN 连接。

③ 外部网络 VPN（Extranet VPNs）：外部网络 VPN 允许一家机构的供应商、合作者和客户，在一定的限制下连接到公司的网络上进行 B2B 通信。

2. VPN的构建

因为VPN的构建费用低廉、安全，其构建方法有很多种。更令人感兴趣的是，VPN是如何创建出来的。创建VPN的方法不止一种。第一种方法是在IP网络上的端点间利用IPSec构建带有认证和加密的服务。第二种方法是利用隧道协议，在网络端点间建立一条隧道。所谓隧道技术是指将数据或是协议重新封装在另外的协议中。

图 7-26 所示为某单位两个部门在相隔较远的两个场所建立了专用网，两个场所通过公用的Internet构建一个VPN。数据包从 R_1 传送到 R_2 可能要经过很多个网络和路由器，但从逻辑上，在 R_1 到 R_2 之间好像是一条直连的点对点链路，这就是“隧道”的意思。

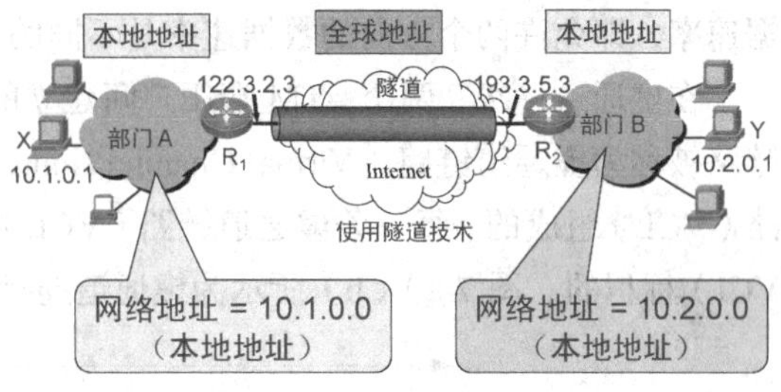

图 7-26 VPN实例

7.3.6 异步传输模式

异步传输模式（ATM）是为高速数据传输和通过公共网或专用网传输多种业务数据而设计的。它是一种以小的、固定长的包（Cell—信元）为传输单位，面向连接的分组交换技术。

1. ATM的基本概念

ATM 是一种高速分组交换技术。分组交换的基本数据传输单元是分组，而ATM的基本数据传输单元是信元。信元有一个5字节的信元头（header）与一个48字节的用户数据，其结构如图7-27所示。

ATM 网络是一种异步传输方式，是在时分复用（TDM）和同步传输（STM）的基础上发展起来的。与之不同的是，其信元传输所占用的时隙并不固定，即采用统计时分复用。

2. ATM的工作原理

物理链路（physical link）是连接ATM交换机—ATM交换机，ATM交换机—ATM主机的物理线路。每条物理链路可以包括一条或多条虚通路（Virtual Path，VP），每条虚通路又可以包括一条或多条虚通道（Virtual Channel，VC）。这里，物理链路好比是连接两个城市之间的高速公路，虚通路好比是高速公路上的两个方向的道路，而虚通道好比是每条道路上的一条条的车道，那么信元就好比是高速公路上行驶的车辆。其关系如图7-28所示。

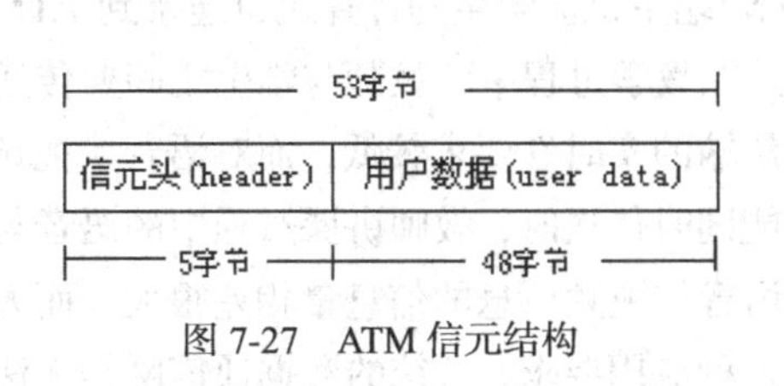

图 7-27 ATM信元结构

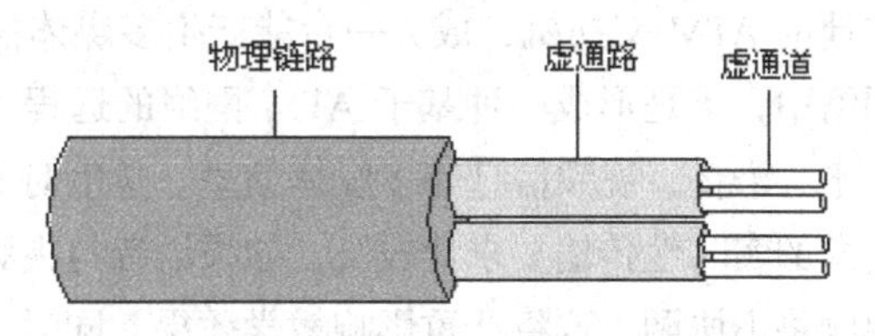

图 7-28 物理链路、虚通路与虚通道的关系

ATM网的虚连接可以分为两级：虚通路连接（Virtual Path Connection，VPC）与虚通道连接（Virtual Channel Connection，VCC）。

在虚通路一级，两个 ATM 端用户间建立的连接被称为虚通路连接，而两个 ATM 设备间的链路被称为虚通路链路（Virtual Path Link，VPL）。那么，一条虚通路连接是由多段虚通路链路组成的。

图 7-29（a）所示为虚通路连接的工作原理。每一段虚通路链路（VPL）都是由虚通路标识符（Virtual Path Identifier，VPI）标识的。每条物理链路中的 VPI 值是唯一的。虚通路可以是永久的，也可以是交换式的。每条虚通路中可以有单向或双向的数据流。ATM 支持不对称的数据速率，即允许两个方向的数据速率是不同的。

在虚通道一级，两个 ATM 端用户间建立的连接被称为虚通道连接，而两个 ATM 设备间的链路被称为虚通道链路（Virtual Channel Link，VCL）。虚通道连接（VCC）是由多条虚通道链路（VCL）组成的。每一条虚通道链路（VCL）都是由虚通道标识符（Virtual Channel Identifier，VCI）标识的。图 7-29（b）所示为虚通道连接的工作原理。

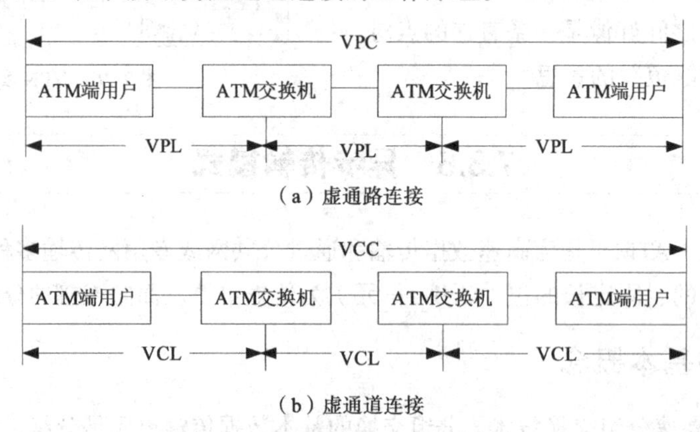

图 7-29 虚通路连接与虚通道连接

根据虚通道建立方式的不同，虚通道又可以分为以下两类：永久虚通道（Permanent Virtual Channel，PVC）和交换虚通道（Switched Virtual Channel，SVC）。虚通道中的数据流可以是单向的，也可以是多向的。当虚通道双向传输信元时，两个方向的通信参数可以是不同的。

虚通路（VPL）和虚通道（VCL）都是用来描述 ATM 信元传输路由的。每个虚通路可以复用多达 65 535 条虚通道。属于同一虚通道的信元，具有相同的虚通道标识符 VPI/VCI 值，它是信元头的一部分。当源 ATM 端主机要和目的 ATM 端主机通信时，源 ATM 端主机发出连接建立请求。目的 ATM 端主机接收到连接建立请求，并同意建立连接时，一条通过 ATM 网的虚拟连接就可以建立起来了。这条虚拟连接可以用虚通路标识（VPI）与虚通道标识（VCI）表示出来。

图 7-30 所示为一个基于 ATM 网络的远程教学系统的例子。这个例子描述的是一位教师与学生通过 ATM 网络授课的过程。在教师一端的工作站装有 ATM 接口卡、声卡、摄像机，并连接到本地的 ATM 交换机，成为一台能产生多媒体信息的 ATM 端主机。学生的计算机也连接到 ATM 网络中，于是形成一种基于 ATM 网络的远程教学系统。在教学过程中，教师与学生之间要传送文本、语音、视频信息等多媒体信息。学生对文本信息传输的实时性要求较低，而对语音、视频信息的实时性传输要求比较高。如果语音与视频信息不能同时传送时，教师讲课过程中的语音与视频将不协调，这将严重影响教学效果。同时，文本、语音与视频信息的信息量相差很大，而人们对语音与视频信息传输的实时性要求也不一样。对于这种应用要求，传统的数据通信网是无法满足的。但是，可以通过 ATM 网络为教师与学生的 ATM 端主机之间建立一条虚通路（VPI=1）。在 VPI=1 的虚通路上，可以分别为文本、语音与视频数据的传输定义 3 条虚通道（VC）。

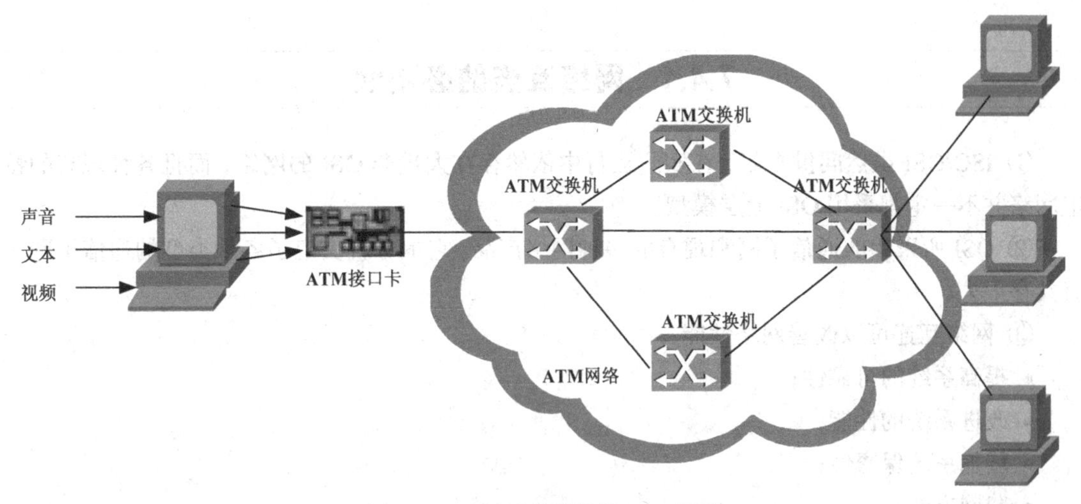

图 7-30　支持远程教学的 ATM 网络

图 7-31 所示为 ATM 网络中用于多媒体传输的虚通道。在虚通路（VPI=1）上，定义虚通道 1（VCI=1）用于传输文本信息，虚通道 2（VCI=2）用于传送语音信息，虚通道 3（VCI=3）用于传送视频信息。通过虚通道 VCI=1 传输的文本数据的信元头带有虚连接标识（VPI=1，VCI=1），通过虚通道 VCI=2 传输的语音数据的信元头带有虚连接标识（VPI=1，VCI=2），通过虚通道 VCI=3 传输的视频数据的信元头带有虚连接标识（VPI=1，VCI=3）。ATM 交换机将根据虚连接标识和路由表分别完成 3 路数据传输。由于 ATM 往往允许为不同的应用分配不同的带宽，因此可以根据要求，为不同的虚通道（VC）分配不同的传输速率。例如，视频数据的传输需要最高的传输速率，分配虚通道 3（VCI=3）的传输速率为 24Mbit/s，分配给用于语音传输的虚通道 2（VCI=2）的传输速率为 9Mbit/s，分配给用于文本传输的虚通路 1（VPI=1）的传输速率为 4Mbit/s。这样通过为不同的应用分配不同的带宽，可以满足多媒体信息传输的要求。

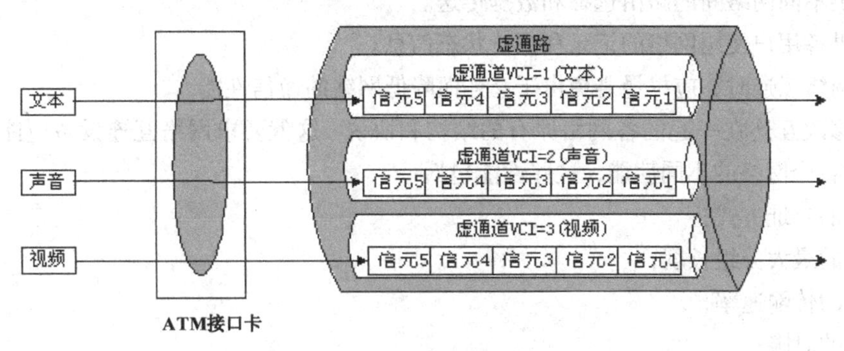

图 7-31　用于多媒体传输的虚通道

7.4 网络互连

网络互连是指将不同的网络连接起来，以构成更大规模的网络系统，实现网络间的数据通信和资源共享。

7.4.1 网络互连的必要性

① ISO/OSI 虽然问世多年，在实际运行中依然存在大量非 OSI 的网络，而且各种现有的特定网络并不一定都采用 OSI 七层模型。

② OSI 所采用的通信子网和现有的多种网络产品，它本身就决定了各种类型的通信子网一直共存下去。

③ 网络互连可以改善网络性能：

- 提高系统的可靠性；
- 改进系统的性能；
- 增加系统保密性；
- 建网方便；
- 增加地理覆盖范围。

随着商业需求的推动，特别是 Internet 的深入人心，网络互连技术成为实现如 Internet 这样的大规模通信和资源共享的关键技术。

7.4.2 网络互连的基本原理

1. 网络互连的要求

由于不同的网络间可能存在各种差异，因此对网络互连有如下要求。

① 在网络之间提供一条链路，至少需要一条物理和链路控制的链路。

② 提供不同网络间的路由选择和数据传送。

③ 提供各用户使用网络的记录和保持状态信息。

④ 在网络互连时，应尽量避免由于互连而降低网络的通信性能。

⑤ 不修改互连在一起的各网络原有的结构和协议。这就要求网络互连设备应能进行协议转换，协调各个网络的不同性能，这些性能包括：

- 不同的寻址方式；
- 不同的最大分组长度；
- 不同的传输速率；
- 不同的时限；
- 不同的网络访问机制；
- 差错恢复；
- 状态报告；
- 路由选择技术；
- 用户访问控制；
- 连接和无连接。

当源网络发送分组到目的网络要跨越一个或多个外部网络时，这些性能差异会使得数据包在穿过不同网络时会产生很多问题。网络互连的目的就在于提供不依赖于原来各个网络特性的互连网络服务。

2. 网络互连的层次

不同目的的网络互连可以在不同的网络分层中实现。由于网络间存在不同的差异，也就需要用不同的网络互连设备将各个网络连接起来。根据网络互连设备工作的层次及其所支持的协议，可以将网间设备分为中继器、网桥、路由器和网关，如图7-32所示。

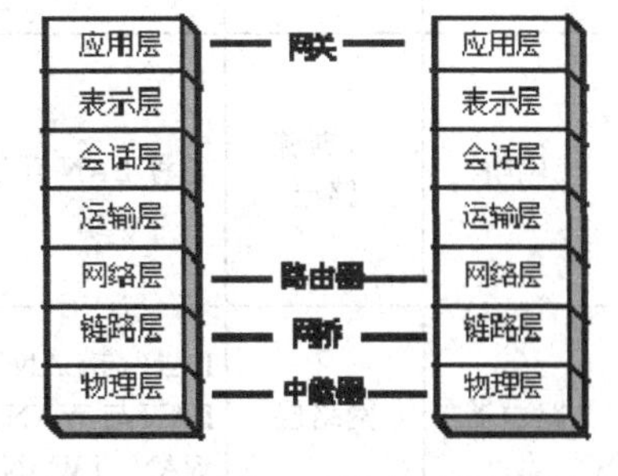

图7-32 网络互连设备所处的层次

（1）物理层

用于不同地理范围内的网段的互连。通过互连，在不同的通信媒体中传送比特流，要求连接的各网络的数据传输率和链路协议必须相同。

设备：中继器。

工作在物理层的网间设备主要是中继器。用于扩展网络传输的长度，实现两个相同的局域网段间的电气连接。它仅仅是将比特流从一个物理网段复制到另一个物理网段，而与网络所采用的网络协议（如TCP/IP、IPX/SPX、NETBIOS等）无关。物理层的互连协议最简单，互连标准主要由EIA、ITU-T、IEEE等机构制定。

（2）数据链路层

用于互连两个或多个同一类型的局域网、传输帧。

设备：桥接器（或网桥）。

桥可以将两个或多个网段，如果信息不是发向桥所连接的网段，则桥可以过滤掉，避免了网络的瓶颈。局域网的连接实际上是MAC子层的互连，MAC桥的标准由IEEE 802的各个分委员会开发。

（3）网络层

主要用于广域网的互连中。网络层互连解决路由选择、阻塞控制、差错处理、分段等问题。

设备：路由器。

工作在网络层的网间设备主要是路由器。路由器提供各种网络间的网络层接口。路由器是主动的、智能的网络结点，它们参与网络管理，提供网间数据的路由选择，并对网络的资源进行动态控制等。路由器是依赖于协议的，它必须对某一种协议提供支持，如IP、IPX等。路由器及路由协议种类繁多，其标准主要由ANSI任务组X3S3.3和ISO/IEC工作组TC1/SC6/WG2制定。

（4）高层

用于在高层之间进行不同协议的转换，它也最复杂。

设备：网关。

工作在第三层以上的网间设备称为网关，它的作用是连接两个或多个不同的网络，使之能相互通信。这种“不同”常常是物理网络和高层协议都不一样，网关必须提供不同网络间协议的相互转换。最常见的如将某一特定种类的局域网或广域网与某个专用的网络体系结构相互连接起来。

中继器、网桥、路由器和网关4种网间设备的比较如表7-2所示。

表 7-2 中继器、网桥、路由器和网关的比较

互连设备	互连层次	适用场合	功能	优点	缺点
中继器	物理层	互连相同 LAN 的多个网段	信号放大 延长信号传输距离	互连简单 费用低 基本无延迟	互连规模有限 不能隔离不必要的流量 无法控制信息的传输
网桥	数据链路层	各种 LAN 互连	连接 LAN 改善 LAN 性能	互连简单 协议透明 隔离不必要的信号 交换效率高	可能产生数据风暴 不能完全隔离不必要的流量 管理控制能力有限 有延迟
路由器	网络层	LAN 与 LAN 互连 LAN 与 WAN 互连 WAN 与 WAN 互连	路由选择 过滤信息 网络管理	适用于大规模复杂网络 互连管理控制能力强 充分隔离不必要的流量 安全性好	网络设置复杂 费用较高 延迟大
网关	传输层 应用层	互连高层协议不同的网络	在高层转换协议	互连差异很大的网络 安全性好	通用性差 不易实现

7.4.3 网络互连的类型

网络互连可分为 LAN-LAN、LAN-WAN、 LAN-WAN-LAN、WAN-WAN 4 种类型。

（1）LAN-LAN

LAN 互连又分为同种 LAN 互连和异种 LAN 互连。常用设备有中继器和网桥。LAN 互连如图 7-33 所示。

（2）LAN-WAN

用来连接的设备是路由器或网关，具体如图 7-34 所示。

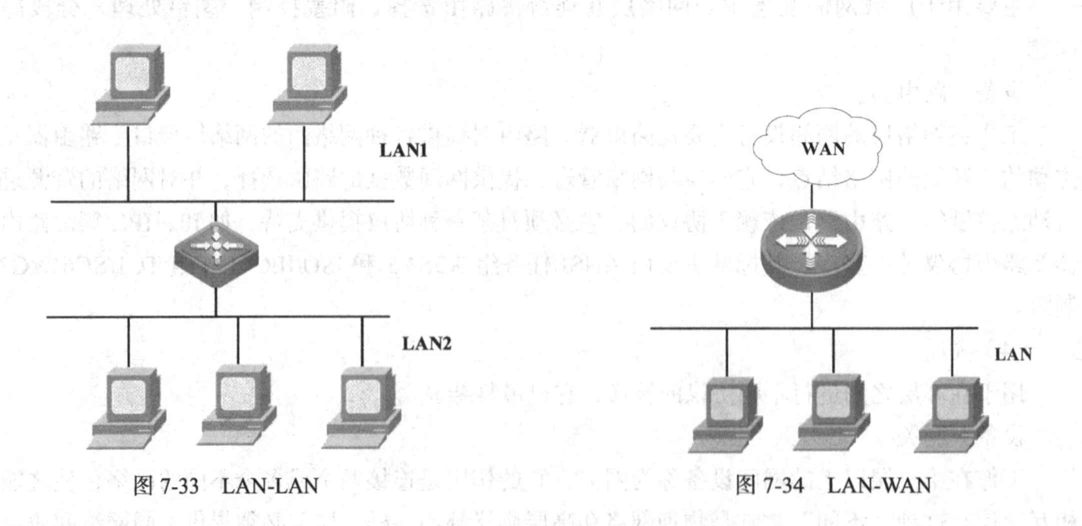

图 7-33 LAN-LAN 图 7-34 LAN-WAN

（3）LAN-WAN-LAN

这是将两个分布在不同地理位置的 LAN 通过 WAN 实现互连，连接设备主要有路由器和网关，具体如图 7-35 所示。

（4）WAN-WAN

通过路由器和网关将两个或多个广域网互连起来，可以使分别连入各个广域网的主机资源能够实现共享，如图 7-36 所示。

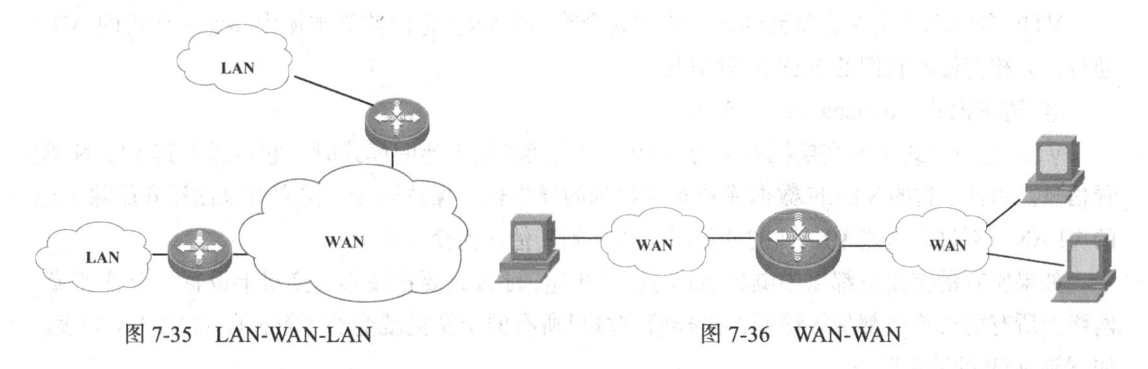

图 7-35　LAN-WAN-LAN　　　　图 7-36　WAN-WAN

7.5 实训　配置虚拟局域网（VLAN）

首先规划好网络的拓扑结构和试验要求：我们使用 2 台交换机，其中 1 台是核心交换机，将其命名为 Switch1，另 1 台命名为 Switch2。任意选用 6 台计算机，取名为 PC1 ~ PC6。其中，PC1 到 PC3 连接到 Switch1 的以太网端口 1、2、3；PC4 到 PC6 连接到 Switch2 的以太网端口 1、2、3。要求划分 3 个 VLAN。假设名称分别是 VLAN2、VLAN3、VLAN4。并且要求 PC1、PC4 为一个 VLAN；PC2、PC5 为一个 VLAN；PC3、PC6 为一个 VLAN。

1. 绘制试验拓扑图

绘制网络拓扑图如图 7-37 所示。

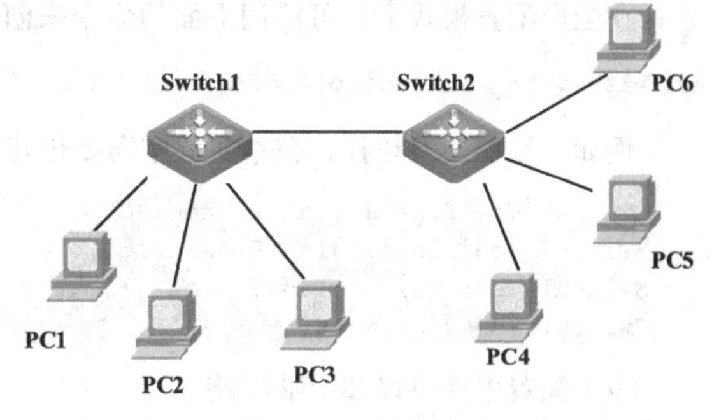

图 7-37　网络拓扑图

2. VLAN 的配置过程

（1）首先对工作站 PC1 ~ PC6 进行各参数配置

主要配置计算机的 IP 地址和默认网关。使用命令如下：

```
c > ipconfig/ip IPADDRESS NETMASK ! 设置 IP 地址和子网掩码
c > ipconfig/dg GATEWAY ! 设置默认网关
```

（2） 创建 VTP 域和设置 VTP 操作模式

VTP 使用“域”（domain）关系组织互连的交换机，并在同一 VTP 域的交换机才能同步 VLAN 信息。“域”关系是通过域名建立并维护的，一组使用同一域名的交换机构成一个“域”。根据交换机在 VTP 域中不同作用，VTP 可以分为 3 种操作模式。

① 服务器模式（server mode）。

VTP 服务器控制着它们所在域中 VALN 的生成和修改。所有的 VTP 信息都被通告在本域中的其他交换机，而且，所有这些 VTP 信息都是被其他交换机同步接收的。

② 客户机模式（client mode）。

VTP 客户机不允许管理员创建、修改或删除 VLAN。它们监听本域中其他交换机的 VTP 通告，并相应修改它们的 VTP 配置情况。

③ 透明模式（transparent mode）。

VTP 透明模式中的交换机不参与 VTP。当交换机处于透明模式时，它不通告其 VLAN 配置信息。而且，它的 VLAN 数据库更新与收到的通告也不保持同步，但它可以创建和删除本地的 VLAN，不过，这些 VLAN 的变更不会传播到其他任何交换机上。

如果所有的交换机都以中继（Trunk）链路相连，那么只要在核心交换机上设置一个管理域，网络上所有的交换机都加入该域，这样管理域里所有的交换机就能够了解彼此的 VLAN 列表。如下是 VTP 的简单配置。

① 设定交换机 Swithc1 为 VTP 服务器。

```
Switch1 # conf t
Switch1 (config) # vtp server
```

②设置 VTP 域名为 sxdomain。

```
Switch1 (config) # vtp domain sxdomain
```

③在交换机 Switch2 上，设置 VTP 域名，并且使其为 VTP 客户端模式。

```
Switch2 # conf t
Switch2 (config) # vtp domain sxdomain
Switch2 (config) # vtp client
```

（3）创建 VLAN

在全局配置模式下，可使用下面的命令来创建一个 VLAN。

```
Vlan vlan_ id [ name vlan_ name ]
```

例如：按照网络拓扑，在本实验中需要创建 3 个 VLAN。具体如下：

```
Switch1 (config) # vlan 2 name SX
Switch1 (config) # vlan 3 name lb
Switch1 (config) # vlan 4 name jl
Switch1 (config) # exit
```

（4）配置中继协议和中继线路

这是为了保证管理域能够覆盖所有的分支交换机。在交换机端配置如下：

```
Switch1 # conf t
Switch1 (config) # interface fa0/26
Switch1 (config-if) # trunk on
Switch1 (config-if) # ^Z
Switch2 # conf t
(config) # hostname Switch2
Switch2 (config) # interface fa0/26
Switch2 (config-if) # trunk on
Switch2 (config-if) # ^Z
```

（5）将交换机端口划为不同的 VLAN

① 划分交换机 1 的端口。

```
Switch1 # conf t
Switch1 (config) # int e0/1
Switch1 (config-if) # vlan-membership static 2
Switch1 (config-if) # exit
Switch1 (config) # int e0/2
Switch1 (config-if) # vlan-membership static 3
Switch1 (config-if) # exit
Switch1 (config) #
Switch1 (config) # int e0/3
Switch1 (config-if) # vlan-membership static 4
Switch1 (config-if) # exit
```

② 划分交换机 2 的端口。

```
Switch2 (config) # int e0/1
Switch2 (config-if) # vlan-membership static 2
Switch2 (config-if) # exit
Switch2 (config) # int e0/2
Switch2 (config-if) # vlan-membership static 3
Switch2 (config-if) # exit
Switch2 (config) #
Switch2 (config) # int e0/3
Switch2 (config-if) # vlan-membership static 4
Switch2 (config-if) # exit
```

3. 测试

通过 ping 命令来对网络的 VLAN 划分结果进行测试。发现同一个 VLAN 的计算机能直接通信，不同 VLAN 间不能直接相通，表明配置成功。

本章小结

本章内容涵盖局域网、广域网技术和网络互连概述。

局域网介绍局域网的基本概念和典型的局域网组网技术：10Mbit/s 以太网、100Mbit/s 以太网、1 000Mbit/s 以太网、10 吉比特以太网以及虚拟局域网。

广域网包括广域网基本概念和各种不同的 WAN 服务：HDLC、PPP、帧中继和 VPN。

最后，简单讲解了网络互连概述，包括网络互连的必要性、基本原理和网络互连的类型。

习　题

一、选择题

1. PPP 是 Internet 中使用的（1），其功能对应于 OSI 参考模型的（2）。PPP 使用面向（3）的填充方式。

（1）A. 传输协议　B. 分组控制协议　C. 点到点协议　D. 报文控制协议
（2）A. 数据链路层　B. 网络层　C. 传输层　D. 应用层
（3）A. 比特　B. 字符　C. 透明传输　D. 帧

2. 下面选项中不是广域网的是（　）。
A. PSTN　B. X.25　C. VLAN　D. ATM

3. 如果吉比特以太网交换机的总带宽为24Gbit/s，其全双工端口数量最多为（　）。
A. 12个　B. 24个　C. 36个　D. 48个

4. 虚拟局域网的技术基础是（　）。
A. 路由技术　B. 带宽分配　C. 交换技术　D. 冲突检测

5. HDLC的帧格式中，帧校验字段占（　）。
A. 1个比特　B. 8个比特　C. 16个比特　D. 24个比特

6. 一个PPP帧的数据部分是7D 5E AB 7D 5D 7D 5E（16进制），则真正的数据是（　）。
A. 7E AB 7D 7E　B. AB 7D 5D　C. AB 7D　D. 7D 5D 7E

7. ATM信元及信头的字节数分别为（　）。
A. 5，53　B. 50，5　C. 50，3　D. 53，5

8. PPP为实现透明传输在异步传输时采用（　），而同步传输采用（　）。
A. 字符填充法，比特填充法　B. 比特填充法，字符填充法
C. 字符填充法，字节计数法　D. 比特填充法，比特填充法

9. 在路由器互连的多个局域网中，通常要求每个局域网的（　）。
A. 数据链路层协议和物理层协议必须相同
B. 数据链路层协议必须相同，而物理层协议可以不同
C. 数据链路层协议可以不同，而物理层协议必须相同
D. 数据链路层协议和物理层协议都可以不相同

10. 帧中继技术本质上是（　）交换技术。
A. 报文　B. 线路　C. 信元　D. 分组

11. 帧中继在（　）实现链路的复用和转发。
A. 物理层　B. 链路层　C. 网络层　D. 传输层

12. 以下有关帧中继网的描述中，不正确的是（　）。
A. 帧中继在虚电路上可以提供不同的服务质量
B. 在帧中继网中，用户的数据速率可以在一定的范围内变化
C. 帧中继网只提供永久虚电路服务
D. 帧中继不适合对传输延迟敏感的应用

13. VLAN在现代组网技术中占有重要地位，同一个VLAN中的两台主机（　）。
A. 必须连接在同一交换机上　B. 可以跨越多台交换机
C. 必须连接在同一集线器上　D. 可以跨业多台路由器

14. 虚拟网络中逻辑工作组的结点组成不受物理位置的限制，逻辑工作组的划分与管理是通过（　）方式实现的。
A. 硬件方式　B. 存储转发方式
C. 改变接口连接方式　D. 软件方式

15. (　　) WAN 技术可提供大于 100Mbit/s 的传输速度。

A. X.25　　B. 帧中继　　C. ATM　　D. Cable MODEM

16. 使用 HDLC 时，位串 011111110111110 进行位填充后的位模式为(　　)。

A. 011101110101110110　　B. 0111101110111110

C. 0111111101111100　　D. 01111101101111100

17. 以下(　　)广域网接入方式能够同时支持话音和数据传输。

A. ISDN　　B. PSTN　　C. X.25　　D. Cable Modem

18. 利用电话交换网与模拟调制解调器进行数据传输的方法属于(　　)。

A. 频带传输　　B. 宽带传输　　C. 基带传输　　D. IP 传输

19. 为了使通信网络内部的变化对终端用户是透明的，ISDN 提供了一个标准的(　　)。

A. 用户接口　　B. 数据速率体系　　C. 网络接口　　D. 网络协议体系

20. 在对吉比特以太网和快速以太网的共同特点的描述中，以下说法是错误的是(　　)。

A. 相同的数据帧格式　　B. 相同的物理层实现技术

C. 相同的组网方法　　D. 相同的介质访问控制方法

二、综合题

1. 在以 HDLC 为数据链路层为通信规程的网络中，假设原始数据为 011011111111111 1111110010，试问传输线路上的数据码是什么？在接收端去掉填充位后的数据是什么？

2. 10Mbit/s 以太网升级到 100Mbit/s、1Gbit/s 和 10Gbit/s 时，都需要解决哪些技术问题？为什么以太网能够在发展的过程中淘汰竞争对手，并使应用范围从局域网一直扩展到城域网和广域网？

3. HDLC 帧可分为哪几大类？试简述各类帧的作用。

4. PPP 协议的主要特点是什么？为什么 PPP 不使用帧的编号？PPP 适用于什么情况？

5. 试简述 HDLC 帧各字段的意义。HDLC 用什么方法保证数据的透明传输？

6. 数据率为 10Mbit/s 的以太网在物理媒体上的码元传输速率是多少波特？

7. 试判断以下各种说法的正确性。给出“是”或“否”的答案。

(1) ATM 的差错控制是对整个信元进行检验。

(2) ATM 信元的寻址是根据信元首部中的目的站地址。

(3) ATM 提供固定的服务质量保证。

(4) ATM 的信元采用动态路由选择。

(5) TCP 不能在 ATM 上运行。

(6) ATM 在每次传送数据之前必须先建立连接。

(7) ATM 的信元的长度是可变的。

8. 在一个 ATM 网络的源端点和目的端点之间有 3 台 ATM 交换机，现在要建立一条虚通路。问一共需要发送多少个报文？

9. 以太网交换机有何特点？它与集线器有何区别？

10. ATM 的主要优点是什么？

11. 若 ATM 信元采用可变长度，会有什么优缺点？

12. 说明 ATM 的物理层、ATM 层和 AAL 层的作用(包括各子层的作用)。

13. ATM 中的 VCI 和 VPI 各有何用处？举例说明，并分别计算在 UNI 和 NNI 接口上一共可以有多少条 ATM 连接？

14. 一个 1 024 字节的报文用 ATM 的 AAL5 来传送，试问数据传输的效率是多少？

15. 在提高以太网速度的过程中，人们主要解决的问题有哪些（分 10Mbit/s 到 100Mbit/s，100Mbit/s 到 1 000Mbit/s 分别论述）？升级到 10 吉比特以太网时，又有哪些问题需要解决？

16. VPN 分为哪 3 类？

17. 说明中继器、网桥、路由器和网关的主要功能，以及分别工作在网络体系结构的哪一层？

18. 简述帧中继的特点和常见应用。

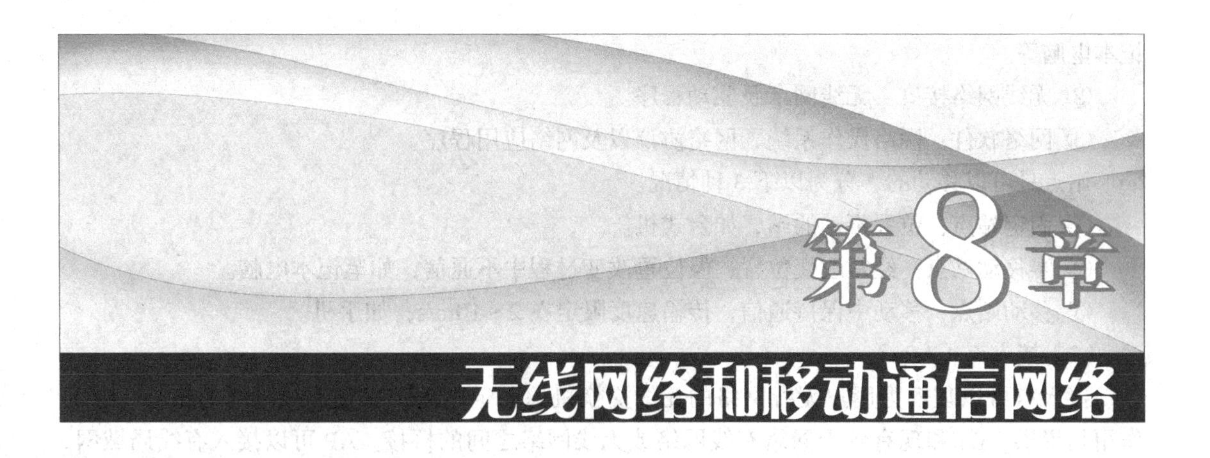

第8章 无线网络和移动通信网络

8.1 无线局域网

无线局域网（Wireless Local Area Network）技术，也称WLAN技术。对于无线局域网的定义可以从“无线”和“局域网”两个方面来理解。“无线”定义了网络连接的方式，无线连接是利用红外线、微波、激光、蓝牙等无线信道进行信息传输。“局域网”定义了网络应用范围。这个范围可以是一个房间、一个建筑物内，也可以是一个校园或者更大的区域。由此无线局域网就是在距离受限制的区域内以无线信道作为传输介质的计算机局域网。

在实际使用上，通常会将WLAN和现有的有线局域网结合，不但增加原本网络的使用弹性，也可扩大无线网络的使用范围，目前最热门的WLAN技术就是IEEE 802.11及其相关标准。本章将介绍无线局域网的组成、802.11的体系结构和协议栈、无线局域网应用等内容。

8.1.1 无线局域网的组成

无线局域网是由站点（Station，STA）、接入点（Access Point，AP）、独立基本服务组（Independent Basic Service Set，IBSS）、基本服务组（Basic Service Set，BSS）、分布式系统（Distributed System，DS）、扩展服务组（Expand Service，ESS）6大部分组成。无线局域网组成结构如图8-1所示。

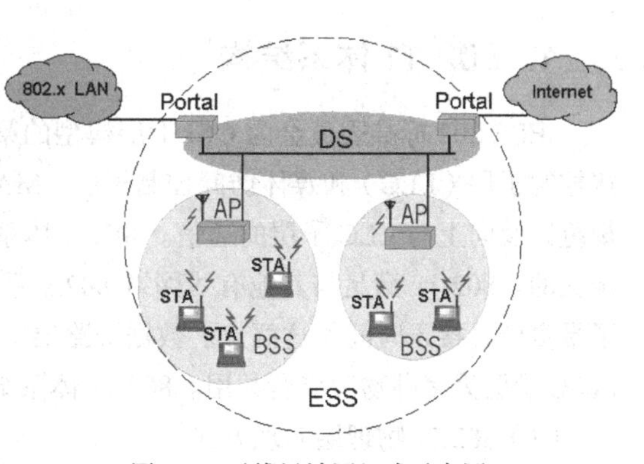

图8-1　无线局域网组成示意图

（1）站点（STA）

站点（STA）也称主机（Host）或终端（Terminal），是无线局域网的最基本组成单元。它包括以下几部分。

① 终端用户设备：台式计算机、手机、笔

记本电脑等。

② 无线网络接口：无线网卡及驱动程序。

③ 网络软件：网络操作系统、网络协议以及网络应用程序。

站点是可以移动的，分为以下 3 种情况。

① 固定站点：位置不动的站，如台式机。

② 半移动站点：经常改变位置，但位置改变过程中不通信，如笔记本电脑。

③ 移动站点：移动中保持通信，传输速度限定在 2 ~ 10m/s，如手机。

（2）接入点（AP）

接入点可以理解为用户无线网络的无线交换机，固定不动，它是无线网络的核心。它的作用是提供 STA 和现有骨干网络有线网络或无线网络之间的桥接。AP 可以接入有线局域网，也可以不接入有线局域网，但在多数时候 AP 与有线网络相连，以便能为无线用户提供对有线网络的访问。AP 通常由一个无线输出口和一个以太网接口（802.3 接口）构成，桥接软件符合 802.1d 桥接协议。

（3）基本服务组（BSS）

802.11 在网络构成上采用单元结构，将整个系统分成许多单元，每个单元称为一个基本服务组，基本服务组由一个 AP 和一组任意数量的 STA 组成，每个基本服务组都有一个唯一的标识，称为 BSSID。

（4）独立基本服务组（IBSS）

不含 AP 的 BSS 称为独立基本服务组，至少包括两个 STA，站点间直接通信。

（5）分布式系统（DS）

为了覆盖更大的区域，把多个基本服务区（BSA）通过分布式系统连接起来，形成一个扩展服务区（ESA），通过 DS 互相连接起来的属于同一个 ESA 的所有主机组成一个扩展服务组（Extended Service Set，ESS）。分布式系统通过接口（Portal）与骨干网和无线局域网相连。

（6）扩展服务组（ESS）

由多个 BSS 通过 DS 组成的多区网，即构成一个扩展服务组。

8.1.2 802.11 体系结构与协议栈

1. 802.11 体系结构

IEEE 802 标准委员会为 OSI 七层模型的第二层数据链路层定义了两个独立子层，即逻辑连接控制子层（LLC）和媒体访问控制子层（MAC）。802.11 无线标准定义了物理层和 MAC 子层规范以及向上与 LLC 子层的通信。802.11 体系结构的所有组成部分都是在 MAC 子层或物理层定义的。802.11 满足与其他有线网络 802.x 系列的无缝融合，应用程序感觉不到任何不同，除了带宽低、接入时间长这两点。数据链路层中的 LLC 子层与其他 IEEE 802 的局域网一样，而 MAC 子层为多种物理层所共用。802.11 体系结构如图 8-2 所示。

（1）802.11 物理层实现方式

IEEE 802.11 标准中的物理层定义了数据传输的信号特征和调制。

<table>
<tr><td colspan="3">逻辑链路层（LLC）</td></tr>
<tr><td colspan="3">媒体访问控制层（MAC）</td></tr>
<tr><td>跳频
物理层 PHY</td><td>直序扩频
物理层 PHY</td><td>红外线
物理层 PHY</td></tr>
</table>

图 8-2　IEEE 802.11 体系结构

在物理层中，定义了两个 RF 传输方法和一个红外线传输方法，RF 传输方法采用扩频调制技术来满足绝大多数国家工作规范。在该标准中，RF 传输标准是跳频扩频（FHSS）和直接序列扩频（DSSS），工作在 2.400 0 ~ 2.483 5GHz 频段。

直接序列扩频采用 BPSK 和 DQPSK 调制技术，支持 1Mbit/s 和 2Mbit/s 数据速率。

跳频扩频采用 2 ~ 4 电平 GFSK 调制技术，支持 1Mbit/s 数据速率，共有 22 组跳频图案，包括 79 信道。

红外线传输方法工作在 850 ~ 950nm 段，峰值功率为 2W，支持数据速率为 1Mbit/s 和 2Mbit/s。

（2）MAC 结构及服务内容

802.11 的 MAC 子层负责解决客户端工作站和访问接入点之间的连接。当一个 802.11 客户端进入一个或者多个接入点的覆盖范围时，它会根据信号的强弱以及包错误率自动选择一个接入点进行连接。一旦被一个接入点接受，客户端就会将发送接收信号的频道切换为接入点的频段。这种重新协商通常发生在无线工作站移出了它原连接的接入点的服务范围，信号衰减后。其他的情况还发生在建筑物造成的信号的变化或者仅仅由于原有接入点中的拥塞。

无线局域网 MAC 提供的服务有：安全服务、MAC 服务数据单元（MSDU）重新排序服务和数据服务。802.11 中的安全服务提供的服务范围局限于站与站之间的数据交换，其内容为：加密、验证、与层管理实体相联系的访问控制。为提高成功发送的可能性，MAC 提供了重新排序的服务。只有在节电方式工作下的站，且不处于激活状态，才可先将 MSDU 缓存起来，等站激活时再突发出去，对缓存数据进行重新排序。

MAC 数据服务可使对等 LLC 实体进行数据单元的交换。本地 MAC 利用下层的服务将一个 MSDU 传给一个对等的 MAC 实体，然后又传给对等的 LLC 实体。当信道特性限制了长帧传输的可靠性时，可通过增加 MSDU 成功传输的可能性来增加可靠性。

802.11 MAC 子层还提供了 CRC 校验和包分片功能。在 802.11 协议中，每一个在无线网络中传输的数据报都被附加上了校验位以保证它在传送的时候没有出现错误。包分片的功能允许大的数据报在传送的时候被分成较小的部分分批传送。这在网络十分拥挤或者存在干扰的情况下是一个非常有用的特性，可以降低数据报被重传的概率。MAC 子层负责将收到的被分片的大数据报进行重新组装，对于上层协议这个分片的过程是完全透明的。

（3）CSMA/CA 协议

802.11 的 MAC 和 802.3 协议的 MAC 非常相似，都是在一个共享介质上支持多个用户共享资源，发送方在发送数据前先进行网络的可用性检测。802.3 协议采用 CSMA/CD 介质访问控制方法。然而，在无线系统中设备不能够一边接收数据信号一边传送数据信号。

无线局域网中采用了一种与CSMA/CD相类似的载波监听多路访问/冲突防止协议（Carrier Sense Multiple Access with Collision Avoidance，CSMA/CA）实现介质资源共享。CSMA/CA利用确认信号来避免冲突的发生，也就是说，只有当客户端收到网络上返回的确认信号后才确认送出的数据已经正确到达目的。CSMA/CA通过这种方式来提供无线的共享访问，这种方式在处理无线问题时非常有效。以CSMA/CA的方式共享无线介质将时间域的划分与帧格式紧密联系起来，保证某一时刻只有一个站点发送，实现了网络系统的集中控制。

因传输介质不同，CSMA/CD与CSMA/CA的检测方式也不同。CSMA/CD通过电缆中电压的变化来检测，当数据发生碰撞时，电缆中的电压就会随着发生变化；而CSMA/CA采用能量检测（ED）、载波检测（CS）和能量载波混合检测3种检测信道空闲的方式。

2. 802.11分类

IEEE 802.11是IEEE于1997年制定的无线局域网标准，是在无线局域网领域内的第一个国际上被认可的协议。IEEE 802.11主要用于解决办公室局域网和校园网中，用户与用户终端的无线接入，业务主要限于数据存取，速率最高只能达到2Mbit/s。由于802.11在速率和传输距离上都不能满足人们的需要，因此，IEEE小组又相继推出了802.11b和802.11a两个新标准。三者之间技术上的主要差别在于MAC子层和物理层，随后又推出了802.11g和802.11n等标准。各标准对比表如表8-1所示。

表8-1　IEEE 802.11X系列标准对比表

协议	发布年份	标准频宽	最高速度	半径范围（室内）	半径范围（室外）
802.11	1997	2.4～2.5GHz	2Mbit/s		
802.11a	1999	5.15～5.35/5.47～5.725/5.725～5.875GHz	54Mbit/s	约30m	约45m
802.11b	1999	2.4～2.5GHz	11Mbit/s	约30m	约100m
802.11g	2003	2.4～2.5GHz	54Mbit/s	约30m	约100m
802.11n	2009	2.4GHz or 5GHz	600Mbit/s（40MHz*4MIMO）	约70m	约250m
802.11p	2009	5.86～5.925GHz	27Mbit/s	约300m	约1 000m
802.11ac	2011	5GHz	867Mbit/s，1.73Gbit/s，3.47Gbit/s，6.93Gbit/s（8MIMO，160MHz）	约35m	

8.1.3　无线局域网应用

随着无线局域网技术的发展，人们越来越深刻地认识到，无线局域网不仅能够满足移动和特殊应用领域网络的要求，还能覆盖有线网络难以涉及的范围。无线局域网作为传统局域网的补充，目前已成为局域网应用的一个热点。

无线局域网的应用领域主要有以下4个方面。

1. 作为传统局域网的扩充

传统的局域网用非屏蔽双绞线实现了10Mbit/s，甚至更高速率的传输，使得结构化布线技术得到广泛的应用。很多建筑物在建设过程中已经预先布好了双绞线。但是在某些特殊环境中，无线局域网却能发挥传统局域网起不了的作用。这一类环境主要是建筑物群之间、工厂建筑物之间、股票交易场所的活动结点，以及不能布线的历史古建筑物、临时性小型办公室、大型展览会等。在上述情况中，无线局域网提供了一种更有效的联网方式。在大多数情况下，传统局域网用来连接服务器和一些固定的工作站，而移动和不易于布线的结点可以通过无线局域网接入。

2. 建筑物之间的互连

无线局域网的另一个用途是连接临近建筑物中的局域网。在这种情况下，两座建筑物使用一条点到点无线链路，连接的典型设备是网桥或路由器。

3. 漫游访问

带有天线的移动数据设备（例如笔记本电脑）与无线局域网集线器之间可以实现漫游访问。例如，在展览会会场的工作人员，在向听众做报告时，通过他的笔记本电脑访问办公室的服务器文件。漫游访问在大学校园或是业务分布于几栋建筑物的环境中也是很有用的。用户可以带着他们的笔记本电脑随意走动，可以从任何地点连接到无线局域网集线器上。

4. 特殊网络

特殊网络（例如Ad hoc Network）是一个临时需要的对等网络（无集中的服务器）。例如，一群工作人员每人都有一台带天线的笔记本电脑，他们被召集到一间房里开业务会议或讨论会，他们的计算机可以连到一个暂时网络上，会议完毕后网络将不再存在。这种情况在军事应用中也是很常见的。

8.2 宽带无线

随着通信领域新业务需求的不断增长及通信技术的迅速发展，全球通信产业呈现出移动化、宽带化、IP化的发展趋势，无线接入技术已成为通信领域的研究热点。然而在20世纪90年代宽带无线接入技术迅猛发展的时候，无线通信市场却迟迟打不开局面，其中很重要的原因就是没有统一的宽带无线接入标准。为刺激市场的发展，IEEE成立了一个小组对宽带无线城域网（WMAN）进行标准化，2001年第一个关于宽带无线城域网的标准802.16产生了。2001年4月，由业界领先的通信设备公司及器件公司共同成立了一个非营利组织——微波接入全球互操作性认证联盟（Worldwide Interoperability for Microwave Access，WiMAX）。该联盟旨在对基于IEEE 802.16标准和ETSI HiperMAN标准的宽带无线接入产品进行一致性和互操作性认证。由此，业界说的WiMAX与IEEE 802.16标准可互换。

8.2.1 802.16 体系结构与协议栈

1. 802.16 体系结构

802.16 协议标准是按照 3 层结构体系组织的。

（1）物理层

物理层协议主要是关于频率带宽、调制模式、纠错技术以及发射机同接收机之间的同步、数据传输率和时分复用结构等方面的。对于从用户到基站的通信，该标准使用的是“按需分配多路寻址—时分多址”（DAMA—TDMA）技术。按需分配多路寻址（Demand Assigned Multiple Access，DAMA）技术是一种根据多个站点之间的容量需要的不同而动态地分配信道容量的技术。时分多路技术可以根据每个站点的需要为其在每个帧中分配一定数量的时隙来组成每个站点的逻辑信道。通过 DAMA—TDMA 技术，每个信道的时隙分配可以动态地改变。

（2）数据链路层

在该层上 IEEE 802.16 规定的主要是为用户提供服务所需的各种功能。这些功能都包括在介质访问控制 MAC 层中，主要负责将数据组成帧格式来传输和对用户如何接入到共享的无线介质中进行控制。MAC 协议规定基站或用户在什么时候采用何种方式来初始化信道，并分配无线信道容量。位于多个 TDMA 帧中的一系列时隙为用户组成一个逻辑上的信道，而 MAC 帧则通过这个逻辑信道来传输。IEEE 802.16.1 规定每个单独信道的数据传输率范围是从 2Mbit/s 到 155Mbit/s。

（3）汇聚层

在 MAC 层之上是汇聚层，该层根据提供服务的不同而提供不同的功能。对于 IEEE 802.16.1 来说，能提供的服务包括数字音频/视频广播、数字电话、异步传输模式（ATM）、Internet 接入、电话网络中无线中继和帧中继。

2. 802.16 分类

IEEE 802.16 是为用户站点和核心网络（例如公共电话网和 Internet）间提供通信路径而定义的无线服务。这种无线宽带访问标准解决了城域网中“最后一英里”问题，因为 DSL、电缆及其他带宽访问方法的解决方案要么行不通，要么成本太高。IEEE 802.16 的主要任务是，开发工作于 2 ~ 66GHz 频带的无线接入系统空中接口物理层（PHY）和媒体访问控制层（MAC）规范，同时还有与空中接口协议相关的一致性测试以及不同无线接入系统之间的共存规范。

根据频段高低的不同，802.16 系统分为应用于视距和非视距两类，其中使用 2 ~ 11GHz 频段的系统应用于非视距范围，使用 10 ~ 66GHz 频段的系统应用于视距范围。根据是否支持移动特性，IEEE 802.16 标准系列又可分为固定宽带无线接入空中接口标准和移动宽带无线接入空中接口标准，其中 802.16、802.16a、802.16d 属于固定无线接入空中接口标准，而 802.16e 以后的属于移动宽带无线接入空中标准，IEEE 802.16m 已被 IEEE 批准成为下一代 WiMax 标准，又被认为是准 4G 标准，该标准可支持超过 300Mbit/s 的下行速率。

2001 年 12 月颁布的 802.16 对使用 10 ~ 66GHz 频段的固定宽带无线接入系统的空中接口物理层和 MAC 层进行了规范，由于其使用的频段较高，因此仅能应用于视距范围内。

2003 年 1 月颁布的 802.16a 对 802.16 进行了扩展，对使用 2 ~ 11GHz 许可和免许可频段的固定宽带无线接入系统的空中接口物理层和 MAC 层进行了规范，该频段具有非视距传输的特点，覆盖范围最远可达 50km，通常小区半径为 6 ~ 10km。另外，802.16a 的 MAC 层提供 QoS 保证机制，可支持语音和视频等实时性业务。这些特点使得 802.16a 与 802.16 相比更具有市场应用价值，真正成为用于城域网的无线接入手段。

2002 年正式发布的 802.16c 是对 802.16 的增补文件，是使用 10 ~ 66GHz 频段 802.16 系统的兼容性标准，它详细规定了 10 ~ 66GHz 频段 802.16 系统在实现上的一系列特性和功能。

802.16d 是 802.16 的一个修订版本，也是相对比较成熟并且最具实用性的一个标准版本，计划在 2004 年下半年正式发布。802.16d 对 2 ~ 66GHz 频段的空中接口物理层和 MAC 层做了详细规定，定义了支持多种业务类型的固定宽带无线接入系统的 MAC 层和相对应的多个物理层。该标准对前几个标准进行了整合和修订，但仍属于固定宽带无线接入规范。它保持了 802.16、802.16a 等标准中的所有模式和主要特性，增加或修改的内容用来提高系统性能和简化部署，或者用来更正错误、补充不明确或不完整的描述，包括对部分系统信息的增补和修订。同时，为了能够后向平滑过渡到 802.16，802.16d 增加了部分功能以支持用户的移动性。

802.16e 是 802.16 的增强版本，该标准规定了可同时支持固定和移动宽带无线接入的系统，工作在 2 ~ 6GHz 适于移动性的许可频段，可支持用户站以车辆速度移动，同时 802.16a 规定的固定无线接入用户能力并不因此受到影响。该标准还规定了支持基站或扇区间高层切换的功能。

802.16e 标准面向更宽范围的无线点到多点城域网系统，可提供核心公共同接入。制定 802.16e 的目的，是提出一种既能提供高速数据业务又使用户具有移动性的宽带无线接入解决方案，该技术被业界视为目前唯一能与 3G 竞争的下一代宽带无线技术。但就目前最新发布的草案 Draft3.0 来看，802.16e 仅提出了具有移动特性的系统框架结构，其中的很多具体技术细节尚未规定，要全部完成标准还有很大的工作量。

802.16f 定义了 802.16 系统 MAC 层和物理层的管理信息库（MIB）以及相关的管理流程。该标准在 2006 年发布。

制定 802.16g 的目的是为了规定标准的 802.16 系统管理流程和接口，从而能够实现 802.16 设备的互操作性和对网络资源、移动性和频谱的有效管理。该标准在 2007 年发布。

3. 协议栈参考模型

用于空中接口的 802.16 协议栈。总体结构与其他 802 网络相似，但有了更多子层。空中接口由物理层和 MAC 层组成。

物理层由传输汇聚子层（TCL）和物理媒质依赖子层（PMD）组成，通常说的物理层主要是指 PMD。物理层定义了两种双工方式：时分双工（TDD）和频分双工（FDD），这两种方式都使用突发数据传输格式，这种传输机制支持自适应的突发业务数据，传输参数（调制方式、编码方式、发射功率等）可以动态调整，但是需要 MAC 层协助完成。

MAC 层分成 3 个子层：特定服务汇聚子层（CS）、公共部分子层（CPS）和安全子层（PS）。

① CS 子层主要功能是负责将其业务接入点（SAP）收到的外部网络数据转换和映射到 MAC 业务数据单元（SDU），并传递到 MAC 层的 SAP。协议提供多个 CS 规范作为与外部各种协议的接口。

② CPS 是 MAC 的核心部分，主要功能包括系统接入、带宽分配、连接建立和连接维护等。

它通过 MAC SAP 接收来自各种 CS 层的数据并分类到特定的 MAC 连接，同时对物理层上传输和调度的数据实施 QoS 控制。

③ 安全子层的主要功能是提供认证、密钥交换和加解密处理。

8.2.2 802.16 技术应用

根据技术特征，802.16 宽带无线接入技术有 5 种典型应用场景：固定、游牧、便携、简单移动、全移动。

1. 固定接入应用场景

固定接入业务是宽带无线接入网络中最基本的业务模型，包括用户 Internet 接入、传输承载业务及 Wi-Fi 热点回程等。该场景下，终端可以根据基站信号质量选择和偶尔改变其连接，切换到信号覆盖更好的基站上，IP 连接之前，必须对用户进行授权或鉴权。

2. 游牧接入应用场景

用户终端可以从不同的接入点接入到一个运营商的网络中，但是每次会话连接中，用户终端只能进行站点式的接入。在两次不同网络的接入中，传输的数据将不被保留。在此应用场景中，需进行交互的鉴权，若归属运营商和拜访运营商具相同的鉴权数据，用户便可以在这两个不同运营网络之间进行漫游，但是不支持不同基站之间的切换。

3. 便携接入应用场景

在该场景下，用户可以步行连接到网络，除了进行小区切换外，连接不会发生中断。从这个阶段开始，终端可以在不同的基站之间进行切换，切换可以由基站或终端触发。当终端静止不动时，便携式业务的应用模型与固定式业务和游牧式业务相同。当终端进行切换时，用户将经历短时间（最长为 2s）的业务中断。切换过程结束后，TCP/IP 应用能对当前 IP 地址进行刷新，或者重建 IP 地址。网络能够支持在多个基站中的连续预置 QoS 级别。

4. 简单移动接入应用场景

在该场景下，用户在使用宽带无线接入业务中能够步行、驾驶或者乘坐公共汽车等，但当终端移动速度达到 60 ~ 120km/h 时，数据传输速度将会有所下降。简单移动接入是能够在相邻基站之间切换的第一个场景。切换可以由基站或者移动终端触发，当用户处于固定接入和漫游状态时，使用模式和固定接入和漫游是没有任何区别的。在切换过程中，连接采用尽力而为的方式，数据包的丢失将控制在一定范围。切换完成后，可容忍延迟的 TCP/IP 应用能在它当前的 IP 地址上刷新，或者在一个新的绑定 IP 地址上重新连接，QoS 将重建到初始级别。简单移动需要支持休眠模式、空闲模式和寻呼模式。

5. 全移动接入应用场景

在该场景下，用户终端可以在移动速度为 120km/h 甚至更高的情况下无中断地使用宽带无线接入业务，当没有网络连接时，用户终端模块将处于低功耗模式。该场景对延迟敏感的业务、终端低功耗运行、切换时延、切换期间分组丢失率等方面进行了优化，以支持车辆速度移动下无中断的应用，且能够实行漫游，漫游可以使用户在归属网络得到的标识在拜访网络中得到重用，最终形成同业的业务计费。

除了上述 5 种典型应用场景外，WiMAX/802.16 技术还将应用于 IPTV 传输、家庭网络等场合。

8.3 蓝牙

蓝牙是一种短距的无线通信技术，它的标准是 IEE E802.15，工作在 2.4GHz 频带，带宽为 1Mbit/s。蓝牙（Bluetooth）是由东芝、爱立信、IBM、Intel 和诺基亚公司于 1998 年 5 月共同提出的近距离无线数字通信的技术标准。其目标是实现最高数据传输速度 1Mbit/s（有效传输速度为 721kb/s）、最大传输距离为 10m，用户不必经过申请便可利用 2.4GHz 的 ISM（工业、科学、医学）频带，在其上设立 79 个带宽为 1MHz 的信道，用每秒钟切换 1 600 次的频率、滚齿方式的频谱扩散技术来实现电波的收发。蓝牙这个名字来源于北欧一个在 10 世纪统一丹麦的国王，他将当时的瑞典、芬兰与丹麦统一起来。用他的名字来命名这种新的技术标准，含有将四分五裂的局面统一起来的意思。

8.3.1 蓝牙网络结构

蓝牙可以提供点对点或点对多点的连接，蓝牙网络有两种拓扑结构：微微网（piconet）和散射网（scatternet）。

蓝牙网络的基本单元是微微网，微微网由主设备（Master）单元（发起链接的设备）和从设备（Slave）单元构成，如图 8-3 所示。一个微微网中最多限于 256 个蓝牙设备连接而成，但处于工作状态的只有 1 个主设备和最多 7 个从设备，其余单元处于休眠状态，处于休眠状态的蓝牙设备可以通过激活模式和休眠模式进行切换，将原来激活的 7 个从设备变为休眠状态，而使原来处于休眠的从设备被激活。微微网内主设备和从设备在硬件上没有区别，信道的特性完全由主设备决定，主设备的蓝牙地址决定了跳频序列和信道接入码，主设备的系统时钟决定了跳频序列的相位和时间。在每个微微网中，一组伪随机跳频序列被用来决定 79 个跳频信道，信道分时隙（625us），每个时隙相应有一个跳频频率，通常跳频速率为 1 600 跳/秒。

为了消除限制数量对通信的影响，同时提高频谱的利用效率，蓝牙允许同一区域内同时存在多个微微网，这样多个交叠覆盖的微微网就构成一个分布式散射网，如图 8-4 所示。一个微微网的主设备既可以是连接另一微微网的主设备，也可以是连接从设备。每一个微微网拥有自己的信道，主设备按照跳频系列中的不同频率识别不同的从设备，散射网用识别频率来区分各个不同的微微网。这样，蓝牙通过简单的网络控制就可以实现更多设备之间的通信，但同时也增加了蓝牙设备之间通信干扰的可能性。

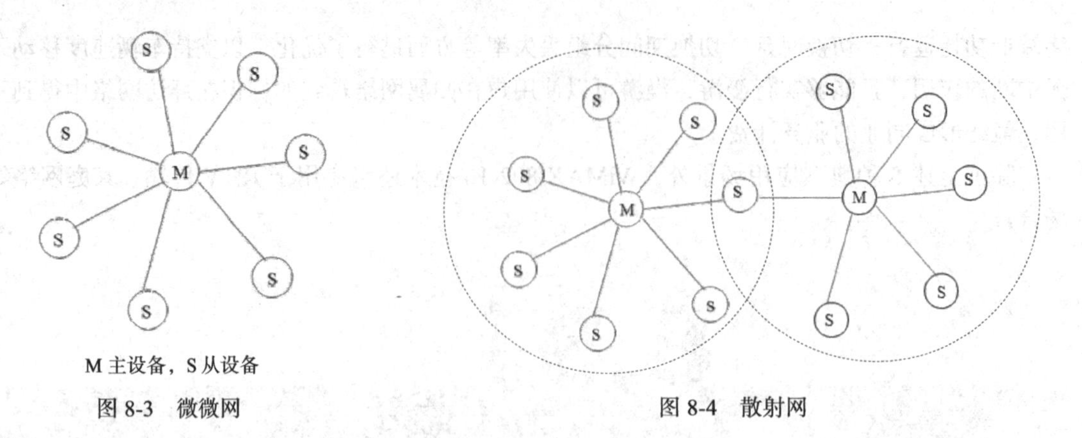

M 主设备，S 从设备

图 8-3 微微网

图 8-4 散射网

8.3.2 蓝牙应用

蓝牙技术使用高速跳频（Frequency Hopping，FH）和时分多址（Time Division Multiple Access，TDMA）等先进技术，在近距离内最廉价地将几台数字化设备呈网状连接起来。它在现代通信网络的最后 10m，像一种无处不在的数字化神经末梢一样，把各种网络终端设备、各种信息化设备，都“无线”地连接起来。蓝牙技术在无线通信、消费类电子和汽车电子以及工业控制领域都得到广泛的应用。

1. 蓝牙外设

计算机使用蓝牙鼠标和蓝牙键盘，代替有线鼠标和键盘。蓝牙打印机的应用也很受欢迎。蓝牙耳机的应用改变了人们接电话的方式

2. 文件传输

可跨越不同软件平台传输文件，越来越多手机不仅拥有彩色显屏，有和弦铃声，更可以自己上网下载铃声、图片和小游戏来玩。

3. 传真服务

如果您拥有一部蓝牙手机，只要您到运营商开通的数据传真服务，并在计算机上安装例如 WINFAX 的发传真的软件，然后把数据机指定为手机端口就可以在计算机上通过蓝牙无线发传真了。

4. 蓝牙网络

组建硬件、软件和互操作需求的一种无固定的中心站蓝牙网络。PPC 与 PC 在非同步的方式下共享上网。

5. 拨号网络

拨号到调制解调器，以连接到 Internet。

6. 语音数据

也就是蓝牙的音频网关的服务，同时蓝牙能提供数据同步、存储功能。蓝牙 U 盘和 USB

适配器等就是在数据领域的典型应用。

7. 汽车电子

蓝牙汽车音响、蓝牙后视镜、蓝牙车载导航、蓝牙汽车防盗系统。

8. 工业控制

通过蓝牙网关进行工业仪表的控制。蓝牙串口模块在现场控制中的应用。

8.4 移动自组织网络

随着人们对摆脱有线网络束缚、随时随地可以进行自由通信的渴望，近几年来无线网络通信得到了迅速的发展。人们可以通过配有无线接口的便携计算机或个人数字助理来实现移动通信。为了能够在没有固定基站的地方进行通信，一种新的网络技术——自组织网络（Ad Hoc）技术应运而生。Ad Hoc 网络是一种没有有线基础设施支持的移动网络，网络中的结点均由移动主机构成。Ad Hoc 网络的出现推进了人们实现在任意环境下的自由通信的进程，同时它也为军事通信、灾难救助、科学考察、临时通信等提供了有效的解决方案。自组织网络已被认为是未来移动通信技术的核心组成部分之一，其自身的独特性，赋予它巨大的发展前景。

甚至有不少人认为自组织网络的思想将会把所有我们能想到的网络组合在一起，从而实现世界通信网络的大统一。

8.4.1 移动自组织网络概述

1. 移动自组织网络介绍

移动自组织网络是由一组带有无线通信收发装置的（移动）终端结点组成的一个多跳的临时性自治系统。它的原型是美国早在 1968 年建立的 ALOHA 网络和之后于 1973 提出的 PR（Packet Radio）网络。ALOHA 网络需要固定的基站，网络中的每一个结点都必须和其他所有结点直接连接才能互相通信，是一种单跳网络。直到 PR 网络，才出现了真正意义上的多跳网络，网络中的各个结点不需要直接连接，而是能够通过中继的方式，在两个距离很远而无法直接通信的结点之间传送信息。PR 网络被广泛应用于军事领域。IEEE 在开发 802.11 标准时，提出将 PR 网络改名为 Ad Hoc 网络，也即今天我们常说的移动自组织网络。

移动自组织网络可以看作是移动通信和计算机网络的交叉，在 Ad Hoc 网络中，网络信息交换采用了计算机网络中的分组交换机制，而不是电话交换网中的电路交换机制。通信结点一般是便携式计算机、个人数字助理（PDA）等移动终端设备，结点的移动或静止状态不受限制。无线自组网中的每个用户终端都兼有路由器和主机两种功能。作为路由器，终端需要运行相应的路由协议，根据路由策略和路由表完成数据的分组转发和路由维护工作。作为主机，终端可以运行各种面向用户的应用程序。这种分布式控制和无中心的网络结构能够在部分通信网络遭到破坏后维持剩余的通信能力。

作为一种分布式网络，移动自组织网络是一种自治、多跳网络，整个网络没有固定的基础设施，能够在不能利用或者不便利用现有网络基础设施（如基站、AP）的情况下以及紧急情况下，在任何时刻、任何地点快速构建移动通信网络，提供终端之间的相互通信。由于终端的发射功率和无线覆盖范围有限，因此距离较远的两个终端如果要进行通信就必须借助于其他结点进行分组转发，这样结点之间构成了一种无线多跳网络。

网络中的移动终端具有路由和分组转发功能，可以通过无线连接构成任意的网络拓扑。移动自组织网络既可以作为单独的网络独立工作，也可以以末端子网的形式接入现有网络，如Internet 网络和蜂窝网。

2. 移动自组织网络特点

移动自组织网络能够利用移动终端的路由转发功能，在无基础设施的情况下进行通信，从而弥补了无网络通信基础设施可使用的缺陷。自组网技术为计算机支持的协同工作系统提供了一种解决途径，它具有以下特点。

（1）网络拓扑结构动态变化

在移动自组织网络中，由于用户终端的随机移动、结点的随时开机和关机、无线发信装置发送功率的变化、无线信道间的相互干扰以及地形等综合因素的影响，移动终端间通过无线信道形成的网络拓扑结构随时可能发生变化，而且变化的方式和速度都是不可预测的。

（2）无中心网络结点

移动自组织网络没有严格的控制中心，主机通过分布式协议互连。所有结点的地位是平等的，是一种对等式网络。结点能够随时加入和离开网络，任何结点的故障都不会影响整个网络的运行，其余的结点仍然能够正常工作，具有很强的抗毁性。

（3）多跳网络

由于移动终端的发射功率和覆盖范围有限，当终端要与覆盖范围之外的终端进行通信时，需要利用中间结点进行转发。与一般网络中的多跳不同，无线自组网中的多跳路由是由普通结点共同协作完成的，而不是由专门的路由设备完成的。

（4）无线传输带宽有限

无线信道本身的物理特性决定了移动自组织网络的带宽比有线信道要低很多，而竞争共享无线信道产生的碰撞、信号衰减、噪声干扰及信道干扰等因素使得移动终端的实际带宽远远小于理论中最大带宽值。

（5）移动终端的局限性

自组织网络中的移动终端（如笔记本电脑、手机等）具有灵巧、轻便、移动性好等优点，但同时存在一些固有缺陷，如其能源有限、内存小、CPU 性能低等，使得我们在开发应用程序时，需要考虑这些因素。

（6）安全性较差

移动网络通常比固定网络更容易受到物理安全攻击，易于遭受窃听、欺骗和拒绝服务等攻击。现有链路安全技术有些已应用于无线网络中来减小安全攻击。

8.4.2 自组织网络应用领域

移动自组织网络的应用范围很广，通常应用在没有或者不便利用现有的网络基础设施的情形中，主要应用在以下领域。

1. 军事领域

自组织网络由于具有无须架设网络设施、快速展开、抗毁性、灵活性等特点，被各军事强国应用于战略和战术综合通信。在现代化战场上，部队需要快速展开和推进各种军事车辆之间、士兵之间、士兵与军事车辆之间都需要保持密切的联系，以完成集中指挥、协调作战。在这些场合下的通信不能依赖于任何预设的网络设施。尤其在未来战场上，自组织网络对于高技术武器装备、集中指挥、协同作战、提高作战机动性等具有非常重要的意义。它可用作机群编队、舰队、坦克编队以及单兵之间的通信系统。目前，自组织网络技术已经成为美军战术互联网的核心技术，如自适应综合通信（mosale）计划。该计划是将美国 DARRA 资助的 GloMo、SUO/SAS、CAN（空中通信结点）项目技术与陆军通信及电子司令部（CECOM）研究发展中心（RDEC）的几项研究技术结合在一起，进行移动通信演示。通过验证和筛选，把商用产品和国防部的研究成果集成在一起，目标是满足未来战斗系统（FCS）和目标部队（objective force）的通信需求以及战场指挥系统基础结构的可移动性，形成一个未来战场所需要的无缝隙通信体系结构。除此之外，美国军方已经研制出大量的无线自组织网络通信设备，并且这些设备在美国对伊拉克战争中发挥了重要作用。联合战术电台系统宽带网络波形（Joint Tactical Radiosystem Wide and Networking Waveform，JTRS WNW）网络就是一种自组织网络。它必须满足支持服务之间的互操作、无缝交付多媒体信息、自适应用户消息要求或网络状况、可扩展的自组织网络、自动和手工适应 RF 或者路由特性等要求。JTRS WNW 网络现广泛应用于美国陆军、海军以及空军。

自组织网络技术除了用于军事移动通信外，还可以用于武器装备的智能化，如 DAPRA 近期资助了一项研究“自愈式雷场系统”就是一个自组织网络技术应用的实例。该系统计划采用智能化的移动反坦克地雷阵来挫败敌人对地雷阵防线的突破。这些地雷均配备有无线通信与自组织联网单元，通过某种方式布撒（如通过飞机、地—地导弹或火箭弹进行远程布撒）之后，这些地雷迅速构成移动自组网络。在遭到敌方坦克突破之后，这种地雷通过对拓扑结构的判断，以及自动弹跳功能迅速“自愈”，即通过网络重构恢复连通。如此反复，直到系统无法重构为止，最后自行引爆。“自愈式雷场系统”可以大大限制敌军的机动能力，延缓敌军进攻或撤退的速度，在一段时间内封锁特定区域。

2. 工业领域

无线传感器网络是移动自组织网络技术的一大应用领域。采用传感器将能够跟踪从天气到企业商品库存等各种动态事务，极大地扩充联网的功能。若将数量巨大的传感器连成网络，则可以延伸到更多的人类活动领域。传感器还可以工作在危险的环境（如化学有害物质泄漏现场），可以方便地将传感器所在现场的信息传送到危险现场以外，避免救援人员进入现场，收集和辨别事故信息。在很多的应用场合，由于发射功率较小，同时受到体积和电池供电等因素的限制，传感器网络只能使用无线通信技术，采用多跳转发方式来实现传感器之间和与控制中心之间的通信。

在基于自组织的无线传感器网络中，传感器结点自治，并通过无线链路连接并采用分布控制组成网络。目前，基于自组织的无线传感器网络已经开始处在实际应用阶段。例如，美国缅因州沿海有一个名叫大鸭的海岛，它是世界上最大的海燕繁殖地。研究人员在岛上的许多海燕巢穴内安置了一种被称作“微粒”的小型监控器。该监控器的体积小，包括微处理器、存储器和传感器等部分，能监控光、湿度和温度等。它还装有无线电收发器，其功率大小刚好能够收发相邻“微粒”的信息。这种利用自组织技术无线传感器网络向人们展示了未来流行的无线传感器网络。

日本“泛网技术未来展望调查研究会”于2002年发表的一份题目为“迈向泛网时代”的蓝图报告中，分别按7个项目定义了2005年到2010年所需的网络技术。这7项技术包括了第4代移动通信系统的“泛在弹性宽带（ubiquitous flexiblebroadband）”和传感器网络的“泛在传感器网络（ubiquitous sensor network）”。在这份报告中，传感器网络将应用于物流、智能交通、医疗保健、工业监控、安全防范、生态环境等各种领域。

3. 民用领域

（1）临时通信或者缺乏固定网络设施的场合

除了战场环境外，在一些特殊环境或紧急情况下，有中心的移动通信技术也不能胜任。例如，发生地震、水灾或遭受其他灾难打击后，固定的通信网络设施可能被全部摧毁或无法正常工作，但是仍要求在抢险救灾过程中实现救援人员间的通信，这时就需要自组织网络这种不依赖任何固定网络设施的技术帮助紧急救援人员完成必要的通信工作；在警察或消防队员执行紧急任务时，事故发生地不一定有固定的基础通信设施，此时也必须保障通信指挥的顺利。在以上的场合，能够不依赖固定的基础设施进行快速和灵活配置的自组织网络将充当应急或临时通信设施，用来满足这些特殊场合的应用需求。实际上，在灾难发生等紧急情况下更需要顺畅的通信来保障救灾工作的进行，这时采用自组织技术的应急移动终端可以在无网络基础设施的情况下恢复网络的连通性。

（2）企业和家用

在各种商务会议、学术交流等会议中，使用自组织网络可以使参与会议的成员通过便携式电脑或者移动终端进行信息交流、资源共享。采用自组织网络比有线以太网更为方便，比使用蜂窝网或Internet更为便宜和安全。无线局域网（WLAN）是自组织网络的一种主要应用。IEEE 802.11中有两种模式，即基础网络模式和自组织模式。在基础网络模式中，用户设备和接入点进行通信，接入点和基础网络连接。而自组织模式则不需接入点，用户设备之间可以直接进行通信。自组织与WI－AN的结合，产生了网状Wi-Fi网，其最大好处是利用多跳技术拓展了WLAN的覆盖范围。在家电方面，移动自组织网络的产品可为用户建立无线家庭网络，在通过移动自组织网络的网关设备接入Internet后，可实现对家电的远程操作、监控和管理。

自组织网络在研究领域也很受关注，近几年的网络国际会议基本都有自组织网络专题。自组织网络不依赖网络基础设施，易于分布，抗毁性强，使其能满足多种应用领域的需求。它的经济驱动来自减少操作成本和劳动力成本，提高效率。随着移动技术的不断发展和人们日益增长的自由通信需求，自组织网络会受到更多的关注，得到更快速的发展和普及。

8.5 实训 搭建 Ad Hoc 模式无线网络

一、实训目的

掌握自组织网络（Ad Hoc）模式无线网络的概念及搭建方法。

二、实训设备

1. 无线网卡 RG-WG54U 3 块。
2. PC 3 台。

三、实训任务

用 Ad Hoc 的方式来组网，通过配置无线网卡搭建无线网络。

实验拓扑图如图 8-5 所示。

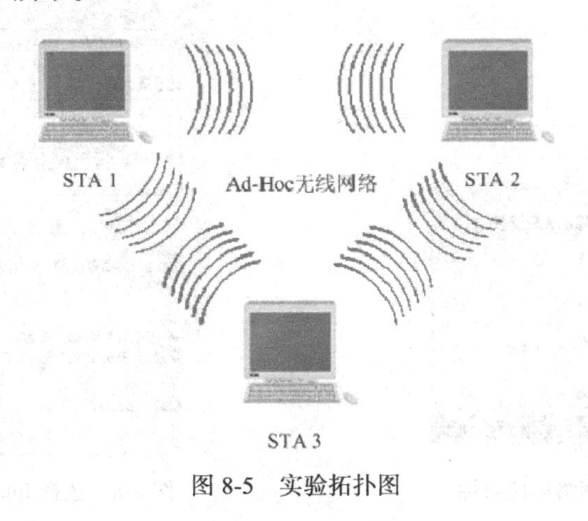

图 8-5 实验拓扑图

四、实训步骤

任务 1. 用 Ad Hoc 的方式来组网，通过配置无线网卡搭建无线网络

1. 配置 STA 1，建立自组网（Ad-Hoc）模式无线网络。

（1）STA 1 安装无线网卡 RG-WG54U 以及客户端软件 IEEE 802.11g Wireless LAN Utility。

（2）在 Windows 控制面板，打开网络连接页面，如图 8-6 所示。

（3）用鼠标右键单击“无线网络连接”，选择“属性”，如图 8-7 所示。

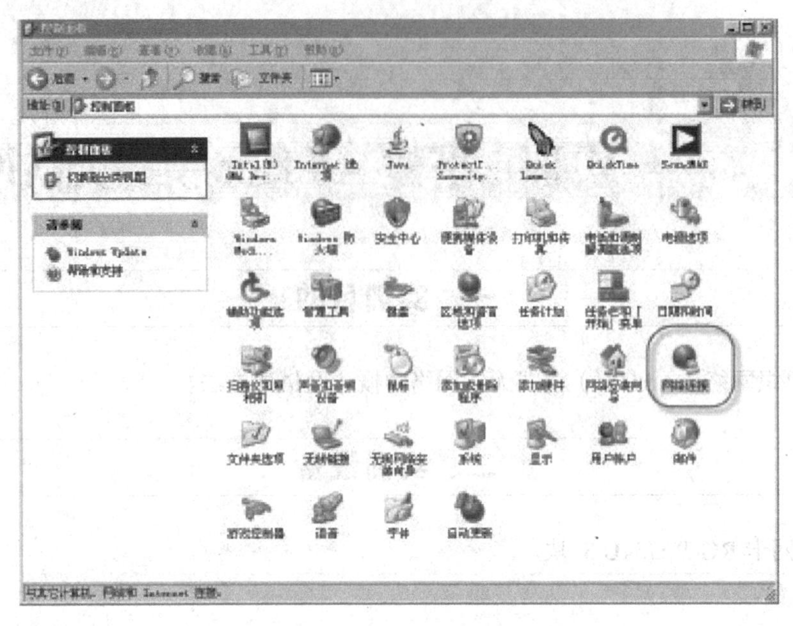

图 8-6　打开网络连接

（4）选择常规页面，双击“Internet 协议（TCP/IP）”，如图 8-8 所示。

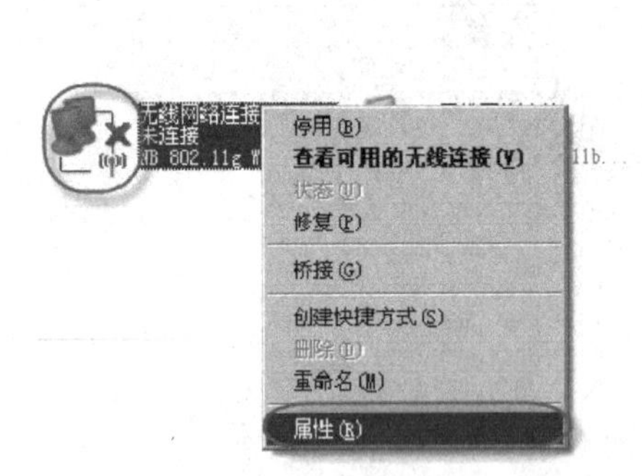

图 8-7　选择无线网络连接属性

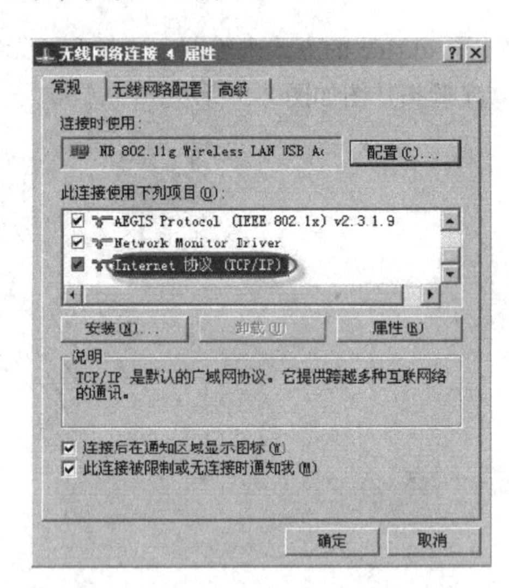

图 8-8　选择 Internet 协议（TCP/IP）

（5）配置 STA 1 无线网卡的 TCP/IP 设置，单击“确定”按钮完成设置。

IP 地址：192.168.0.1

子网掩码：255.255.255.0

默认网关：192.168.0.1

（6）运行 IEEE 802.11g Wireless LAN Utility，双击桌面右下角任务栏图标，如图 8-9 所示。

图 8-9　运行无线网卡

（7）在“Configuration”页面，配置自组网模式无线网络。

SSID：配置自组网模式无线网络名称（如“adhoc1”）。

Network Type：网络类型选择“Ad-Hoc”。

Ad-Hoc Channel：选择自组网模式无线网络工作信道（如“1”）。

单击“Apply”按钮应用设置，完成对 STA 1 的配置，如图 8-11 所示。

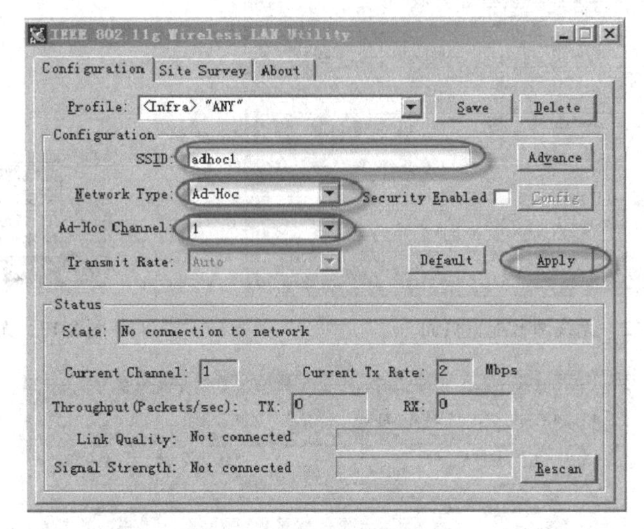

图 8-10 无线网卡配置页面

2. 配置 STA 2，加入自组网（Ad Hoc）模式无线网络。

（1）STA 2 安装无线网卡 RG-WG54U 以及客户端软件 IEEE 802.11g Wireless LAN Utility。

（2）配置 STA 2 无线网卡的 TCP/IP 设置，单击“确定”按钮完成设置。配置方法可参考步骤 1。

```
IP 地址：192.168.0.2
子网掩码：255.255.255.0
默认网关：192.168.0.1
```

（3）运行 IEEE 802.11g Wireless LAN Utility，双击桌面右下角任务栏图标，如图 8-11 所示。

（4）在“Configuration”页面，配置加入自组网模式无线网络。

SSID：配置自组网模式无线网络名称，与 STA 1 保持一致。

Network Type：网络类型选择为“Ad-Hoc”。

图 8-11 运行无线网卡

Ad-Hoc Channel：选择自组网模式无线网络工作信道，与 STA 1 保持一致。单击“Apply”按钮应用设置，至此完成对 STA 2 的配置，如图 8-12 所示。

3. 验证测试。

（1）在 STA 1 和 STA 2 均可以看到无线网络连接状态为“已连接上”，如图 8-13 所示。

（2）在 STA 1 和 STA 2 的 IEEE 802.11g Wireless LAN Utility 可以看到如下信息：

```
State: <Ad-Hoc> - adhoc1    [STA 1 MAC 地址]
```

Current Channel：自组网（Ad-Hoc）模式无线网络信道，如图 8-14 所示。

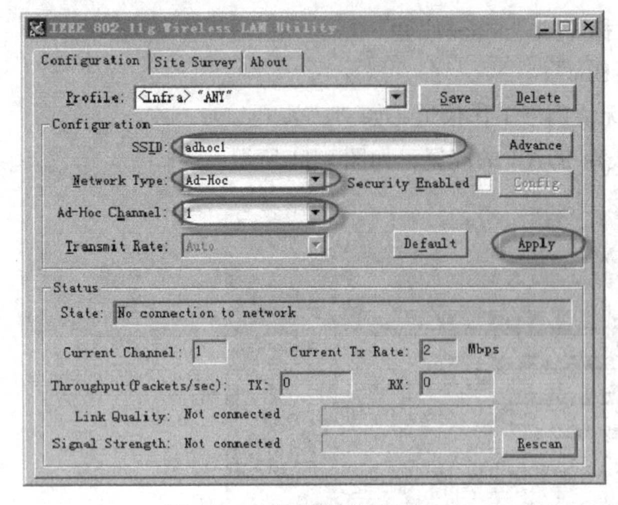

图 8-12　无线网卡配置页面

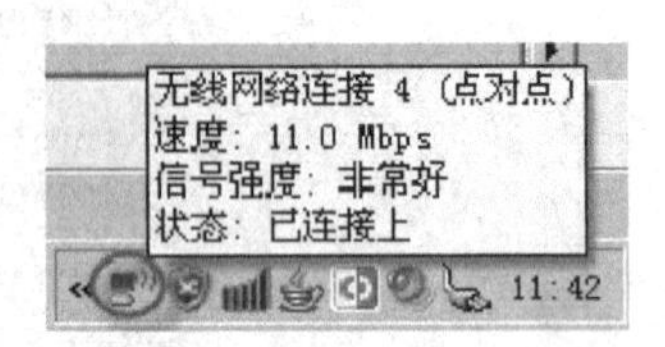

图 8-13　无线网络连接状态

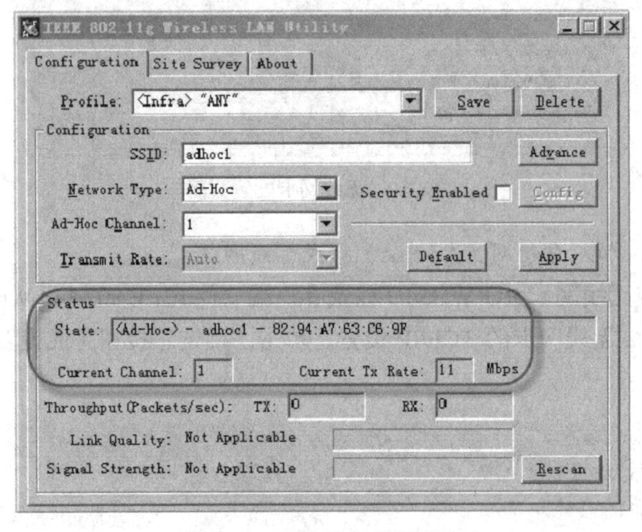

图 8-14　无线网卡配置页面

（3）STA 1 与 STA 2 能够相互 ping 通。

4. 配置 STA 3，加入自组网（Ad Hoc）模式无线网络。

（1）STA 3 安装无线网卡 RG-WG54U 以及客户端软件 IEEE 802.11g Wireless LAN Utility。

（2）配置 STA 3 无线网卡的 TCP/IP 设置，单击“确定”按钮完成设置。配置方法可参考步骤 1。

```
IP 地址：192.168.0.3
子网掩码：255.255.255.0
默认网关：192.168.0.1
```

（3）运行 IEEE 802.11g Wireless LAN Utility，双击桌面右下角任务栏图标。

（4）在“Configuration”页面，配置加入自组网（Ad-Hoc）模式无线网络。

SSID：配置自组网模式无线网络名称，与 STA 1 保持一致。

Network Type：网络类型选择“Ad-Hoc”。

Ad-Hoc Channel：选择自组网模式无线网络工作信道，与 STA 1 保持一致。单击“Apply”

按钮应用设置，至此完成对 STA 3 的配置。

5. 验证测试。

（1）在 STA 1、STA 2、STA 3 均可以看到无线网络连接状态为“已连接上”。

（2）在 STA 1、STA 2、STA 3 的 IEEE 802.11g Wireless LAN Utility 可以看到如下信息：

```
State: <Ad-Hoc> - adhoc1 - [STA 1 MAC 地址]
Current Channel: 自组网（Ad-Hoc）模式无线网络信道
```

（3）STA 1、STA 2、STA 3 能够相互 ping 通。

本章小结

本章主要讲述了无线网络和移动通信网络中的无线局域网、宽带无线、蓝牙、自组织网络的概念、协议标准、体系结构及应用。

无线局域网是计算机网络结合无线射频通信技术，实现数据通过无线介质进行传输的功能，可以在无线传输范围内良好地实现传统有线局域网的数据传输功能。而且无线网络不再像有线网络一样，需要复杂的施工布线等，可以快速安装快速使用，并适应用户在一定范围内的移动传输。无线局域网使用的标准是 IEEE 802.11。

2001 年第一个关于宽带无线城域网的标准 802.16 产生了。2001 年 4 月，由业界领先的通信设备公司及器件公司共同成立了一个非营利组织——微波接入全球互操作性认证联盟（Worldwide Interoperability for Microwave Access，WiMAX）。该联盟旨在对基于 IEEE 802.16 标准和 ETSI HiperMAN 标准的宽带无线接入产品进行一致性和互操作性认证。

蓝牙是一种短距的无线通信技术，它的标准是 IEEE802.15，工作在 2.4GHz 频带，带宽为 1Mbit/s。蓝牙可以提供点对点或点对多点的连接，蓝牙网络有两种拓扑结构：微微网（piconet）和散射网（scatternet）。蓝牙网络的基本单元是微微网，微微网由主设备（Master）单元（发起链接的设备）和从设备（Slave）单元构成。

移动自组织网络是由一组带有无线通信收发装置的（移动）终端结点组成的一个多跳的临时性自治系统。Ad Hoc 网络的出现推进了人们实现在任意环境下的自由通信的进程，同时它也为军事通信、灾难救助、科学考察和临时通信等提供了有效的解决方案。自组织网络已被认为是未来移动通信技术的核心组成部分之一，其自身的独特性，赋予它巨大的发展前景。

习　题

一、选择题

1. 无线网局域网使用的标准是（　　）。

A. 802.11　　B. 802.15　　C. 802.16　　D. 802.20

2. 以下标准支持最大传输速率最低的是（　　）。

A. 802.11a　　B. 802.11b　　C. 802.11g　　D. 802.11n

3. 中国移动力推（　　）方案，将移动通信网的漫游功能和无线局域网结合，提高用户无线上网的覆盖范围。

A. VoIP+GPRS　　B. GPRS+WLAN　　C. oWLAN+VoIP　　D. WLAN+VoWLAN

4. 由一个无线AP以及关联的无线客户端组成一个（　　）。

A. IBSS　　B. BSS　　C. ESS　　D. BSA

5. 下列障碍物中，（　　）对无线信号的损耗最大。

A. 金属柜　　B. 办公室窗户　　C. 玻璃墙　　D. 砖墙

二、简答题

1. 什么是无线局域网？它有什么特点？
2. 自组织网络与其他网络相比有哪些显著特点？
3. 宽带无线技术主要有哪些应用领域？
4. 简述蓝牙技术的网络结构。

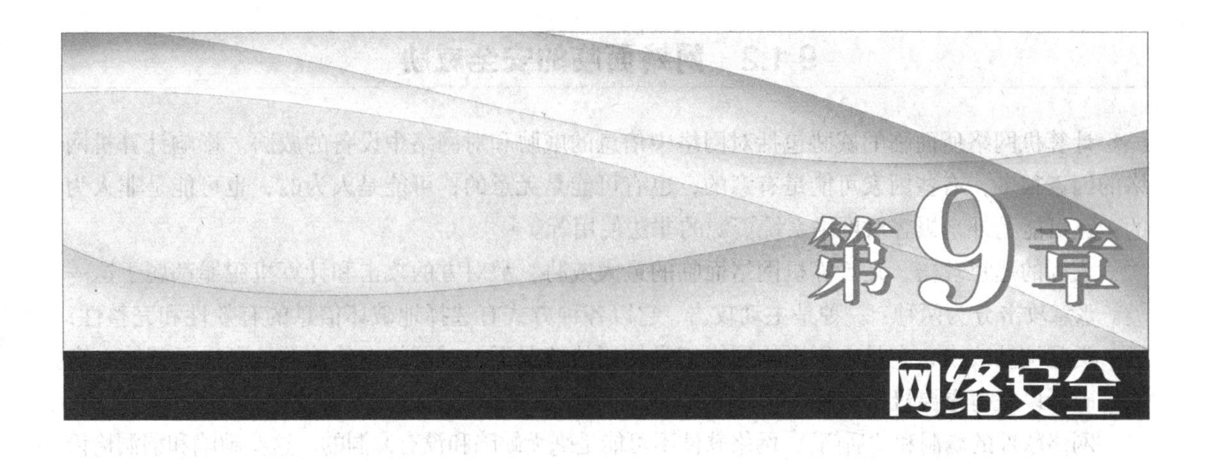

第9章 网络安全

9.1 网络安全概述

在当今社会，计算机网络的飞速发展已经大大地改变了我们的生活方式，计算机网络将人类带入了信息时代，在给人们带来便利的同时，网络本身所具有的开放性和共享性对网络信息安全提出了严峻的挑战，网络安全问题是全世界都在关注的问题。

9.1.1 网络安全定义

网络安全从本质来讲就是网络上的信息安全。从广义来说，凡是涉及网络上信息的保密性、完整性、可用性、真实性和可控性的相关技术和理论，都是网络安全的研究领域。

网络安全是指网络系统的硬件、软件及数据受到保护，不遭受偶然的或者恶意的破坏、更改、泄露，系统连续可靠正常地运行，网络服务不中断。

网络安全的具体含义会随着“角度”的变化而变化。例如，从用户（个人、企业等）的角度来说，他们希望涉及个人隐私或商业利益的信息在网络上传输时受到机密性、完整性和真实性的保护，避免其他人或对手利用窃听、冒充、篡改、抵赖等手段侵犯自己的利益和隐私。

从网络运营商和管理者角度来说，他们希望对本地网络信息的访问、读写等操作受到保护和控制，避免出现“陷门”、病毒、非法存取、拒绝服务和网络资源非法占用和非法控制等威胁，制止和防御网络黑客的攻击。

对安全保密部门来说，他们希望对非法的、有害的或涉及国家机密的信息进行过滤和防堵，避免机要信息泄露，避免对社会产生危害，对国家造成巨大损失。

从社会教育和意识形态角度来讲，网络上不健康的内容，会对社会的稳定和人类的发展造成阻碍，必须对其进行控制。

9.1.2 网络面临的安全威胁

计算机网络所面临的威胁包括对网络中信息的威胁和对网络中设备的威胁。影响计算机网络的因素很多，有些因素可能是有意的，也有可能是无意的；可能是人为的，也可能是非人为的；还可能是外来黑客对网络系统资源的非法使用等。

人为的恶意攻击，是计算机网络面临的最大威胁，敌对方的攻击和计算机犯罪都属于这一类。恶意攻击分为两种：一种是主动攻击，它以各种方式有选择地破坏信息的有效性和完整性；另一类是被动攻击，它是在不影响网络正常使用的情况下，对网络中传输的信息进行截获、窃取、破译以获得重要机密信息。

网络软件的漏洞和“后门”：网络软件不可能是毫无缺陷和没有漏洞的。这些缺陷和漏洞恰恰是黑客进行攻击的首选目标。软件的“后门”一般是软件开发人员为了调试程序方便设置的，可绕过软件的安全性控制而获取对软件的访问权，后门一般外界并不知晓，但是一旦“后门”洞开，那么它就成了安全风险，容易被黑客当成漏洞进行攻击。

9.1.3 网络安全的特征

概括起来说，网络安全应具有以下特征。

1. 完整性

完整性是指网络中的信息安全、精确和有效，不因种种不安全因素而改变信息原有的内容、形式和流向，确保信息在存储或传输过程中不被修改、破坏或丢失。

2. 保密性

保密性是指网络上的保密信息只供经过允许的人员，以经过允许的方式使用，信息不泄露给未授权的用户、实体或过程。

3. 可用性

可用性是指网络资源在需要时即可使用，不因系统故障或误操作等使资源丢失或妨碍对资源的使用。

4. 不可否认性

不可否认性是指面向通信双方信息真实统一的安全要求，包括收、发方均不可抵赖。也就是说，所有参与者不可能否认或抵赖曾经完成的操作和承诺。利用信息源证据可以防止发方否认已发送的信息，利用递交接收证据可以防止收方否认已经接收的信息。

5. 可控性

可控性是指对信息的传播及内容具有控制能力的特征。信息接收方应能证实它所收到的信息内容和顺序都是真实、合法、有效的，应能检验收到的信息是否过时或为重播的信息。信息交换的双方都应能对对方的身份进行鉴别，以保证收到的信息是由确认的对方发送过来的。

9.1.4 网络安全体系结构

OSI 安全体系结构的研究始于 1982 年，于 1988 年完成，其成果标志是 ISO 发布了 ISO7498-2 标准，作为 OSI 基本参考模型的补充。这是基于 OSI 参考模型的七层协议之上的信息安全体系结构。它定义了 5 类安全服务、9 种安全机制。它确定了安全服务与安全机制的关系以及在 OSI 七层模型中安全服务的配置，还确定了 OSI 安全体系的安全管理。

OSI 网络安全体系定义的 5 类安全服务如下。

1. 对等实体鉴别服务

确认有关的对等实体是所需的实体。这种服务由 N 层提供时，将使 N+1 层实体确信与之打交道的对等实体正是它所需要的 N+1 实体。

这种服务在连接建立或在数据传送阶段的某些时刻提供使用，用以证实一个或多个连接实体的身份。使用这种服务可以（仅仅在使用时间内）确信：一个实体此时没有试图冒充（一个实体伪装为另一个不同的实体）别的实体，或没有试图将先前的连接作为非授权地重放；实施单向或双向对实体鉴别也是可能的，可以带有效期检验，也可以不带。这种服务能够提供各种不同程度的鉴别保护。

2. 访问控制服务

防止对资源的未授权使用，包括防止以未授权方式使用某一资源。这种服务提供保护以对付开放系统互连可访问资源的非授权使用。这些资源可以是经开放系统互连协议访问到的 OSI 资源或非 OSI 资源。这种保护服务可应用于对资源的各种不同类型的访问（例如，使用通信资源、读写或删除信息资源、处理资源的操作），或应用于对某种资源的所有访问。

3. 数据完整性服务

这种服务对付主动威胁。在一次连接上，连接开始时使用对某实体的鉴别服务，并在连接的存活期使用数据完整性服务，就能联合起来为在此连接上传送的所有数据单元的来源提供确证，为这些数据单元的完整性提供确证。例如，使用顺序号，可为数据单元的重放提供检测。

4. 禁止否认服务

这种服务可取如下两种形式，或其中之一。

（1）有数据原发证明的抗否认

为数据的接收者提供数据的原发证据。这将使发送者不承认未发送过这些数据或否认其内容的企图不能得逞。

（2）有交付证明的抗否认

为数据的发送者提供数据交付证据。这将使接收者事后不承认收到过这些数据或否认其内容的企图不能得逞。

5. 数据保密性服务

数据保密性服务是针对信息泄露、窃听等威胁的防御措施，它的目的是保护网络中各系统之间交换的数据，防止因数据被截获而造成的泄密。这种服务又分为信息保密、选择段保密和业务流保密。信息保密是保护通信系统中的信息或网络数据库的数据；选择段保密是保护信息中被选择的部分数据段；业务流保密是防止攻击者通过观察业务流，如信源、信宿、传送时间、频率和路由等来得到敏感的信息。

OSI 网络安全体系定义的 9 种安全机制如下。

1. 加密机制

加密机制主要用来加密存储数据，是保护数据最常用的方法。加密机制既可以单独使用，也可以与其他机制结合起来使用。加密机制通过密钥的管理机制来实现，需要在相应的加密体制下完成。

2. 数字签名机制

数据加密是保护数据最常用的方法，但是这种方法只能防止第三者获得真实数据，而无法防止通信双方在通信时否认发送或接收过数据，发生伪造数据、篡改数据、假冒发送者或接收者等问题，解决这些问题的最好方法是使用数字签名机制。

数字签名机制由两个过程组成：对信息进行签字的过程和对已签字信息进行证实的过程。签名机制必须保证签名只能由签名者的私有信息产生。

3. 访问控制机制

访问控制机制是从计算机系统的处理能力方面对信息提供保护。它根据实体的身份及其信息，来决定该实体的访问权限。访问控制按照事先确定的规则决定主体对客体的访问是否合法。当一主体试图非法使用一个未经授权的资源时，访问控制将拒绝这一企图，并将这一事件报告给审计跟踪系统，审计跟踪系统将给出报警并记录日志档案。

4. 数据完整性机制

在网络中传输或存储数据可能会因为一些因素，使数据的完整性受到破坏，如数据在信道中传输时可能受到信道干扰丢失部分信息，或数据在传输和存储过程中可能会被非法入侵者篡改，要检验这些数据是否受到破坏，应使用数据完整性机制。一般我们所说的数据完整性包括两种形式，一种是数据单元的完整性，另一种是数据单元序列的完整性。保证数据完整性的一般方法是：发送实体在一个数据单元上加一个标记，这个标记是数据本身的函数，如一个分组校验或密码校验函数，它是经过加密的。接收实体产生一个对应的标记，并将所产生的标记与接收的标记相比较，以确定在传输过程中的数据是否被修改过。

5. 认证机制

在计算机网络中认证主要有站点认证、报文认证、用户和进程的认证等。多数认证过程采用密码技术和数字签名技术。对于用户身份认证，随着科学技术的发展，用户生理特性认证技术将得到越来越多的应用。

6. 业务流量填充机制

攻击者攻击的方法之一就是流量分析。攻击者通常通过分析网络中某一路径上的业务流量和流向来判断某些事件的发生。为了对付这种攻击，在无信息传输时，连续发送伪随机数据，使攻击者不知道哪些是有用信息哪些是无用信息，从而挫败业务流量分析攻击。但应注意填充的信息只有密码保护才有效。

7. 路由控制机制

在大型计算机网络中，数据从源结点到达目的结点可能存在多条路径，其中有些路径是安全的，而有些路径是不安全的。路由控制机制可根据信息发送者的申请，选择安全路径，以确保数据安全。为了使用安全的子网、中继站和链路，既可预先安排网络中的路由，也可对其动态地进行选择。

8. 公证机制

在大型计算机网络中可能会存在一些安全问题。比如，因为系统故障等原因使网络中的数据丢失；再比如，网络中的有些用户不诚实、不可信。为了解决这些问题，需要有一个各方都信任的第三方，它就是一个国家设立的公证机构，来提供公证服务，仲裁出现的问题。引入公证机制后，通信双方进行数据通信时必须经过这个机构来交换，以确保公证机构能得到必要的信息，供以后仲裁时使用。仲裁数字签名技术就是这种公证机制的一种技术支持。

9. 安全审计跟踪机制

审计跟踪机制能创建和维护受保护客体的访问审计跟踪记录，并能阻止非授权的用户对它进行访问或破坏。审计跟踪机制提供了一种不可忽视的安全机制，它潜在的价值在于经事后的安全审计可以检测和调查网络中的安全漏洞。

安全服务与安全机制有着密切的联系，安全服务由安全机制来实现，它体现了网络安全模型的功能。一个安全服务可以由一个或几个安全机制来实现，同样，一个安全机制也可用于实现不同的安全服务中。

9.2 加密技术

计算机技术和微电子技术的发展为密码学理论的研究和实现提供了强有力的手段和工具。面对网络安全的各种威胁，尤其是网络数据传输的安全威胁，加密技术已经成为保障网络安全的核心技术。

9.2.1 加密技术概述

早在几千年前，人类就已经有了通信保密的思想和方法。但直到 1949 年，信息论创始人香农（Claude Shannon）的奠基性论文“保密系统的通信理论”（Communication Theory of Secrecy System）在《贝尔系统技术杂志》上发表，首次将信息论引入密码技术的研究，用统计的观点对信源、密码源、密文进行数学描述和定量分析，引入了不确定性、多余度、唯一解距离等安全性测度概念和计算方法，为现代密码学研究与发展奠定了坚实的理论基础，把已有数千年历史的密码技术推向了科学的轨道，使密码学（Cryptology）成为一门真正的科学。从20世纪60年代起，随着计算机技术和微电子技术的迅速发展以及结构代数、可计算性和计算复杂性理论等学科的研究，密码学又进入了一个新的发展阶段。在20世纪70年代后期，美国数据加密标准（DES）和公开密钥密码体制的出现，成为近代密码学发展史上的两个重要里程碑。

加密技术一般被分为对称加密和非对称加密。对称加密技术是指加密和解密使用同一密钥。非对称加密技术是指加密和解密使用不同的密钥，分别称为“公钥”和“私钥”，两种密钥必须同时使用才能打开相应的加密文件。公钥可以完全公开，而私钥只有持有人一人持有。由于在网络上传输采用对称加密方法的加密文件，当把密钥告诉对方时，很容易被其他人窃听到，而非对称加密方法有两个密钥，且其中的“公钥”是公开的，不怕被人知道，收件人解密时只要用自己的私钥即可解密，“私钥”并没有在网络中传输，这样就避免了密钥传输可能出现的安全问题。

1. 对称加密算法

对称加密技术采用的解密算法是加密算法的逆运算。该技术的特点是在保密通信系统中发送者和接收者之间的密钥必须安全传送，而双方通信所用的密钥必须妥善保管。

对称加密技术的安全性依赖于两个因素：第一，加密算法必须是足够强的，仅仅基于密文本身去解密信息在实践上是不可能的；第二，加密方法的安全性依赖于密钥的秘密性，而不是算法的秘密性。

对称加密具有加密速度快，保密度高等优点。在军事、外交以及商业领域得到了广泛应用。在公开的计算机网络上采用对称密钥体制，实现安全地传送和保管密钥是对称密钥加密体系中的薄弱环节。

对称加密技术的典型代表有：古典密码技术、序列密码技术和分组密码技术（如DES、IDEA、AES等）。

2. 非对称加密算法

非对称加密算法，也称为公用密钥算法。在非对称加密算法中，用作加密的密钥不同于用作解密的密钥，而且解密密钥不能根据加密密钥计算出来。

非对称加密算法的典型代表是RSA算法。

在实践应用当中，非对称密码技术成功地解决了计算机网络安全的身份认证、数字签名等问题，推动了包括电子商务在内的一大批网络应用的不断深入和发展。

在实际应用过程中，一般利用两种密钥体制的长处，采用二者相结合的方式对信息加密，比如对实际传输的数据采用对称加密技术，这样数据传输速度较快；为了防止密钥泄露，传输密钥时采用非对称加密技术加密，使密钥的传送有了安全的保障。这是目前普遍采用的加密方法。

9.2.2 数字签名与身份认证技术

1. 数字签名技术

数字签名技术是公开密钥加密技术和报文分解函数相结合的产物。与加密不同，数字签名的目的是为了保证信息的完整性和真实性。数字签名必须保证以下 3 点。

① 接收者能够核实发送者对消息的签名。

② 发送者事后不能抵赖对消息的签名。

③ 接收者不能伪造对消息的签名。

数字签名技术在原理上，首先用报文分解函数，把要签署的文件内容提炼为一个很长的数字，称为报文分解函数值。签字人用公开密钥和解密系统中的私有密钥加密这个报文，分解函数值，生成所谓的“数字签名”。收件人在收到数字签名的文件后，对此数字签名进行鉴定。用签字人的公开密钥来解开“数字签名”，获得报文分解函数值，然后重新计算文件的报文分解函数值，比较其结果。如果完全相符，则文件内容的完整性、正确性和签字的真实性都得到了保障。因为如果文件被改动，或者有人在没有私有密钥的情况下冒充签字，都将使数字签名的鉴定过程失败。

假定 A 发送一个签了名的信息 M 给 B，则 A 的数字签名应该满足下述条件。

① B 能够证实 A 对信息 M 的签名。

② 任何人，包括 B 在内，都不能伪造 A 的签名。

③ 如果 A 否认对信息 M 的签名，可以通过仲裁解决 A 和 B 之间的争议。

2. 身份认证技术

身份认证是指证实某人或某物是否名副其实或有效的过程。身份认证是防止主动攻击的重要技术。实际上，网络中的通信除需要进行消息的认证外，还需要建立一些规范的协议对数据来源的可靠性、通信实体的真实性加以认证，以防止欺骗、伪装等攻击。

9.2.3 加密软件介绍

1. 按实现方法分类

加密软件按照实现的方法可划分为被动加密和主动加密。

（1）被动加密

被动加密指要加密的文件在使用前需首先解密得到明文，然后才能使用。这类软件主要适用于个人计算机数据的加密，防止存储介质的丢失（比如硬盘被盗）导致数据的泄密。

（2）主动加密

主动加密指在使用过程中系统自动对文件进行加密或解密操作，无须用户的干预，合法用户在使用加密文件前，不需要进行解密操作即可使用，表面看来，访问加密的文件和访问未加密的文件基本相同，对合法用户来说，这些加密文件是“透明的”，即好像没有加密一样，但对于没有访问权限的用户，即使通过其他非常规手段得到了这些文件，由于文件是加密的，因此也无法使用。由于动态加密技术不仅不改变用户的使用习惯，而且无须用户太多的干预操作即可实现文档的安全，因而得到了广泛的应用。针对企业的防泄密软件（企业内部的文件可以自由流通、阅读，一旦拷贝出去或者脱离企业网络环境，将无法阅读），大多采用主动加密技术。

由于主动加密要实时加密数据，必须动态跟踪需要加密的数据流，而且其实现的层次一般位于系统内核中，因此，从实现的技术角度看，实现主动加密要比被动加密难得多，需要解决的技术难点也远远超过被动加密。

2. 按实现手段分类

针对于主动加密，加密软件按照实现手段的不同，又可以分为全硬盘加密、U 盘加密、文件管理及文件加密。

（1）全硬盘加密

这种技术比较早，大约出现在 2000 年。硬盘加密的特点是控制硬盘，不控制硬盘里的文件，不对硬盘里的文件进行加密。这种加密方式比较简单，不需要专人解密，即使硬盘被偷了，不知道用户名和密码也打不开。但是这种加密手段最大的漏洞是如果把硬盘挂到同样配置的计算机上所有硬盘内的资料就不存在加密的问题了，加密的作用彻底失去。再者，采用硬盘加密不但加密了公司的资料，个人的资料也被限制在公司内部。例如，如果个人的照片存放在公司的硬盘上，拿走自己的照片想回家查看的话，只有找一个同样配置的计算机才能打开照片。目前这种技术已经被淘汰，它已经跟不上软件的发展了。

（2）U 盘加密

U 盘加密技术也属于早期的技术，企业内部的计算机上需要插一个 U 盘读取的协议才能打开。这种加密手段实际在企业内部不太使用，这种加密总是需要企业领导上班时把 U 盘插到服务器上，下班时拔走，如果丢掉了这个 U 盘，公司的资料就彻底打不开了。再者，由于 U 盘里的协议容易被破解，安全性较低。目前市场上很少再有人用这种技术了。

（3）文件管理

PDM 或图文档管理系统管理的是产品数据，主要是对公司的流程、权限、版本、查询、历史记录等进行管理，它给企业的数据带来了一定程度上的安全。但是如果想彻底控制，这些系统是无法做到的。PDM 及 EDM 控制数据是通过权限的，如果有权限的人把数据拿出去，拿到外面照样能够使用。也就是说 PDM 或 EDM 系统是把数据一定程度的限制到了公司内部，但是如果数据被传出去了，它没有任何保密性可言。

（4）文件加密

文件加密是近几年的新技术，也是最有效的控制手段，企业也比较认可这种加密手段。这种加密方式是采用“透明”加密技术。把公司所有图纸及文档新建、打开或保存自动加密，历史数据批量扫描加密。它还可以控制打印机、U 盘、笔记本外出、同行之间数据通过内部人员外泄，以及邮件外发、QQ 截屏等各种外泄途径都被限制了。加密过的文件不经过专人解密，即使泄露出去了，也是无法打开的。即使硬盘被盗，离开公司的硬盘也彻底无法使用。

9.3 计算机病毒与防范技术

随着网络技术的不断发展及其应用的广泛普及，计算机病毒的花样也层出不穷，它的广泛传播给网络带来了灾难性的后果，因此如何有效地防范计算机病毒已经成为众多用户关心的话题。

9.3.1 计算机病毒定义及特征

计算机病毒（Computer Virus）在《中华人民共和国计算机信息系统安全保护条例》中被明确定义为：“编制者在计算机程序中插入的破坏计算机功能或者破坏数据，影响计算机使用并且能够自我复制的一组计算机指令或者程序代码”。

与医学上的“病毒”不同，计算机病毒不是天然存在的，是某些人利用计算机软件和硬件所固有的脆弱性编制的一组指令集或程序代码。它能通过某种途径潜伏在计算机的存储介质（或程序）里，当达到某种条件时即被激活，通过修改其他程序的方法将自己的精确拷贝或者可能演化的形式放入其他程序中，从而感染其他程序，对计算机资源进行破坏。所谓的病毒就是人为造成的，对其他用户的危害性很大。

计算机病毒具有以下几个明显的特征。

1. 传染性

传染性是计算机病毒的基本特征，也是判断一个程序是否为计算机病毒的重要特征。传染性是指病毒具有把自身复制到其他程序的能力。计算机病毒可通过各种可能的渠道，如U盘、硬盘、光盘、电子邮件、计算机网络去传染其他的计算机。

2. 破坏性

计算机病毒感染系统后，会对系统产生不同程度的影响，如大量占用系统资源、删除硬盘上的数据、破坏系统程序、造成系统崩溃，甚至破坏计算机硬件，给用户带来巨大损失。

3. 隐蔽性

计算机病毒具有很强的隐蔽性。一般病毒代码设计得非常短小精悍，便于隐藏到其他程序中或磁盘某一特定区域内，且没有外部表现，很难被人发现。随着病毒编写技巧的提高，对病毒进行各种变种或加密后，容易造成杀毒软件漏查或错杀，使病毒更难被人发现。

4. 潜伏性

大部分病毒感染系统后一般不会马上发作，而是潜伏在系统中，只有当满足特定条件时才启动，发起破坏。病毒的潜伏性越好，其在系统中存在的时间就越长，病毒的传染范围就越大。例如，黑色星期五病毒，不到预定的时间，用户就不会感觉异常，一旦遇到13日并且是星期五，病毒就会被激活并且对系统进行破坏。

5. 寄生性

计算机病毒可寄生在其他程序中，病毒所寄生的程序我们称为宿主程序，由于病毒很小不容易被发现，所以在宿主程序未启动之前，用户很难发觉病毒的存在。而一旦宿主程序被用户执行，病毒代码就会被激活，产生一系列破坏活动。

9.3.2 计算机病毒分类

随着计算机病毒技术的发展，各种各样的病毒层出不穷，按照计算机病毒的特点和特性，分类的方法也有多种，同一种病毒通常具有多个特性，所以也会有多种不同的分法。

1. 按病毒攻击的操作系统分类

按病毒攻击的操作系统分类可分为DOS病毒、Windows病毒、Linux病毒、UNIX病毒、OS/2病毒等，它们分别是发作于DOS、Windows、Linux、UNIX、OS/2等操作系统平台上的病毒。

2. 按病毒的链接方式分类

按病毒的链接方式分类可分为源码型病毒、嵌入型病毒、外壳型病毒和操作系统型病毒4种。其中，源码型病毒主要攻击高级语言编写的源程序，它会将自己插入到系统源程序中，并随源程序一起编译，成为合法程序的一部分；嵌入型病毒可以将自身嵌入到现有程序中，将计算机病毒的主体程序与攻击的对象以插入的方式链接，这种病毒危害性较大，一旦进入程序中就难以清除；外壳型病毒将其自身包围在合法的主程序周围，对原来的程序并不做任何修改，这种病毒容易被发现，一般测试文件的大小即可察觉；操作系统型病毒通过把自身的程序代码加入到操作系统之中或取代部分操作系统模块进行工作，具有很大的破坏力，如圆点病毒和大麻病毒就是典型的操作系统型病毒。

3. 按病毒算法分类

根据病毒特有的算法，病毒可以划分为伴随型病毒、蠕虫型病毒、寄生型病毒、练习型病毒、诡秘型病毒和变型病毒。

① 伴随型病毒：这一类病毒并不改变文件本身，它们根据算法产生EXE文件的伴随体，具有同样的名字和不同的扩展名（COM）。例如，XCOPY.EXE的伴随体是XCOPY.COM.病毒把自身写入COM文件并不改变EXE文件，当DOS加载文件时，伴随体优先被执行到，再由伴随体加载执行原来的EXE文件。

② “蠕虫”型病毒：通过计算机网络传播，不改变文件和资料信息，利用网络从一台机器的内存传播到其他机器的内存，计算网络地址，将自身的病毒通过网络发送。“蠕虫”病毒由于传播速度很快，甚至达到堵塞网络通信的程度，对网络系统造成干扰和破坏。

③ 寄生型病毒：除了伴随型病毒和“蠕虫”型病毒，其他病毒均可称为寄生型病毒，它们依附在系统的引导扇区或文件中，通过系统的功能进行传播。

④ 练习型病毒：病毒自身包含错误，不能进行很好的传播，如一些病毒在调试阶段。

⑤ 诡秘型病毒：它们一般不直接修改DOS中断和扇区数据，而是通过设备技术和文件缓冲区等对DOS内部进行修改，不易看到资源，使用比较高级的技术，利用DOS空闲的数据区进行工作。

⑥ 变型病毒（又称幽灵病毒）：这一类病毒使用一个复杂的算法，使自己每次传播都具有不同的内容和长度。它们一般由一段混有无关指令的解码算法和被变化过的病毒体组成。

4. 按病毒破坏能力分类

根据病毒破坏的能力，病毒可划分无害型病毒、无危险型病毒、危险型病毒、非常危险型病毒。

① 无害型病毒：除了传染时减少磁盘的可用空间外，对系统没有其他影响。

② 无危险型病毒：这类病毒仅仅是减少内存、显示图像、发出声音及同类影响。

③ 危险型病毒：这类病毒在计算机系统操作中造成严重的错误。

④ 非常危险型病毒：这类病毒删除程序、破坏数据、清除系统内存区和操作系统中重要的信息。

9.3.3 病毒防范技术

防止病毒的侵入要比病毒入侵后再去发现和消除它更重要。为了将病毒拒之门外，就要做好以下预防措施。

1. 养成良好的安全习惯

对一些来历不明的邮件及附件不要打开，并尽快删除；不要访问一些不太了解的网站，更不要轻易打开；不要执行从 Internet 下载未经杀毒处理的软件等。这些必要的习惯会使您的计算机更安全。

2. 关闭或删除系统中不需要的服务

默认情况下，操作系统会安装一些辅助服务，如 FTP 客户端、Telnet 和 Web 服务器。这些服务为攻击者提供了方便，而对用户没有太大的用处，如果删除它们，就能大大减少被攻击的可能性。

3. 及时升级操作系统的安全补丁

据统计，有 80%的网络病毒是通过系统安全漏洞进行传播的，像红色代码、尼姆达、冲击波等病毒，所以应该定期去下载安装最新的系统安全补丁，防患于未然。

4. 为操作系统设置复杂的密码

有一些网络病毒就是通过猜测简单密码的方式攻击系统的。对于一些不习惯设置系统密码的用户，存在很大的安全隐患，而使用复杂的密码，将会大大提高计算机的安全系数。

5. 安装专业的防病毒软件

在病毒日益增多的今天，使用杀毒软件进行防杀病毒，是简单有效并且是越来越经济的选择。用户在安装了杀毒软件后，应该经常升级至最新版本，并定期扫描计算机。

6. 定期进行数据备份

对于计算机中存放的重要数据要有定期数据备份计划，用磁盘、光盘等介质及时备份数据，妥善存档保管。有数据恢复方案，在系统瘫痪或出现严重故障时，能够进行数据恢复。

计算机病毒的防治工作是一个系统工程，从各级单位角度来说，要牢固树立以防为主的思想，应当制定出一套具体的、切实可行的管理措施，以防治病毒的相互传播。从个人角度来说，每个人都要遵守病毒防范的有关措施，应当不断学习、积累防病毒的知识和经验，培养良好的病毒防范意识。

9.4 防火墙技术

在各种网络安全技术中，作为保护局域网的第一道屏障与实现网络安全的一个有效手段，防火墙技术应用最为广泛，也备受青睐。

9.4.1 防火墙概述

防火墙的本义原是指古代人们房屋之间修建的墙，这道墙可以防止火灾发生的时候蔓延到别的房屋。防火墙的英文名为“Firewall”，是位于两个或多个网络间，实施网络之间访问安全控制的一组组件集合。

防火墙用来作为内网和外网之间的屏障，控制内网和外网的连接，实质就是隔离内网与外网，并提供存取控制和保密服务，使内网有选择地与外网进行信息交换。内网通常称为可信赖的网络，而外网被称为不可信赖的网络。所有的通信，无论是从内部到外部，还是从外部到内部，都必须经过防火墙。防火墙是不同网络或网络安全域之间信息的唯一出入口，能根据企业的安全策略控制出入网络的信息流，且本身应具有较强的抗攻击能力。防火墙示意图如图 9-1 所示。

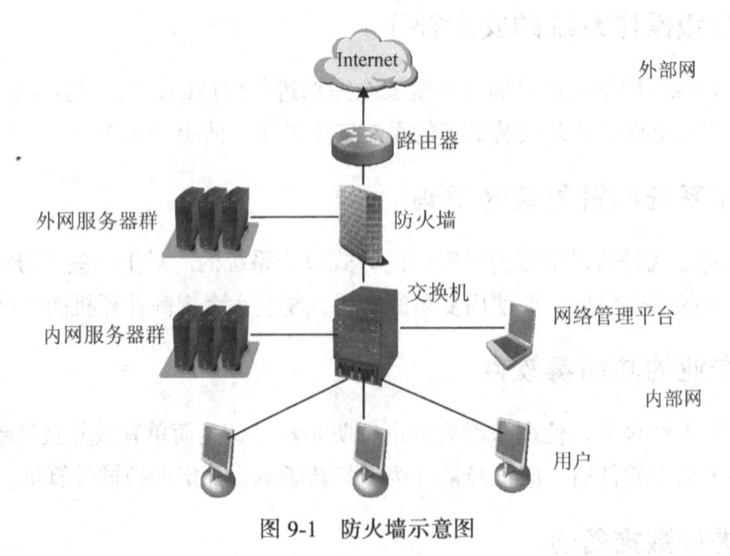

图 9-1 防火墙示意图

防火墙既可以是一台路由器、一台计算机，也可以是由多台主机构成的体系。

9.4.2 防火墙的主要技术

防火墙的种类多种多样，在不同的发展阶段，采用的技术各不相同，也就产生了不同类型的防火墙。防火墙所采用的技术主要有以下几种。

1. 包过滤技术

系统按照一定的信息过滤规则，对进出内部网络的信息进行限制，允许授权信息通过，而拒绝非授权信息通过。包过滤防火墙工作在网络层和逻辑链路层之间，它截获所有流经的IP包，从其IP头、传输层协议头，甚至应用层协议数据中获取过滤所需的相关信息，然后依次按顺序与事先设定的访问控制规则进行一一匹配比较，执行其相关的动作。

2. 代理服务技术

代理服务器作用在应用层，它用来提供应用层服务的控制，利用代理服务器起到内部网络向外部网络申请服务时中间转接的作用。代理服务器通常被配置为“双宿主网关”，具有两个网络接口卡，同时接入内部和外部网。内部网只接受代理提出的服务请求，拒绝外部网络其他连接点的直接请求，从而起到隔离防火墙内外计算机系统的作用。

3. 状态检测技术

状态检测技术是防火墙近几年才应用的新技术，状态检测技术采取一种基于连接的状态检测机制，将属于同一连接的所有包作为一个整体的数据流看待，构成连接状态表，通过规则表与状态表共同配合，对表中的各个连接状态因素加以识别。这里动态连接状态表中的记录可以是以前的通信信息，也可以是其他相关应用程序的信息，因此，与传统包过滤防火墙的静态过滤规则表相比，它具有更好的灵活性和安全性。

4. 网络地址转换技术（NAT）

网络地址转换技术能透明地对所有内部主机 IP 地址作转换，即对外隐藏了内部主机的 IP 地址，使外部网络无法了解内部网络的内部结构，同时允许内部网络使用防火墙定制的IP地址和专用网络对外部网络发起访问，并且与外部网络的连接只能由内部网络发起，极大地提高了内部网络的安全性。网络地址转换技术的另一个显而易见的用途是解决IP地址匮乏问题。

9.4.3 防火墙体系结构

堡垒主机在防火墙体系结构中起着至关重要的作用，它专门用来击退攻击行为。网络防御的第一步是寻找堡垒主机的最佳位置，堡垒主机为内网和外网之间的所有通道提供一个阻塞点。没有堡垒主机就不能连接外网，同样外网也不能访问内网。如果你通过堡垒主机来集中网络权限，就可以更轻松地配置软件来保护你的网络。

1. 多宿/双宿主主机防火墙

多宿主主机这个词是用来描述配有多个网卡的主机，每个网卡都和网络相连接。代理服务器可以算是多宿主主机防火墙的一种。双宿主主机是多宿主主机的一个特例，它有两个网卡，并禁止路由功能。

双宿主主机可以用于把一个内部网络从一个不可信的外部网络分离出来。因为双宿主主机不能转发任何 TCP/IP 流量，所以它可以彻底堵塞内部和外部不可信网络间的任何 IP 流量。然后防火墙运行代理软件控制数据包从一个网络流向另一个网络，这样内部网络中的计算机就可以访问外部网络。

双宿主主机是防火墙体系的基本形态。建立双宿主主机的关键是要禁止路由，网络之间通信的唯一路径是通过应用层的代理软件。如果路由被意外允许，那么双宿主主机防火墙的应用测功能就会被旁路，内部受保护网络就会完全暴露在危险中。

2. 被屏蔽主机防火墙

被屏蔽主机防火墙体系结构是在防火墙的前面增加了屏蔽路由器，把屏蔽路由器作为保护网络的第一道防线。根据内网的安全策略，屏蔽路由器可以过滤掉不允许通过的数据包。这种体系结构中防火墙不直接连接外网，因此提供了一种非常有效的并且容易维护的防火墙体系。

因为路由器提供非常有限的服务，漏洞要比主机少得多，所以保护路由器比保护主机更容易实现，被屏蔽主机防火墙体系结构能提供更好的安全性和可用性，同时比双宿主主机防火墙要安全。

3. 被屏蔽子网防火墙

被屏蔽子网防火墙体系结构是在内网和外网之间建立一个被隔离子网，即使用两个屏蔽路由器，位于堡垒主机的两端，一端连接内网，另一端连接外网。这样更进一步地把内网与外网隔离。如果想入侵这种类型的体系结构，入侵者必须穿透两个屏蔽路由器。即使入侵者控制了堡垒主机，他也需要通过内网端的屏蔽路由器才能到达内网。

通常，堡垒主机是网络上最容易受攻击的机器。任凭用户如何保护它，它仍有可能被突破或入侵，因为没有任何主机是绝对安全的。

在构造防火墙体系时，一般很少使用单一的技术，通常都是多种解决方案的组合。

9.4.4 防火墙发展趋势

为了有效抵御网络攻击，适应 Internet 的发展势头，防火墙表现出智能化、高速度、分布式、复合型、专业化等发展趋势。

1. 智能化的发展

防火墙将从目前的静态防御策略向具备人工智能的智能化方向发展。

2. 速度的发展

随着网络速率的不断提高，防火墙必须提高运算速度及包转发速度，否则将成为网络的瓶颈。

3. 体系结构的发展

分布式并行处理的防火墙是防火墙的另一发展趋势。在这种概念下，将有多个物理防火墙协同工作，共同组成一个强大的、具备并行处理能力和负载均衡能力的逻辑防火墙。

4. 功能的发展

未来网络防火墙将在现有的基础上继续完善其功能并不断增加新的功能，具体表现在：保密性、过滤、服务、管理、安全等方面。

5. 专业化的发展

单向防火墙、电子邮件防火墙、FTP 防火墙等针对特定服务的专业化防火墙将作为一种产品门类出现。

总的来说，智能化、高速度、低成本、功能更加完善、管理更加人性化的防火墙将是未来网络安全产品的主力军。

9.5 实训

DESXpress 是一款优秀的国产软件，其开发者是王逸飞，该软件是一个加密工具，支持 DES、TripleDES、GOST 和 IDEA 算法，请用 DESXpress 软件进行文件的加密和解密操作。

1. 加密步骤

（1）首先选择界面右侧的“File Brower”选项卡，在此选项卡中进行加密操作。

（2）通过操作界面左侧的目录树，选择所要加密的文件所在的目录，这时在右上部窗口就会显示此目录下的所有文件，如图 9-2 所示。

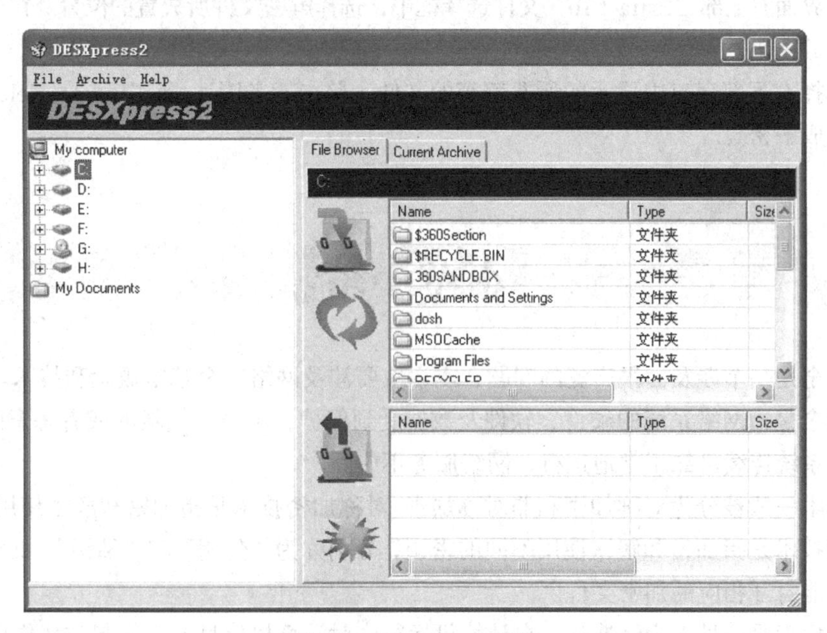

图 9-2　File Browser 界面

（3）选择所要加密的文件，单击图标，即“Add to archive”按钮，这时所选文件就会显示在右下部窗口。重复这个操作，也可以添加多个文件，一起加密。

（4）如需要移除某个已选择的文件，可在右下部窗口选中不需要加密的文件，单击图标，即“Remove from archive”按钮可以把此文件移除。

（5）当准备好所加密的文件以后，单击图标，即“Start”按钮，就会弹出加密对话框进行加密操作，如图 9-3 所示。

（6）在弹出的加密对话框中的“Add to Archive”文件选择框中，选择所要生成的加密文件存放目录并命名生成的文件名，可以根据情况选择“Remove Origianl Files”和“Add To Exist Archive”两个复选框。然后设置密码，密码位数不少于 8 位。最后可以选择加密方式“DES”、“Triple DES”、“ghost”或者“IDEA”。所有设置完成以后，单击“Start”按钮完成加密，生成加密文件。

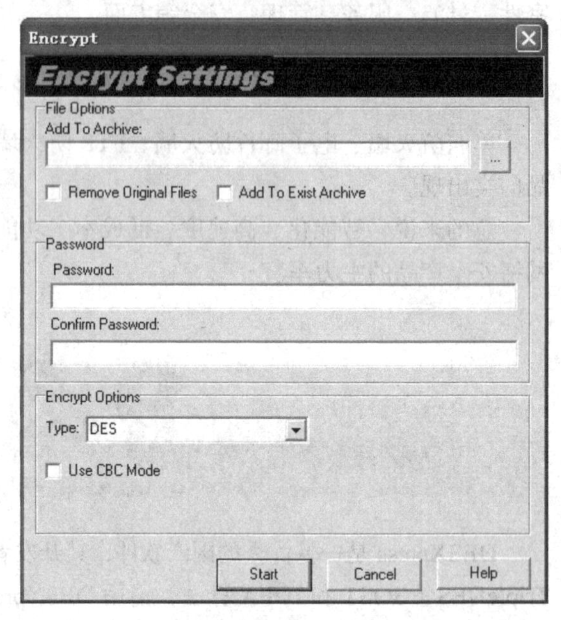

图 9-3　加密对话框

2. 解密步骤

（1）首先选择界面右侧的“Current Archive”选项卡，在此选项卡中进行解密操作。

（2）通过选择“File”菜单下的“Open Archive”菜单项，选择所要解密的文件所在的目录，打开解密文件。这时在右下部窗口显示此文件中包含的被加密文件名称等信息。如果双击被加密文件，就会弹出对话框，提示“Missing Password”。

（3）在界面右上部“Extract To”文件选择框中，选择解密文件所放置的位置。在“Password”中输入对应的密码。

（4）选择右下部窗口中显示的所要解密的文件，单击图标，即“Extract Selected files”按钮，就完成解密。

本章小结

网络安全是一个涉及面很广泛的问题，本章主要涉及网络安全基本概念和技术。

网络安全是指网络系统的硬件、软件及数据受到保护，不遭受偶然的或者恶意的破坏、更改、泄露，系统连续可靠正常地运行，网络服务不中断。

加密技术一般被分为对称加密和非对称加密。对称加密技术是指加密和解密使用同一密钥。非对称加密技术是指加密和解密使用不同的密钥，分别称为“公钥”和“私钥”，两种密钥必须同时使用才能打开相应的加密文件。

计算机病毒是一种人为制造的、在计算机运行中对计算机信息或系统起破坏作用的程序。

防火墙用来作为内网和外网之间的屏障，控制内网和外网的连接，实质就是隔离内网与外网，并提供存取控制和保密服务，使内网有选择地与外网进行信息交换。

习　题

一、选择题

1. 计算机网络安全体系结构是指（　　）。
   A. 网络安全基本问题应对措施的集合
   B. 各种网络的协议的集合
   C. 网络层次结构与各层协议的集合
   D. 网络的层次结构的总称
2. DES 算法属于加密技术中的（　　）。
   A. 对称加密　　B. 不对称加密　　C. 不可逆加密　　D. 以上都是
3. 下面描述正确的是（　　）。
   A. 公钥加密比常规加密更具有安全性
   B. 公钥加密是一种通用机制
   C. 公钥加密比常规加密先进，必须用公钥加密替代常规加密
   D. 公钥加密的算法和公钥都是公开的
4. 数字签名技术的主要功能是：（　　）、发送者的身份认证、防止交易中的抵赖发生。
   A. 保证信息传输过程中的安全性　　B. 保证信息传输过程中的完整性
   C. 接收者的身份验证　　D. 以上都是
5. 关于计算机病毒，下列说法错误的是（　　）。
   A. 计算机病毒是一个程序
   B. 计算机病毒具有传染性
   C. 计算机病毒的运行不消耗 CPU 资源
   D. 病毒并不一定都具有破坏力
6. 假设使用一种加密算法，它的加密方法很简单：将每一个字母加 5，即 a 加密成 f。这种算法的密钥就是 5，那么它属于（　　）。
   A. 对称加密技术　　B. 分组密码技术
   C. 公钥加密技术　　D. 单向函数密码技术
7. 包过滤型防火墙工作在（　　）。
   A. 会话层　　B. 应用层　　C. 网络层　　D. 数据链路层
8. 一般而言，Internet 防火墙建立在一个网络的（　　）。
   A. 内部网络与外部网络的交叉点　　B. 每个子网的内部
   C. 部分内部网络与外部网络的结合处　　D. 内部子网之间传送信息的中枢

9. 以下不属于防火墙技术的是（ ）。

A. IP 过滤　　B. 线路过滤　　C. 应用层代理　　D. 计算机病毒检测

10. 以下关于防火墙的描述，不正确的是（ ）。

A. 防火墙可以检测网络入侵

B. 防火墙可以记录进出的活动

C. 防火墙可以防止计算机病毒

D. 防火墙可以保护内部网数据

二、简答题

1. 网络安全的特征是什么？
2. 简述计算机病毒的分类。
3. 简述防治计算机病毒的对策。
4. 防火墙的主要技术是什么？
5. 简述数字签名的实现与验证过程。
6. 简述对称加密技术与非对称加密技术的区别。

各章习题选择题答案

第 1 章

1. D　2. B　3. A　4. D　5. C　6. B　7. D　8. B　9. D　10. D

第 2 章

1. B　2. D　3. D　4. B　5. A　6. C　7. A　8. D　9. B
10. C　11. B　12. C　13. A　14. C　15. B　16. B　17. C　18. C
19. A　20. A　21. A　22. A　23. B　24. C　25. C

第 3 章

1. B　2. A　3. A　4. D　5. B　6. A　7. B　8. A　9. B　10. C

第 4 章

1. C　2. C　3. D　4. B　5. D　6. A　7. C　8. C　9. D　10. B
11. C　12. B　13. B　14. D　15. D　16. B　17. C　18. C　19. B　20. C

第 5 章

1. D　2. C　3. B　4. A　5.（1）C　（2）C　（3）D　6. B
7. C　8. C　9. B　10. C　11. B　12.（1）B　（2）D　（3）D
13.（1）A　（2）B　（3）C　14.（1）A　（2）B　（3）C　15. C
16. C　17. D　18. C　19. C　20. C

第 6 章

1. A　2. B　3. A　4. D　5. B　6. A　7. B　8. C　9. D　10. D
11. A　12. C　13. B　14. A　15. A　16. D　17. B　18. B　19. C　20. C

第 7 章

1.（1）C　（2）A　（3）A　2. C　3. C　4. C　5. C　6. A
7. D　8. A　9. D　10. D　11. B　12. C　13. B　14. D　15. C
16. D　17. A　18. A　19. A　20. B

第 8 章

1. A　2. B　3. B　4. B　5. D

第 9 章

1. A　2. A　3. D　4. B　5. C　6. A　7. C　8. A　9. D　10. C

参考文献

[1] 张玉英，梁光华．计算机网络．北京：人民邮电出版社，2010.

[2] 谢希仁．计算机网络（第5版）．北京：电子工业出版社，2008.

[3] Behrouz A. Forouzan，Firouz Mosharraf，等著．张建忠，等译．计算机网络教程自顶向下方法．北京：机械工业出版社，2013.

[4] 特南鲍姆，韦瑟罗尔,著．严伟，潘爱民,等译．计算机网络（第5版）．北京：清华大学出版社，2012.

[5] 王道．计算机网络联考复习指导．北京：电子工业出版社，2013.

[6] 高峡，等．网络设备互连学习指南．北京：科学出版社，2009.

[7] 塔嫩鲍姆，等著．计算机网络（英文版·第5版）．北京：机械工业出版社,2011.

[8] 于鹏．计算机网络技术基础（第4版）．北京：电子工业出版社，2014.